前言

从工业 4.0 到"十四五"规划，我国信息时代正式踏上新的阶梯，电子设备已经普及，在人们的日常生活中随处可见。信息社会给人们带来了极大的便利，信息捕获、信息处理分析等在各个行业得到普遍应用，推动整个社会向前稳固发展。

计算机设备和信息数据的相互融合，对各个行业来说都是一次非常大的进步，已经渗入到工业、农业、商业、军事等领域，同时其相关应用产业也得到一定发展。就目前来看，各类编程语言的发展、人工智能相关算法的应用、大数据时代的数据处理和分析都是计算机科学领域各大高校、各个企业在不断攻关的难题，是挑战也是机遇。因此，我们策划编写了"计算机科学与技术手册系列"图书，旨在为想要进入相应领域的初学者或者已经在该领域深耕多年的从业者提供新而全的技术性内容，以及丰富、典型的实战案例。

现如今大数据已经渗透到每一个行业当中，成为重要的生产因素。由于人们不断对海量数据的挖掘与运用，爬虫工程师在互联网数据公司中占据非常重要的地位。

可以制作爬虫的编程语言有多种，其中最受欢迎的便是 Python 编程语言，该语言简单、易学，并且支持多种第三方模块，使得其应用范围越来越广。本书侧重网络爬虫的编程基础与实践，为保证读者学以致用，在实践方面循序渐进地进行 3 个层次的篇章介绍，即基础篇、实战篇和强化篇。

本书内容

全书共分为 31 章，主要通过"基础篇（16 章）+ 实战篇（13 章）+ 强化篇（2 章）"三大维度一体化的讲解方式，具体的学习结构如下图所示。

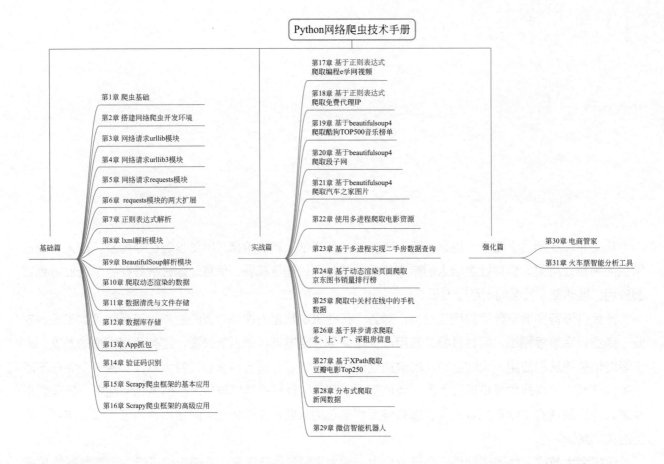

本书特色

1. 突出重点、学以致用

书中每个知识点都结合了简单、易懂的示例代码以及非常详细的注释信息,力求读者能够快速理解所学知识,提高学习效率,缩短学习路径。

使用代理 IP 发送请求

实例位置:资源包 \Code\05\12

在爬取网页的过程中,经常会出现不久前可以爬取的网页现在无法爬取了,这是因为 IP 被爬取网站的服务器所屏蔽了。此时代理服务可以解决这一麻烦。设置代理时,首先需要找到代理地址,例如,117.88.176.38,对应的端口号为 3000,完整的格式为 117.88.176.38:3000。代码如下。

```
01  import requests                                    # 导入网络请求模块
02                                                     # 头部信息
03  headers = {'User-Agent': 'Mozilla/5.0 (Windows NT 10.0; Win64; x64) '
04                            'AppleWebKit/537.36 (KHTML, like Gecko) '
05                            'Chrome/72.0.3626.121 Safari/537.36'}
06  proxy = {'http': 'http://117.88.176.38:3000',
07            'https': 'https://117.88.176.38:3000'}   # 设置代理 IP 与对应的端口号
08  try:
09                                                     # 对需要爬取的网页发送请求,verify=False,不验证服务器的 SSL 证书
10      response = requests.get('http://202020.ip138.com', headers= headers,proxies=proxy,verify=False,timeout=3)
11      print(response.status_code)                    # 打印响应状态码
12  except Exception as e:
13      print(' 错误异常信息为: ',e)                     # 打印异常信息
```

> 💡 **注意**
>
> 由于示例中代理 IP 是免费的,所以使用的时间不固定,超出使用的时间范围该地址将失效。在代理 IP 地址失效或错误时,控制台将显示如图 5.16 所示的异常信息。

```
错误异常信息为： HTTPConnectionPool(host='117.88.176.38', port=3000):
Max retries exceeded with url: http://202020.ip138.com/ (Caused by
ProxyError('Cannot connect to proxy.', NewConnectionError('<urllib3
.connection.HTTPConnection object at 0x00000165C0F3AB88>: Failed to
establish a new connection: [WinError 10061] 由于目标计算机积极拒绝，
无法连接。')))
```

图 5.16　代理 IP 地址失效或错误时提示的异常信息

实例代码与运行结果

2. 提升思维、综合运用

本书以知识点综合运用的方式，带领读者学习各种趣味性较强的爬虫案例，让读者不断提升编写网络爬虫的思维，还可以快速提升对知识点的综合运用能力，让读者能够回顾以往所学的知识点，并结合新的知识点进行综合应用。

案例：爬取京东图书销量排行榜

3. 综合技术、实际项目

本书在强化篇中提供了两个贴近生活应用的项目，力求通过实际应用使读者更容易地掌握爬虫技术与应对业务的需求。爬虫项目都是根据实际开发经验总结而来的，包含了在实际开发中所遇到的各种问题。项目结构清晰、扩展性强，读者可根据个人需求进行扩展开发。

4. 精彩栏目、贴心提示

本书根据实际学习的需要，设置了"注意""说明"等许多贴心的小栏目，辅助读者轻松理解所学知识，规避编程陷阱。

本书由明日科技的 Python 开发团队策划并组织编写，主要编写人员有李磊、王国辉、高春艳、冯春龙、李再天、王小科、赛奎春、申小琦、赵宁、张鑫、周佳星、杨柳、葛忠月、李春林、宋万勇、张宝华、杨丽、刘媛媛、庞凤、胡冬、梁英、谭畅、何平、李菁菁、依莹莹、宋磊等。在编写本书的过程中，我们本着科学、严谨的态度，力求精益求精，但疏漏之处在所难免，敬请广大读者批评斧正。

感谢您阅读本书，希望本书能成为您编程路上的领航者。

祝您读书快乐！

编著者

如何使用本书

本书资源下载及在线交流服务

方法1：使用微信立体学习系统获取配套资源。用手机微信扫描下方二维码，根据提示关注"易读书坊"公众号，选择您需要的资源或服务，点击获取。微信立体学习系统提供的资源和服务包括：

- 视 频 讲 解：快速掌握编程技巧
- 源 码 下 载：全书代码一键下载
- 配 套 答 案：自主检测学习效果
- 拓 展 资 源：术语解释指令速查

扫码享受
全方位沉浸式学习

操作步骤指南　①微信扫描本书二维码。②根据提示关注"易读书坊"公众号。③选取您需要的资源，点击获取。④如需重复使用可再次扫码。

方法2：推荐加入QQ群576760840（若此群已满，请根据提示加入相应的群），可在线交流学习，作者会不定时在线答疑解惑。

方法3：使用学习码获取配套资源。

（1）激活学习码，下载本书配套的资源。

第一步：刮开后勒口的"在线学习码"（如图1所示），用手机扫描二维码（如图2所示），进入如图3所示的登录页面。单击图3页面中的"立即注册"成为明日学院会员。

图1 在线学习码　　图2 手机扫描二维码

第二步：登录后，进入如图4所示的激活页面，在"激活图书VIP会员"后输入后勒口的学习码，单击"立即激活"，成为本书的"图书VIP会员"，专享明日学院为您提供的有关本书的服务。

第三步：学习码激活成功后，还可以查看您的激活记录，如果您需要下载本书的资源，请单击如图5

图3 扫码后弹出的登录页面　　图4 输入图书激活码　　图5 学习码激活成功页面

所示的云盘资源地址，输入密码后即可完成下载。

（2）打开下载到的资源包，找到源码资源。本书共计 31 章，源码文件夹主要包括：实例源码（109个）、实战案例源码（13个）、强化项目源码（2个），具体文件夹结构如下图所示。

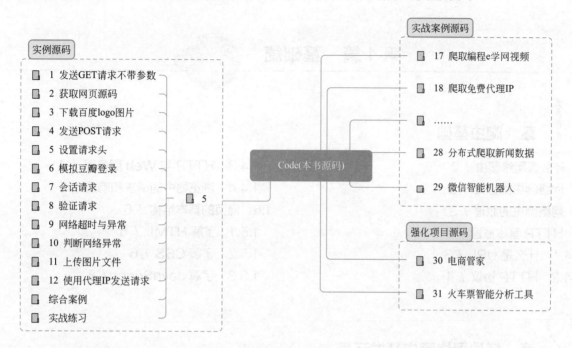

（3）使用开发环境（如 PyCharm）打开章节所对应 Python 项目文件，运行即可。

本书约定

推荐操作系统及 Python 语言版本	
Windows 10	Python 3.8.0及以上
本书介绍的开发环境			
Pycharm 2021	Anaconda3.8	MySQL	redis
商业集成开发环境	集成工具	数据库	数据库

读者服务

为方便解决读者在学习本书过程中遇到的疑难问题及获取更多图书配套资源，我们在明日学院网站提供了社区服务和配套学习服务支持。此外，我们还提供了读者服务邮箱及售后服务电话等，如图书有质量问题，可以及时联系我们，我们将竭诚为您服务。

读者服务邮箱：mingrisoft@mingrisoft.com
售后服务电话：4006751066

目录

第 1 篇　基础篇

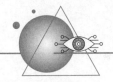

第 1 章　爬虫基础

1.1　什么是网络爬虫 / 2
1.2　网络爬虫的分类 / 3
1.3　网络爬虫的原理 / 3
1.4　HTTP 基本原理 / 3
　1.4.1　什么是 URL / 3
　1.4.2　HTTP 协议 / 4
　1.4.3　HTTP 与 Web 服务器 / 4
　1.4.4　浏览器中的请求和响应 / 5
1.5　网页的基本结构 / 6
　1.5.1　了解 HTML / 6
　1.5.2　了解 CSS / 6
　1.5.3　了解 JavaScript / 8

第 2 章　搭建网络爬虫开发环境

2.1　Anaconda 的安装 / 10
2.2　下载与安装 PyCharm / 13
2.3　配置 PyCharm / 16
2.4　测试 PyCharm / 18

第 3 章　网络请求 urllib 模块

3.1　了解 urllib / 20
3.2　发送网络请求 / 20
　3.2.1　发送 GET 请求 / 21
　　实例 3.1　演示常用的方法与属性 / 21
　3.2.2　发送 POST 请求 / 22
　　实例 3.2　发送 POST 请求 / 22
　3.2.3　请求超时 / 22
　　实例 3.3　处理网络超时 / 23
　3.2.4　设置请求头 / 23
　　实例 3.4　设置请求头 / 24
　3.2.5　获取与设置 Cookie / 25
　　实例 3.5　模拟登录 / 25
　　实例 3.6　获取 Cookie / 27
　　实例 3.7　保存 Cookie 文件 / 27
　　实例 3.8　获取登录后页面中的信息 / 28
　3.2.6　代理 IP 的设置 / 29
　　实例 3.9　设置代理 IP / 29
3.3　处理请求异常 / 29
　　实例 3.10　处理 URLError 异常 / 29
　　实例 3.11　使用 HTTPError 类捕获异常 / 30
　　实例 3.12　双重异常的捕获 / 31
3.4　解析 URL / 31
　3.4.1　URL 的拆分（urlparse、urlsplit）/ 31
　　实例 3.13　使用 urlparse() 方法拆分 URL / 32
　　实例 3.14　使用 urlsplit() 方法拆分 URL / 32
　3.4.2　URL 的组合（urlunparse、urlunsplit）/ 33

实例 3.15　使用 urlunparse() 方法组合 URL / 33
实例 3.16　使用 urlunsplit() 方法组合 URL / 34
3.4.3　URL 的连接（urljoin）/ 34
实例 3.17　使用 urljoin() 方法连接 URL / 34
3.4.4　URL 的编码与解码（urlencode、quote、unquote）/ 35
实例 3.18　使用 urlencode() 方法编码请求参数 / 35
实例 3.19　使用 quote() 方法编码字符串参数 / 35
实例 3.20　使用 unquote() 方法解码请求参数 / 36
3.4.5　URL 的参数转换 / 36
实例 3.21　使用 parse_qs() 方法将参数转换为字典类型 / 36
实例 3.22　使用 parse_qsl() 方法将参数转换为元组所组成的列表 / 36
3.5　综合案例——爬取"百度热搜" / 37
3.5.1　分析数据 / 37
3.5.2　实现网络爬虫 / 37
3.6　实战练习 / 39

第 4 章　网络请求 urllib3 模块

4.1　了解 urllib3 / 40
4.2　发送网络请求 / 41
4.2.1　发送 GET 请求 / 41
实例 4.1　发送 GET 请求 / 41
实例 4.2　发送多个请求 / 41
4.2.2　发送 POST 请求 / 42
实例 4.3　发送 POST 请求 / 42
4.2.3　重试请求 / 43
实例 4.4　重试请求 / 43
4.2.4　获得响应内容 / 43
实例 4.5　获取响应头信息 / 43
实例 4.6　处理服务器返回的 JSON 信息 / 44
实例 4.7　处理服务器返回二进制数据 / 44
4.2.5　设置请求头 / 45
实例 4.8　设置请求头 / 45
4.2.6　设置超时 / 46
实例 4.9　设置超时 / 46
4.2.7　设置代理 IP / 47
实例 4.10　设置代理 IP / 47
4.3　上传文件 / 47
实例 4.11　上传文本文件 / 47
实例 4.12　上传图片文件 / 48
4.4　综合案例——爬取必应壁纸 / 48
4.4.1　分析数据 / 48
4.4.2　实现网络爬虫 / 49
4.5　实战练习 / 51

第 5 章　网络请求 requests 模块

5.1　基本请求方式 / 52
5.1.1　发送 GET 请求 / 53
实例 5.1　发送 GET 请求不带参数 / 53
5.1.2　设置编码 / 53
实例 5.2　获取网页源码 / 53
5.1.3　二进制数据的爬取 / 54
实例 5.3　下载百度 logo 图片 / 54
5.1.4　发送 GET（带参数）请求 / 54
5.1.5　发送 POST 请求 / 55
实例 5.4　发送 POST 请求 / 55
5.2　高级请求方式 / 56
5.2.1　设置请求头 / 56
实例 5.5　设置请求头 / 56
5.2.2　Cookie 的验证 / 57
实例 5.6　模拟豆瓣登录 / 57
5.2.3　会话请求 / 58

实例5.7　会话请求 / 58
5.2.4　验证请求 / 58
实例5.8　验证请求 / 59
5.2.5　网络超时与异常 / 59
实例5.9　网络超时与异常 / 59
实例5.10　判断网络异常 / 60
5.2.6　文件上传 / 60

实例5.11　上传图片文件 / 60
5.2.7　代理的应用 / 61
实例5.12　使用代理IP发送请求 / 61
5.3　综合案例——爬取糗事百科（视频）/ 62
5.3.1　分析数据 / 62
5.3.2　实现爬虫 / 63
5.4　实战练习 / 64

第6章　requests模块的两大扩展

6.1　安装requests-cache模块 / 65
6.2　爬虫缓存的应用 / 66
6.3　多功能requests-html模块 / 68
6.3.1　发送网络请求 / 68
6.3.2　提取数据 / 70
实例6.1　爬取即时新闻 / 70

6.3.3　获取动态渲染的数据 / 73
实例6.2　获取动态渲染的数据 / 73
6.4　综合案例——爬取百度天气 / 75
6.4.1　分析数据 / 75
6.4.2　实现爬虫 / 76
6.5　实战练习 / 77

第7章　正则表达式解析

7.1　通过search()匹配字符串 / 78
7.1.1　匹配指定开头的字符串 / 79
实例7.1　搜索第一个以"mr_"开头的字符串 / 79
7.1.2　可选匹配字符串中的内容 / 79
实例7.2　可选匹配字符串中的内容 / 79
7.1.3　使用"\b"匹配字符串的边界 / 80
实例7.3　使用"\b"匹配字符串的边界 / 80
7.2　通过findall()匹配字符串 / 80
7.2.1　匹配所有以指定字符开头的字符串 / 81
实例7.4　匹配所有以"mr_"开头的字符串 / 81
7.2.2　贪婪匹配法 / 81
实例7.5　使用".*"实现贪婪匹配字符串 / 81

7.2.3　非贪婪匹配法 / 82
实例7.6　使用".*?"实现非贪婪匹配字符串 / 82
7.3　处理字符串 / 83
7.3.1　使用sub()方法替换字符串 / 83
实例7.7　使用sub()方法替换字符串 / 83
7.3.2　使用split()方法分割字符串 / 84
实例7.8　使用split()方法分割字符串 / 84
7.4　综合案例——爬取QQ音乐热歌榜 / 85
7.4.1　分析数据 / 85
7.4.2　实现爬虫 / 85
7.5　实战练习 / 86

第8章　lxml解析模块

8.1　了解XPath / 87
8.2　XPath的基本操作 / 88

8.2.1　HTML的解析 / 88
实例8.1　解析本地的HTML文件 / 88

实例 8.2　解析字符串类型的 HTML 代码 / 88
实例 8.3　解析服务器返回的 HTML 代码 / 89
8.2.2　获取所有标签 / 90
实例 8.4　获取 HTML 代码的所有标签 / 90
8.2.3　获取子标签 / 91
实例 8.5　获取一个标签中的子标签 / 91
实例 8.6　获取子孙标签 / 92
8.2.4　获取父标签 / 92
实例 8.7　获取一个标签的父标签 / 92
8.2.5　获取文本 / 93
实例 8.8　获取 HTML 代码中的文本 / 93
8.2.6　属性匹配 / 94

实例 8.9　使用"[@...]"实现标签属性的匹配 / 94
实例 8.10　属性多值匹配 / 94
实例 8.11　一个标签中多个属性的匹配 / 95
8.2.7　获取属性值 / 96
实例 8.12　获取属性所对应的值 / 96
实例 8.13　使用索引按序获取属性对应的值 / 97
8.2.8　使用标签轴获取标签内容 / 98
实例 8.14　使用标签轴的方式获取标签内容 / 98
8.3　综合案例——爬取豆瓣新书速递 / 99
8.3.1　分析数据 / 99
8.3.2　实现爬虫 / 99
8.4　实战练习 / 100

第 9 章　BeautifulSoup 解析模块

9.1　BeautifulSoup 的基础应用 / 101
9.1.1　安装 BeautifulSoup / 101
9.1.2　解析器的区别 / 102
9.1.3　解析 HTML / 103
实例 9.1　解析 HTML 代码 / 103
9.2　获取标签内容 / 103
9.2.1　获取标签对应的代码 / 104
实例 9.2　获取标签对应的代码 / 104
9.2.2　获取标签属性 / 105
实例 9.3　获取标签属性 / 105
9.2.3　获取标签内的文本 / 106
9.2.4　嵌套获取标签内容 / 106
实例 9.4　嵌套获取标签内容 / 106
9.2.5　关联获取 / 107
实例 9.5　获取子标签 / 107
实例 9.6　获取子孙标签 / 108

实例 9.7　获取父标签 / 109
实例 9.8　获取兄弟标签 / 109
9.3　利用方法获取内容 / 111
9.3.1　find_all() 方法 / 111
实例 9.9　find_all(name) 通过标签名称获取内容 / 111
实例 9.10　find_all(attrs) 通过指定属性获取内容 / 112
实例 9.11　find_all(text) 获取标签中的文本 / 112
9.3.2　find() 方法 / 113
实例 9.12　获取第一个匹配的标签内容 / 113
9.3.3　其他方法 / 114
9.4　CSS 选择器 / 114
实例 9.13　使用 CSS 选择器获取标签内容 / 115
9.5　综合案例——爬取百度贴吧（热议榜）/ 116
9.5.1　分析数据 / 116
9.5.2　实现爬虫 / 116
9.6　实战练习 / 117

第 10 章　爬取动态渲染的数据

10.1　selenium 模块 / 118
10.1.1　配置 selenium 环境 / 118
10.1.2　下载浏览器驱动 / 119

10.1.3　selenium 的应用 / 119
实例 10.1　获取京东商品信息 / 119
10.1.4　selenium 的常用方法 / 120

10.2 Splash 服务 / 121
　10.2.1 搭建 Splash 环境 / 122
　10.2.2 Splash 的 API 接口 / 123
　　实例 10.2 获取百度首页 logo 图片的链接 / 123
　　实例 10.3 获取百度首页截图 / 124
　　实例 10.4 获取请求页面的 JSON 信息 / 125
　10.2.3 自定义 lua 脚本 / 125
　　实例 10.5 获取百度渲染后的 HTML 代码 / 125
10.3 综合案例——爬取豆瓣阅读（连载榜）/ 127
　10.3.1 分析数据 / 127
　10.3.2 实现爬虫 / 128
10.4 实战练习 / 128

第 11 章　数据清洗与文件存储

11.1 使用 pandas 进行数据清洗 / 130
　11.1.1 常见的两种数据结构 / 130
　11.1.2 pandas 数据的基本操作 / 134
　11.1.3 处理 NaN 数据 / 138
　11.1.4 重复数据的筛选 / 140
11.2 常见文件的基本操作 / 142
　11.2.1 存取 TXT 文件 / 142
　　实例 11.1 TXT 文件存储 / 143
　　实例 11.2 读取 message.txt 文件中的前 9 个字符 / 143
　　实例 11.3 从文件的第 14 个字符开始读取 8 个字符 / 144
　　实例 11.4 读取一行 / 144
　　实例 11.5 读取全部行 / 145
　11.2.2 存取 CSV 文件 / 146
　11.2.3 存取 Excel 文件 / 148
11.3 综合案例——爬取豆瓣小组（讨论精选）/ 148
　11.3.1 分析数据 / 149
　11.3.2 实现爬虫 / 149
11.4 实战练习 / 149

第 12 章　数据库存储

12.1 SQLite 数据库 / 151
　12.1.1 创建数据库文件 / 151
　12.1.2 操作 SQLite / 152
12.2 MySQL 数据库 / 153
　12.2.1 下载 MySQL / 153
　12.2.2 安装 MySQL 服务器 / 154
　12.2.3 配置 MySQL / 158
　12.2.4 安装 PyMySQL 数据库操作模块 / 159
　12.2.5 数据库的连接 / 160
　　实例 12.1 连接数据库 / 160
　12.2.6 数据表的创建 / 160
　　实例 12.2 创建数据表 / 161
　12.2.7 数据表的基本操作 / 161
　　实例 12.3 操作数据表 / 161
12.3 综合案例——爬取下厨房（家常菜单）/ 162
　12.3.1 分析数据 / 162
　12.3.2 实现爬虫 / 162
12.4 实战练习 / 164

第 13 章　App 抓包

13.1 下载与安装 Charles 抓包工具 / 165
13.2 PC 端证书的安装 / 167
13.3 设置 SSL 代理 / 169
13.4 网络配置 / 169

13.5 手机证书的安装 / 170
13.6 综合案例——抓取手机微信新闻的地址 / 172
13.7 实战练习 / 173

第 14 章 验证码识别

14.1 字符验证码 / 174
  14.1.1 配置 OCR / 174
  14.1.2 下载验证码图片 / 175
    实例 14.1 下载验证码图片 / 175
  14.1.3 识别图片验证码 / 176
    实例 14.2 识别图片验证码 / 176

14.2 第三方验证码识别 / 178
    实例 14.3 第三方打码平台 / 178
14.3 滑动拼图验证码 / 181
    实例 14.4 滑动拼图验证码 / 181
14.4 综合案例——识别随机生成的验证码 / 182
14.5 实战练习 / 183

第 15 章 Scrapy 爬虫框架的基本应用

15.1 了解 Scrapy 爬虫框架 / 184
15.2 配置 Scrapy 爬虫框架 / 185
  15.2.1 使用 Anaconda 安装 Scrapy / 185
  15.2.2 Windows 系统下配置 Scrapy / 186
15.3 Scrapy 的基本用法 / 187
  15.3.1 创建项目 / 187
  15.3.2 创建爬虫 / 188
    实例 15.1 爬取网页代码并保存 HTML 文件 / 188

  15.3.3 提取数据 / 190
    实例 15.2 使用 XPath 表达式获取多条信息 / 191
    实例 15.3 翻页提取数据 / 191
    实例 15.4 包装结构化数据 / 192
15.4 综合案例——爬取 NBA 得分排名 / 192
  15.4.1 分析数据 / 193
  15.4.2 实现爬虫 / 193
15.5 实战练习 / 194

第 16 章 Scrapy 爬虫框架的高级应用

16.1 编写 Item Pipeline / 195
  16.1.1 Item Pipeline 的核心方法 / 195
  16.1.2 将信息存储到数据库中 / 196
    实例 16.1 将京东数据存储至数据库 / 196
16.2 文件下载 / 199
    实例 16.2 下载京东外设商品图片 / 200
16.3 自定义中间件 / 201
  16.3.1 设置随机请求头 / 201
    实例 16.3 设置随机请求头 / 202

  16.3.2 设置 Cookies / 203
    实例 16.4 通过 Cookies 模拟自动登录 / 204
  16.3.3 设置代理 IP / 205
    实例 16.5 随机代理中间件 / 206
16.4 综合案例——爬取 NBA 球员资料 / 207
  16.4.1 分析数据 / 207
  16.4.2 实现爬虫 / 208
16.5 实战练习 / 211

第 2 篇 实战篇

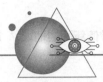

第 17 章 基于正则表达式爬取编程 e 学网视频 (requests+re)

- 17.1 案例效果预览 / 213
- 17.2 案例准备 / 214
- 17.3 业务流程 / 214
- 17.4 实现过程 / 214
- 17.4.1 查找视频页面 / 214
- 17.4.2 分析视频地址 / 215
- 17.4.3 实现视频下载 / 215

第 18 章 基于正则表达式爬取免费代理 IP(requests+pandas+re+random)

- 18.1 案例效果预览 / 217
- 18.2 案例准备 / 218
- 18.3 业务流程 / 218
- 18.4 实现过程 / 219
- 18.4.1 分析请求地址 / 219
- 18.4.2 确认数据所在位置 / 219
- 18.4.3 爬取代理 IP 并保存 / 220
- 18.4.4 检测代理 IP / 221

第 19 章 基于 beautifulsoup4 爬取酷狗 TOP500 音乐榜单 (requests+bs4+time+random)

- 19.1 案例效果预览 / 224
- 19.2 案例准备 / 225
- 19.3 业务流程 / 225
- 19.4 实现过程 / 225
- 19.4.1 分析每页的请求地址 / 225
- 19.4.2 分析信息所在标签位置 / 226
- 19.4.3 编写爬虫代码 / 227

第 20 章 基于 beautifulsoup4 爬取段子网 (requests+beautifulsoup4+time+random)

- 20.1 案例效果预览 / 229
- 20.2 案例准备 / 230
- 20.3 业务流程 / 230
- 20.4 实现过程 / 230
  - 20.4.1 分析每页请求地址 / 230
- 20.4.2 分析详情页请求地址 / 231
- 20.4.3 确认段子各种信息的 HTML 代码位置 / 232
- 20.4.4 编写爬虫代码 / 232

第 21 章 基于 beautifulsoup4 爬取汽车之家图片 (beautifulsoup4+Pillow+PyQt5+urllib)

21.1 案例效果预览 / 234
21.2 案例准备 / 235
21.3 业务流程 / 235
21.4 实现过程 / 236
  21.4.1 登录窗体 / 236
  21.4.2 设计主窗体 / 237
  21.4.3 编写爬虫 / 237
  21.4.4 启动爬虫 / 239
  21.4.5 查看原图 / 241

第 22 章 使用多进程爬取电影资源 (requests+bs4+multiprocessing +re+time)

22.1 案例效果预览 / 242
22.2 案例准备 / 242
22.3 业务流程 / 243
22.4 实现过程 / 243
  22.4.1 分析请求地址 / 243
  22.4.2 爬取电影详情页地址 / 244
  22.4.3 爬取电影信息与下载地址 / 245

第 23 章 基于多进程实现二手房数据查询 (requests_html+pandas+matplotlib+multiprocessing)

23.1 案例效果预览 / 248
23.2 案例准备 / 249
23.3 业务流程 / 249
23.4 实现过程 / 250
  23.4.1 确认二手房数据位置 / 250
  23.4.2 二手房数据的爬取 / 251
  23.4.3 数据可视化显示 / 253

第 24 章 基于动态渲染页面爬取京东图书销量排行榜 (requests_html+sqlite3+os)

24.1 案例效果预览 / 256
24.2 案例准备 / 257
24.3 业务流程 / 257
24.4 实现过程 / 257
  24.4.1 分析请求地址 / 257
  24.4.2 确认数据在网页 HTML 代码中的位置 / 257
  24.4.3 编写爬虫程序 / 258

第 25 章 爬取中关村在线中的手机数据 (requests_html+pymysql+random+time)

25.1 案例效果预览 / 260
25.2 案例准备 / 260
25.3 业务流程 / 261
25.4 实现过程 / 261
　25.4.1 分析手机主页中每页地址 / 261
25.4.2 分析每个手机的详情页地址 / 262
25.4.3 确认详情页手机数据位置 / 262
25.4.4 创建 MySQL 数据表 / 262
25.4.5 编写爬虫程序 / 263

第 26 章 基于异步请求爬取北、上、广、深租房信息 (requests+lxml+pandas+aiohttp+asyncio)

26.1 案例效果预览 / 267
26.2 案例准备 / 267
26.3 业务流程 / 268
26.4 实现过程 / 268
26.4.1 获取租房信息总页数 / 268
26.4.2 确认数据所在的 HTML 代码位置 / 271
26.4.3 编写爬虫提取数据 / 272

第 27 章 基于 XPath 爬取豆瓣电影 Top250(requests+lxml+time+random)

27.1 案例效果预览 / 274
27.2 案例准备 / 275
27.3 业务流程 / 275
27.4 实现过程 / 275
27.4.1 分析请求地址 / 275
27.4.2 分析信息位置 / 276
27.4.3 爬虫代码的实现 / 277

第 28 章 分布式爬取新闻数据 (scrapy+ pymysql+scrapy-redis 正则表达式)

28.1 案例效果预览 / 279
28.2 案例准备 / 280
28.3 业务流程 / 280
28.4 实现过程 / 280
　28.4.1 Redis 数据库的安装 / 280
28.4.2 安装 scrapy-redis 模块 / 281
28.4.3 分析请求地址 / 282
28.4.4 创建数据表（MySQL）/ 282
28.4.5 创建 Scrapy 项目 / 283
28.4.6 分布式爬虫的启动 / 286

第29章 微信智能机器人 (Flask+ 小米球 ngrok)

- 29.1 案例效果预览 / 290
- 29.2 案例准备 / 291
- 29.3 业务流程 / 291
- 29.4 微信公众平台开发必备 / 291
  - 29.4.1 注册订阅号 / 291
  - 29.4.2 公众号基本配置 / 292
- 29.5 内网穿透工具 / 293
  - 29.5.1 内网穿透工具简介 / 293
  - 29.5.2 下载安装 / 293
  - 29.5.3 测试外网域名 / 294
- 29.6 爬取糗事百科笑话 / 295
  - 29.6.1 页面分析 / 295
  - 29.6.2 随机爬取一条笑话 / 295
- 29.7 爬取天气信息 / 296
  - 29.7.1 页面分析 / 296
  - 29.7.2 爬取天气信息 / 297
- 29.8 微信智能机器人的实现 / 298
  - 29.8.1 校验签名 / 298
  - 29.8.2 填写配置信息 / 299
  - 29.8.3 接收文本消息 / 299
  - 29.8.4 整合笑话和天气功能 / 300

第3篇 强化篇

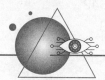

第30章 电商管家 (PyQt5+pyqt5-tools+requests+pymysql+matplotlib)

- 30.1 系统需求分析 / 303
  - 30.1.1 系统概述 / 303
  - 30.1.2 系统可行性分析 / 304
  - 30.1.3 系统用户角色分配 / 304
  - 30.1.4 功能性需求分析 / 304
  - 30.1.5 非功能性需求分析 / 304
- 30.2 系统设计 / 304
  - 30.2.1 系统功能结构 / 304
  - 30.2.2 系统业务流程 / 305
  - 30.2.3 系统预览 / 305
- 30.3 系统开发必备 / 306
  - 30.3.1 开发工具准备 / 306
  - 30.3.2 文件夹组织结构 / 306
- 30.4 主窗体的UI设计 / 306
  - 30.4.1 主窗体的布局 / 306
  - 30.4.2 主窗体显示效果 / 308
- 30.5 设计数据库表结构 / 308
- 30.6 爬取数据 / 309
  - 30.6.1 获取京东商品热卖排行信息 / 309
  - 30.6.2 获取价格信息 / 313
  - 30.6.3 获取评价信息 / 314
  - 30.6.4 定义数据库操作文件 / 316
- 30.7 主窗体的数据展示 / 319
  - 30.7.1 显示前10名热卖榜图文信息 / 319
  - 30.7.2 显示关注商品列表 / 322
  - 30.7.3 显示商品分类比例饼图 / 327
- 30.8 外设产品热卖榜 / 330
- 30.9 商品预警 / 332
  - 30.9.1 关注商品中、差评预警 / 332
  - 30.9.2 关注商品价格变化预警 / 334
  - 30.9.3 更新关注商品信息 / 336
- 30.10 系统功能 / 337

第 31 章　火车票智能分析工具(PyQt5+matplotlib +requests+json+sys+time)

31.1　系统需求分析 / 339
  31.1.1　系统概述 / 339
  31.1.2　系统可行性分析 / 340
  31.1.3　系统用户角色分配 / 340
  31.1.4　功能性需求分析 / 340
  31.1.5　非功能性需求分析 / 340
31.2　系统设计 / 341
  31.2.1　系统功能结构 / 341
  31.2.2　系统业务流程 / 341
  31.2.3　系统预览 / 341
31.3　系统开发必备 / 342
  31.3.1　开发工具准备 / 342
  31.3.2　文件夹组织结构 / 342
31.4　主窗体的 UI 设计 / 343
  31.4.1　主窗体的布局 / 343
  31.4.2　主窗体显示效果 / 347
31.5　爬取数据 / 347
  31.5.1　获取请求地址与参数 / 347
  31.5.2　下载数据文件 / 348
  31.5.3　查询所有车票信息 / 352
  31.5.4　卧铺票的查询与分析 / 354
  31.5.5　查询车票起售时间 / 356
31.6　主窗体的数据显示 / 358
  31.6.1　车票查询区域的数据显示 / 358
  31.6.2　卧铺售票分析区域的数据显示 / 364
  31.6.3　卧铺车票数量走势图的显示 / 366
  31.6.4　查询车票起售时间的数据显示 / 369

附录

附录 1　数据解析速查表 / 371
附录 2　PyCharm 常用快捷键 / 377
附录 3　PyCharm 常用设置 / 378

第 1 篇
基础篇

- 第 1 章　爬虫基础
- 第 2 章　搭建网络爬虫开发环境
- 第 3 章　网络请求 urllib 模块
- 第 4 章　网络请求 urllib3 模块
- 第 5 章　网络请求 requests 模块
- 第 6 章　requests 模块的两大扩展
- 第 7 章　正则表达式解析
- 第 8 章　lxml 解析模块
- 第 9 章　BeautifulSoup 解析模块
- 第 10 章　爬取动态渲染的数据
- 第 11 章　数据清洗与文件存储
- 第 12 章　数据库存储
- 第 13 章　App 抓包
- 第 14 章　验证码识别
- 第 15 章　Scrapy 爬虫框架的基本应用
- 第 16 章　Scrapy 爬虫框架的高级应用

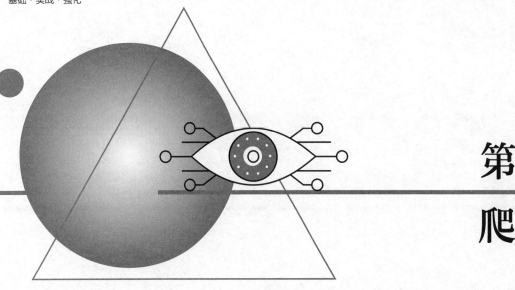

第1章 爬虫基础

在大数据的时代里，网络信息量变得越来越大、越来越多，此时如果通过人工的方式筛选自己所感兴趣的信息是一件很麻烦的事情，利用爬虫技术却可以自动、高效地获取互联网中的指定信息，因此网络爬虫在互联网中的地位变得越来越重要。

本章将介绍什么是网络爬虫、网络爬虫都有哪些分类、网络爬虫的基本原理、HTTP协议以及网页的基本结构。

1.1 什么是网络爬虫

网络爬虫（又被称作网络蜘蛛、网络机器人，在某些社区中也经常被称为网页追逐者）可以按照指定的规则（网络爬虫的算法）自动浏览或抓取网络中的信息，通过Python可以很轻松地编写爬虫程序或者是脚本。

在生活中网络爬虫经常出现，搜索引擎就离不开网络爬虫。例如，百度搜索引擎的网络爬虫名字叫作百度蜘蛛（Baiduspider）。百度蜘蛛是百度搜索引擎的一个自动程序，它每天都会在海量的互联网信息中进行爬取，收集并整理互联网上的网页、图片、视频等信息。当用户在百度搜索引擎中输入对应的关键词时，百度将从收集的网络信息中找出相关的内容，按照一定的顺序将信息展现给用户。百度蜘蛛在工作的过程当中，搜索引擎会构建一个调度程序，来调度百度蜘蛛的工作，这些调度程序都是需要使用一定的算法来实现的。采用不同的算法，网络爬虫的工作效率也会有所不同，爬取的结果也会有所差异。所以，在学习网络爬虫的时候不仅需要了解网络爬虫的实现过程，还需要了解一些常见的网络爬虫算法。在特定的情况下，还需要开发者自己制定相应的算法。

1.2 网络爬虫的分类

网络爬虫按照实现的技术和结构可以分为以下几种类型：通用网络爬虫、聚焦网络爬虫、增量式网络爬虫、深层网络爬虫等类型。在实际的网络爬虫中，通常是这几类的组合体。

（1）通用网络爬虫

通用网络爬虫又叫作全网爬虫（scalable web crawler），通用网络爬虫的爬行范围和数量巨大，正是由于其爬取的数据是海量数据，所以对于爬行速度和存储空间要求较高。通用网络爬虫在爬行页面的顺序要求上相对较低，同时由于待刷新的页面太多，通常采用并行工作方式，需要较长时间才可以刷新一次页面，所以存在着一定的缺陷。这种网络爬虫主要应用于大型搜索引擎中，有非常高的应用价值。通用网络爬虫主要由初始URL（统一资源定位符）集合、URL队列、页面爬行模块、页面分析模块、页面数据库、链接过滤模块等构成。

（2）聚焦网络爬虫

聚焦网络爬虫（focused crawler）也叫主题网络爬虫（topical crawler），是指按照预先定义好的主题，有选择地进行相关网页爬取的一种网络爬虫。它和通用网络爬虫相比，不会将目标资源定位在整个互联网当中，而是将爬取的目标网页定位在与主题相关的页面中，极大地节省了硬件和网络资源，保存的页面也由于数量少而更快了。聚焦网络爬虫主要应用在对特定信息的爬取，为某一类特定的人群提供服务。

（3）深层网络爬虫

在互联网中，Web页面按存在方式可以分为表层网页（surface web）和深层网页（deep web）。表层网页指的是不需要提交表单，使用静态的超链接就可以直接访问的静态页面。深层网页指的是那些大部分内容不能通过静态链接获取的隐藏在搜索表单后面的，需要用户提交一些关键词才能获得的Web页面。深层页面需要访问的信息数量是表层页面信息数量的几百倍，所以深层页面是主要的爬取对象。

深层网络爬虫主要通过六个基本功能的模块（爬行控制器、解析器、表单分析器、表单处理器、响应分析器、LVS控制器）和两个爬虫内部数据结构（URL列表、LVS表）等部分构成。其中，LVS（label value set）表示标签、数值集合，用来表示填充表单的数据源。

1.3 网络爬虫的原理

网络爬虫的基本工作流程如图1.1所示。

网络爬虫的基本工作流程如下。

① 获取初始的网络地址，该地址是用户自己制定的初始爬取的网页。

② 通过爬虫代码向网页服务器发送网络请求。

③ 实现网页中数据的解析，确认数据在网页代码中的位置。

④ 在服务器响应数据中，提取数据内容。

⑤ 实现数据的清洗，将无用数据筛选。

⑥ 将清洗后的数据保存至本地或数据库当中。

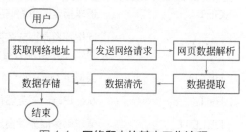

图1.1 网络爬虫的基本工作流程

1.4 HTTP基本原理

1.4.1 什么是URL

使用浏览器访问网页时，需要在浏览器地址栏处填写目标网页的URL地址（uniform resource locator,

统一资源定位符)。例如,Python 下载页面中的 URL 地址是"https://www.python.org/downloads/",其中 https 表示网页的访问协议,www.python.org 表示访问域名,downloads 表示访问路径。

1.4.2 HTTP 协议

当用户在浏览器中输入"www.mingrisoft.com"网址访问明日学院网站时,用户的浏览器被称为客户端,而明日学院网站被称为服务器。这个过程实质上就是客户端向服务器发起请求,服务器接收请求后,将处理后的信息(也称为响应)传给客户端。这个过程是通过 HTTP 协议实现的。

HTTP (hypertext transfer protocol),即超文本传输协议,是互联网上应用最为广泛的一种网络协议。HTTP 是利用 TCP(传输控制协议)在 Web 服务器和客户端之间传输信息的协议。客户端使用 Web 浏览器发起 HTTP 请求给 Web 服务器,Web 服务器发送被请求的信息给客户端。

1.4.3 HTTP 与 Web 服务器

当在浏览器输入 URL 地址后,浏览器会先请求 DNS(域名系统)服务器,获得请求站点的 IP 地址(根据 URL 地址"www.mingrisoft.com"获取其对应的 IP 地址,如 101.201.120.85),然后发送一个 HTTP 请求(request)给拥有该 IP 的主机(明日学院的阿里云服务器),接着就会接收到服务器返回的 HTTP 响应(response),浏览器经过渲染后,以一种较好的效果呈现给用户。HTTP 基本原理如图 1.2 所示。

图 1.2 HTTP 基本原理

Web 服务器的工作原理可以概括为以下 4 步。

① 建立连接:客户端通过 TCP/IP(传输控制协议、网际协议)协议建立到服务器的 TCP 连接。

② 请求过程:客户端向服务器发送 HTTP 协议请求包,请求服务器里的资源文档。常用的请求方法如表 1.1 所示。

表 1.1 HTTP 协议的常用请求方法

方法	描述
GET	请求指定的页面信息,并返回响应内容
POST	向指定资源提交数据进行处理请求(如提交表单或者上传文件)。数据被包含在请求体中。POST 请求可能会导致新的资源的建立和已有资源的修改
HEAD	类似于 GET 请求,只不过返回的响应中没有具体的内容,用于获取报文头部信息
PUT	从客户端向服务器传送的数据取代指定的文档内容
DELETE	请求服务器删除指定的页面
OPTIONS	允许客户端查看服务器的性能

③ 应答过程:服务器向客户端发送 HTTP 协议应答包,如果请求的资源包含动态语言的内容,那么服务器会调用动态语言的解释引擎处理"动态内容",并将处理后得到的数据返回给客户端。由客户端解释 HTML(超文本标记语言)文档,并在客户端屏幕上渲染图形结果。服务器返回给客户端的状态码可以分为 5 种类型,由它们的第一位数字表示,如表 1.2 所示。例如,状态码为 200,表示请求成功已完成;状态码 404,表示服务器找不到给定的资源。

表 1.2　HTTP 状态码含义

代码	含义
1**	信息，请求收到，继续处理
2**	成功，行为被成功地接收、理解和采纳
3**	重定向，为了完成请求，必须进一步执行的动作
4**	客户端错误，请求包含语法错误或者请求无法实现
5**	服务器错误，服务器不能实现一种明显无效的请求

④ 关闭连接：客户端与服务器断开连接。

1.4.4　浏览器中的请求和响应

例如，使用谷歌浏览器访问明日学院官网，查看请求和响应流程的具体步骤如下。

① 在谷歌浏览器中输入网址 "www.mingrisoft.com"，按下 Enter 键，进入明日学院官网。

② 按下 F12 功能键（或单击鼠标右键，选择 "检查" 选项），审查页面元素，效果如图 1.3 所示。

图 1.3　打开谷歌浏览器开发者工具

③ 单击谷歌浏览器开发者工具的 "Network" 选项，按下 F5 功能键（或手动刷新页面），单击开发者工具中 "Name" 栏目下的 "www.mingrisoft.com"，查看请求与响应的信息。如图 1.4 所示。

从图 1.4 中得知 General（概述）信息如下。

- ↻ Request URL：请求的 URL 地址，也就是服务器的 URL 地址。
- ↻ Request Method：请求方式是 GET。
- ↻ Status Code：状态码是 200，即成功返回响应。
- ↻ Remote Address：服务器 IP 地址是 101.201.120.85，端口号是 80。

如果我们在浏览器中打开的是一个 "登录" 页面，输入 "账号" 与 "密码" 后，单击 "登录" 按钮时将发送一个 POST 请求，此时浏览器的请求信息如图 1.5 所示。

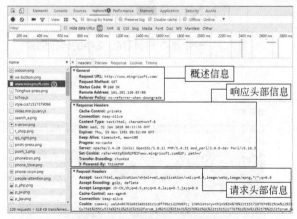

图 1.4　请求和响应信息

图 1.5　POST 请求信息

1.5 网页的基本结构

网络爬虫所爬取的目标是网页，所以了解网页的基本结构是非常重要的。数以亿计的网页都离不开 Web 三剑客（HTML、CSS、JavaScript），其中 HTML 主要用于实现 Web 页面中的各种组件，如按钮、文字、图片、表格等；CSS 主要用于实现 Web 页面中组件位置、文字颜色等其他样式；JavaScript 则是一种编程语言，Web 页面主要通过它来实现动态效果，如动态数据的显示或者是提示框的弹出都需要通过 JavaScript 实现。本节将介绍 HTML、CSS 以及 JavaScript 相关知识。

1.5.1 了解 HTML

HTML 是纯文本类型的语言，使用 HTML 编写的网页文件也是标准的纯文本文件。我们可以用任何文本编辑器，如 Windows 的"记事本"程序打开它，查看其中的 HTML 源代码，也可以在浏览器打开网页时，通过相应的"查看→源文件"命令查看网页中的 HTML 源代码。HTML 文件可以直接由浏览器解释执行，而无须编译。当用浏览器打开网页时，浏览器读取网页中的 HTML 代码，分析其语法结构，然后根据解释的结果显示网页内容。

我们先来看一个基本的 HTML 文档，具体代码如图 1.6 所示。

在图 1.6 中，第 1 行代码用于指定的是文档的类型；第 2 行和第 10 行为 HTML 文档的根标签，也就是 <html> 标签；第 3 行和第 6 行为头标签，也就是 <head> 标签；第 7 行和第 9 行为主体标签，也就是 <body> 标签。

图 1.6 所示代码的运行结果如图 1.7 所示。

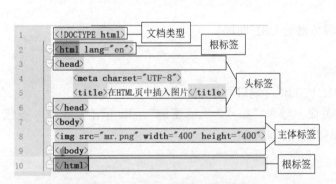

图 1.6 一个基本的 HTML 文档

图 1.7 一个基本的 HTML 文档的运行结果

1.5.2 了解 CSS

CSS 是 cascading style sheets（层叠样式表）的缩写。CSS 是一种标记语言，用于为 HTML 文档定义布局。例如，CSS 涉及字体、颜色、边距、高度、宽度、背景图像、高级定位等方面。运用 CSS 样式可以让页面变得美观，就像化妆前和化妆后的效果一样，如图 1.8 所示。

CSS 可以改变 HTML 中标签的样式，那么 CSS

图 1.8 使用 CSS 前后效果对比

是如何改变它们的样式的呢？简单地说，就是告诉 CSS 三个问题，即改变谁，改什么，怎么改。告诉 CSS 改变谁时就需要用到选择器。选择器是用来选择标签的方式，如 ID 选择器就是通过 ID 来选择标签，类选择器就是通过类名选择标签。然后告诉 CSS 改变这个标签的什么属性，最后指定这个属性的属性值。

（1）属性选择器

属性选择器就是通过属性来选择标签，这些属性既可以是标准属性（HTML 中默认该有的属性，如 input 标签中的 type 属性），也可以是自定义属性。

在 HTML 中，通过各种各样的属性，可以给元素增加很多附加信息。例如，在一个 HTML 页面中，插入了多个 <p> 标签，并且为每个 <p> 标签设定了如字体大小、颜色等。示例代码如下。

```
01 <p font="fontsize"> 编程图书 </p>      <!-- 设置 font 属性的属性值为 fontsize -->
02 <p color="red">PHP 编程 </p>           <!-- 设置 color 属性的属性值为 red -->
03 <p color="red">Java 编程 </p>          <!-- 设置 color 属性的属性值为 red -->
04 <p font="fontsize"> 当代文学 </p>      <!-- 设置 font 属性的属性值为 fontsize-->
05 <p color="green"> 盗墓笔记 </p>         <!-- 设置 color 属性的属性值为 green-->
06 <p color="green"> 明朝那些事 </p>       <!-- 设置 color 属性的属性值为 green -->
```

在 HTML 中为标签添加属性之后，就可以在 CSS 中使用属性选择器选择对应的标签来改变样式。在使用属性选择器时，需要声明属性与属性值，声明方法如下。

```
[att=val]{}
```

其中，att 代表属性，val 代表属性值。例如，如下代码就可以实现为相应的 p 标签设置样式。

```
07 [color=red]{                          /* 选择所有 color 属性的属性值为 red 的标签 */
08     color: red;                       /* 设置其字体颜色为红色 */
09 }
10 [color=green]{                        /* 选择所有 color 属性的属性值为 green 的 p 标签 */
11     color: green;                     /* 设置其字体颜色为绿色 */
12 }
13 [font=fontsize]{                      /* 选择所有 font 属性的属性值为 fontsize 的 p 标签 */
14     font-size: 20px;                  /* 设置其字体大小为 20 像素 */
15 }
```

💡 注意

给元素定义属性和属性值时，可以任意定义属性，但是要尽量做到"见名知意"，也就是看到这个属性名和属性值，就能明白设置这个属性的用意。

（2）ID 和类选择器

在 CSS 中，除了属性选择器，ID 和类选择器也是受到广泛支持的选择器。ID 选择器通过 HTML 页面中的 id 属性来进行选择增添样式，与类选择器的功能基本相同，但需要注意的是由于 HTML 页面中不能包含有两个相同的 id 标记，因此定义的 ID 选择器也就只能被使用一次。ID 选择器前面有一个"#"，也称为棋盘号或井号。语法如下。

```
#intro{color:red;}
```

类选择器的名称由用户自己定义，并以"."开头，定义的属性与属性值也要遵循 CSS 规范。要应用类选择器的 HTML 标记，只需使用 class 属性来声明即可。语法如下。

```
.intro{color:red;}
```

第二个区别是 ID 选择器引用 id 属性的值，而类选择器引用的是 class 属性的值。

> **注意**
>
> 在一个网页中标签的 class 属性可以定义多个，而 id 属性只能定义一个。例如，一个页面中只能有一个标签的 id 属性值为 "intro"。

1.5.3 了解 JavaScript

JavaScript 是一种可以嵌入在 HTML 代码中由客户端浏览器运行的脚本语言。在网页中使用 JavaScript 代码，不仅可以实现网页特效，还可以响应用户请求实现动态交互的功能。例如，在用户注册页面中，需要对用户输入信息的合法性进行验证，包括是否填写了"邮箱"和"手机号"，填写的"邮箱"和"手机号"格式是否正确等。利用 JavaScript 验证邮箱是否为空的效果如图 1.9 所示。

图 1.9 利用 JavaScript 验证邮箱是否为空

通常情况下，在 Web 页面中使用 JavaScript 有两种方法，一种是在页面中直接嵌入 JavaScript 代码，另一种是链接外部 JavaScript 文件。下面分别对这两种方法进行介绍。

> **说明**
>
> 编辑 JavaScript 程序可以使用任何一种文本编辑器，如 Windows 中的记事本、写字板等应用软件。由于 JavaScript 程序可以嵌入 HTML 文件中，因此，可以使用任何一种编辑 HTML 文件的工具软件，如 Dreamweaver 和 WebStorm 等。

（1）在页面中直接嵌入 JavaScript 代码

在 HTML 文档中可以使用 \<script>…\</script> 标签将 JavaScript 脚本嵌入到其中。在 HTML 文档中可以使用多个 \<script> 标签，每个 \<script> 标签中可以包含多个 JavaScript 的代码集合。\<script> 标签常用的属性及说明如表 1.3 所示。

表 1.3 \<script> 标签常用的属性及说明

属性值	含义
language	设置所使用的脚本语言及版本
src	设置一个外部脚本文件的路径位置
type	设置所使用的脚本语言，此属性已代替 language 属性
defer	此属性表示当 HTML 文档加载完毕后再执行脚本语言

在 HTML 页面中直接嵌入 JavaScript 代码，如图 1.10 所示。

> **注意**
>
> <script> 标签可以放在 Web 页面的 <head></head> 标签中，也可以放在 <body></body> 标签中。

（2）链接外部 JavaScript 文件

在 Web 页面中引入 JavaScript 的另一种方法是采用链接外部 JavaScript 文件的形式。如果脚本代码比较复杂或是同一段代码可以被多个页面所使用，则可以将这些脚本代码放置在一个单独的文件中（保存文件的扩展名为"js"），然后在需要使用该代码的 Web 页面中链接该 JavaScript 文件即可。在 Web 页面中链接外部 JavaScript 文件的语法格式如下。

```
<script language="javascript" src="your-Javascript.js"></script>
```

在 HTML 页面中链接外部 JavaScript 文件，如图 1.11 所示。

图 1.10　在 HTML 页面中直接嵌入 JavaScript 代码

图 1.11　链接外部 JavaScript 文件

> **注意**
>
> 在外部 JavaScript 文件中，不需要将脚本代码用 <script> 和 </script> 标签括起来。

小结

本章首先介绍了什么是网络爬虫，然后介绍了网络爬虫三种比较常见的分类，接着介绍了网络爬虫的一些基本原理，最后介绍了 Web 前端中的 HTTP 协议以及网页构造的三剑客（HTML、CSS、JavaScript）。本章为网络爬虫的基础知识，了解网络爬虫的基本原理和网页构造是为了以后学习网络爬虫技术打好基础。

扫码领取
- 视频讲解
- 源码下载
- 配套答案
- 拓展资料
- ……

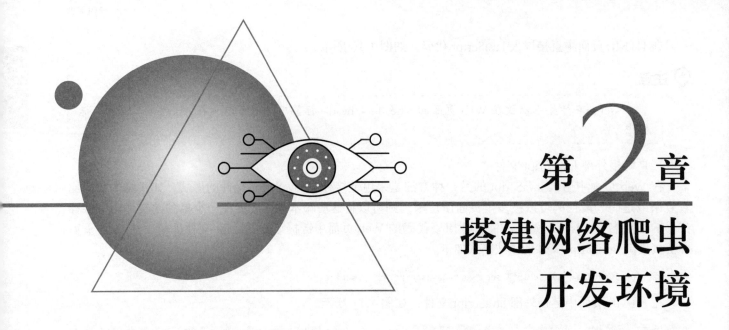

第 2 章 搭建网络爬虫开发环境

"工欲善其事，必先利其器。"再厉害的工匠也需要一把称手的工具，编写网络爬虫程序也是如此。搭建 Pyhton 网络爬虫的开发环境不仅需要安装 Python，还需要安装大量的第三方模块，所以 Anaconda 是一个不错的选择，它不仅包含了 Python 运行环境，还集成了很多第三方模块。除此之外，还需要安装 PyCharm 开发工具，该工具的功能比较强大，其功能包括代码高亮、项目管理、代码跳转、智能提示、单元测试等，可以帮助开发者提高开发效率。

本章将先介绍如何在 Windows 系统下安装 Anaconda 集成环境，然后介绍如何安装 Pycharm 开发工具，以及 Pycharm 的配置与测试功能。

2.1 Anaconda 的安装

Anaconda 是一个完全免费的大规模数据处理、预测分析和科学计算工具。该工具中不仅集成了 Python 解析器，还有很多用于数据处理和科学计算的第三方模块，其中也包含许多网络爬虫所需要使用的模块，如 requests 模块、BeautifulSoup 模块、lxml 模块等。

在 Windows 系统下安装 Anaconda 的具体步骤如下。

① 在浏览器中打开 Anaconda 首页地址"https://www.anaconda.com/"，然后单击"Get Started"按钮，如图 2.1 所示。

② 在欢迎界面中，单击"Install Anaconda Individual Edition"选项，如图 2.2 所示。

③ 在 Anaconda 个人页面中，单击"Download"按钮，如图 2.3 所示。

④ 在"Anaconda Installers"页面，选择自己需要的 Anaconda 版本，这里以 Windows（64-Bit）为例，如图 2.4 所示。

图 2.1　打开 Anaconda 首页

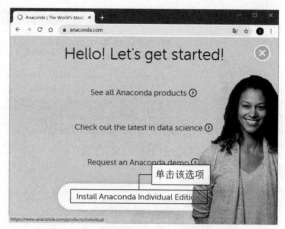

图 2.2　选择安装 Anaconda 个人版

图 2.3　单击 "Download" 按钮

图 2.4　下载需要的 Anaconda 版本

说明

> 下载完成后，浏览器会自动提示"此类型的文件可能会损害您的计算机。您仍然要保留 Anaconda3—….exe 吗？"，此时，单击"保留"按钮，保留该文件即可。

注意

> 需要自己查看一下计算机的系统版本与位数，然后下载系统支持的 Anaconda。

⑤下载完成后，在下载文件的路径下，直接双击运行下载的文件，在"Welcome to Anaconda3（自己下载的版本）"页面中直接单击"Next"按钮，如图 2.5 所示。

⑥在"License Agreement"页面中直接单击"I Agree"按钮，如图 2.6 所示。

⑦在"Select Installation Type"页面内选择"All Users"单选按钮，然后单击"Next"按钮，如图 2.7 所示。

⑧在"Choose Install Location"页面中选择自己的安装路径（建议不要使用中文路径），这里笔者选择一个自定义的安装路径，然后单击"Next"按钮，如图 2.8 所示。

⑨在"Advanced Installation Options"页面中，勾选第一复选框，将 Anaconda 加入环境变量，然后单击"Install"按钮进行安装，如图 2.9 所示。

⑩由于 Anaconda 中包含的模块较多，所以在安装过程中需要等待的时间较长，安装进度如图 2.10 所示。

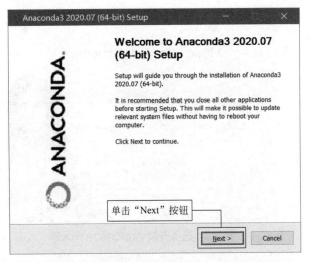

图2.5 "Welcome to Anaconda3"页面

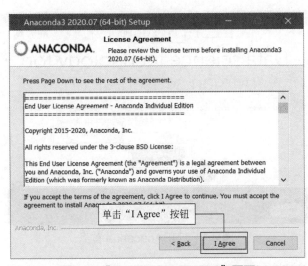

图2.6 "License Agreement"页面

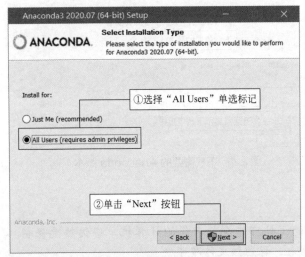

图2.7 "Select Installation Type"页面

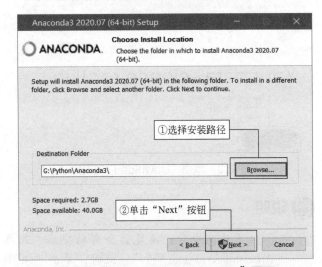

图2.8 "Choose Install Location"页面

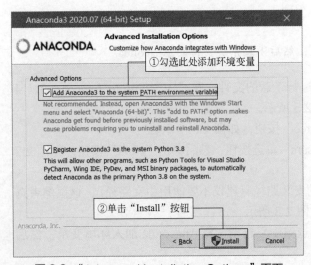

图2.9 "Advanced Installation Options"页面

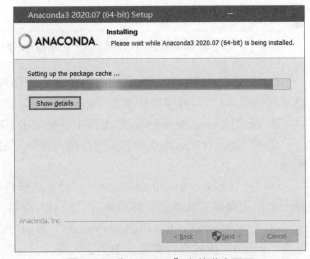

图2.10 "Installing"安装进度页面

⑪ 安装进度完成以后,将进入"Installation Complete"页面中,在该页面中直接单击"Next"按钮,

如图 2.11 所示。

⑫ 由于 Anaconda 与 JetBrains 为合作关系，所以官方推荐使用 Pycharm 开发工具，在该页面中直接单击"Next"按钮，如图 2.12 所示。

⑬ 最后在"Completing Anaconda 3 2020.07 (64-bit) Setup"页面中根据个人需求，勾选或取消勾选复选框（笔者选择取消勾选），再单击"Finish"按钮，如图 2.13 所示。

⑭ 在 Anaconda 安装完成以后并保证已经添加系统环境变量的情况下，打开 Anaconda Prompt（Anaconda3）命令行窗口，然后输入"conda list"回车后即可查看当前 Anaconda 已经安装好的所有模块，如图 2.14 所示。

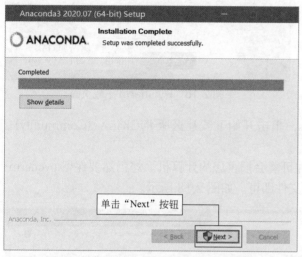

图 2.11 "Installation Complete"页面

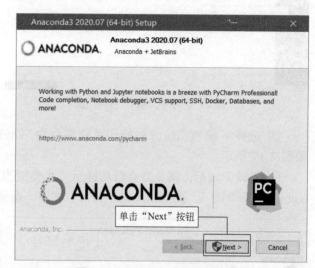

图 2.12 Pycharm 开发工具提示

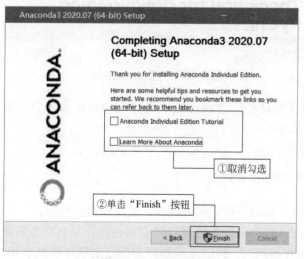

图 2.13 安装结束

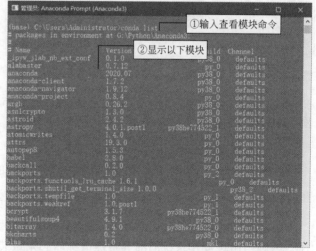

图 2.14 查看当前 Anaconda 已经安装好的所有模块

2.2 下载与安装 PyCharm

PyCharm 是由 Jetbrains 公司开发的 Python 集成开发环境，由于其具有智能代码编辑器，可实现自动代码格式化、代码完成、智能提示、重构、单元测试、自动导入和一键代码导航等功能，目前已成为 Python 专业开发人员和初学者使用的有力工具。安装 Pycharm 的具体步骤如下：

① 打开 PyCharm 官网（http://www.jetbrains.com），选择"Tools → PyCharm"选项，如图 2.15 所示，进入下载 PyCharm 界面。

② 在 PyCharm 下载页面，单击"DOWNLOAD"按钮，如图 2.16 所示，进入到 PyCharm 环境选择和版本选择界面。

图 2.15　PyCharm 官网页面　　　　　　　　图 2.16　PyCharm 下载页面

③ 选择下载 PyCharm 的操作系统平台为 Windows，单击开始下载社区版 PyCharm（Community），如图 2.17 所示。

④ 下载完成后，浏览器会自动提示"此类型的文件可能会损害您的计算机。您仍然要保留 pycharm-comm....exe 吗？"，此时，单击"保留"按钮，保留该文件即可。如图 2.18 所示。

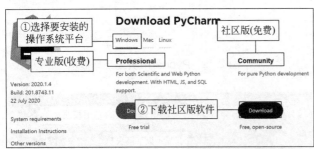

图 2.17　PyCharm 环境与版本下载选择页面　　　　图 2.18　PyCharm 下载

⑤ 单击"下载"按钮，开始下载。下载完成后在下载路径中查看已经下载的 PyCharm 安装包。如图 2.19 所示。

图 2.19　下载完成的 PyCharm 安装包

⑥ 双击 PyCharm 安装包进行安装，在欢迎界面单击"Next"按钮进入软件安装路径设置界面。

⑦ 在软件安装路径设置界面，设置合理的安装路径。强烈建议不要把软件安装到操作系统所在的路径，否则当出现操作系统崩溃等特殊情况而必须重装操作系统时，PyCharm 程序路径下的程序将被破坏。PyCharm 默认的安装路径为操作系统所在的路径，建议更改。另外安装路径中建议不要使用中文字符。笔者选择的安装路径为"D:\Program Files\JetBrains\PyCharm"，如图 2.20 所示。单击"Next"按钮，进入创建快捷方式界面。

⑧ 在创建桌面快捷方式界面（Create Desktop Shortcut）中设置 PyCharm 程序的快捷方式。如果计算机操作系统是 32 位，选择"32-bit launcher"复选框，否则选择"64-bit launcher"复选框。这里的计算机操作系统是 64 位系统，所以选择"64-bit launcher"复选框。接下来设置关联文件（Create Associations），选择".py"复选框，这样以后再打开 .py（.py 文件是 Python 脚本文件，接下来我们编写

的很多程序都是 .py 文件格式的）文件时，会默认调用 PyCharm 打开，如图 2.21 所示。

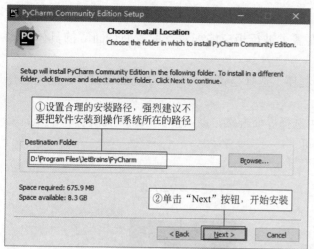

图 2.20　设置 PyCharm 安装路径　　　　图 2.21　设置快捷方式和关联文件

⑨ 单击"Next"按钮，进入选择"开始"菜单文件夹界面，如图 2.22 所示，该界面不用设置，采用默认即可，单击"Install"按钮（安装大概需要 10min，请耐心等待）。

⑩ 安装完成后，单击"Finish"按钮，结束安装，如图 2.23 所示。也可以选中"Run PyCharm Community Edition"复选框，单击"Finish"按钮，这样可以直接运行 PyCharm 开发环境。

PyCharm 安装完成后，会在"开始"菜单中建立一个文件夹，如图 2.24 所示，单击"PyCharm Community Edition"选项，启动 PyCharm 程序。另外，快捷打开 PyCharm 的方式是单击桌面快捷方式，图标如图 2.25 所示。

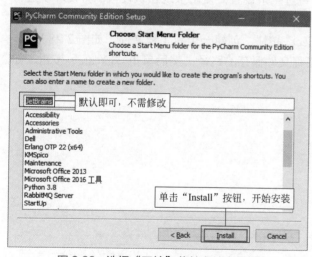
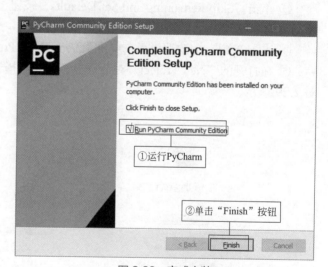

图 2.22　选择"开始"菜单文件夹界面　　　　图 2.23　完成安装

图 2.24　PyCharm 菜单　　　　图 2.25　PyCharm 桌面快捷方式

2.3 配置 PyCharm

PyCharm 开发工具安装完成以后，需要根据个人需求进行相应的配置，配置 PyCharm 的具体步骤如下。

① 单击 PyCharm 桌面快捷方式，启动 PyCharm 程序。选择是否导入开发环境配置文件，这里选择不导入，单击"OK"按钮，如图 2.26 所示。

② 将打开自定义 PyCharm 对话框，在该对话框中选择界面方案，默认为 Darcula（深色），这里选择 Light（浅色），如图 2.27 所示。根据个人喜好选择即可。

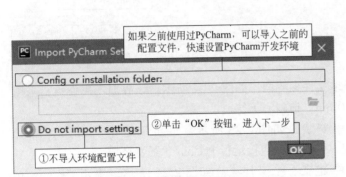

图 2.26　环境配置文件页面

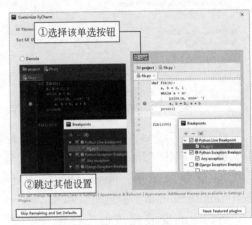

图 2.27　选择界面方案

③ 单击"Skip Remaining and Set Defaults"按钮，跳过剩余设置，使用系统默认设置的开发环境进行配置，此时程序将进入欢迎界面。

④ 进入 PyCharm 欢迎界面，单击"Create New Project"按钮，创建一个新工程文件，如图 2.28 所示。

⑤ 在打开的"New Project"对话框中，首先选择工程文件保存的路径，然后单击"Create"按钮，如图 2.29 所示。

图 2.28　PyCharm 欢迎界面

图 2.29　设置 Python 存储路径

⑥ 工程创建完成以后，关闭"Tip of the Day"对话框，然后依次选择"File → Settings"选项，如图 2.30 所示。

⑦ 在"Settings"窗口中依次选择"Project : demo"（demo 为自己编写的工程名称）→"Project

Interpreter",然后在右侧的下拉列表框中选择"Show All",将打开"Project Interpreter"对话框,如图2.31所示。

⑧ 在"Project Interpreters"对话框中,单击右侧的"+"(Add)按钮,如图2.32所示。

图2.30 打开设置窗口

图2.31 进入设置窗口

⑨ 在"Add Python Interpreter"对话框中,首先单击左侧的"System Interpreter"选项,然后在右侧的下拉列表框中选择 Anaconda 中的 Python,最后单击"OK"按钮,如图2.33所示。

图2.32 单击"添加"按钮

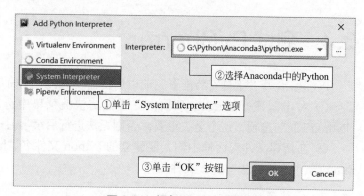

图2.33 添加 Python 编译器

⑩ 返回"Project Interpreters"对话框后,选择新添加的 Anaconda 中的 Python 编译器,然后单击"OK"按钮,如图2.34所示。

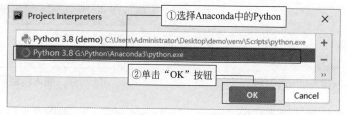

图2.34 选择 Anaconda 中的 Python 编译器

⑪ 返回"Settings"窗口,此时窗口中将自动显示出 Anaconda 内已经安装的所有 Python 模块,然后单击"OK"按钮,如图2.35所示。

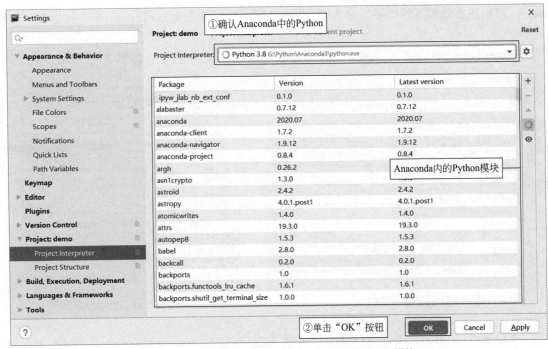

图 2.35 显示 Anaconda 内已经安装的 Python 模块

2.4 测试 PyCharm

PyCharm 开发工具安装配置完成以后，需要进行一个简单的测试，测试 PyCharm 的具体步骤如下。

① 右击新建好的 demo 项目，在弹出的快捷菜单中选择"New → Python File"选项（一定要选择"Python File"选项，这个至关重要，否则无法进行后续学习），如图 2.36 所示。

② 在新建文件对话框中输入要建立的 Python 文件名"hello world"，如图 2.37 所示。按下键盘中的 Enter 键，完成新建 Python 文件工作。

图 2.36 新建 Python 文件　　　　　　　图 2.37 输入新建 Python 文件名称

③ 在新建文件的代码编辑区输入代码"print（"hello world!"）"，如图 2.38 所示。

④ 在编写代码的区域右击，在弹出的快捷菜单中选择"Run 'hello world'"选项，运行测试代码，如图 2.39 所示。

⑤ 如果程序代码没有错误，将显示运行结果，如图 2.40 所示。

图 2.38 输入代码

图 2.39 运行 Python 代码

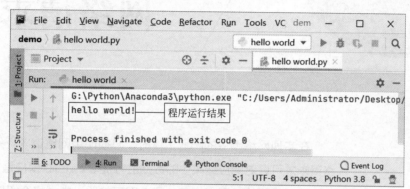
图 2.40 显示程序运行结果

小结

本章首先介绍了如何安装 Anaconda 集成开发环境，由于 Anaconda 不仅包含 Python 环境，还集成了很多常用的第三方模块，所以安装 Anaconda 可以减少开发者搭建开发环境的时间。然后介绍了如何安装 PyCharm 开发工具，使用该开发工具是为了帮助开发者提升开发效率。

本章虽然内容不多，但在搭建网络爬虫的开发环境时，需要认真、仔细，不要丢掉重要步骤，否则在接下来的学习中将会遇到更多的问题需要解决。

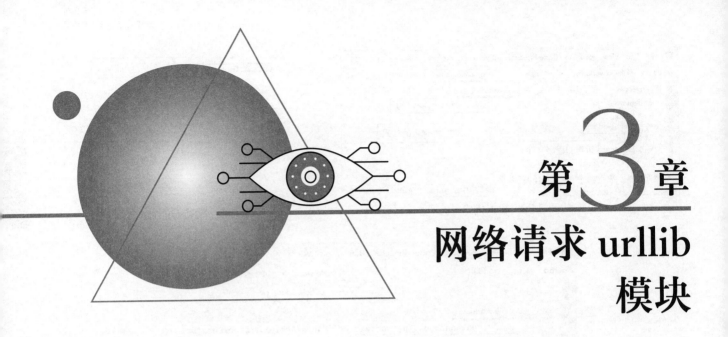

第3章 网络请求 urllib 模块

在实现网络爬虫的爬取工作时,必须使用网络请求,只有进行了网络请求才可以对响应结果中的数据进行提取。urllib 模块是 Python 自带的网络请求模块,无须安装,导入即可使用。本章将介绍使用 Python3 中的 urllib 模块实现各种网络请求的操作方式。

3.1 了解 urllib

在 Python2 中,有 urllib 和 urllib2 两种模块,都用来实现网络请求的发送。其中,urllib2 可以接收一个 Request 对象,并通过这样的方式来设置一个 URL 的 Headers;urllib 则只接收一个 URL,不能伪装用户代理等字符串操作。在 Python3 中将 urllib 与 urllib2 模块的功能组合,并且命名为 urllib。Python3 中的 urllib 模块中包含多个功能的子模块,具体内容如下。

- urllib.request: 用于实现基本 HTTP 请求的模块。
- urllib.error:异常处理模块,如果在发送网络请求时出现了错误,可以捕获的有效处理。
- urllib.parse:用于解析 URL 的模块。
- urllib. robotparser:用于解析 robots.txt 文件,判断网站是否可以爬取信息。

3.2 发送网络请求

urllib.request 模块提供了 urlopen() 方法,用于实现最基本的

HTTP 请求，然后接收服务器返回的响应数据。urlopen() 方法的语法格式如下。

```
urllib.request.urlopen(url,data=None,[timeout,]*,cafile=None,capath=None,cadefault=False,context=None)
```

参数说明：

- url：需要访问网站的 URL 完整地址。
- data：该参数默认为 None，通过该参数确认请求方式，如果是 None，表示请求方式为 GET，否则请求方式为 POST。在发送 POST 请求时，参数 data 需要以字典形式的数据作为参数值，并且需要将字典类型的参数值转换为字节类型的数据才可以实现 POST 请求。
- timeout：以秒为单位，设置超时。
- cafile、capath：指定一组 HTTPS 请求受信任的 CA 证书，cafile 指定包含 CA 证书的单个文件，capath 指定证书文件的目录。
- cadefault：CA 证书默认值。
- context：描述 SSL 选项的实例。

3.2.1 发送 GET 请求

在使用 urlopen() 方法实现一个网络请求时，所返回的是一个"http.client.HTTPResponse"对象。示例代码如下。

```
01  import urllib.request                                          # 导入 urllib.request 模块
02  response = urllib.request.urlopen('https://www.baidu.com/')    # 发送网络请求
03  print('响应数据类型为：',type(response))
```

程序运行结果如下。

```
响应数据类型为：<class 'http.client.HTTPResponse'>
```

演示常用的方法与属性

实例位置：资源包 \Code\03\01

在 HTTPResponse 对象中包含着可以获取响应信息的方法与属性，以 Python 官方网址为例，实现发送网络请求并获取响应状态码、响应头信息、响应头指定信息以及读取 HTML 代码并进行 UTF-8 编码。示例代码如下。

```
01  import urllib.request                                          # 导入 urllib.request 模块
02  url = 'https://www.python.org/'                                # 目标网页的 URL 地址
03  response = urllib.request.urlopen(url=url)                     # 发送网络请求
04  print('响应状态码为：',response.status)
05  print('响应头所有信息为：',response.getheaders())
06  print('响应头指定信息为：',response.getheader('Accept-Ranges'))
07                                                                 # 读取 HTML 代码并进行 UTF-8 解码
08  print('Python 官网 HTML 代码如下：\n',response.read().decode('utf-8'))
```

程序运行结果如图 3.1 所示。

3.2.2 发送 POST 请求

发送 POST 请求

实例位置：资源包 \Code\03\02

urlopen() 方法在默认的情况下发送的是 GET 请求，如果需要发送 POST 请求，可以为其设置 data 参数，该参数是 bytes 类型，所以需要使用 bytes() 方法将参数值进行数据类型的转换。以向请求测试地址发送 POST 请求为例，读取响应的 HTML 代码并进行编码。示例代码如下。

```python
01  import urllib.request                                          # 导入 urllib.request 模块
02  import urllib.parse                                            # 导入 urllib.parse 模块
03  url = 'https://www.httpbin.org/post'                           # POST 请求测试地址
04                                                                 # 将表单数据转换为 bytes 类型，并设置编码方式为 UTF-8
05  data = bytes(urllib.parse.urlencode({'hello':'python'}),encoding='utf-8')
06  response = urllib.request.urlopen(url=url,data=data)           # 发送网络请求
07  print(response.read().decode('utf-8'))                         # 读取 HTML 代码并进行编码
```

● 程序运行结果如图 3.2 所示。

```
响应状态码为：  200
响应头所有信息为：  [('Connection', 'close'), ('Content-Length', '48955'), ('Server', 'nginx'),
响应头指定信息为：  bytes
Python官网HTML代码如下:
<!doctype html>
<!--[if lt IE 7]>    <html class="no-js ie6 lt-ie7 lt-ie8 lt-ie9">    <![endif]-->
<!--[if IE 7]>       <html class="no-js ie7 lt-ie8 lt-ie9">           <![endif]-->
<!--[if IE 8]>       <html class="no-js ie8 lt-ie9">                  <![endif]-->
<!--[if gt IE 8]><!--><html class="no-js" lang="en" dir="ltr">  <!--<![endif]-->

<head>
    <meta charset="utf-8">
    <meta http-equiv="X-UA-Compatible" content="IE=edge">
```

图 3.1 HTTPResponse 对象常用的方法及属性

图 3.2 POST 请求结果

3.2.3 请求超时

urlopen() 方法中的 timeout 参数，用于设置请求超时，该参数以秒为单位，表示如果在请求时，超出了设置的时间，还没有得到响应时就抛出异常。示例代码如下。

```python
01  import urllib.request                                          # 导入 urllib.request 模块
02  url = 'https://www.python.org/'                                # 请求地址
03                                                                 # 发送网络请求，设置超时时间为 0.1 秒
04  response = urllib.request.urlopen(url=url,timeout=0.1)
05  print(response.read().decode('utf-8'))                         # 读取 HTML 代码并进行 UTF-8 解码
```

由于以上示例代码中的超时时间设置为 0.1s，时间较快，所以将显示如图 3.3 所示的超时异常。

📝 说明

根据网络环境的不同，可以将超时时间设置为一个合理的时间，如 2s、3s 等。

```
File "G:\Python\Python38\lib\http\client.py", line 917, in connect
    self.sock = self._create_connection(
File "G:\Python\Python38\lib\socket.py", line 808, in create_connection
    raise err
File "G:\Python\Python38\lib\socket.py", line 796, in create_connection
    sock.connect(sa)
socket.timeout: timed out
```

图 3.3 请求超时异常信息

实例 3.3　　　　　　　　　　处理网络超时　　　　　　　实例位置：资源包 \Code\03\03

如果遇到了超时异常，爬虫程序将在此处停止。所以在实际开发中开发者可以将超时异常捕获，然后处理下面的爬虫任务。以向 Python 官方网址发送网络请求为例，将超时参数 timeout 设置为 0.1 s，然后使用 try…excpt 捕获异常并判断如果是超时异常就模拟自动执行下一个任务。示例代码如下。

```
01  import urllib.request                                 # 导入 urllib.request 模块
02  import urllib.error                                   # 导入 urllib.error 模块
03  import socket                                         # 导入 socket 模块
04
05  url = 'https://www.python.org/'                       # 请求地址
06  try:
07
08      response = urllib.request.urlopen(url=url, timeout=0.1)  # 发送网络请求，设置超时时间为 0.1 s
09      print(response.read().decode('utf-8'))            # 读取 HTML 代码并进行 UTF-8 解码
10  except urllib.error.URLError as error:                # 处理异常
11      if isinstance(error.reason, socket.timeout):      # 判断异常是否为超时异常
12          print('当前任务已超时，即将执行下一任务！')
```

◐ 程序运行结果如下。

当前任务已超时，即将执行下一任务！

3.2.4　设置请求头

urlopen() 方法能够发送一个最基本的网络请求，但这并不是一个完整的网络请求。如果要构建一个完整的网络请求，还需要在请求中添加如 Headers、Cookies 以及代理 IP 等内容，这样才能更好地模拟一个浏览器所发送的网络请求。Request 类则可以构建一个多种功能的请求对象，其语法格式如下。

urllib.request.Request(url,data=None, headers={}, origin_req_host=None, unverifiable=False, method=None)

💬 参数说明：

- url：需要访问网站的 URL 完整地址。
- data：该参数默认为 None，通过该参数确认请求方式，如果是 None，表示请求方式为 GET，否则请求方式为 POST。在发送 POST 请求时，参数 data 需要以字典形式的数据作为参数值，并且需要将字典类型的参数值转换为字节类型的数据才可以实现 POST 请求。
- headers：设置请求头部信息，该参数为字典类型。添加请求头信息最常见的用法就是修改 User-Agent 来伪装成浏览器。例如，headers = {'User-Agent:' Mozilla/5.0 (Windows NT 10.0; WOW64) AppleWebKit/537.36 (KHTML, like Gecko) Chrome/83.0.4103.61 Safari/537.36'}，表示伪装谷歌浏览器进行网络请求。
- origin_req_host：用于设置请求方的 host 名称或者 IP。
- unverifiable：用于设置网页是否需要验证，默认是 False。
- method：用于设置请求方式，如 GET、POST 等，默认为 GET 请求。

设置请求头参数是为了模拟浏览器向网页后台发送网络请求，这样可以避免服务器的反爬措施。使用 urlopen() 方法发送网络请求时，其本身并没有设置请求头参数，所以向 https://www.httpbin.org/post 请求测试地址发送请求时，返回的信息中 headers 将显示如图 3.4 所示的默认值。

所以在设置请求头信息前，需要在浏览器中找到一个有效的请求头信息。以谷歌浏览器为例，按

F12功能键打开开发者工具，然后选择"Network"选项，接着在浏览器地址栏中任意打开一个网页（如 https://www.python.org/），在请求列表中选择一项请求信息，最后在"Headers"选项中找到请求头信息。具体步骤如图3.5所示。

```
"headers": {
  "Accept-Encoding": "identity",
  "Content-Length": "12",
  "Content-Type": "application/x-www-form-urlencoded",
  "Host": "www.httpbin.org",
  "User-Agent": "Python-urllib/3.8",
  "X-Amzn-Trace-Id": "Root=1-5ee08cb3-73b5e77881d4cce166711b50"
},
```

图3.4　headers默认值

图3.5　获取请求头信息

设置请求头

> 实例位置：资源包 \Code\03\04

如果需要设置请求头信息，首先通过Request类构造一个带有headers请求头信息的Request对象，然后为urlopen()方法传入Request对象，再进行网络请求的发送。以向请求测试地址发送POST请求为例，设置请求头信息并读取UTF-8编码后的HTML代码。示例代码如下：

```
01  import urllib.request                                    # 导入urllib.request模块
02  import urllib.parse                                      # 导入urllib.parse模块
03  url = 'https://www.httpbin.org/post'                     # 请求地址
04                                                           # 定义请求头信息
05  headers = {'User-Agent':'Mozilla/5.0 (Windows NT 10.0; WOW64) AppleWebKit/537.36 (KHTML,
       like Gecko) Chrome/83.0.4103.61 Safari/537.36'}
06                                                           # 将表单数据转换为bytes类型，并设置编码方式为UTF-8
07  data = bytes(urllib.parse.urlencode({'hello':'python'}),encoding='utf-8')
08                                                           # 创建Request对象
09  r = urllib.request.Request(url=url,data=data,headers=headers,method='POST')
10  response = urllib.request.urlopen(r)                     # 发送网络请求
11  print(response.read().decode('utf-8'))                   # 读取HTML代码并进行UTF-8解码
```

程序运行后，返回的headers信息如图3.6所示。

```
"headers": {
  "Accept-Encoding": "identity",
  "Content-Length": "12",
  "Content-Type": "application/x-www-form-urlencoded",
  "Host": "www.httpbin.org",
  "User-Agent": "Mozilla/5.0 (Windows NT 10.0; WOW64) AppleWebKit/537.36 (KHTML, like Gecko) Chrome/83.0.4103.61 Safari/537.36",
  "X-Amzn-Trace-Id": "Root=1-5ee0929c-b134766834c05e6189b5ab52"
},
```
自定义的请求头信息

图3.6　设置请求头

试一试：从以上的示例中并没有直观地看出设置请求头的好处，接下来以请求"百度"为例，测试设置请求头的绝对优势。在没有设置请求头的情况下直接使用urlopen()方法向 https://www.baidu.com/ 地址发送网络请求将返回如图3.7所示的HTML代码。

创建具有请求头信息的Request对象，然后使用urlopen()方法向"百度"地址发送一个GET请求。关键代码如下。

```
01  url = 'https://www.baidu.com/'                              # 请求地址
02                                                               # 定义请求头信息
03  headers = {'User-Agent':'Mozilla/5.0 (Windows NT 10.0; WOW64) AppleWebKit/537.36 (KHTML, like Gecko) Chrome/
        83.0.4103.61 Safari/537.36'}
04                                                               # 创建Request对象
05  r = urllib.request.Request(url=url,headers=headers)
06  response = urllib.request.urlopen(r)                         # 发送网络请求
07  print(response.read().decode('utf-8'))                       # 读取HTML代码并进行UTF-8解码
```

程序运行以后，将返回"百度"正常的HTML代码，如图3.8所示。

```
<html
<head>
    <script>
        location.replace(location.href.replace("https://","http://"));
    </script>
</head>
<body>
    <noscript><meta http-equiv="refresh" content="0;url=http://www.baidu.com/"></noscript>
</body>
</html>
```

图3.7 未设置请求头所返回的HTML代码

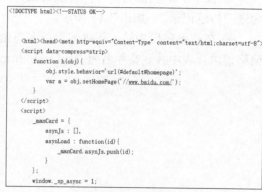

图3.8 设置请求头所返回的HTML代码

3.2.5 获取与设置Cookie

Cookie是服务器向客户端返回响应数据时所留下的标记，当客户端再次访问服务器时将携带这个标记。一般在实现登录一个页面时，登录成功后，会在浏览器的Cookie中保留一些信息，当浏览器再次访问时会携带Cookie中的信息，经过服务器核对后便可以确认当前用户已经登录过，此时可以直接将登录后的数据返回。

在使用网络爬虫获取网页登录后的数据时，除了使用模拟登录以外，还可以获取登录后的Cookie，然后利用这个Cookie再次发送请求时，就能以登录用户的身份获取数据。下面以获取图3.9中登录后的用户名信息为例进行介绍，具体实现步骤如下。

（1）模拟登录

模拟登录

实例位置：资源包\Code\03\05

在实现网络爬虫的模拟登录时，首选需要获取登录验证的请求地址，然后通过POST请求的方式将正确的用户名与密码发送至登录验证的后台地址。

① 以登录编程e学网为例，首先在火狐浏览器中打开"http://site2.rjkflm.com:666/"地址，然后单击网页中右上角的"登录"按钮，此时将弹出如图3.10所示的登录窗口。

图 3.9　登录后的用户名信息

图 3.10　登录窗口

② 按下 F12 功能键，打开开发者工具，接着单击顶部工具栏中的"网络"，再单击右侧的设置按钮，勾选"持续记录"，如图 3.11 所示。

③ 在登录窗口中输入正确的用户名与密码，然后单击"立即登录"按钮，接着在"开发者工具"的网络请求列表中找到文件名为"chklogin.html"的网络请求信息，如图 3.12 所示。

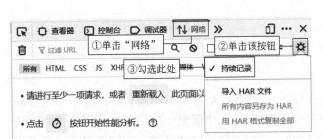

图 3.11　设置网络持续记录

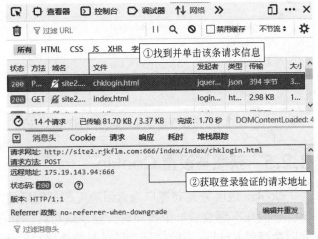

图 3.12　找到文件名为"chklogin.html"的网络请求信息

 说明

> 该步骤中的用户名与密码，可以提前在网页的注册页面中进行注册。

④ 在图 3.12 中已经找到了登录验证的请求地址，接着在"登录验证请求地址"的上方单击"请求"选项，获取登录验证请求所需要的表单数据，如图 3.13 所示。

⑤ 获取了网页登录验证的请求地址与表单数据后，接下来通过 urllib.request 模块中的 POST 请求方式，实现网页的模拟登录。示例代码如下。

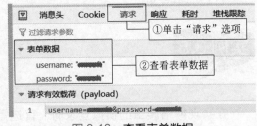

图 3.13　查看表单数据

```
01  import urllib.request                    # 导入urllib.request模块
02  import urllib.parse                      # 导入urllib.parse模块
03  url = 'http://site2.rjkflm.com:666/index/index/chklogin.html'  # 登录请求地址
04                                           # 将表单数据转换为bytes类型，并设置编码方式为UTF-8
05  data = bytes(urllib.parse.urlencode({'username': 'mrsoft', 'password': 'mrsoft'}),encoding='utf-8')
06                                           # 创建Request对象
```

```
07  r = urllib.request.Request(url=url,data=data,method='POST')
08  response = urllib.request.urlopen(r)                              # 发送网络请求
09  print(response.read().decode('utf-8'))                            # 读取HTML代码并进行UTF-8解码
```

◎ 程序运行结果如下。

{"status":true,"msg":"登录成功！"}

（2）获取Cookie

获取 Cookie

实例位置：资源包\Code\03\06

在实例3.5中已经成功通过网络爬虫实现了网页的模拟登录，接下来需要实现在模拟登录的过程中获取登录成功所生成的Cookie信息。在获取Cookie信息时，首先需要创建一个CookieJar对象，然后生成Cookie处理器，接着创建opener对象，再通过opener.open()发送登录请求，登录成功后获取Cookie内容。代码如下。

```
01  import urllib.request                                             # 导入urllib.request模块
02  import urllib.parse                                               # 导入urllib.parse模块
03  import http.cookiejar                                             # 导入http.cookiejar模块
04  import json                                                       # 导入json模块
05  url = 'http://site2.rjkflm.com:666/index/index/chklogin.html'     # 登录请求地址
06                                                                    # 将表单数据转换为bytes类型，并设置编码方式为UTF-8
07  data = bytes(urllib.parse.urlencode({'username': 'mrsoft', 'password': 'mrsoft'}), encoding='utf-8')
08  cookie = http.cookiejar.CookieJar()                               # 创建CookieJar对象
09  cookie_processor = urllib.request.HTTPCookieProcessor(cookie)     # 生成Cookie处理器
10  opener = urllib.request.build_opener(cookie_processor)            # 创建opener对象
11  response = opener.open(url,data=data)                             # 发送登录请求
12  response = json.loads(response.read().decode('utf-8'))['msg']
13  if response=='登录成功！':
14      for i in cookie:                                              # 循环遍历cookie内容
15          print(i.name+'='+i.value)                                 # 打印登录成功的cookie信息
```

◎ 程序运行结果如下。

PHPSESSID=8nar8qefd30o9vcm1ki3kavf76

保存 Cookie 文件

实例位置：资源包\Code\03\07

除了简单地获取登录后的Cookie信息以外，还可以将Cookie信息保存成指定的文件格式，在下次登录请求时直接读取文件中的Cookie信息即可。如果需要将Cookie信息保存为LWP格式的Cookie文件，需要先创建LWPCookieJar对象，然后通过cookie.save()方法将Cookie信息保存成文件。代码如下。

```
01  import urllib.request                                             # 导入urllib.request模块
02  import urllib.parse                                               # 导入urllib.parse模块
03  import http.cookiejar                                             # 导入http.cookiejar模块
04  import json                                                       # 导入json模块
05
06  url = 'http://site2.rjkflm.com:666/index/index/chklogin.html'     # 登录请求地址
```

```
07                                                          # 将表单数据转换为 bytes 类型,并设置编码方式为 UTF-8
08 data = bytes(urllib.parse.urlencode({'username': 'mrsoft', 'password': 'mrsoft'}), encoding='utf-8')
09 cookie_file = 'cookie.txt'                               # 保存 Cookie 文件
10 cookie = http.cookiejar.LWPCookieJar(cookie_file)        # 创建 LWPCookieJar 对象
11                                                          # 生成 Cookie 处理器
12 cookie_processor = urllib.request.HTTPCookieProcessor(cookie)
13                                                          # 创建 opener 对象
14 opener = urllib.request.build_opener(cookie_processor)
15 response = opener.open(url, data=data)                   # 发送网络请求
16 response = json.loads(response.read().decode('utf-8'))['msg']
17 if response=='登录成功!':
18     cookie.save(ignore_discard=True, ignore_expires=True)  # 保存 Cookie 文件
```

程序运行完成以后,将自动生成一个 cookie.txt 文件,文件内容如图 3.14 所示。

(3)使用 Cookie

有了 Cookie 文件,接下来需要调用 cookie.load() 方法来读取本地的 Cookie 文件,然后再次向登录后的页面发送请求。在"模拟登录"部分中的网络请求列表内可以看出,登录验证的请求通过后将自动向登录后的页面地址再次发送请求,如图 3.15 所示。

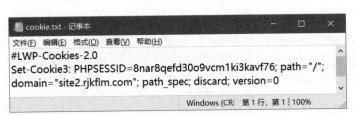

图 3.14 cookie.txt 文件内容

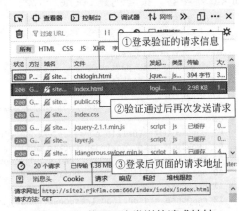

图 3.15 获取再次发送的请求地址

实例 3.8   **获取登录后页面中的信息**   实例位置:资源包 \Code\03\08

拿到登录后页面的请求地址,接下来只需要使用 cookie.txt 文件中的 Cookie 信息发送请求,便可以获取登录后页面中的用户名信息。代码如下。

```
01 import urllib.request                                    # 导入 urllib.request 模块
02 import http.cookiejar                                    # 导入 http.cookiejar 模块
03                                                          # 登录后页面的请求地址
04 url = 'http://site2.rjkflm.com:666/index/index/index.html'
05 cookie_file = 'cookie.txt'                               # cookie 文件
06 cookie = http.cookiejar.LWPCookieJar()                   # 创建 LWPCookieJar 对象
07                                                          # 读取 cookie 文件内容
08 cookie.load(cookie_file,ignore_expires=True,ignore_discard=True)
09                                                          # 生成 cookie 处理器
10 handler = urllib.request.HTTPCookieProcessor(cookie)
11                                                          # 创建 opener 对象
12 opener = urllib.request.build_opener(handler)
13 response = opener.open(url)                              # 发送网络请求
14 print(response.read().decode('utf-8'))                   # 打印登录后页面的 HTML 代码
```

程序运行完成以后，在控制台中搜索自己注册的用户名，将自动定位登录后显示用户名信息所对应的 HTML 代码标签。如图 3.16 所示。

<div class="login"> mrsoft <a href="/index/index/logout.html">退出</a> </div>

图 3.16　用户名信息所对应的 HTML 代码标签

3.2.6　代理 IP 的设置

反爬虫技术有很多，其中最为常见的就是通过客户端的 IP 判断当前请求是否为网络爬虫。如果在短时间内并且是同一个 IP 访问了后台服务器的大量数据，此时服务器将该客服端视为网络爬虫。当服务器发现网络爬虫在访问数据时，就会对当前客户端所使用的 IP 进行临时或永久的禁用，这样使用已经禁用的 IP 是无法获取后台数据的。

解决这样的反爬虫技术就需要对网络请求设置代理 IP，最好是每发送一次请求就设置一个新的代理 IP，让后台服务器永远都无法知道是谁在获取它的数据资源。

设置代理 IP

实例位置：资源包 \Code\03\09

使用 urllib 模块设置代理 IP 是比较简单的，首先需要创建 ProxyHandler 对象，其参数为字典类型的代理 IP，键名为协议类型（如 HTTP 或者 HTTPS），值为代理链接。然后利用 ProxyHandler 对象与 build_opener() 方法构建一个新的 opener 对象，最后再发送网络请求即可。代码如下。

```python
01  import urllib.request                                    # 导入 urllib.request 模块
02  url= 'https://www.httpbin.org/get'                       # 网络请求地址
03                                                           # 创建代理 IP
04  proxy_handler = urllib.request.ProxyHandler({
05      'https':'58.220.95.114:10053'
06  })
07                                                           # 创建 opener 对象
08  opener = urllib.request.build_opener(proxy_handler)
09  response = opener.open(url,timeout=2)                    # 发送网络请求
10  print(response.read().decode('utf-8'))                   # 打印返回内容
```

程序运行结果如图 3.17 所示。

3.3　处理请求异常

在实现网络请求时，可能会出现很多异常错误，urllib 模块中的 urllib.error 模块包含了 URLError 与 HTTPError 两个比较重要的异常类。

图 3.17　返回服务器所识别的代理 IP

处理 URLError 异常

实例位置：资源包 \Code\03\10

在 URLError 类中提供了一个 reason 属性，可以通过这个属性了解错误的原因。例如，这里向一个根

本不存在的网络地址发送请求,然后调用 reason 属性查看错误原因。示例代码如下。

```
01  import urllib.request                                  # 导入 urllib.request 模块
02  import urllib.error                                    # 导入 urllib.error 模块
03  try:
04                                                         # 向不存在的网络地址发送请求
05      response = urllib.request.urlopen('http://site2.rjkflm.com:666/123index.html')
06  except urllib.error.URLError as error:                 # 捕获异常信息
07      print(error.reason)                                # 打印异常原因
```

◐ 程序运行结果如下。

> Not Found

HTTPError 类是 URLError 类的子类,主要用于处理 HTTP 请求所出现的异常,该类有以下三个属性。
- code:返回 HTTP 状态码。
- reason:返回错误原因。
- headers:返回请求头。

实例 3.11　　　　　　　　　　　　　　　　　　　👁 实例位置:资源包 \Code\03\11

使用 HTTPError 类捕获异常

以向一个不存在的网络地址发送网络请求为例,然后使用 HTTPError 类捕获异常并打印状态码、异常原因以及请求头信息。示例代码如下。

```
01  import urllib.request                                  # 导入 urllib.request 模块
02  import urllib.error                                    # 导入 urllib.error 模块
03  try:
04                                                         # 向不存在的网络地址发送请求
05      response = urllib.request.urlopen('http://site2.rjkflm.com:666/123index.html')
06      print(response.status)
07  except urllib.error.HTTPError as error:                # 捕获异常信息
08      print('状态码为: ',error.code)                     # 打印状态码
09      print('异常信息为: ',error.reason)                 # 打印异常原因
10      print('请求头信息如下: \n',error.headers)          # 打印请求头
```

◐ 程序运行结果如下。

> 状态码为:404
> 异常信息为:Not Found
> 请求头信息如下:
> Date: Mon, 15 Jun 2020 07:01:05 GMT
> Server: Apache/2.4.37
> X-Powered-By: PHP/7.0.1
> Vary: Accept-Encoding,User-Agent
> Connection: close
> Transfer-Encoding: chunked
> Content-Type: text/html; charset=utf-8

双重异常的捕获

实例位置：资源包 \Code\03\12

由于 HTTPError 是 URLError 的子类，有时 HTTPError 类会有捕获不到的异常，所以可以先捕获子类 HTTPError 的异常，然后再去捕获父类 URLError 的异常，这样可以起到双重保险的作用。示例代码如下。

```
01  import urllib.request                                        # 导入 urllib.request 模块
02  import urllib.error                                          # 导入 urllib.error 模块
03  try:
04                                                               # 向不存在的网络地址发送请求
05      response = urllib.request.urlopen('https://www.python.org/',timeout=0.1)
06  except urllib.error.HTTPError as error:                      # HTTPError 捕获异常信息
07      print(' 状态码为：',error.code)                          # 打印状态码
08      print('HTTPError 异常信息为：',error.reason)              # 打印异常原因
09      print(' 请求头信息如下：\n',error.headers)                # 打印请求头
10  except urllib.error.URLError as error:                       # URLError 捕获异常信息
11      print('URLError 异常信息为：',error.reason)
```

程序运行结果如下。

URLError 异常信息为：timed out

说明

从以上的运行结果可以看出，此次超时（timeout）异常是由第二道防线 URLError 所捕获的。

3.4 解析 URL

urllib 模块中提供了 parse 子模块，主要用于解析 URL，可以实现 URL 的拆分或者是组合。它支持多种协议的 URL 处理，如 file、ftp、gopher、hdl、http、https、imap、mailto、mms、news、nntp、prospero、rsync、rtsp、rtspu、sftp、shttp、sip、sips、snews、svn、svn+ssh、telnet、wais、ws、wss。

3.4.1　URL 的拆分（urlparse、urlsplit）

（1）urlparse() 方法

parse 子模块中提供了 urlparse() 方法，用于实现将 URL 分解成不同部分，其语法格式如下。

urllib.parse.urlparse (urlstring, scheme ='', allow_fragments = True)

 参数说明：

- urlstring：需要拆分的 URL，该参数为必选参数。
- scheme：可选参数，表示需要设置的默认协议。如果需要拆分的 URL 中没有协议（如 HTTPS、HTTP 等），可以通过该参数设置一个默认的协议，该参数的默认值为空字符串。
- allow_fragments：可选参数，如果该参数设置为 False，表示忽略 fragment 这部分内容，默认为 True。

实例 3.13　使用 urlparse() 方法拆分 URL

> 实例位置：资源包 \Code\03\13

以 Python 官方文档的网页地址为例，使用 urlparse() 方法拆分 URL 并打印数据类型与拆分后的结果。示例代码如下。

```
01  import urllib.parse                          # 导入 urllib.parse 模块
02  parse_result=urllib.parse.urlparse('https://docs.python.org/3/library/urllib.parse.html')
03  print(type(parse_result))                    # 打印类型
04  print(parse_result)                          # 打印拆分后的结果
```

程序运行结果如下。

```
<class 'urllib.parse.ParseResult'>
ParseResult(scheme='https', netloc='docs.python.org', path='/3/library/urllib.parse.html', params='', query='', fragment='')
```

说明

从以上的运行结果中可以看出，调用 urlparse() 方法将返回一个 ParseResult 对象，其中由 6 部分组成，scheme 表示协议，netloc 表示域名，path 表示访问的路径，params 表示参数，query 表示查询条件，fragment 表示片段标识符。

除了直接获取返回的 ParseResult 对象以外，还可以直接获取 ParseResult 对象中的每个属性值。关键代码如右。

```
01  print('scheme 值为: ',parse_result.scheme)
02  print('netloc 值为: ',parse_result.netloc)
03  print('path 值为: ',parse_result.path)
04  print('params 值为: ',parse_result.params)
05  print('query 值为: ',parse_result.query)
06  print('fragment 值为: ',parse_result.fragment)
```

（2）urlsplit() 方法

实例 3.14　使用 urlsplit() 方法拆分 URL

> 实例位置：资源包 \Code\03\14

urlsplit() 方法与 urlparse() 方法类似，都可以实现 URL 的拆分，只是 urlsplit() 方法不再单独拆分 params 这部分内容，而是将 params 合并到 path 当中，所以返回的结果中只有 5 部分内容，并且返回的数据类型为 SplitResult。示例代码如下。

```
01  import urllib.parse                              # 导入 urllib.parse 模块
02                                                   # 需要拆分的 URL
03  url = 'https://docs.python.org/3/library/urllib.parse.html'
04  print(urllib.parse.urlsplit(url))                # 使用 urlsplit() 方法拆分 URL
05  print(urllib.parse.urlparse(url))                # 使用 urlparse() 方法拆分 URL
```

程序运行结果如下。

```
SplitResult(scheme='https', netloc='docs.python.org', path='/3/library/urllib.parse.html', query='', fragment='')
ParseResult(scheme='https', netloc='docs.python.org', path='/3/library/urllib.parse.html', params='', query='', fragment='')
```

从以上的运行结果中可以看出，使用 urlsplit() 方法所拆分后的 URL 将以 SplitResult 类型返回，该类型的数据既可以使用属性获取对应的值，也可以使用索引进行值的获取。示例代码如下。

```
01  import urllib.parse                              # 导入 urllib.parse 模块
02                                                   # 需要拆分的 URL
03  url = 'https://docs.python.org/3/library/urllib.parse.html'
04  urlsplit = urllib.parse.urlsplit(url)            # 拆分 URL
05  print(urlsplit.scheme)                           # 属性获取拆分后协议值
06  print(urlsplit[0])                               # 索引获取拆分后协议值
```

3.4.2 URL 的组合（urlunparse、urlunsplit）

（1）urlunparse() 方法

parse 子模块提供了拆分 URL 的方法，同样也提供了一个 urlunparse() 方法实现 URL 的组合。其语法格式如下。

```
urllib.parse.urlunparse(parts)
```

参数说明：

- parts：表示用于组合 URL 的可迭代对象。

实例 3.15　使用 urlunparse() 方法组合 URL　　实例位置：资源包 \Code\03\15

以 Python 官方文档的网页地址为例，使用 urlunparse() 方法组合 URL 并分别打印组合后的列表、元组、字典类型的 URL。示例代码如下。

```
01  import urllib.parse                              # 导入 urllib.parse 模块
02  list_url = ['https','docs.python.org','/3/library/urllib.parse.html','','','']
03  tuple_url = ('https','docs.python.org','/3/library/urllib.parse.html','','','')
04  dict_url = {'scheme':'https','netloc':'docs.python.org','path':'/3/library/urllib.parse.html','params':''
    ,'query':'','fragment':''}
05  print('组合列表类型的 URL：',urllib.parse.urlunparse(list_url))
06  print('组合元组类型的 URL：',urllib.parse.urlunparse(tuple_url))
07  print('组合字典类型的 URL：',urllib.parse.urlunparse(dict_url.values()))
```

程序运行结果如下。

组合列表类型的 URL：https://docs.python.org/3/library/urllib.parse.html
组合元组类型的 URL：https://docs.python.org/3/library/urllib.parse.html
组合字典类型的 URL：https://docs.python.org/3/library/urllib.parse.html

注意

使用 urlunparse() 方法组合 URL 时，需要注意可迭代参数中的元素必须是 6 个，如果参数中元素不足 6 个将出现如图 3.18 所示的错误信息。

```
Traceback (most recent call last):
  File "C:/Users/Administrator/Desktop/test/audio/demo.py", line 6, in <module>
    print('组合列表类型的URL：',urllib.parse.urlunparse(list_url))
  File "G:\Python\Python37\lib\urllib\parse.py", line 475, in urlunparse
    _coerce_args(*components))
ValueError: not enough values to unpack (expected 7, got 4)
```

图 3.18　参数元素不足的错误提示

（2）urlunsplit() 方法

实例 3.16　使用 urlunsplit() 方法组合 URL

> 实例位置：资源包 \Code\03\16

urlunsplit() 方法与 urlunparse() 方法类似，同样是用于实现 URL 的组合，其参数也同样是一个可迭代对象，不过参数中的元素必须是 5 个。示例代码如下。

```
01 import urllib.parse                                    # 导入 urllib.parse 模块
02 list_url = ['https','docs.python.org','/3/library/urllib.parse.html','','']
03 tuple_url = ('https','docs.python.org','/3/library/urllib.parse.html','','')
04 dict_url = {'scheme':'https','netloc':'docs.python.org','path':'/3/library/urllib.parse.
   html','query':'','fragment':''}
05 print('组合列表类型的 URL：',urllib.parse.urlunsplit(list_url))
06 print('组合元组类型的 URL：',urllib.parse.urlunsplit(tuple_url))
07 print('组合字典类型的 URL：',urllib.parse.urlunsplit(dict_url.values()))
```

程序运行结果如下。

```
组合列表类型的 URL：https://docs.python.org/3/library/urllib.parse.html
组合元组类型的 URL：https://docs.python.org/3/library/urllib.parse.html
组合字典类型的 URL：https://docs.python.org/3/library/urllib.parse.html
```

3.4.3　URL 的连接（urljoin）

urlunparse() 方法与 urlunsplit() 方法可以实现 URL 的组合，而 parse 子模块还提供了一个 urljoin() 方法来实现 URL 的连接。其语法格式如下。

```
urllib.parse.urljoin（base, url, allow_fragments = True）
```

参数说明：

- base：表示基础链接。
- url：表示新的链接。
- allow_fragments：可选参数，如果该参数设置为 False，表示忽略 fragment 这部分内容，默认为 True。

实例 3.17　使用 urljoin() 方法连接 URL

> 实例位置：资源包 \Code\03\17

urljoin() 方法在实现 URL 连接时，base 参数只可以设置为 scheme、netloc 以及 path 三部分内容，如果第二个参数（URL）是一个不完整的 URL，那么第二个参数的值会添加至第一个参数（base）的后面，并自动添加斜杠（/）。如果第二个参数（URL）是一个完整的 URL，将直接返回第二个参数所对应的值。示例代码如下。

```
01 import urllib.parse                                    # 导入 urllib.parse 模块
02 base_url = 'https://docs.python.org'                   # 定义基础链接
03                                                        # 第二参数不完整时
04 print(urllib.parse.urljoin(base_url,'3/library/urllib.parse.html'))
05                                                        # 第二参数完整时，直接返回第二参数的链接
06 print(urllib.parse.urljoin(base_url,'https://docs.python.org/3/library/urllib.parse.html#url-parsing'))
```

程序运行结果如下。

```
https://docs.python.org/3/library/urllib.parse.html
https://docs.python.org/3/library/urllib.parse.html#url-parsing
```

3.4.4 URL 的编码与解码（urlencode、quote、unquote）

URL 编码是 GET 请求中比较常见的，是将请求地址中的参数进行编码，尤其是对于中文参数。parse 子模提供了 urlencode() 方法与 quote() 方法用于实现 URL 的编码，而 unquote() 方法用于实现对加密后的 URL 进行解码操作。

（1）urlencode() 方法

实例 3.18 实例位置：资源包 \Code\03\18

使用 urlencode() 方法编码请求参数

urlencode() 方法接收一个字典类型的值，所以要想将 URL 进行编码需要先将请求参数定义为字典类型，然后再调用 urlencode() 方法进行请求参数的编码。示例代码如下。

```
01  import urllib.parse                                    # 导入 urllib.parse 模块
02  base_url = 'http://httpbin.org/get?'                   # 定义基础链接
03  params = {'name':'Jack','country':' 中国 ','age':30}    # 定义字典类型的请求参数
04  url = base_url+urllib.parse.urlencode(params)          # 连接请求地址
05  print(' 编码后的请求地址为: ',url)
```

程序运行结果如下。

编码后的请求地址为：http://httpbin.org/get?name=Jack&country=%E4%B8%AD%E5%9B%BD&age=30

说明

地址中 "%E4%B8%AD%E5%9B%BD&" 内容为中文（中国）转码后的效果。

（2）quote() 方法

实例 3.19 实例位置：资源包 \Code\03\19

使用 quote() 方法编码字符串参数

quote() 方法与 urlencode() 方法所实现的功能类似，但是 urlencode() 方法中只接收字典类型的参数，而 quote() 方法则可以将一个字符串进行编码。示例代码如下。

```
01  import urllib.parse                                    # 导入 urllib.parse 模块
02  base_url = 'http://httpbin.org/get?country='           # 定义基础链接
03  url = base_url+urllib.parse.quote(' 中国 ')              # 字符串编码
04  print(' 编码后的请求地址为: ',url)
```

程序运行结果如下。

编码后的请求地址为：http://httpbin.org/get?country=%E4%B8%AD%E5%9B%BD

(3) unquote() 方法

实例 3.20　使用 unquote() 方法解码请求参数

> 实例位置：资源包 \Code\03\20

unquote() 方法可以将编码后的 URL 字符串逆向解码，无论是通过 urlencode() 方法或者是 quote() 方法所编码的 URL 字符串都可以使用 unquote() 方法进行解码。示例代码如下。

```
01  import urllib.parse                                      # 导入 urllib.parse 模块
02  u = urllib.parse.urlencode({'country':'中国'})            # 使用 urlencode 方法编码
03  q=urllib.parse.quote('country=中国')                       # 使用 quote 方法编码
04  print('urlencode 编码后结果为：',u)
05  print('quote 编码后结果为：',q)
06  print('对 urlencode 解码：',urllib.parse.unquote(u))
07  print('对 quote 解码：',urllib.parse.unquote(q))
```

程序运行结果如下。

```
urlencode 编码后结果为：country=%E4%B8%AD%E5%9B%BD
quote 编码后结果为：country%3D%E4%B8%AD%E5%9B%BD
对 urlencode 解码：country= 中国
对 quote 解码：country= 中国
```

3.4.5　URL 的参数转换

实例 3.21　使用 parse_qs() 方法将参数转换为字典类型

> 实例位置：资源包 \Code\03\21

请求地址的 URL 是一个字符串，如果需要将其中的参数转换为字典类型，那么可以先使用 urlsplit() 方法拆分 URL，然后再调用 query 属性获取 URL 中的参数，最后使用 parse_qs() 方法将参数转换为字典类型的数据。示例代码如下。

```
01  import urllib.parse                                      # 导入 urllib.parse 模块
02                                                           # 定义一个请求地址
03  url = 'http://httpbin.org/get?name=Jack&country=%E4%B8%AD%E5%9B%BD&age=30'
04  q = urllib.parse.urlsplit(url).query                     # 获取参数
05  q_dict = urllib.parse.parse_qs(q)                        # 将参数转换为字典类型的数据
06  print(' 数据类型为：',type(q_dict))
07  print(' 转换后的数据：',q_dict)
```

程序运行结果如下。

```
数据类型为：<class 'dict'>
转换后的数据：{'name': ['Jack'], 'country': [' 中国 '], 'age': ['30']}
```

实例 3.22　使用 parse_qsl() 方法将参数转换为元组所组成的列表

> 实例位置：资源包 \Code\03\22

除了 parse_qs() 方法以外，利用 parse_qsl() 方法也可以将 URL 参数进行转换，不过 parse_qsl() 方法会将字符串参数转换为元组所组成的列表。示例代码如下。

```
01  import urllib.parse                                    # 导入 urllib.parse 模块
02  str_params = 'name=Jack&country=%E4%B8%AD%E5%9B%BD&age=30'  # 字符串参数
03  list_params = urllib.parse.parse_qsl(str_params)       # 将字符串参数转为元组所组成的列表
04  print('数据类型为：',type(list_params))
05  print('转换后的数据：',list_params)
```

◎ 程序运行结果如下。

数据类型为：<class 'list'>
转换后的数据：[('name', 'Jack'), ('country', ' 中国 '), ('age', '30')]

3.5 综合案例——爬取"百度热搜"

本章学习了如何使用 Python 自带的 urllib 模块实现网络请求，下面就通过本章所学习的知识与 Python 基础中的 re 模块实现爬取"百度热搜"的综合案例。

3.5.1 分析数据

在浏览器中打开百度首页地址"https://www.baidu.com/"，然后找到搜索框下面的"百度热搜"，如图 3.19 所示。

按下 F12 功能键，打开浏览器开发者工具（这里使用谷歌浏览器），然后在顶部导航条中选择"Elements"选项，接着单击导航条左侧的图标，再用鼠标选中第一条热搜标题，此时将显示热搜信息所对应的 HTML 代码位置。具体操作步骤如图 3.20 所示。

图 3.19 确认"百度热搜"位置

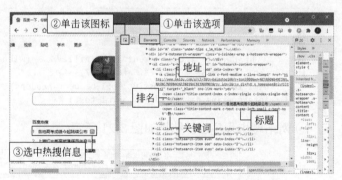

图 3.20 获取热搜标题对应的 HTML 代码

3.5.2 实现网络爬虫

在没有学习网络爬虫的解析模块前，可以使用 re 模块与正则表达式来实现数据的匹配。网络爬虫程序实现的具体步骤如下：

① 分别导入 urllib.request 与 re 模块，分别用于发送网络请求和数据的解析工作。代码如上。

② 创建 send_request() 方法，在该方法中需要先设置请求地址和请求头信息，然后发送网络请求，接着读取服务器响应的 HTML 代码并进行 UTF-8 解码，最后将 HTML 代码返回。代码如下。

```
01  import urllib.request    # 导入 urllib.request 模块
02  import re                # 导入 re 模块
```

```
03                                                              # 实现发送网络请求，返回响应结果
04 def send_request(url,headers):
05                                                              # 创建 Request 对象
06     r = urllib.request.Request(url=url,headers=headers)
07     response = urllib.request.urlopen(r)                     # 发送网络请求
08                                                              # 读取 HTML 代码并进行 UTF-8 解码
09     html_text = response.read().decode('utf-8')
10     return html_text
```

③ 创建 interpreting_data() 方法，在该方法中首先需要在 HTML 代码中提取热搜排名、热搜标题、热搜关键词以及热搜标题对应的地址，然后进行热搜关键词为空时的处理并打印爬取的热搜数据。代码如下。

```
11                                                              # 解析响应结果中的数据
12 def interpreting_data(html_text):
13                                                              # 提取热搜排名
14     ranking_all = re.findall('<span class="title-content-index c-index-single c-index-single-hot.*?">(.*?)</span>',html_text)
15                                                              # 提取热搜标题
16     title_all = re.findall('<span class="title-content-title">(.*?)</span>',html_text)
17                                                              # 提取热搜关键词
18     keyword_all = re.findall('<span class="title-content-mark c-text c-gap-left-small .*?">(.*?)</span>',html_text)
19                                                              # 提取热搜标题对应的地址
20     href_all = re.findall('<a class="title-content c-link c-font-medium c-line-clamp1" href="(.*?)"',html_text)
21     for r,t,k,h in zip(ranking_all,title_all,keyword_all,href_all):
22         if k =='':                                           # 如果热搜关键词为空
23             print(' 排名: '+r,' 热搜标题: '+t,' 关键词: 无 ',' 地址: '+h)
24         else:
25             print(' 排名: ' + r, ' 热搜标题: ' + t, ' 关键词: '+k, ' 地址: ' + h)
26     print()                                                  # 打印空行
```

④ 创建程序入口，然后设置百度首页的请求地址与请求头信息，最后调用 send_request() 与 interpreting_data() 方法启动网络爬虫程序。代码如下。

```
27 if __name__ == '__main__':
28     url = 'https://www.baidu.com/'                           # 请求地址
29                                                              # 定义请求头信息
30     headers = {'User-Agent': 'Mozilla/5.0 (Windows NT 10.0; WOW64) AppleWebKit/537.36 (KHTML, like Gecko) Chrome/83.0.4103.61 Safari/537.36'}
31     html_text = send_request(url=url,headers=headers)        # 调用自定义发送网络请求的方法
32     interpreting_data(html_text=html_text)                   # 调用解析响应结果的方法
```

⑤ 网络爬虫程序运行结果如图 3.21 所示。

图 3.21　爬取百度首页热搜信息

3.6 实战练习

在本章案例中,由于热搜信息是按照左、右两列顺序排列的,所以爬取到的排名顺序为1、4、2、5、3、6。利用所学的(for、while、if、列表切片等)Python 知识修改网络爬虫程序,将爬取的数据按照1、2、3、4、5、6 的顺序重新排列并打印,如图 3.22 所示。

```
排名:1 热搜标题:各地高考成绩今起陆续公布  关键词:热  地址:https://www.baidu.com/s?cl=3&amp;tn=baidutop10&amp;fr=top1000&amp;wd=%E5%90%84%E5%9C%B0%E9%AB%98%E8%80%83%E6%88%90%E7%BB%A9%E4%BB%8A%E8%B5%B7%E9%99%86%E7%BB%AD%E5%85%AC%E5%B8%83&amp;rsv_idx=2&amp;rsv_dl=fyb_n_homepage&amp;hisfilter=1

排名:2 热搜标题:上海灯光秀高燃演绎百年奋斗路  关键词:无  地址:https://www.baidu.com/s?cl=3&amp;tn=baidutop10&amp;fr=top1000&amp;wd=%E4%B8%8A%E6%B5%B7%E7%81%AF%E5%85%89%E7%A7%80%E9%AB%98%E7%87%83%E6%BC%94%E7%BB%8E%E7%99%BE%E5%B9%B4%E5%A5%8B%E6%96%97%E8%B7%AF&amp;rsv_idx=2&amp;rsv_dl=fyb_n_homepage&amp;hisfilter=1

排名:3 热搜标题:局级博士违规对外提供涉密信息  关键词:无  地址:https://www.baidu.com/s?cl=3&amp;tn=baidutop10&amp;fr=top1000&amp;wd=%E5%B1%80%E7%BA%A7%E5%8D%9A%E5%A3%AB%E8%BF%9D%E8%A7%84%E5%AF%B9%E5%A4%96%E6%8F%90%E4%BE%9B%E6%B6%89%E5%AF%86%E4%BF%A1%E6%81%AF&amp;rsv_idx=2&amp;rsv_dl=fyb_n_homepage&amp;hisfilter=1

排名:4 热搜标题:克罗地亚3-1胜苏格兰 小组出线  关键词:无  地址:https://www.baidu.com/s?cl=3&amp;tn=baidutop10&amp;fr=top1000&amp;wd=%E5%85%8B%E7%BD%97%E5%9C%B0%E4%BA%9A3-1%E8%83%9C%E8%8B%8F%E6%A0%BC%E5%85%B0+%E5%B0%8F%E7%BB%84%E5%87%BA%E7%BA%BF&amp;rsv_idx=2&amp;rsv_dl=fyb_n_homepage&amp;hisfilter=1

排名:5 热搜标题:31省区市新增确诊24例均为境外输入  关键词:无  地址:https://www.baidu.com/s?cl=3&amp;tn=baidutop10&amp;fr=top1000&amp;wd=31%E7%9C%81%E5%8C%BA%E5%B8%82%E6%96%B0%E5%A2%9E%E7%A1%AE%E8%AF%8A24%E4%BE%8B%E5%9D%87%E4%B8%BA%E5%A2%83%E5%A4%96%E8%BE%93%E5%85%A5&amp;rsv_idx=2&amp;rsv_dl=fyb_n_homepage&amp;hisfilter=1

排名:6 热搜标题:英格兰1-0捷克头名出线  关键词:无  地址:https://www.baidu.com/s?cl=3&amp;tn=baidutop10&amp;fr=top1000&amp;wd=2020%E6%AC%A7%E6%B4%B2%E6%9D%AF&amp;rsv_idx=2&amp;rsv_dl=fyb_n_homepage&amp;hisfilter=1
```

图 3.22 正确的排序

小结

本章首先介绍了 Python 自带的 urllib 模块,通过该模块可以实现网络请求的发送;然后介绍了应该如何处理网络请求时出现的异常;接着介绍了 URL 的拆分、组合、连接以及 URL 的编码与解码;最后介绍了综合案例(爬取百度热搜)和实战练习。通过该案例,可以在没有学习解析数据的第三方模块时,通过 re 模式和正则表达式的方式提取网页中的数据,并使用 Python 基础知识学会对数据的重新排序。

扫码领取
· 视频讲解
· 源码下载
· 配套答案
· 拓展资料
· ……

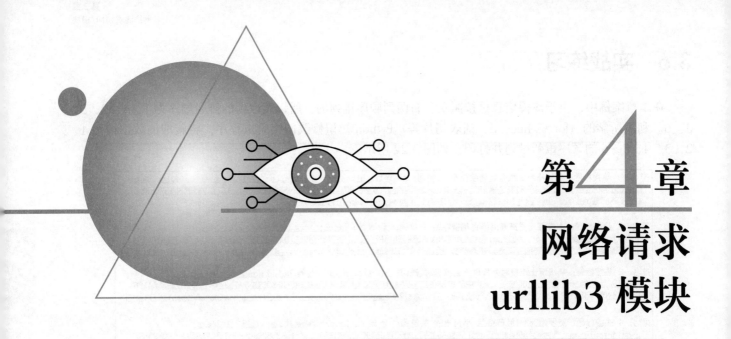

第4章
网络请求 urllib3 模块

随着互联网的不断发展，urllib 请求模块的功能已经无法满足开发者的需求，因此出现了 urllib3。

urllib3 是一个第三方的网络请求模块，在功能上要比 Python 自带的 urllib 强大得多。不过由于 urllib3 是第三方的网络请求模块，所以需要单独安装该模块。本章将介绍如何使用 urllib3 模块实现网络请求以及各种复杂请求的处理工作。

4.1 了解 urllib3

urllib3 是一个功能强大、条理清晰的用于 HTTP 客户端的 Python 库，许多 Python 的原生系统已经开始使用 urllib3。urllib3 提供了很多 Python 标准库里所没有的重要特性。例如：

① 线程安全。
② 连接池。
③ 客户端 SSL / TLS 验证。
④ 使用 multipart 编码上传文件。
⑤ Helpers 用于重试请求并处理 HTTP 重定向。
⑥ 支持 gzip 和 deflate 编码。
⑦ 支持 HTTP 和 SOCKS 代理。
⑧ 100%的测试覆盖率。

由于 urllib3 模块为第三方模块，如果没有使用 Anaconda，需要单独在 cmd 命令提示符窗口中，使用 pip 命令进行模块的安装。安装命令如下：

```
pip install urllib3
```

4.2 发送网络请求

4.2.1 发送 GET 请求

使用 urllib3 模块发送网络请求时,首先需要创建 PoolManager 对象,通过该对象调用 request() 方法来实现网络请求的发送。request() 方法的语法格式如下。

```
request (method, url, fields = None, headers = None, ** urlopen_kw )
```

💬 **参数说明**:

- method:必选参数,用于指定请求方式,如 GET、POST、PUT 等。
- url:必选参数,用于设置需要请求的 URL 地址。
- fields:可选参数,用于设置请求参数。
- headers:可选参数,用于设置请求头。

实例 4.1   发送 GET 请求   👁 实例位置:资源包 \Code\04\01

以向测试请求地址发送网络请求为例,使用 request() 方法实现 GET 请求并打印请求状态码。示例代码如下。

```python
01  import urllib3                              # 导入 urllib3 模块
02  url = "http://httpbin.org/get"
03  http = urllib3.PoolManager()                # 创建连接池管理对象
04  r = http.request('GET',url)                 # 发送 GET 请求
05  print(r.status)                             # 打印请求状态码
```

📷 **程序运行结果如下。**

```
200
```

实例 4.2   发送多个请求   👁 实例位置:资源包 \Code\04\02

一个 PoolManager 对象就是一个连接池管理对象,通过该对象可以实现向多个服务器发送请求。以向京东、Python 官网、百度为例,向多个服务器发送网络请求并获取每个网页服务器返回的响应状态码。示例代码如下。

```python
01  import urllib3                                      # 导入 urllib3 模块
02  urllib3.disable_warnings()                          # 关闭 ssl 警告
03  jingdong_url = 'https://www.jd.com/'                # 京东 URL 地址
04  python_url = 'https://www.python.org/'              # Python URL 地址
05  baidu_url = 'https://www.baidu.com/'                # 百度 URL 地址
06  http = urllib3.PoolManager()                        # 创建连接池管理对象
07  r1 = http.request('GET',jingdong_url)               # 向京东地址发送 GET 请求
08  r2 = http.request('GET',python_url)                 # 向 Python 地址发送 GET 请求
09  r3 = http.request('GET',baidu_url)                  # 向百度地址发送 GET 请求
10  print('京东请求状态码: ',r1.status)
11  print('python 请求状态码: ',r2.status)
12  print('百度请求状态码: ',r3.status)
```

📌 **程序运行结果如下。**

```
京东请求状态码：200
python 请求状态码：200
百度请求状态码：200
```

4.2.2 发送 POST 请求

发送 POST 请求

> 实例位置：资源包 \Code\04\03

使用 urllib3 模块向服务器发送 POST 请求时并不复杂，与发送 GET 请求相似，只是需要在 request() 方法中将 method 参数设置为 "POST"，然后将 fields 参数设置为字典类型的表单参数。以向请求测试地址发送 POST 请求为例，打印 UTF-8 编码后的返回结果。示例代码如下。

```python
01  import urllib3                                    # 导入 urllib3 模块
02  urllib3.disable_warnings()                        # 关闭 ssl 警告
03  url = 'https://www.httpbin.org/post'              # POST 请求测试地址
04  params = {'name':'Jack','chinese_name':'杰克','age':30}  # 定义字典类型的请求参数
05  http = urllib3.PoolManager()                      # 创建连接池管理对象
06  r = http.request('POST',url,fields=params)        # 发送 POST 请求
07  print('返回结果：',r.data.decode('utf-8'))
```

⏱ **程序运行结果如图 4.1 所示。**

```
返回结果：{
  "args": {},
  "data": "",
  "files": {},
  "form": {
    "age": "30",
    "chinese_name": "\u6770\u514b",
    "name": "Jack"
  },
  "headers": {
    "Accept-Encoding": "identity",
    "Content-Length": "312",
    "Content-Type": "multipart/form-data; boundary=b914552c875ce92f941ff8fb57bf590d",
    "Host": "www.httpbin.org",
    "X-Amzn-Trace-Id": "Root=1-5f155358-be71fc4aa8c41e7ad4cec5e6"
  },
  "json": null,
  "origin": "175.19.143.94",
  "url": "https://www.httpbin.org/post"
}
```
返回的表单信息

图 4.1　返回的请求结果

从图 4.1 的运行结果中可以看出，JSON 信息中的 form 对应的数据为表单参数，只是 country 所对应的并不是 "中国" 而是一段 Unicode 编码。对于这样的情况，可以将请求结果的编码方式设置为 "unicode_escape"。关键代码如下：

```python
print(r.data.decode('unicode_escape'))
```

程序运行结果，返回的表单参数内容如图 4.2 所示。

```
"form": {
  "age": "30",
  "chinese_name": "杰克",
  "name": "Jack"
},
```

图 4.2　返回的表单参数

4.2.3 重试请求

重试请求

实例位置：资源包 \Code\04\04

urllib3 可以自动重试请求，这种相同的机制还可以处理重定向。在默认情况下，request() 方法的请求重试次数为 3 次，如果需要修改重试次数可以设置 retries 参数。修改重试测试的示例代码如下。

```
01  import urllib3                                      # 导入 urllib3 模块
02  urllib3.disable_warnings()                          # 关闭 SSL 警告
03  url = 'https://www.httpbin.org/get'                 # GET 请求测试地址
04  http = urllib3.PoolManager()                        # 创建连接池管理对象
05  r = http.request('GET',url)                         # 发送 GET 请求，默认重试请求
06  r1 = http.request('GET',url,retries=5)              # 发送 GET 请求，设置 5 次重试请求
07  r2 = http.request('GET',url,retries=False)          # 发送 GET 请求，关闭重试请求
08  print('默认重试请求次数：',r.retries.total)
09  print('设置重试请求次数：',r1.retries.total)
10  print('关闭重试请求次数：',r2.retries.total)
```

程序运行结果如下。

```
默认重试请求次数：3
设置重试请求次数：5
关闭重试请求次数：False
```

4.2.4 获得响应内容

（1）获取响应头

获取响应头信息

实例位置：资源包 \Code\04\05

发送网络请求后，将返回一个 HTTPResponse 对象，通过该对象中的 info() 方法即可获取 HTTP 响应头信息。该信息为字典（dict）类型的数据，所以需要通过 for 循环进行遍历才可清晰地看到每条响应头信息内容。示例代码如下。

```
01  import urllib3                                      # 导入 urllib3 模块
02  urllib3.disable_warnings()                          # 关闭 SSL 警告
03  url = 'https://www.httpbin.org/get'                 # GET 请求测试地址
04  http = urllib3.PoolManager()                        # 创建连接池管理对象
05  r = http.request('GET',url)                         # 发送 GET 请求，默认重试请求
06  response_header = r.info()                          # 获取响应头
07  for key in response_header.keys():                  # 循环遍历打印响应头信息
08      print(key,':',response_header.get(key))
```

程序运行结果如下。

```
Date : Tue, 16 Jun 2020 07:52:27 GMT
Content-Type : application/json
```

```
Content-Length : 243
Connection : keep-alive
Server : gunicorn/19.9.0
Access-Control-Allow-Origin : *
Access-Control-Allow-Credentials : true
```

(2) JSON 信息

实例 4.6　处理服务器返回的 JSON 信息

实例位置：资源包 \Code\04\06

如果服务器返回了一条 JSON 信息，而这条信息中只有某条数据为可用数据时，可以先将返回的 JSON 数据转换为字典（dict）数据，接着直接获取指定键所对应的值即可。示例代码如下。

```
01  import urllib3                                       # 导入 urllib3 模块
02  import json                                          # 导入 json 模块
03  urllib3.disable_warnings()                           # 关闭 SSL 警告
04  url = 'https://www.httpbin.org/post'                 # POST 请求测试地址
05  params = {'name':'Jack','country':' 中国 ','age':30}  # 定义字典类型的请求参数
06  http = urllib3.PoolManager()                         # 创建连接池管理对象
07  r = http.request('POST',url,fields=params)           # 发送 POST 请求
08  j = json.loads(r.data.decode('unicode_escape'))      # 将响应数据转换为字典类型
09  print(' 数据类型: ',type(j))
10  print(' 获取 form 对应的数据: ',j.get('form'))
11  print(' 获取 country 对应的数据: ',j.get('form').get('country'))
```

程序运行结果如下。

数据类型：`<class 'dict'>`
获取 form 对应的数据：{'age': '30', 'country': ' 中国 ', 'name': 'Jack'}
获取 country 对应的数据：中国

(3) 二进制数据

实例 4.7　处理服务器返回二进制数据

实例位置：资源包 \Code\04\07

如果响应数据为二进制数据，也可以做出相应的处理。例如，响应内容为图片的二进制数据时，则可以使用 open() 函数，将二进制数据转换为图片再保存到本地的项目文件夹当中。示例代码如下。

```
01  import urllib3                                       # 导入 urllib3 模块
02  urllib3.disable_warnings()                           # 关闭 SSL 警告
03  url = 'http://sck.rjkflm.com:666/spider/file/python.png'  # 图片请求地址
04  http = urllib3.PoolManager()                         # 创建连接池管理对象
05  r = http.request('GET',url)                          # 发送网络请求
06  print(r.data)                                        # 打印二进制数据
07  f = open('python.png','wb+')                         # 创建 open 对象
08  f.write(r.data)                                      # 写入数据
09  f.close()                                            # 关闭
```

程序运行结果如下。

```
b'\x89PNG\r\n\x1a\n\x00\x00\x00\......'
```

以上运行结果中"……"为省略内容,同时项目结构路径中将自动生成 python.png 图片,效果如图 4.3 所示。

图 4.3　自动生成的 python.png 图片

4.2.5　设置请求头

大多数服务器都会检测请求头信息,判断当前请求是否是来自浏览器的请求。使用 request() 方法设置请求头信息时,只需要为 headers 参数指定一个有效的字典(dict)类型的请求头信息即可。所以在设置请求头信息前,需要在浏览器中找到一个有效的请求头信息。以火狐浏览器为例,按 F12 功能键打开开发者工具,然后选择"网络",接着在浏览器地址栏中任意打开一个网页(如 https://www.baidu.com/),在请求列表中选择一项请求信息,最后在"消息头"中找到请求头信息。具体步骤如图 4.4 所示。

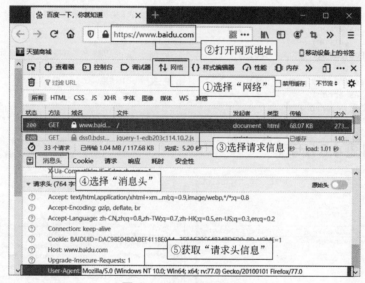

图 4.4　获取请求头信息

设置请求头　　　　　　　　　　　　　　　实例位置:资源包 \Code\04\08

请求头信息获取完成以后,将"User-Agent"设置为字典(dict)数据中的键,后面的数据设置为字典(dict)数据中的 value。然后在 request() 方法中设置 headers 请求头信息,最后打印 UTF-8 编码后的响应内容。示例代码如下。

```
01 import urllib3                                          # 导入 urllib3 模块
02 urllib3.disable_warnings()                              # 关闭 SSL 警告
03 url = 'https://www.httpbin.org/get'                     # GET 请求测试地址
04                                                         # 定义火狐浏览器请求头信息
05 headers = {'User-Agent':'Mozilla/5.0 (Windows NT 10.0; Win64; x64; rv:77.0) Gecko/20100101 Firefox/77.0'}
06 http = urllib3.PoolManager()                            # 创建连接池管理对象
07 r = http.request('GET',url,headers=headers)             # 发送 GET 请求
08 print(r.data.decode('utf-8'))                           # 打印响应内容
```

程序运行结果如图 4.5 所示。

4.2.6 设置超时

实例 4.9　　设置超时　　实例位置：资源包 \Code\04\09

在没有特殊要求的情况下，可以将设置超时的参数与时间填写在 request() 方法或者 PoolManager() 实例对象中，然后使用 try…except 捕获超时异常。示例代码如下。

```
01  import urllib3                                      # 导入 urllib3 模块
02  urllib3.disable_warnings()                          # 关闭 SSL 警告
03  baidu_url = 'https://www.baidu.com/'                # 百度超时请求测试地址
04  python_url = 'https://www.python.org/'              # Python 超时请求测试地址
05  http = urllib3.PoolManager()                        # 创建连接池管理对象
06  try:
07      r = http.request('GET',baidu_url,timeout=0.01)  # 发送 GET 请求，并设置超时时间为 0.01 s
08  except Exception as error:
09      print('百度超时：',error)
10  http2 = urllib3.PoolManager(timeout=0.1)            # 创建连接池管理对象，并设置超时时间为 0.1 秒
11  try:
12      r = http2.request('GET', python_url)            # 发送 GET 请求
13  except Exception as error:
14      print('Python 超时：',error)
```

程序运行结果如图 4.6 所示。

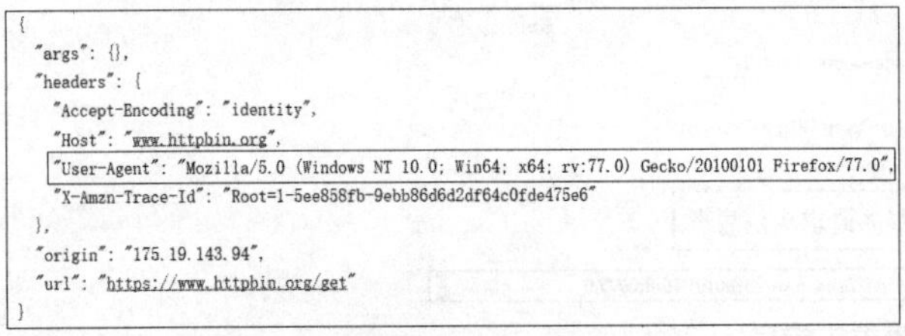

图 4.5　查看返回的请求头信息

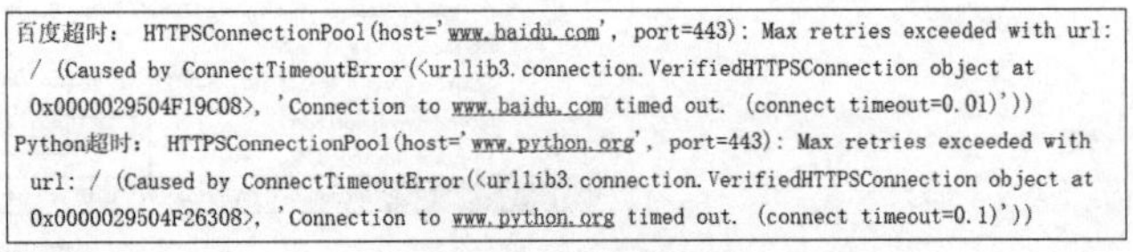

图 4.6　超时异常信息

如果需要更精确地设置超时，可以使用 Timeout 实例对象，在该对象中可以单独设置连接超时与读取超时。示例代码如下。

```
01  import urllib3                                      # 导入 urllib3 模块
02  from urllib3 import Timeout                         # 导入 Timeout 类
03  urllib3.disable_warnings()                          # 关闭 SSL 警告
04  timeout=Timeout(connect=0.5, read=0.1)              # 设置连接 0.5 s，读取 0.1 s
05  http = urllib3.PoolManager(timeout=timeout)         # 创建连接池管理对象
06  http.request('GET','https://www.python.org/')       # 发送请求
```

或者是

```
01  timeout=Timeout(connect=0.5, read=0.1)              # 设置连接 0.5 s，读取 0.1 s
02  http = urllib3.PoolManager()                        # 创建连接池管理对象
03  http.request('GET','https://www.python.org/',timeout=timeout)  # 发送请求
```

4.2.7 设置代理 IP

实例 4.10 设置代理 IP 实例位置：资源包 \Code\04\10

在设置代理 IP 时，需要创建 ProxyManager 对象，在该对象中最好填写两个参数：一个参数是 proxy_url，表示需要使用的代理 IP；另一个参数为 headers，用于模拟浏览器请求，避免被后台服务器发现。示例代码如下。

```
01  import urllib3                                                  # 导入urllib3模块
02  url = "http://httpbin.org/ip"                                   # 代理IP请求测试地址
03                                                                  # 定义火狐浏览器请求头信息
04  headers = {'User-Agent':'Mozilla/5.0 (Windows NT 10.0; Win64; x64; rv:77.0) Gecko/20100101 Firefox/77.0'}
05                                                                  # 创建代理管理对象
06  proxy = urllib3.ProxyManager('http://120.27.110.143:80',headers = headers)
07  r = proxy.request('get',url,timeout=2.0)                        # 发送请求
08  print(r.data.decode())                                          # 打印返回结果
```

程序运行结果如下。

```
{
"origin": "120.27.110.143"
}
```

注意

免费代理存活的时间比较短，如果失效可以自己上网查找正确、有效的代理 IP。

4.3 上传文件

request() 方法提供了两种比较常用的文件上传方式，一种是通过 fields 参数以元组形式分别指定文件名、文件内容以及文件类型，这种方式适合上传文本文件时使用。以上传如图 4.7 所示的文本文件为例。

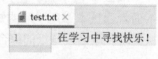

图 4.7 需要上传的文本文件

实例 4.11 上传文本文件 实例位置：资源包 \Code\04\11

使用 urllib3 上传文本文件时，首先需要读取文件内容，然后在 request() 方法中通过 fields 参数指定需要上传的文本文件。示例代码如下。

```
01  import urllib3                                                  # 导入urllib3模块
02  import json                                                     # 导入json模块
03  with open('test.txt') as f:                                     # 打开文本文件
04      data = f.read()                                             # 读取文件
05  http = urllib3.PoolManager()                                    # 创建连接池管理对象
06                                                                  # 发送网络请求
07  r = http.request('POST','http://httpbin.org/post',fields={'filefield':('example.txt',data),})
08  files = json.loads(r.data.decode('utf-8'))['files']             # 获取上传文件内容
09  print(files)                                                    # 打印上传文本信息
```

程序运行结果如下。

{'filefield': '在学习中寻找快乐！'}

实例 4.12 上传图片文件

实例位置：资源包 \Code\04\12

如果需要上传图片则可以使用第二种方式，在 request() 方法中指定 body 参数，该参数所对应的值为图片的二进制数据，然后还需要使用 headers 参数为其指定文件类型。示例代码如下。

```
01  import urllib3                                                    # 导入 urllib3 模块
02  with open('python.jpg','rb') as f:                                # 打开图片文件
03      data = f.read()                                               # 读取文件
04  http = urllib3.PoolManager()                                      # 创建连接池管理对象
05                                                                    # 发送请求
06  r = http.request('POST','http://httpbin.org/post',body = data,headers={'Content-Type':'image/jpeg'})
07  print(r.data.decode())                                            # 打印返回结果
```

程序运行结果，如图 4.8 所示。

说明

由于返回的数据中 data 内容较多，所以图 4.8 中仅截取了数据中的一部分内容。

图 4.8 上传图片文件所返回的信息

4.4 综合案例——爬取必应壁纸

本章学习了如何使用 urllib3 模块实现网络请求，下面就通过本章所学习的知识与 Python 基础中的 re 模块实现爬取必应壁纸的综合案例。

4.4.1 分析数据

在浏览器中打开必应壁纸的下载榜（https://bing.ioliu.cn/ranking），如图 4.9 所示。

在浏览器右上角依次选择"更多工具"→"开发者工具"，然后在顶部导航条中选择"Elements"选项，接着单击导航条左侧的 图标，再用鼠标选中需要下载的壁纸，此时将显示壁纸所对应的 HTML 代码位置。具体操作步骤如图 4.10 所示。

从图 4.10 的图片信息中可以看出，图片的大小为 640×480 px，所以可以断定这并不是一张高清壁纸，所以需要换思路再次分析。经过分析发现壁纸右下角有一个下载按钮，打开浏览器开发者工具，查看下载按钮对应的 HTML 代码，发现其中包含高清壁纸的下载地址，如图 4.11 所示。

图 4.9 必应壁纸下载榜

图 4.10 获取壁纸对应的 HTML 代码位置

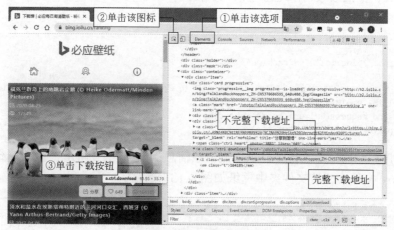

图 4.11 分析壁纸下载地址

4.4.2 实现网络爬虫

在没有学习网络爬虫的解析模块前，本章将同样使用 re 模块与正则表达式来实现数据的匹配。网络爬虫程序实现的具体步骤如下。

```
01  import urllib3      # 导入 urllib3 模块
02  import re           # 导入 re 模块
03  import os           # 导入系统 os 模块
```

① 导入网络爬虫程序所需要的 urllib3、re、os 模块，分别用于发送网络请求、提取数据、创建目录。代码如右。

② 创建 send_request() 方法，在该方法中首先发送一个 GET 请求，然后根据响应状态码判断一下，如果请求成功就将解码后的 HTML 代码返回。代码如下。

```
04                                                      # 实现发送网络请求，返回响应结果
05  def send_request(url,headers):
06      response = http.request('GET',url,headers=headers)   # 发送 GET 请求
07      if response.status == 200:
08          html_str = response.data.decode('utf-8')         # HTML 代码
09          return html_str                                  # 返回解码后的 HTML
```

③ 创建 download_pictures() 方法，在该方法中首先在响应数据中通过正则表达式提取壁纸的名称与下载地址，然后再次对下载地址发送网络请求，并通过 open() 函数将壁纸保存至本地。代码如下。

```
10                                                      # 解析地址并下载壁纸
11  def download_pictures(html_str):
```

```
12                                                              # 提取壁纸名称
13   pic_names = re.findall('<div class="description"><h3>(.*?)</h3>',html_str)
14                                                              # 提取壁纸的下载地址
15   pic_urls = re.findall('<a class="ctrl download" href="(.*?)" ',html_str)
16   for name,url in zip(pic_names,pic_urls):                   # 遍历壁纸的名称与地址
17       pic_name = name.replace('/',' ')                       # 把图片名称中的 "/" 换成空格
18       pic_url = 'https://bing.ioliu.cn'+url                  # 组合一个完整的 URL
19                                                              # 发送网络请求,准备下载图片
20       pic_response = http.request('GET',pic_url,headers=headers)
21       if not os.path.exists('pic'):                          # 判断 pic 文件夹是否存在
22           os.mkdir('pic')                                    # 创建 pic 文件夹
23       with open('pic/'+pic_name+'.jpg','wb') as f:
24           f.write(pic_response.data)                         # 写入二进制数据,下载图片
25           print('图片:',pic_name,'下载完成了!')
```

④ 创建程序入口,然后设置请求地址与请求头信息,接着调用 send_request() 与 interpreting_data() 方法启动网络爬虫程序。代码如下。

```
26   if __name__ == '__main__':
27       url = 'https://bing.ioliu.cn/ranking'
28                                                              # 定义火狐浏览器请求头信息
29       headers = {'User-Agent':'Mozilla/5.0 (Windows NT 10.0; Win64; x64; rv:77.0) Gecko/20100101 Firefox/77.0'}
30       http = urllib3.PoolManager()                           # 创建连接池管理对象
31       html_str=send_request(url=url,headers=headers)         # 调用发送网络请求的方法
32       download_pictures(html_str=html_str)                   # 调用解析数据并下载壁纸的方法
```

⑤ 网络爬虫程序启动后,控制台将显示壁纸下载信息,如图 4.12 所示。壁纸下载完成后,项目文件夹当中将自动生成 pic 文件夹,该文件夹中壁纸如图 4.13 所示。

```
图片: 福克兰群岛上的南跳岩企鹅 (© Heike Odermatt Minden Pictures) 下载完成了!
图片: 淡水和盐水在埃斯塔蒂特附近的三河河口交汇,西班牙 (© Yann Arthus-Bertrand Getty Images) 下载完成了!
图片: 黄山,中国安徽省 (© BJI Blue Jean Images Getty Images) 下载完成了!
图片: 哈尔施塔特,奥地利 (© rudi1976 Alamy) 下载完成了!
图片: 巴扎鲁托群岛,莫桑比克 (© Jody MacDonald Offset) 下载完成了!
图片: 舍夫沙万的蓝色墙壁,摩洛哥 (© Tatsuya Ohinata Getty Images) 下载完成了!
图片: 雷尼尔山上空的璀璨银河,雷尼尔山国家公园,华盛顿州 (© Brad Goldpaint Aurora Photos) 下载完成了!
图片: 从太空中拍摄到的地球 (© NOAA) 下载完成了!
图片: 金塔马尼小镇,巴厘岛,印度尼西亚 (© Bobby Joshi 500px) 下载完成了!
图片: 新西兰南岛的塔斯曼湖 (© UpdogDesigns iStock Getty Images Plus) 下载完成了!
图片: 埃特勒塔小镇,法国诺曼底 (© Olha Rohulya 500px) 下载完成了!
图片: 被萤火虫照亮的小树林,日本四国岛 (© Hiroya Minakuchi Minden Pictures) 下载完成了!
```

图 4.12 控制台所显示的壁纸下载信息

图 4.13 文件夹中所下载的壁纸图片

4.5 实战练习

本章案例只是实现了爬取必应壁纸下载榜首页的所有壁纸，根据以上学习的分析思路，试着爬取多页的壁纸图片，如图 4.14 所示。

图 4.14　爬取多个页面的壁纸

 小结

本章首先介绍了 urllib3 提供了很多 Python 标准库里没有的重要特性，再介绍了如何使用 urllib3 发送网络请求，然后介绍了使用 urllib3 如何上传文件，最后介绍了综合案例（爬取必应壁纸下载榜）和实战练习。希望读者认真练习 urllib3 发送网络请求的各种方法，发挥 urllib3 模块中的各种优势，便于提高网络爬虫的网络请求效率。

扫码领取
- 视频讲解
- 源码下载
- 配套答案
- 拓展资料
- ……

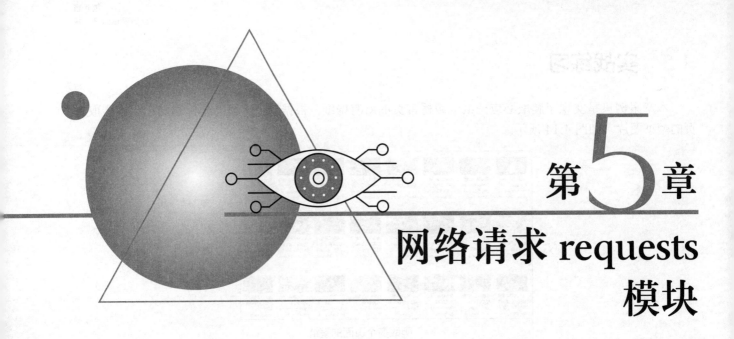

第5章 网络请求 requests 模块

requests 是 Python 中实现 HTTP 请求的一种方式，requests 是第三方模块，该模块在实现 HTTP 请求时要比 urllib、urllib3 模块简化很多，操作更加人性化。本章将主要介绍如何使用 requests 模块发送 GET 和 POST 请求、高级请求方式以及请求中所使用的代理服务。

5.1 基本请求方式

由于 requests 模块为第三方模块，所以在使用 requests 模块时需要通过执行"pip install requests"代码进行该模块的安装。如果使用了 Anaconda，则不需要单独安装 requests 模块。requests 模块的功能特性如下：Keep-Alive & 连接池、Unicode 响应体、国际化域名和 URL、HTTP(S) 代理支持、带持久 Cookie 的会话、文件分块上传、浏览器式的 SSL 认证、流下载、自动内容解码、连接超时、基本和摘要式的身份认证、分块请求、优雅的 key/value Cookie、支持 .netrc、自动解压。

5.1.1 发送 GET 请求

实例 5.1 发送 GET 请求不带参数

实例位置：资源包 \Code\05\01

最常用的 HTTP 请求方式分别为 GET 和 POST，在使用 Requests 模块实现 GET 请求时可以使用两种方式来实现，一种是带参数，另一种为不带参数。以百度为例实现不带参数的网络请求并打印响应状态码、请求头信息以及 Cookie 信息。示例代码如下。

```
import requests                                      # 导入网络请求模块 requests

                                                     # 发送网络请求
response = requests.get('https://www.baidu.com')
print(' 响应状态码为：',response.status_code)         # 打印状态码
print(' 请求的网络地址为：',response.url)             # 打印请求 URL
print(' 头部信息为：',response.headers)               # 打印头部信息
print('cookie 信息为：',response.cookies)             # 打印 Cookie 信息
```

程序运行结果如图 5.1 所示。

5.1.2 设置编码

实例 5.2 获取网页源码

实例位置：资源包 \Code\05\02

当响应状态码为 200 时，说明本次网络请求已经成功，此时可以获取请求地址所对应的网页源码。如果服务器返回的网页源码中的中文都是乱码，就需要按照源码的编码方式进行编码。示例代码如下。

```
import requests                                      # 导入网络请求模块 requests

                                                     # 发送网络请求
response = requests.get('https://www.baidu.com/')
response.encoding='utf-8'                            # 对响应结果进行 UTF-8 编码
print(response.text)                                 # 以文本形式打印网页源码
```

程序运行结果如图 5.2 所示。

```
响应状态码为： 200
请求的网络地址为： https://www.baidu.com/
头部信息为： {'Cache-Control': 'private, no-cache, no-store,
 proxy-revalidate, no-transform', 'Connection': 'keep-alive',
 'Content-Encoding': 'gzip', 'Content-Type': 'text/html', 'Date':
 'Wed, 11 Mar 2020 07:28:06 GMT', 'Last-Modified': 'Mon, 23 Jan 2017
 13:23:55 GMT', 'Pragma': 'no-cache', 'Server': 'bfe/1.0.8.18',
 'Set-Cookie': 'BDORZ=27315; max-age=86400; domain=.baidu.com;
 path=/', 'Transfer-Encoding': 'chunked'}
cookie信息为： <RequestsCookieJar[<Cookie BDORZ=27315 for .baidu.com/>]>
```

图 5.1 实现不带参数的网络请求

```
<!DOCTYPE html>
<!--STATUS OK--><html> <head><meta http-equiv=content-type content=text/html;charset=utf-8><meta http-equiv=X-UA-Compatible
 content=IE=Edge><meta content=always name=referrer><link rel=stylesheet type=text/css href=https://ss1.bdstatic
 .com/5eN1bjq8AAUYm2zgoY3K/r/www/cache/bdorz/baidu.min.css><title>百度一下，你就知道</title></head> <body link=#0000cc> <div
 id=wrapper> <div id=head> <div class=head_wrapper> <div class=s_form> <div class=s_form_wrapper> <div id=lg> <img
 hidefocus=true src=//www.baidu.com/img/bd_logo1.png width=270 height=129> </div> <form id=form name=f action=//www.baidu
 .com/s class=fm> <input type=hidden name=bdorz_come value=1> <input type=hidden name=ie value=utf-8> <input type=hidden
 name=f value=8> <input type=hidden name=rsv_bp value=1> <input type=hidden name=rsv_idx value=1> <input type=hidden name=tn
 value=baidu><span class="bg s_ipt_wr"><input id=kw name=wd class=s_ipt value maxlength=255 autocomplete=off
 autofocus=autofocus></span><span class="bg s_btn_wr"><input type=submit id=su value=百度一下 class="bg s_btn"
 autofocus></span> </form> </div> </div> <div id=u1> <a href=http://news.baidu.com name=tj_trnews class=mnav>新闻</a> <a
 href=https://www.hao123.com name=tj_trhao123 class=mnav>hao123</a> <a href=http://map.baidu.com name=tj_trmap class=mnav>地
 图</a> <a href=http://v.baidu.com name=tj_trvideo class=mnav>视频</a> <a href=http://tieba.baidu.com name=tj_trtieba
 class=mnav>贴吧</a> <noscript> <a href=http://www.baidu.com/bdorz/login.gif?login&amp;tpl=mn&amp;u=http%3A%2F%2Fwww.baidu
 .com%2f%3fbdorz_come%3d1 name=tj_login class=lb>登录</a> </noscript> <script>document.write('<a href="http://www.baidu
 .com/bdorz/login.gif?login&tpl=mn&u='+ encodeURIComponent(window.location.href+ (window.location.search === "" ? "?" : "&")+
 "bdorz_come=1")+ '" name="tj_login" class="lb">登录</a>');
                </script> <a href=//www.baidu.com/more/ name=tj_briicon class=bri style="display: block;">更多产品</a> </div>
 </div> </div> <div id=ftCon> <div id=ftConw> <p id=lh> <a href=http://home.baidu.com>关于百度</a> <a href=http://ir.baidu
 .com>About Baidu</a> </p> <p id=cp>&copy;2017 Baidu <a href=http://www.baidu.com/duty/>使用百度前必读</a>  <a
 href=http://jianyi.baidu.com/ class=cp-feedback>意见反馈</a> 京ICP证030173号  <img src=//www.baidu.com/img/gs
 .gif> </p> </div> </div> </div> </body> </html>
```

图 5.2 获取请求地址所对应的网页源码

> **注意**
>
> 在没有对响应内容进行 UTF-8 编码时，网页源码中的中文信息可能会出现如图 5.3 所示的乱码。

```
<!DOCTYPE html>
<!--STATUS OK--><html> <head><meta http-equiv=content-type content=text/html;charset=utf-8><meta http-equiv=X-UA-Compatible content=IE=Edge><meta content=always name=referrer><link rel=stylesheet type=text/css href=https://ss1.bdstatic.com/5eN1bjq8AAUYm2zgoY3K/r/www/cache/bdorz/baidu.min.css><title>ç ¾ä°¦ä¸ ä¸ ï¼ ä½ ä° ±ç ¥é</title></head> <body link=#0000cc> <div id=wrapper> <div id=head> <div class=head_wrapper> <div class=s_form> <div class=s_form_wrapper> <div
```

图 5.3 中文乱码

5.1.3 二进制数据的爬取

实例 5.3 下载百度 logo 图片   实例位置：资源包 \Code\05\03

使用 Requests 模块中的 get 函数不仅可以获取网页中的源码信息，还可以获取二进制文件。但是在获取二进制文件时，需要使用 Response.content 属性获取 bytes 类型的数据，然后将数据保存在本地文件中。例如，下载百度首页中的 logo 图片即可使用如下代码。

```
01  import requests                                          # 导入网络请求模块 requests
02
03                                                           # 发送网络请求
04  response = requests.get('https://www.baidu.com/img/bd_logo1.png?where=super')
05  print(response.content)                                  # 打印二进制数据
06  with open('百度logo.png','wb')as f:                       # 通过 open 函数将二进制数据写入本地文件
07      f.write(response.content)                            # 写入
```

程序运行后打印的二进制数据如图 5.4 所示。程序运行后，当前目录下将自动生成如图 5.5 所示的百度 logo 图片。

```
b'\x89PNG\r\n\x1a\n\x00\x00\x00\rIHDR\x00\x00\x02\x1c\x00\x00
\x01\x02\x08\x03\x00\x00\x00\x82\x14\xfe8\x00\x00\x00tPHYs
\x00\x00\x0b\x13\x00\x00\x0b\x13\x01\x00\x9a\x9c\x18\x00\x00
\nMiCCPPhotoshop ICC profile\x00\x00x\xda\x9dSwX\x93\xf7\x16
>\xdf\xf7e\x0fVB\xd8\xf0\xb1\x971\x81\x00″#\xac\x08\xc8\x10Y
\xa2\x10\x92\x00a\x84\x10\x12@\xc5\x85\x88\nV\x14\x15\x11
\x9cHU\xc4\x82\xd5\nH\x9d\x88\xe2\xa0
```

图 5.4 打印的二进制数据

图 5.5 百度 logo 图片

5.1.4 发送 GET（带参数）请求

（1）实现请求地址带参数

如果需要为 GET 请求指定参数时，可以直接将参数添加在请求地址 URL 的后面，然后用"?"进行分隔。如果一个 URL 地址中有多个参数，参数之间用"&"进行连接。GET（带参数）请求代码如下。

```
01  import requests                                          # 导入网络请求模块 requests
02
03                                                           # 发送网络请求
04  response = requests.get('http://httpbin.org/get?name=Jack&age=30')
05  print(response.text)                                     # 打印响应结果
```

程序运行结果如图 5.6 所示。

说明

> 这里通过 "http://httpbin.org/get" 网站进行演示,该网站可以作为练习网络请求的一个站点使用,该网站可以模拟各种请求操作。

(2) 配置 params 参数

Requests 模块提供了传递参数的方法,允许使用 params 关键字,以一个字符串字典来提供这些参数。例如,如果想传递 key1=value1 和 key2=value2 到 "httpbin.org/get",那么可以使用如下代码。

```
01 import requests                                              # 导入网络请求模块 requests
02
03 data = {'name':'Michael','age':'36'}                         # 定义请求参数
04                                                              # 发送网络请求
05 response = requests.get('http://httpbin.org/get',params=data)
06 print(response.text)                                         # 打印响应结果
```

程序运行结果如图 5.7 所示。

```
{
  "args": {
    "age": "30",
    "name": "Jack"
  },
  "headers": {
    "Accept": "*/*",
    "Accept-Encoding": "gzip, deflate",
    "Host": "httpbin.org",
    "User-Agent": "python-requests/2.20.1",
    "X-Amzn-Trace-Id": "Root=1-5e68a400-d84b38d07031a2c5bcdacef7"
  },
  "origin": "42.101.67.234",
  "url": "http://httpbin.org/get?name=Jack&age=30"
}
```

图 5.6　输出的响应结果

```
{
  "args": {
    "age": "36",
    "name": "Michael"
  },
  "headers": {
    "Accept": "*/*",
    "Accept-Encoding": "gzip, deflate",
    "Host": "httpbin.org",
    "User-Agent": "python-requests/2.20.1",
    "X-Amzn-Trace-Id": "Root=1-5e6988c8-0e03e2fa94fa7b9357bd083d"
  },
  "origin": "139.215.226.29",
  "url": "http://httpbin.org/get?name=Michael&age=36"
}
```

图 5.7　输出的响应结果

5.1.5　发送 POST 请求

发送 POST 请求

实例位置:资源包 \Code\05\04

POST 请求方式也叫作提交表单,表单中的数据内容就是对应的请求参数。使用 requests 模块实现 POST 请求时需要设置请求参数 data。POST 请求的代码如下。

```
01 import requests                                              # 导入网络请求模块 requests
02 import json                                                  # 导入 json 模块
03
04                                                              # 字典类型的表单参数
05 data = {'1':' 能力是有限的,而努力是无限的。',
06         '2':' 星光不问赶路人,时光不负有心人。'}
07                                                              # 发送网络请求
08 response = requests.post('http://httpbin.org/post',data=data)
09 response_dict = json.loads(response.text)                    # 将响应数据转换为字典类型
10 print(response_dict)                                         # 打印转换后的响应数据
```

程序运行结果如图 5.8 所示。

说明

POST 请求中 data 参数的数据的格式也可以是列表、元组或者是 JSON。参数代码如下。

```
01                                    # 元组类型的表单数据
02 data = (('1',' 能力是有限的，而努力是无限的。'),
03         ('2',' 星光不问赶路人，时光不负有心人。'))
04                                    # 列表类型的表单数据
05 data = [('1',' 能力是有限的，而努力是无限的。'),
06         ('2',' 星光不问赶路人，时光不负有心人。')]
07                                    # 字典类型的表单数据
08 data = {'1':' 能力是有限的，而努力是无限的。',
09         '2':' 星光不问赶路人，时光不负有心人。'}
10                                    # 将字典类型转换为 JSON 类型的表单数据
11 data = json.dumps(data)
```

{'args': {}, 'data': '', 'files': {}, 'form': {'1': ' 能力是有限的，而努力是无限的。', '2': ' 星光不问赶路人，时光不负有心人。'}, 'headers': {'Accept': '*/*', 'Accept-Encoding': 'gzip, deflate', 'Content-Length': '284', 'Content-Type': 'application/x-www-form-urlencoded', 'Host': 'httpbin.org', 'User-Agent': 'python-requests/2.20.1', 'X-Amzn-Trace-Id': 'Root=1-5e699d93-e635dad2bfd5e75ee39d2af0.234', 'json': None, 'origin': '42.101.67.234', 'url': 'http://httpbin.org/post'}

图 5.8 输出的响应结果

注意

requests 模块中 GET 与 POST 请求的参数分别是 params 和 data，所以不要将两种参数填写错误。

5.2 高级请求方式

在使用 requests 模块实现网络请求时，不只有简单的 GET 与 POST，还有复杂的请求头、Cookie 以及网络超时等。不过 requests 模块将这一系列复杂的请求方式进行了简化，只要在发送请求时设置对应的参数即可实现复杂的网络请求。

5.2.1 设置请求头

设置请求头

实例位置：资源包 \Code\05\05

有时在请求一个网页内容时，发现无论通过 GET 或者 POST 以及其他请求方式，都会出现 403 错误。这种现象多数为服务器拒绝了用户的访问，那是因为这些网页为了防止恶意采集信息，使用了反爬虫设置。此时可以通过模拟浏览器的头部信息来进行访问，这样就能解决以上反爬设置的问题。下面介绍通过 requests 模块添加请求头的方式，代码如下。

```
01 import requests                    # 导入网络请求模块 requests
02
03 url = 'https://www.baidu.com/'     # 创建需要爬取网页的地址
04                                    # 创建头部信息
05 headers = {'User-Agent':'Mozilla/5.0 (Windows NT 10.0; Win64; x64; rv:72.0) Gecko/20100101 Firefox/72.0'}
06 response = requests.get(url, headers=headers)  # 发送网络请求
07 print(response.status_code)        # 打印响应状态码
```

⏱ 程序运行结果如下。

200

5.2.2　Cookie 的验证

模拟豆瓣登录

👁 实例位置：资源包 \Code\05\06

在爬取某些数据时，需要进行网页的登录，才可以进行数据的抓取工作。Cookie 登录就像很多网页中的自动登录功能一样，可以让用户在第二次登录时不需要验证账号和密码直接登录。在使用 requests 模块实现 Cookie 登录时，首先需要在浏览器的开发者工具页面中找到可以实现登录的 Cookie 信息，然后将 Cookie 信息处理并添加至 RequestsCookieJar 的对象中，最后将 RequestsCookieJar 对象作为网络请求的 Cookie 参数，发送网络请求即可。以获取豆瓣网页登录后用户名为例，具体步骤如下。

① 在谷歌浏览器中打开豆瓣网页地址（https://www.douban.com/），然后按 F12 功能键打开网络监视器，选择"密码登录"输入"手机号 / 邮箱"与"密码"，然后单击"登录豆瓣"，网络监视器将显示如图 5.9 所示的数据变化。

② 在"Headers"选项中选择"Request Headers"选项，获取登录后的 Cookie 信息，如图 5.10 所示。

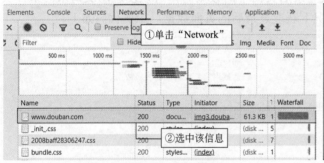

图 5.9　网络监视器的数据变化

图 5.10　找到登录后网页中的 Cookie 信息

③ 导入相应的模块，将"找到登录后网页中的 Cookie 信息"以字符串形式保存，然后创建 RequestsCookieJar 对象并对 Cookie 信息进行处理，最后将处理后的 RequestsCookieJar 对象作为网络请求参数，实现网页的登录请求。代码如下。

```
01  import requests                                       # 导入网络请求模块
02  from lxml import etree                                # 导入 lxml 模块
03
04  cookies = '此处填写登录后网页中的 Cookie 信息'
05  headers = {'Host': 'www.douban.com',
06             'Referer': 'https://www.hao123.com/',
07             'User-Agent': 'Mozilla/5.0 (Windows NT 10.0; Win64; x64) '
08                          'AppleWebKit/537.36 (KHTML, like Gecko) '
09                          'Chrome/72.0.3626.121 Safari/537.36'}
10                                                        # 创建 RequestsCookieJar 对象，用于设置 Cookie 信息
11  cookies_jar = requests.cookies.RequestsCookieJar()
12  for cookie in cookies.split(';'):
13      key, value = cookie.split('=', 1)
14      cookies_jar.set(key, value)                       # 将 Cookie 保存 RequestsCookieJar 当中
```

```
15                                                              # 发送网络请求
16 response = requests.get('https://www.douban.com/',
17 headers=headers, cookies=cookies_jar)
18 if response.status_code == 200:                               # 请求成功时
19     html = etree.HTML(response.text)                          # 解析 HTML 代码
20                                                              # 获取用户名
21     name = html.xpath('//*[@id="db-global-nav"]/div/div[1]/ul/li[2]/a/span[1]/text()')
22     print(name[0])                                            # 打印用户名
```

◎ 程序运行结果如下。

阿四 sir 的账号

5.2.3 会话请求

在实现获取某个登录后页面的信息时，可以使用设置 Cookie 的方式先实现模拟登录，然后再获取登录后页面的信息内容。这样虽然可以成功地获取页面中的信息，但是比较烦琐。

会话请求

实例位置：资源包 \Code\05\07

requests 模块中提供了 Session 对象，通过该对象可以实现在同一会话内发送多次网络请求，这相当于在浏览器中打开了一个新的选项卡。此时再获取登录后页面中的数据时，可以发送两次请求，第一次发送登录请求，而第二次请求就可以在不登录的情况下获取登录后的页面数据。示例代码如下。

```
01 import requests                                              # 导入 requests 模块
02 s = requests.Session()                                       # 创建会话对象
03 data={'username': 'mrsoft', 'password': 'mrsoft'}            # 创建用户名、密码的表单数据
04                                                              # 发送登录请求
05 response =s.post('http://site2.rjkflm.com:666/index/index/chklogin.html',data=data)
06 response2=s.get('http://site2.rjkflm.com:666')                # 发送登录后页面请求
07 print('登录信息: ',response.text)                             # 打印登录信息
08 print('登录后页面信息如下 :\n',response2.text)                 # 打印登录后的页面信息
```

◎ 程序运行结果如图 5.11 所示。

```
登录信息: {"status":true,"msg":"登录成功！"}
登录后页面信息如下:
<!DOCTYPE html>
<html lang="en">
<head>
<meta http-equiv="Content-Type" content="text/html; charset=UTF-8">
<meta name="keywords" content="明日科技,thinkphp5.0,编程e学网" />
<meta name="description" content="明日科技,thinkphp5.0,编程e学网" />
<title>编程e学网</title>
<link rel="shortcut icon" href="favicon.ico">
```

图 5.11 登录后的请求结果

5.2.4 验证请求

在访问页面时，可能会出现如图 5.12 所示的验证页面，然后输入用户名与密码后才可以访问如图 5.13 所示的页面数据。

图 5.12　验证页面

图 5.13　验证后的页面

验证请求

　　实例位置：资源包 \Code\05\08

requests 模块自带了验证功能，只需要在请求方法中填写 auth 参数，该参数的值是一个带有验证参数（用户名与密码）的 HTTPBasicAuth 对象。示例代码如下。

```
01  import requests                              # 导入 requests 模块
02  from requests.auth import HTTPBasicAuth      # 导入 HTTPBasicAuth 类
03                                               # 定义请求地址
04  url = 'http://sck.rjkflm.com:666/spider/auth/'
05  ah = HTTPBasicAuth('admin','admin')          # 创建 HTTPBasicAuth 对象，参数为用户名与密码
06  response = requests.get(url=url,auth=ah)     # 发送网络请求
07  if response.status_code==200:                # 如果请求成功
08      print(response.text)                     # 打印验证后的 HTML 代码
```

● 程序运行结果如图 5.14 所示。

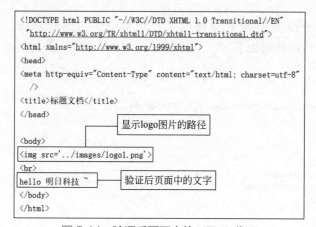

图 5.14　验证后页面中的 HTML 代码

5.2.5　网络超时与异常

网络超时与异常

　　实例位置：资源包 \Code\05\09

在访问一个网页时，如果该网页长时间未响应，系统就会判断该网页超时，所以无法打开网页。下

面通过代码来模拟一个网络超时的现象，代码如下。

```
01  import requests                                          # 导入网络请求模块
02                                                            # 循环发送请求 50 次
03  for a in range(0, 50):
04      try:                                                  # 捕获异常
05                                                            # 设置超时为 0.1 s
06          response = requests.get('https://www.baidu.com/', timeout=0.1)
07          print(response.status_code)                       # 打印状态码
08      except Exception as e:                                # 捕获异常
09          print('异常 '+str(e))                             # 打印异常信息
```

⏺ 程序运行结果如图 5.15 所示。

```
200
200
200
异常HTTPSConnectionPool(host='www.baidu.com', port=443): Read timed out. (read timeout=0.1)
200
200
200
```

图 5.15　网络超时与异常信息

📖 说明

上面代码中，模拟进行了 50 次循环请求，并且设置了超时的时间为 0.1 s，所以在 0.1 s 内服务器未作出响应将视为超时，将超时信息打印在控制台中。根据以上的模拟测试结果，可以确认在不同的情况下设置不同的 timeout 值。

实例 5.10　判断网络异常

实例位置：资源包 \Code\05\10

说起网络异常信息，requests 模块同样提供了三种常见的网络异常类，可以用于捕获超时异常、HTTP 异常以及请求异常。示例代码如下。

```
01  import requests                                          # 导入网络请求模块
02                                                            # 导入 requests.exceptions 模块中的三种异常类
03  from requests.exceptions import ReadTimeout,HTTPError,RequestException
04                                                            # 循环发送请求 50 次
05  for a in range(0, 50):
06      try:                                                  # 捕获异常
07                                                            # 设置超时为 0.1 s
08          response = requests.get('https://www.baidu.com/', timeout=0.1)
09          print(response.status_code)                       # 打印状态码
10      except ReadTimeout:                                   # 超时异常
11          print('timeout')
12      except HTTPError:                                     # HTTP 异常
13          print('httperror')
14      except RequestException:                              # 请求异常
15          print('reqerror')
```

5.2.6　文件上传

实例 5.11　上传图片文件

实例位置：资源包 \Code\05\11

使用 requests 模块实现向服务器上传文件也是非常简单的，只需要指定 post() 函数中的 files 参数即可。

files 参数可以指定一个 BufferedReader 对象，该对象可以使用内置的 open() 函数返回。使用 requests 模块实现上传文件的代码如下。

```python
01  import requests                                              # 导入网络请求模块
02  bd = open('百度 logo.png','rb')                              # 读取指定文件
03  file = {'file':bd}                                            # 定义需要上传的图片文件
04                                                                # 发送上传文件的网络请求
05  response = requests.post('http://httpbin.org/post',files = file)
06  print(response.text)                                          # 打印响应结果
```

程序运行结果如下。

```
{
    "args": {},
    "data": "",
    "files": {
        "file": "data:application/octet-stream;base64,iVBORw0KGgoAAAA...="
    },
    "form": {},
    "headers": {
        "Accept": "*/*",
        "Accept-Encoding": "gzip, deflate",
        "Content-Length": "8045",
        "Content-Type":"multipart/form-data; boundary=2e8a5c71d31d768bcc1a6434e654b27c",
        "Host": "httpbin.org",
        "User-Agent": "python-requests/2.20.1",
        "X-Amzn-Trace-Id": "Root=1-5e6f2da8-fe55afa26aa1338be33cbbee"
    },
    "json": null,
    "origin": "139.214.246.63",
    "url": "http://httpbin.org/post"
}
```

说明

从以上的程序运行结果中可以看出，提交的图片文件（二进制数据）被指定在 files 中，从框内 file 对应的数据中可以发现 post() 函数将上传的文件转换为 Base64 的编码形式。

注意

程序运行结果中框内尾部的…为省略部分。

5.2.7 代理的应用

使用代理 IP 发送请求

实例位置：资源包 \Code\05\12

在爬取网页的过程中，经常会出现不久前可以爬取的网页现在无法爬取了，这是因为 IP 被爬取网站的服务器所屏蔽了。此时代理服务可以解决这一麻烦。设置代理时，首先需要找到代理地址，例如，117.88.176.38，对应的端口号为 3000，完整的格式为 117.88.176.38:3000。代码如下。

```python
01  import requests                                              # 导入网络请求模块
02
03  headers = {'User-Agent': 'Mozilla/5.0 (Windows NT 10.0; Win64; x64) '
```

```
04                         'AppleWebKit/537.36 (KHTML, like Gecko) '
05                         'Chrome/72.0.3626.121 Safari/537.36'}
06 proxy = {'http': 'http://117.88.176.38:3000',
07          'https': 'https://117.88.176.38:3000'}   # 设置代理 IP 与对应的端口号
08 try:
09                                                   # 对需要爬取的网页发送请求,verify=False, 不验证服务器的 SSL 证书
10     response = requests.get('http://202020.ip138.com', headers= headers,proxies=proxy,verify=False,timeout=3)
11     print(response.status_code)                   # 打印响应状态码
12 except Exception as e:
13     print(' 错误异常信息为: ',e)                   # 打印异常信息
```

> **注意**
>
> 由于示例中代理 IP 是免费的，所以使用的时间不固定，超出使用的时间范围该地址将失效。在代理 IP 地址失效或错误时，控制台将显示如图 5.16 所示的异常信息。

```
错误异常信息为: HTTPConnectionPool(host='117.88.176.38', port=3000):
Max retries exceeded with url: http://202020.ip138.com/ (Caused by
ProxyError('Cannot connect to proxy.', NewConnectionError('<urllib3
.connection.HTTPConnection object at 0x00000165C0F3AB88>: Failed to
establish a new connection: [WinError 10061] 由于目标计算机积极拒绝，
无法连接。')))
```

图 5.16　代理 IP 地址失效或错误时提示的异常信息

5.3　综合案例——爬取糗事百科（视频）

本章学习了如何使用第三方 requests 模块实现网络请求，下面就通过本章所学习的知识与 Python 基础中的 re 模块实现爬取糗事百科（视频）的综合案例。

5.3.1　分析数据

在浏览器中打开糗事百科的首页（https://www.qiushibaike.com/），然后选择"视频"页面，如图 5.17 所示。

图 5.17　打开糗事百科视频页面

打开糗事百科的视频页面以后，按 F12 功能键，打开浏览器开发者工具，然后在顶部导航条中选择"Elements"选项，接着单击导航条左侧的 图标，依次选中需要爬取的视频标题与视频播放窗口，此时将显示对应的 HTML 代码位置。具体操作步骤如图 5.18 所示。

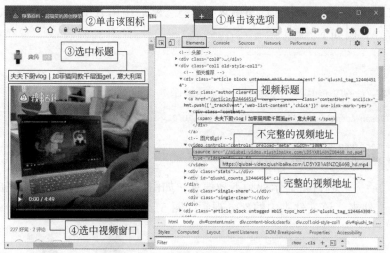

图 5.18　获取标题与视频地址对应的 HTML 代码位置

5.3.2　实现爬虫

在没有学习爬虫的解析模块前，可以使用 re 模块与正则表达式来实现数据的匹配。爬虫程序实现的具体步骤如下。

① 导入爬虫程序所需要的 requests、re、os 模块，分别用于发送网络请求、提取数据、创建目录。代码如下。

```
01  import requests                              # 导入 requests 模块
02  import re                                    # 导入 re 模块
03  import os                                    # 导入 os 模块
```

② 创建 send_request() 方法，在该方法中实现发送网络请求，如果请求成功就返回响应的 HTML。代码如下。

```
04                                               # 实现发送网络请求，返回响应结果
05  def send_request(url,headers):
06      response = requests.get(url=url,headers=headers)   # 发送网络请求
07      if response.status_code==200:
08          html_str = response.text             # 获取 HTML 代码
09          return html_str                      # 返回 HTML 代码
```

③ 创建 download_video() 方法，在该方法中首先需要使用正则表达式获取视频标题与视频的下载地址，然后通过 open() 函数实现视频的下载。代码如下。

```
10                                               # 实现获取视频标题、地址并下载视频
11  def download_video(html_str):
12      video_urls = re.findall('<source src="(.*?)"',html_str)   # 提取当前页面中所有视频地址
13                                               # 提取所有视频的标题文字
14      titles = re.findall('<div class="content">\n<span>\n\n\n(.*?)\n\n</span>\n\n</div>',html_str)
15      for title,video_url in zip(titles,video_urls):
16          video_url= 'https:'+video_url        # 将视频地址补充完整
17                                               # 向视频下载地址发送网络请求
18          video_response = requests.get(url=video_url,headers=headers)
19          if not os.path.exists('video'):      # 判断 pic 文件夹是否存在
20              os.mkdir('video')                # 创建 pic 文件夹
21          with open('video/'+title+'.mp4','wb') as f:
22              f.write(video_response.content)  # 写入二进制数据，下载视频
23              print(' 视频：',title,' 下载完成了！ ')
```

④ 创建程序入口，然后设置请求地址与请求头信息，然后调用 send_request() 与 download_video () 方法启动网络爬虫程序。代码如下。

```
24  if __name__ == '__main__':
25                                                              # 定义请求地址
26      url = 'https://www.qiushibaike.com/video/'
27                                                              # 定义请求头信息
28      headers = {'User-Agent': 'Mozilla/5.0 (Windows NT 10.0; Win64; x64) AppleWebKit/537.36 (KHTML, like Gecko) Chrome/92.0.4503.5 Safari/537.36'}
29      html_str = send_request(url=url,headers=headers)        # 调用发送网络请求的方法
30      download_video(html_str=html_str)                       # 调用下载视频的方法
```

⑤ 爬虫程序启动后，控制台将显示视频下载信息，如图 5.19 所示。视频下载完成后，项目文件夹当中将自动生成 video 文件夹，该文件夹中的部分视频如图 5.20 所示。

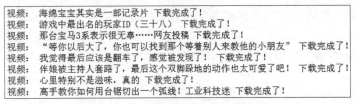

图 5.19　控制台显示的视频下载信息

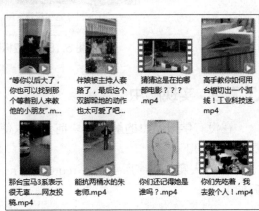

图 5.20　文件夹中的部分视频

5.4　实战练习

在本章案例中，爬取视频时无法看到视频的下载进度，这样的用户体验非常不好。试着通过 requests 模块先获取视频的总大小，然后再限制每次获取视频中的一部分，并通过百分比的方式计算出来，最后通过 print() 函数打印出视频下载的进度。效果如图 5.21 所示。

哈哈哈哈哈哈哈哈哈哈狗狗：你礼貌吗？视频文件下载进度：73%(2324200/3168232)

图 5.21　打印视频下载进度

▽ 小结

本章首先介绍了 requests 第三方模块的一些强大优势以及网络请求的基本使用方式；接着介绍了 requests 模块的一些高级用法，如设置请求头、Cookie 验证、会话请求等；然后介绍了如何使用代理 IP 发送网络请求；最后介绍了综合案例 [爬取糗事百科（视频）] 和实战练习。本章介绍的 requests 模块，也是目前 Python 网络爬虫中使用率最高的网络请求模块，希望读者能够勤加练习。

全方位沉浸式学习
见此图标 微信扫码

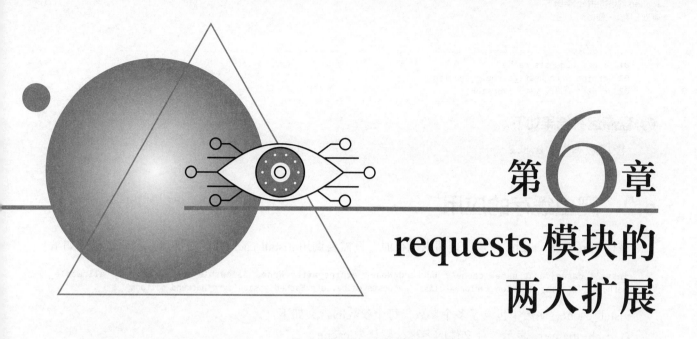

第6章 requests 模块的两大扩展

requests 可以说是一个功能很强大的模块了，但是对于爬虫项目的开发者来说，还是希望可以通过扩展的方式让 requests 模块拥有更加强大的功能。本章将介绍 requests 模块的两大扩展，requests-cache（爬虫缓存）与 requests-html 模块，让读者了解爬虫缓存的作用、requests 模块的不足之处以及扩展后的强大功能。

6.1 安装 requests-cache 模块

requests-cache 模块是 requests 模块的一个扩展功能，用于为 requests 模块提供持久化缓存支持。当 requests 向一个 URL 发送重复请求时，requests-cache 将会自动判断当前的网络请求是否产生了缓存。如果已经产生了缓存，就会从缓存中读取数据作为响应内容；如果没有缓存就会向服务器发送网络请求，获取服务器所返回的响应内容。使用 requests-cache 模块可以减少网络资源重复请求的次数，这样可以变相地躲避一些反爬机制。

安装 requests-cache 模块是非常简单的，只需要在 cmd 命令行窗口中输入 "pip install requests-cache" 命令即可实现模块的安装。

> 说明
>
> 读者无论是否使用了 Anaconda，都需要单独安装 requests-cache 模块，因为 Anaconda 中并不包含该模块。

模块安装完成以后，可以通过获取 requests-cache 模块版本的方式，测试模块是否安装成功。代码如下。

```
01  import requests_cache                                      # 导入 requests_cache 模块
02  version = requests_cache.__version__                       # 获取模块当前版本
03  print('模块版本为: ',version)                              # 打印模块当前版本
```

◯ **程序运行结果如下。**

模块版本为：0.5.2

6.2 爬虫缓存的应用

在使用 requests-cache 模块实现请求缓存时，只需要调用 install_cache() 函数即可，其语法格式如下。

```
install_cache(cache_name='cache', backend=None, expire_after=None, allowable_codes=(200, ), allowable_
methods=('GET', ), session_factory=<class 'requests_cache.core.CachedSession'>, **backend_options)
```

install_cache() 函数中包含了多个参数，每个参数的含义如下。

- cache_name：表示缓存文件的名称，默认为 cache。
- backend：表示设置缓存的存储机制，默认为 None，表示默认使用 SQLite 进行存储。
- expire_after：表示设置缓存的有效时间，默认为 None，表示永久有效。
- allowable_codes：表示设置状态码，默认为 200。
- allowable_methods：表示设置请求方式，默认为 GET，表示只有 GET 请求才可以生成缓存。
- session_factory：表示设置缓存执行的对象，需要实现 CachedSession 类。
- **backend_options：如果缓存的存储方式为 SQLite、mongoDB、Redis 数据库，该参数表示设置数据库的连接方式。

在使用 install_cache() 函数实现请求缓存时，一般情况下是不需要单独设置任何参数的，只需要使用默认参数即可。判断是否存在缓存的代码如下。

```
01  import requests_cache                        # 导入 requests_cache 模块
02  import requests                              # 导入网络请求模块
03  requests_cache.install_cache()               # 设置缓存
04  requests_cache.clear()                       # 清理缓存
05  url = 'http://httpbin.org/get'               # 定义测试地址
06  r = requests.get(url)                        # 第一次发送网络请求
07  print('是否存在缓存: ',r.from_cache)         # False 表示不存在缓存
08  r = requests.get(url)                        # 第二次发送网络请求
09  print('是否存在缓存: ',r.from_cache)         # True 表示存在缓存
```

◯ **程序运行结果如下。**

是否存在缓存：False
是否存在缓存：True

在发送网络请求爬取网页数据时，如果频繁地发送网络请求，会被后台服务器视为爬虫程序，此时将会采取反爬措施，所以多次请求中要出现一定的间隔时间，设置延时是一个不错的选择。但是如果在第一次请求后已经生成了缓存，那么第二次请求也就无须设置延时，对于此类情况 requests-cache 可以使用自定义钩子函数的方式，合理地判断是否需要设置延时操作。代码如下。

```
01  import requests_cache                        # 导入 requests_cache 模块
02  import time                                  # 导入时间模块
03  requests_cache.install_cache()               # 设置缓存
```

```
04    requests_cache.clear()                                          # 清理缓存
05                                                                     # 定义钩子函数
06    def make_throttle_hook(timeout=0.1):
07        def hook(response, *args, **kwargs):
08            print(response.text)                                     # 打印请求结果
09                                                                     # 判断没有缓存时就添加延时
10            if not getattr(response, 'from_cache', False):
11                print(' 等待 ',timeout,' 秒！ ')
12                time.sleep(timeout)                                  # 等待指定时间
13            else:
14                print(' 是否存在请求缓存！ ',response.from_cache)     # 存在缓存输出 True
15            return response
16        return hook
17
18    if __name__ == '__main__':
19        requests_cache.install_cache()                               # 创建缓存
20        requests_cache.clear()                                       # 清理缓存
21        s = requests_cache.CachedSession()                           # 创建缓存会话
22        s.hooks = {'response': make_throttle_hook(2)}                # 配置钩子函数
23        s.get('http://httpbin.org/get')                              # 模拟发送第一次网络请求
24        s.get('http://httpbin.org/get')                              # 模拟发送第二次网络请求
```

◎ 程序运行结果如下。

```
{
  "args": {},
  "headers": {
    "Accept": "*/*",
    "Accept-Encoding": "gzip, deflate",
    "Host": "httpbin.org",
    "User-Agent": "python-requests/2.22.0",
    "X-Amzn-Trace-Id": "Root=1-5ea24c2f-b523054a1653616c1e210fc2"
  },
  "origin": "175.19.143.94",
  "url": "http://httpbin.org/get"
}
```
等待2s！   执行等待   第一次请求结果

```
{
  "args": {},
  "headers": {
    "Accept": "*/*",
    "Accept-Encoding": "gzip, deflate",
    "Host": "httpbin.org",
    "User-Agent": "python-requests/2.22.0",
    "X-Amzn-Trace-Id": "Root=1-5ea24c2f-b523054a1653616c1e210fc2"
  },
  "origin": "175.19.143.94",
  "url": "http://httpbin.org/get"
}
```
是否存在请求缓存！ True   二次请求存在缓存   第二次请求结果

从以上的运行结果中可以看出，通过配置钩子函数，可以实现在第一次请求时，因为没有请求缓存所以执行了 2 s 等待延时，当第二次请求时则没有执行 2 s 延时并输出是否存在请求缓存为 True。

📖 说明

> requests-cache 模块支持 4 种不同的存储机制，分别为 memory、SQLite、mongoDB 以及 Redis，具体说明如下。

- memory：以字典的形式将缓存存储在内存当中，程序运行完以后缓存将被销毁。
- SQLite：将缓存存储在 SQLite 数据库当中。
- mongoDB：将缓存存储在 mongoDB 数据库当中。
- Redis：将缓存存储在 Redis 数据库当中。

使用 requests-cache 指定缓存不同的存储机制时，只需要为 install_cache() 函数中的 backend 参数赋值即可，设置方式如下。

```
01  import requests_cache                                  # 导入 requests_cache 模块
02                                                         # 设置缓存为内存的存储机制
03  requests_cache.install_cache(backend='memory')
04                                                         # 设置缓存为 SQLite 数据库的存储机制
05  requests_cache.install_cache(backend='sqlite')
06                                                         # 设置缓存为 mongoDB 数据库的存储机制
07  requests_cache.install_cache(backend='monggo')
08                                                         # 设置缓存为 Redis 数据库的存储机制
09  requests_cache.install_cache(backend='redis')
```

在设置存储机制为 mongoDB 与 Redis 数据库时，需要提前安装对应的操作模块与数据库。安装模块的命令如下。

```
pip install pymongo
pip install redis
```

6.3 多功能 requests-html 模块

requests-html 模块是 requests 模块的"亲兄弟"，是由同一个开发者所开发的。requests-html 模块不仅包含了 requests 模块中的所有功能，还增加了对 JavaScript 的支持、数据提取以及模拟真实浏览器等功能。

6.3.1 发送网络请求

（1）get 请求

在使用 requests-html 模块实现网络请求时需要先在 cmd 命令行窗口中，通过"pip install requests-html"命令进行模块的安装工作，然后导入 requests-html 模块中的 HTMLSession 类，接着需要创建 html 会话对象，通过会话实例进行网络请求的发送。示例代码如下。

```
01  from requests_html import HTMLSession      # 导入 HTMLSession 类
02  session = HTMLSession()                    # 创建 HTML 会话对象
03  url = 'http://news.youth.cn/'              # 定义请求地址
04  r = session.get(url)                       # 发送网络请求
05  print(r.html)                              # 打印网络请求的 URL 地址
```

◎ 程序运行结果如下。

<HTML url='http://news.youth.cn/'>

（2）POST 请求

在实现网络请求时，POST 请求也是一种比较常见的请求方式，使用 requests-html 实现 POST 请求与 requests 的实现方法类似，都需要单独设置表单参数 data，也需要通过会话实例进行网络请求的发送，示例代码如下。

```
01 from requests_html import HTMLSession             # 导入 HTMLSession 类
02 session = HTMLSession()                           # 创建 HTML 会话对象
03 data = {'user':'admin','password':123456}         # 模拟表单登录的数据
04 r = session.post('http://httpbin.org/post',data=data)  # 发送 POST 请求
05 if r.status_code == 200:                          # 判断请求是否成功
06     print(r.text)                                 # 以文本形式打印返回结果
```

⚪ 程序运行结果如下。

```
{
  "args": {},
  "data": "",
  "files": {},
  "form": {
    "password": "123456",
    "user": "admin"
  },
  "headers": {
    "Accept": "*/*",
    "Accept-Encoding": "gzip, deflate",
    "Content-Length": "26",
    "Content-Type": "application/x-www-form-urlencoded",
    "Host": "httpbin.org",
    "User-Agent": "Mozilla/5.0 (Macintosh; Intel Mac OS X 10_12_6) AppleWebKit/603.3.8 (KHTML, like Gecko) Version/10.1.2 Safari/603.3.8",
    "X-Amzn-Trace-Id": "Root=1-5ea27ba9-683ac6d9546754743b8f9299"
  },
  "json": null,
  "origin": "175.19.143.94",
  "url": "http://httpbin.org/post"
}
```

从以上的运行结果中不仅可以看到 form 所对应的表单内容，还可以看到 User-Agent 所对应的值并不是像 requests 发送网络请求时所返回的默认值（python-requests/2.22.0），而是一个真实的浏览器请求头信息。这与 requests 模块所发送的网络请求有着细小的区别。

（3）修改请求头信息

说到请求头信息，requests-html 是可以通过指定 headers 参数来对默认的浏览器请求头信息进行修改的。修改请求头信息的关键代码如下。

```
01 ua = {'User-Agent':'Mozilla/5.0 (Windows NT 10.0; WOW64) AppleWebKit/537.36 (KHTML, like Gecko) Chrome/80.0.3987.149 Safari/537.36'}
02 r = session.post('http://httpbin.org/post',data=data,headers = ua)  # 发送 POST 请求
```

返回的浏览器请求头信息如下。

```
"User-Agent": "Mozilla/5.0 (Windows NT 10.0; WOW64) AppleWebKit/537.36 (KHTML, like Gecko) Chrome/80.0.3987.149 Safari/537.36"
```

（4）生成随机请求头信息

requests-html 模块中添加了 UserAgent 类，使用该类可以实现随机生成请求头信息。示例代码如下。

```
01 from requests_html import HTMLSession,UserAgent   # 导入 HTMLSession 类
02 session = HTMLSession()                           # 创建 HTML 会话对象
03 ua = UserAgent().random                           # 创建随机请求头
04 r = session.get('http://httpbin.org/get',headers = {'user-agent': ua})
05 if r.status_code == 200:                          # 判断请求是否成功
06     print(r.text)                                 # 以文本形式打印返回结果
```

返回随机生成的请求头信息如下。

```
"User-Agent": "Mozilla/5.0 (Windows NT 6.1; rv:22.0) Gecko/20130405 Firefox/22.0"
```

6.3.2 提取数据

以往使用 requests 模块实现爬虫程序时，还需要为其配置一个解析 HTML 代码的搭档。requests-html 模块对此进行了一个比较大的升级，不仅支持 CSS 选择器，还支持 XPath 的节点提取方式。

（1）CSS 选择器

CSS 选择器中需要使用 HTML 的 find() 方法，该方法中包含 5 个参数，其语法格式与参数含义如下。

```
find(selector:str="*",containing:_Containing=None,clean:bool=False,first:bool=False,_encoding:str=None)
```

- selector：使用 CSS 选择器定位网页元素。
- containing：通过指定文本获取网页元素。
- clean：是否清除 HTML 中的 <script> 和 <style> 标签，默认为 False，表示不清除。
- first：是否只返回网页中第一个元素，默认为 False，表示全部返回。
- _encoding：表示编码格式。

（2）xpath 选择器

xpath 选择器同样需要使用 HTML 进行调用，该方法中有 4 个参数，其语法格式与参数含义如下。

```
xpath(selector:str,clean:bool=False,first:bool=False,_encoding:str=None)
```

- selector：使用 xpath 选择器定位网页元素。
- clean：是否清除 HTML 中的 <script> 和 <style> 标签，默认为 False，表示不清除。
- first：是否只返回网页中第一个元素，默认为 False，表示全部返回。
- _encoding：表示编码格式。

（3）爬取即时新闻

实例 6.1　爬取即时新闻

实例位置：资源包 \Code\06\01

学习了 requests-html 模块中两种提取数据的函数后，以爬取"中国青年网"即时新闻为例，数据提取的具体步骤如下。

① 在浏览器中打开"http://news.youth.cn/jsxw/index.htm"网页地址，然后按 F12 功能键，在开发者工具中"Elements"的功能选项中确认即时新闻列表内新闻信息所在 HTML 标签的位置，如图 6.1 所示。

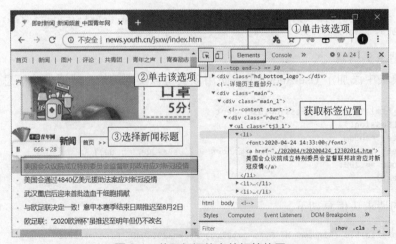

图 6.1　获取新闻信息的标签位置

② 在图 6.1 中可以看出新闻标题在 <li> 标签中的 <a> 标签内，而 <a> 标签中的 href 属性值为当前新闻详情页的部分 URL 地址，而 <li> 标签中 <font> 标签内是当前新闻所发布的时间，将鼠标移至 href 属性所对应的 URL 地址时，会自动显示完整的详情页地址，如图 6.2 所示。

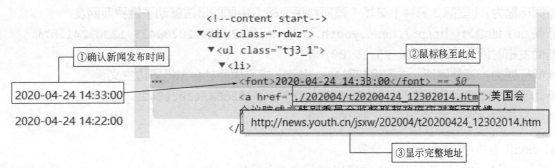

图 6.2　获取完整的新闻详情页地址

③ 定位 "新闻标题" "新闻详情 url 地址" 和 "新闻发布时间" 信息位置以后，首先创建 HTML 会话与获取随机请求对象，然后对 "即时新闻" 首页发送网络请求，代码如下。

```
01  from requests_html import HTMLSession,UserAgent   # 导入 HTMLSession 类
02
03  session = HTMLSession()                           # 创建 HTML 会话对象
04  ua = UserAgent().random                           # 创建随机请求头
05                                                    # 发送网络请求
06  r = session.get('http://news.youth.cn/jsxw/index.htm',
07              headers = {'user-agent': ua})
08  r.encoding='gb2312'                               # 编码
```

④ 网络请求发送完成以后，需要通过请求状态码判断请求是否为 200。如果是 200 表示请求成功，然后根据数据定位的标签分别获取 "新闻标题" "新闻详情 url 地址" 和 "新闻发布时间"，代码如下。

```
01  if r.status_code == 200:                          # 判断请求是否成功
02                                                    # 获取所有 class=tj3_1 中的 <li> 标签
03      li_all = r.html.xpath('.//ul[@class="tj3_1"]/li')
04      for li in li_all:                             # 循环遍历每个 <li> 标签
05          news_title = li.find('a')[0].text         # 提取新闻标题内容
06                                                    # 获取新闻详情对应的地址
07          news_href = 'http://news.youth.cn/jsxw'+\
08                  li.find('a[href]')[0].attrs.get('href').lstrip('.')
09          news_time = li.find('font')[0].text       # 获取新闻发布时间
10          print(' 新闻标题为：',news_title)          # 打印新闻标题
11          print(' 新闻 url 地址为：',news_href)       # 打印新闻 url 地址
12          print(' 新闻发布时间为：',news_time)        # 打印新闻发布时间
```

程序运行结果如下。

新闻标题为：全球新冠确诊病例超 279 万　多国谨慎放宽防控措施
新闻 url 地址为：http://news.youth.cn/jsxw/202004/t20200425_12303249.htm
新闻发布时间为：2020-04-25 15:09:00
新闻标题为："五一" 能否出游？出游需注意什么？这份假期出行指南请查收！
新闻 url 地址为：http://news.youth.cn/jsxw/202004/t20200425_12303245.htm
新闻发布时间为：2020-04-25 15:04:00

新闻标题为：中国日报网评：抹黑中国是病，必须得治
新闻 url 地址为：http://news.youth.cn/jsxw/202004/t20200425_12303242.htm
新闻发布时间为：2020-04-25 15:01:00
新闻标题为：【国际 3 分钟】这场 " 莫斯科保卫战 " 中国的做法感动了俄罗斯网友
新闻 url 地址为：http://news.youth.cn/jsxw/202004/t20200425_12303241.htm
新闻发布时间为：2020-04-25 15:00:00
新闻标题为：海外网评：中国追加对 WHO 捐款，携手国际社会力挺多边主义
新闻 url 地址为：http://news.youth.cn/jsxw/202004/t20200425_12303239.htm
新闻发布时间为：2020-04-25 15:00:00

(4) find() 方法中的 containing 参数

如果需要获取 <li> 标签中指定的新闻内容时，可以使用 find() 方法中的 containing 参数。以获取关于"新冠疫情"的新闻内容为例，示例代码如下。

```python
01  for li in r.html.find('li',containing='新冠疫情'):
02      news_title = li.find('a')[0].text            # 提取新闻标题内容
03                                                   # 获取新闻详情对应的地址
04      news_href = 'http://news.youth.cn/jsxw'+\
05                  li.find('a[href]')[0].attrs.get('href').lstrip('.')
06      news_time = li.find('font')[0].text          # 获取新闻发布时间
07      print('新闻标题为：', news_title)              # 打印新闻标题
08      print('新闻 url 地址为：',news_href)           # 打印新闻 URL 地址
09      print('新闻发布时间为：',news_time)            # 打印新闻发布时间
```

程序运行结果如下。

新闻标题为：一图 " 数 " 看全球新冠疫情 104 天
新闻 url 地址为：http://news.youth.cn/jsxw/202004/t20200424_12301797.htm
新闻发布时间为：2020-04-24 11:26:00
新闻标题为：美国会通过 4840 亿美元援助法案应对新冠疫情
新闻 url 地址为：http://news.youth.cn/jsxw/202004/t20200424_12301965.htm
新闻发布时间为：2020-04-24 14:22:00
新闻标题为：美国会众议院成立特别委员会监督联邦政府应对新冠疫情
新闻 url 地址为：http://news.youth.cn/jsxw/202004/t20200424_12302014.htm
新闻发布时间为：2020-04-24 14:33:00
新闻标题为：美国海军 " 基德 " 号驱逐舰出现新冠疫情
新闻 url 地址为：http://news.youth.cn/jsxw/202004/t20200425_12303123.htm
新闻发布时间为：2020-04-25 12:07:00
新闻标题为：俄经济发展部长：俄因新冠疫情每天损失千亿卢布
新闻 url 地址为：http://news.youth.cn/jsxw/202004/t20200425_12303140.htm
新闻发布时间为：2020-04-25 13:15:00

(5) search() 方法与 search_all() 方法

除了使用 find() 与 xpath() 这两种方法来提取数据以外，还可以使用 search() 方法和 search_all() 方法，通过关键字提取相应的数据信息。其中，search() 方法表示查找符合条件的第一个元素，而 search_all() 方法则表示查找符合条件的所有元素。

以使用 search() 方法获取关于"新冠疫情"的新闻信息为例，示例代码如下。

```
01  for li in r.html.find('li',containing='新冠疫情'):
02      a = li.search('<a href="{}">{}</a>')           # 获取<li>标签中<a>标签内的新闻地址与新闻标题
03      news_title = a[1]                              # 提取新闻标题
04      news_href = 'http://news.youth.cn/jsxw'+a[0]   # 提取新闻地址
05      news_time = li.search('<font>{}</font>')[0]    # 获取与"新冠疫情"相关新闻的发布时间
06      print('新闻标题为: ', news_title)              # 打印新闻标题
07      print('新闻url地址为: ',news_href)             # 打印新闻url地址
08      print('新闻发布时间为: ',news_time)            # 打印新闻发布时间
```

以使用search_all()方法获取关于"新冠疫情"的新闻信息为例，示例代码如下。

```
01  import re                                          # 导入正则表达式模块
02                                                     # 获取class=tj3_1的标签
03  class_tj3_1 = r.html.xpath('.//ul[@class="tj3_1"]')
04                                                     # 使用search_all()方法获取所有class=tj3_1中的<li>标签
05  li_all = class_tj3_1[0].search_all('<li>{}</li>')
06  for li in li_all:                                  # 循环遍历所有的<li>标签内容
07      if '新冠疫情' in li[0]:                        # 判断<li>标签内容中是否存在关键字"新冠疫情"
08                                                     # 通过正则表达式获取<a>标签中的新闻信息
09          a = re.findall('<font>(.*?)</font><a href="(.*?)">(.*?)</a>',li[0])
10          news_title = a[0][2]
11          news_href = 'http://news.youth.cn/jsxw'+a[0][1]  # 提取新闻地址
12          news_time = a[0][0]                        # 提取新闻发布时间
13          print('新闻标题为: ', news_title)          # 打印新闻标题
14          print('新闻url地址为: ',news_href)         # 打印新闻url地址
15          print('新闻发布时间为: ',news_time)        # 打印新闻发布时间
```

> **说明**
>
> 在使用search()与search_all()方法获取数据时，方法中的一个花括号（{}）表示获取一个内容。

6.3.3 获取动态渲染的数据

实例6.2 获取动态渲染的数据   实例位置：资源包\Code\06\02

在爬取网页数据时，经常会遇到直接对网页地址发送请求，可返回的HTML代码中并没有所需要的数据。遇到这样的情况，多数都是因为网页数据使用了Ajax请求并由JavaScript渲染到网页当中。例如，爬取"https://movie.douban.com/tag/#/?sort=U&range=0,10&tags=%E7%94%B5%E5%BD%B1,2020"豆瓣2020年电影数据时，就需要通过浏览器开发者工具获取Ajax请求后的电影信息，如图6.3所示。

为了避免如图6.3所示的麻烦操作，requests-html提供了render()方法，第一次调用该方法将会自动下载Chromium浏览器，然后通过该浏览器直接加载JavaScript渲染后的信息。使用render()方

图6.3 获取Ajax请求后的电影信息

法爬取豆瓣 2020 年电影数据的具体步骤如下。

① 创建 HTML 会话与随机请求头对象，然后发送网络请求，在请求成功的情况下调用 render() 方法获取网页中 JavaScript 渲染后的信息。代码如下。

```
01  from requests_html import HTMLSession,UserAgent   # 导入 HTMLSession 类
02  session = HTMLSession()                            # 创建 HTML 会话对象
03  ua = UserAgent().random                            # 创建随机请求头
04                                                     # 发送网络请求
05  r = session.get('https://movie.douban.com/tag/#/?sort=U&range=0,10'
06              '&tags=%E7%94%B5%E5%BD%B1,2020',headers = {'user-agent': ua})
07  r.encoding='gb2312'                                # 编码
08  if r.status_code == 200:                           # 判断请求是否成功
09      r.html.render()                                # 调用 render() 方法，没有 Chromium 浏览器就自动下载
```

② 运行步骤 2 中的代码，由于第一次调用 render() 方法，所以会自动下载 Chromium 浏览器，下载完成后控制台将显示如图 6.4 所示的提示信息。

> **注意**
>
> 在第一次调用 render() 方法时，可能会出现如图 6.5 所示的错误提示信息。此时在命令提示符窗口中执行 "pip install -U "urllib3<1.25"" 命令，降低 Anaconda 中 urllib3 模块的版本即可解决。

图 6.4　Chromium 浏览器下载完成后的提示信息　　　　图 6.5　错误提示信息

③ 打开浏览器开发者工具，在"Elements"的功能选项中确认电影信息所在 HTML 标签的位置，如图 6.6 所示。

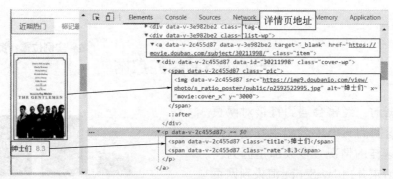

图 6.6　获取电影信息所在 HTML 标签的位置

④ 编写获取电影信息的代码。首先获取当前页面中所有电影信息的 <a> 标签，然后在 <a> 标签中逐个获取电影名称、电影评分、详情页地址及电影图片地址。代码如下。

```
01  class_wp=r.html.xpath('.//div[@class="list-wp"]/a')   # 获取当前页面中所有电影信息的 <a> 标签
02  for a in class_wp:
03      title = a.find('p span')[0].text                   # 获取电影名称
04      rate = a.find('p span')[1].text                    # 获取电影评分
05      details_url = a.attrs.get('href')                  # 获取详情页地址
06      img_url = a.find('img')[0].attrs.get('src')        # 获取图片地址
07      print(' 电影名称为: ',title)                        # 打印电影名称
```

```
08    print('电影评分为：',rate)                    # 打印电影评分
09    print('详情页地址为：',details_url)            # 打印电影详情页地址
10    print('图片地址为：',img_url)                  # 打印电影图片地址
```

⏱ 程序运行的部分结果如下。

电影名称为：绅士们

电影评分为：8.3

详情页地址为：https://movie.douban.com/subject/30211998/

图片地址为：https://img9.doubanio.com/view/photo/s_ratio_poster/public/p2592522995.jpg

电影名称为：隐形人

电影评分为：7.3

详情页地址为：https://movie.douban.com/subject/2364086/

图片地址为：https://img9.doubanio.com/view/photo/s_ratio_poster/public/p2582428806.jpg

电影名称为：狩猎

电影评分为：7.3

详情页地址为：https://movie.douban.com/subject/30182726/

图片地址为：https://img1.doubanio.com/view/photo/s_ratio_poster/public/p2585533507.jpg

电影名称为：囧妈

电影评分为：5.9

详情页地址为：https://movie.douban.com/subject/30306570/

图片地址为：https://img3.doubanio.com/view/photo/s_ratio_poster/public/p2581835383.jpg

6.4 综合案例——爬取百度天气

本章学习了如何使用 requests_html 模块实现网络请求与数据解析，下面就通过本章所学习的知识实现爬取百度天气信息的综合案例。

6.4.1 分析数据

在浏览器中打开百度，然后搜索"天气"，如图 6.7 所示。

打开百度搜索的第一个页面（百度天气），然后查看框内的天气信息，如图 6.8 所示。

图 6.7 在百度中搜索"天气"

图 6.8 查看城市天气信息

按 F12 功能键，打开浏览器开发者工具，然后在顶部导航条中选择"Elements"选项，接着单击导航条左侧的 图标，依次选中网页中需要获取的天气数据，此时将显示对应的 HTML 代码位置。如图 6.9 所示。

6.4.2 实现爬虫

由于该爬虫案例中天气数据的加载方式为 js 动态渲染的方式加载，所以在提取数据时，需要先调用 render() 方法，然后再提取 js 渲染后的数据。具体实现步骤如下。

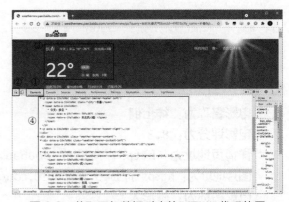

图 6.9 获取天气数据对应的 HTML 代码位置

① 导入 requests_html 模块中的 HTMLSession 与 HTML 类，然后创建 send_request() 方法，用于实现发送网络请求，在该方法中需要先创建网络请求的会话对象，然后发送网络请求，接着需要调用 render() 方法获取 js 渲染后的数据，再通过 HTML 类解析响应的 HTML 代码，最后返回 HTML。代码如下。

```
01  from requests_html import HTMLSession,HTML    # 导入 HTMLSession 与 HTML 类
02                                                # 发送网络请求
03  def send_request(url):
04      session = HTMLSession()                   # 创建会话对象
05      response = session.get(url=url)           # 发送网络请求
06      response.html.render()                    # 实现渲染 js 数据
07      html = HTML(html=response.html.html)      # 解析 HTML 代码
08      return html                               # 返回解析后的 HTML 代码
```

② 创建 interpreting_data() 方法，用于实现天气数据的提取，在该方法中使用 xpath() 方法提取网页中的天气数据。代码如下。

```
09                                                                          # 解析响应结果中的数据
10  def interpreting_data(html):
11                                                                          # 获取日期
12      date = html.xpath('//p[@class="weather-banner-header-right"]')[0].text
13                                                                          # 获取城市与天气
14      city = html.xpath('//p[@class="weather-banner-header-left"]')[0].text
15                                                                          # 获取当前温度
16      temperature = html.xpath('//div[@class="weather-banner-content"]')[0].text
17      temperature=temperature.split('\n')                                 # 通过换行符拆分数据
18                                                                          # 获取湿度
19      humidity=html.xpath('//div[@class="weather-banner-footer"]')[0].text
20      print(date)                                                         # 打印日期
21      print(city)                                                         # 打印城市与天气
22      print(' 当前温度：',temperature[0])                                    # 打印当前温度
23      print(' 空气质量：',temperature[1])                                    # 打印空气质量
24      print(temperature[2])                                               # 打印风力
25      print(humidity)                                                     # 打印湿度
```

③ 创建程序入口，首先定义需要请求的网络地址，然后调用 send_request() 方法发送网络请求，再调用 interpreting_data() 方法解析并提取天气数据。代码如下。

```
26  if __name__ == '__main__':
27                                                                          # 定义请求地址
28      url = 'http://weathernew.pae.baidu.com/weathernew/pc?query=%E5%90%89%E6%9E%97%E9%95%BF%E6%98%A5%E5%A4%A9
        %E6%B0%94&srcid=4982&city_name=%E9%95%BF%E6%98%A5&province_name=%E5%90%89%E6%9E%97'
29      html=send_request(url=url)                                          # 发送网络请求
30      interpreting_data(html)                                             # 解析响应数据
```

④ 爬虫程序启动后，控制台将显示如图 6.10 所示的天气数据。

6.5 实战练习

图 6.10　爬取百度天气数据

在本章案例中介绍了如何爬取百度天气中的天气数据，但是天气变化无常，如果想要获取一个准确的天气数据，最好可以实现定时爬取天气数据。试着使用 time、datetime 模块实现一个可以定时爬取百度天气的爬虫程序。

小结

本章主要介绍 requests 模块的两大扩展，首先介绍了 requests-cache 缓存模块，该模块可以在发送网络请求时检测是否已经产生了缓存，产生缓存则从缓存中提取响应内容，这样可以避免重复请求网络资源；然后介绍了 requests-html 模块，该模块是 requests 模块的进化版，除了具备网络请求功能，还可以进行数据的提取以及获取动态渲染的数据；最后通过所学知识实现了综合案例（爬取百度天气）与实战练习，建议熟练掌握以上两个模块的使用方法，让自己编写的爬虫更加简单、轻量化。

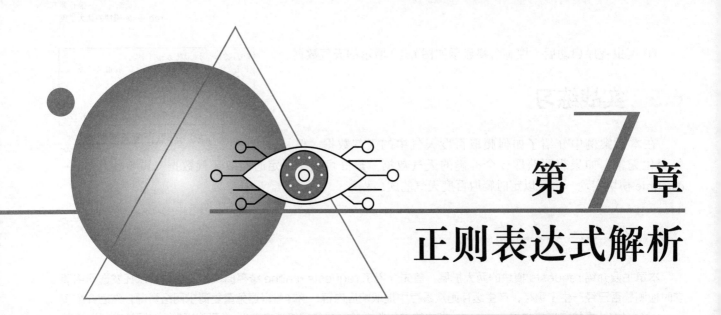

第 7 章 正则表达式解析

获取了 Web 资源（HTML 代码）以后，接下来则需要在资源中提取重要的信息。对于 Python 爬虫来说，提取资源中信息的方式多种多样，在不借助第三方模块的情况下，正则表达式是一个非常强大的工具，本章将介绍爬虫中比较常用的正则表达式。

7.1 通过 search() 匹配字符串

re 模块中的 search() 方法用于在整个字符串中搜索第一个匹配的值，如果在第一匹配位置匹配成功，则返回 Match 对象，否则返回 None。其语法格式如下。

```
re.search(pattern, string, [flags])
```

参数说明：
- pattern：表示模式字符串，由要匹配的正则表达式转换而来。
- string：表示要匹配的字符串。
- flags：可选参数，表示修饰符，用于控制匹配方式，如是否区分字母大小写。

7.1.1 匹配指定开头的字符串

实例 7.1 　实例位置：资源包 \Code\07\01

搜索第一个以"mr_"开头的字符串

以搜索第一个以"mr_"开头的字符串为例，不区分字母大小写，代码如下。

```
01  import re
02  pattern = 'mr_\w+'                              # 模式字符串
03  string = 'MR_SHOP mr_shop'                      # 要匹配的字符串
04  match = re.search(pattern,string,re.I)          # 搜索字符串，不区分大小写
05  print(match)                                    # 输出匹配结果
06  string = ' 项目名称 MR_SHOP mr_shop'
07  match = re.search(pattern,string,re.I)          # 搜索字符串，不区分大小写
08  print(match)                                    # 输出匹配结果
```

执行结果如下。

```
<_sre.SRE_Match object; span=(0, 7), match='MR_SHOP'>
<_sre.SRE_Match object; span=(4, 11), match='MR_SHOP'>
```

从上面的运行结果中可以看出，search() 方法不仅仅是在字符串的起始位置搜索，其他位置有符合的匹配也可以。

7.1.2 可选匹配字符串中的内容

实例 7.2 　实例位置：资源包 \Code\07\02

可选匹配字符串中的内容

在匹配字符串时，有时会遇到部分内容可有可无的情况，对于这样的情况可以使用"?"来解决。"?"可以理解为可选符号，通过该符号即可实现可选匹配字符串中的内容。代码如下。

```
01  import re                                       # 导入 re 模块
02                                                  # 表达式中的 (\d?) 表示多个数字可有可无，\s? 表示空格可有可无，
                                                    # ([\u4e00-\u9fa5]?) 表示多个汉字可有可无
03  pattern = '(\d?)+mrsoft\s?([\u4e00-\u9fa5]?)+'
04  match = re.search(pattern,'01mrsoft')           # 匹配字符串，mrsoft 前有 01 数字，匹配成功
05  print(match)                                    # 打印匹配结果
06  match = re.search(pattern,'mrsoft')             # 匹配字符串，mrsoft 匹配成功
07  print(match)                                    # 打印匹配结果
08  match = re.search(pattern,'mrsoft ')            # 匹配字符串，mrsoft 后面有一个空格，匹配成功
09  print(match)                                    # 打印匹配结果
10  match = re.search(pattern,'mrsoft 第一 ')       # 匹配字符串，mrsoft 后面有空格和汉字，匹配成功
11  print(match)                                    # 打印匹配结果
12  match = re.search(pattern,'rsoft 第一 ')        # 匹配字符串，rsoft 后面有空格和汉字，匹配失败
13  print(match)                                    # 打印匹配结果
```

程序运行结果如下。

```
<re.Match object; span=(0, 8), match='01mrsoft'>
<re.Match object; span=(0, 6), match='mrsoft'>
<re.Match object; span=(0, 7), match='mrsoft '>
```

```
<re.Match object; span=(0, 9), match='mrsoft 第一'>
None
```

从以上的运行结果中可以看出,"01mrsoft""mrsoft""mrsoft""mrsoft 第一"均可匹配成功,只有"rsoft 第一"没有匹配成功,因为该字符串中没有一个完整的 mrsoft。

7.1.3 使用"\b"匹配字符串的边界

实例 7.3　　使用"\b"匹配字符串的边界

实例位置：资源包 \Code\07\03

例如,字符串在开始处、结尾处,或者是字符串的分界符为空格、标点符号以及换行。匹配字符串边界的示例代码如下。

```
01  import re                                    # 导入 re 模块
02  pattern = r'\bmr\b'                           # 表达式,mr 两侧均有边界
03  match = re.search(pattern,'mrsoft')           # 匹配字符串,mr 右侧不是边界,而是 soft,匹配失败
04  print(match)                                  # 打印匹配结果
05  match = re.search(pattern,'mr soft')          # 匹配字符串,mr 左侧为边界,右侧为空格,匹配成功
06  print(match)                                  # 打印匹配结果
07  match = re.search(pattern,' mrsoft ')         # 匹配字符串,mr 左侧为空格,右侧为 soft 空格,匹配失败
08  print(match)                                  # 打印匹配结果
09  match = re.search(pattern,'mr.soft')          # 匹配字符串,mr 左侧为边界,右侧为".",匹配成功
10  print(match)                                  # 打印匹配结果
```

程序运行结果如下。

```
None
<re.Match object; span=(0, 2), match='mr'>
None
<re.Match object; span=(0, 2), match='mr'>
```

表达式中的 r 表示"\b"不进行转义,如果将表达式中的 r 去掉,将无法进行字符串边界的匹配。

7.2　通过 findall() 匹配字符串

re 模块的 findall() 方法用于在整个字符串中搜索所有符合正则表达式的字符串,并以列表的形式返回。如果匹配成功,则返回包含匹配结构的列表,否则返回空列表。其语法格式如下。

```
re.findall(pattern, string, [flags])
```

参数说明：

- pattern：表示模式字符串,由要匹配的正则表达式转换而来。
- string：表示要匹配的字符串。
- flags：可选参数,表示修饰符,用于控制匹配方式,如是否区分字母大小写。

7.2.1 匹配所有以指定字符开头的字符串

实例 7.4 **实例位置：资源包 \Code\07\04**

匹配所有以"mr_"开头的字符串

同样以搜索以"mr_"开头的字符串为例，代码如下。

```
01  import re
02  pattern = 'mr_\w+'                                      # 模式字符串
03  string = 'MR_SHOP mr_shop'                              # 要匹配的字符串
04  match = re.findall(pattern,string,re.I)                 # 搜索字符串，不区分大小写
05  print(match)                                            # 输出匹配结果
06  string = ' 项目名称 MR_SHOP mr_shop'
07  match = re.findall(pattern,string)                      # 搜索字符串，区分大小写
08  print(match)                                            # 输出匹配结果
```

执行结果如下。

```
['MR_SHOP', 'mr_shop']
['mr_shop']
```

7.2.2 贪婪匹配法

实例 7.5 **实例位置：资源包 \Code\07\05**

使用".*"实现贪婪匹配字符串

如果需要匹配一段包含不同类型数据的字符串时，需要挨个字符进行匹配，如果使用这种传统的匹配方式那将会非常的复杂。".*"则是一种万能匹配的方式，其中"."可以匹配除换行符以外的任意字符，而"*"表示匹配前面字符 0 次或无限次，当它们组合在一起时就变成了万能的匹配方式。以匹配网络地址的中间部分为例，代码如下。

```
01  import re                                               # 导入 re 模块
02  pattern = 'https://.*/'                                 # 表达式，".*" 获取 www.hao123.com
03  match = re.findall(pattern,'https://www.hao123.com/')   # 匹配字符串
04  print(match)                                            # 打印匹配结果
```

程序运行结果如下。

```
['https://www.hao123.com/']
```

匹配成功后将打印字符串的所有内容，如果只需要单独获取".*"所匹配的中间内容时，可以使用"(.*)"的方式进行匹配。代码如下。

```
01  import re                                               # 导入 re 模块
02  pattern = 'https://(.*)/'                               # 表达式，".*" 获取 www.hao123.com
03  match = re.findall(pattern,'https://www.hao123.com/')   # 匹配字符串
04  print(match)                                            # 打印匹配结果
```

程序运行结果如下。

```
['www.hao123.com']
```

7.2.3 非贪婪匹配法

实例 7.6   实例位置：资源包 \Code\07\06

使用".*?"实现非贪婪匹配字符串

在 7.2.2 节中我们学习了贪婪匹配法，使用起来非常的方便，不过在某些情况下，利用贪婪匹配法并不能匹配我们所需要的结果。以获取网络地址"https://www.hao123.com/"中的"123"数字为例，代码如下。

```
01  import re                                              # 导入 re 模块
02  pattern = 'https://.*(\d+).com/'                       # 表达式，".*" 获取 www.hao123.com
03  match = re.findall(pattern,'https://www.hao123.com/')  # 匹配字符串
04  print(match)                                           # 打印匹配结果
```

程序运行结果如下。

['3']

从以上的运行结果中可以看出，"(\d+)"并没有匹配我们所需要的结果 123，而是只匹配了一个数字 3 而已。这是因为在贪婪匹配法下，".*"会尽量匹配更多的字符，而"\d+"表示至少匹配一个数字并没有指定数字的多少，所以".*"将 www.hao12 全部匹配了，只把数字 3 留给"\d+"进行匹配，因此也就有了数字 3 的结果。

如果需要解决以上问题，其实可以使用非贪婪匹配".*?"，这样的匹配方式可以尽量匹配更少的字符，但不会影响我们需要匹配的数据。修改后代码如下。

```
01  import re                                              # 导入 re 模块
02  pattern = 'https://.*?(\d+).com/'                      # 表达式，".*？" 获取 www.hao123.com
03  match = re.findall(pattern,'https://www.hao123.com/')  # 匹配字符串
04  print(match)                                           # 打印匹配结果
```

程序运行结果如下。

['123']

注意

> 非贪婪匹配法虽然有一定的优势，但是如果需要匹配的结果在字符串的尾部时，利用".*?"就很有可能匹配不到任何内容，因为它会尽量匹配更少的字符。示例代码如下。

```
01  import re                                              # 导入 re 模块
02  pattern = 'https://(.*?)'                              # 表达式，".*?" 获取 www.hao123.com/
03  match = re.findall(pattern,'https://www.hao123.com/')  # 匹配字符串
04  print(match)                                           # 打印匹配结果
05  pattern = 'https://(.*)'                               # 表达式，".*" 获取 www.hao123.com/
06  match = re.findall(pattern,'https://www.hao123.com/')  # 匹配字符串
07  print(match)                                           # 打印匹配结果
```

程序运行结果如下。

['']
['www.hao123.com/']

7.3 处理字符串

7.3.1 使用 sub() 方法替换字符串

sub() 方法用于实现将某个字符串中所有匹配正则表达式的部分，替换成其他字符串。其语法格式如下。

re.sub(pattern, repl, string, count, flags)

参数说明：

- pattern：表示模式字符串，由要匹配的正则表达式转换而来。
- rep1：表示替换的字符串。
- string：表示要被查找和替换的原始字符串。
- count：可选参数，表示模式匹配后替换的最大次数，默认值为 0，表示替换所有的匹配。
- flags：可选参数，表示修饰符，用于控制匹配方式，如是否区分字母大小写。

实例 7.7   实例位置：资源包 \Code\07\07

使用 sub() 方法替换字符串

例如，隐藏中奖信息中的手机号码，代码如下。

```
01  import re
02  pattern = r'1[34578]\d{9}'                       # 定义要替换的模式字符串
03  string = ' 中奖号码为: 84978981 联系电话为: 13611111111'
04  result = re.sub(pattern,'1XXXXXXXXXX',string)    # 替换字符串
05  print(result)
```

执行结果如下。

中奖号码为: 84978981 联系电话为: 1XXXXXXXXXX

sub() 方法除了有替换字符串的功能以外，还可以使用该方法删除字符串中不需要的数据。例如，删除一段字符串中的所有字母，代码如下。

```
01  import re                                        # 导入 re 模块
02  string = 'hk400 jhkj6h7k5 jhkjhk1j0k66'          # 需要匹配的字符串
03  pattern = '[a-z]'                                # 表达式
04  match = re.sub(pattern,'',string,flags=re.I)     # 匹配字符串，将所有字母替换为空，并区分大小写
05  print(match)                                     # 打印匹配结果
```

程序运行结果如下。

400 675 1066

在 re 模块中还提供了一个 subn() 方法，该方法除了也能实现替换字符串的功能以外，还可以返回替换的数量。例如，将一段英文介绍中的名字进行替换，并统计替换的数量。代码如下。

```
01  import re                                        # 导入 re 模块
02                                                   # 需要匹配的字符串
03  string = 'John,I like you to meet Mr. Wang, Mr. Wang, this is our Sales Manager John. John, this is Mr. Wang.'
04  pattern = 'Wang'                                 # 表达式
05  match = re.subn(pattern,'Li',string)             # 匹配字符串，将所有 Wang 替换为 Li，并统计替换次数
```

```
06  print(match)                                              # 打印匹配结果
07  print(match[1])                                           # 打印匹配次数
```

程序运行结果如下。

```
('John,I like you to meet Mr. Li, Mr. Li, this is our Sales Manager John. John, this is Mr. Li.', 3)
3
```

从以上的运行结果中可以看出，替换后所返回的数据为一个元组，第一个元素为替换后的字符串，而第二个元素为替换的次数，这里可以直接使用索引获取替换的次数。

7.3.2 使用 split() 方法分割字符串

split() 方法用于实现根据正则表达式分割字符串，并以列表的形式返回。其语法格式如下。

```
re.split(pattern, string, [maxsplit], [flags])
```

参数说明：

- pattern：表示模式字符串，由要匹配的正则表达式转换而来。
- string：表示要匹配的字符串。
- maxsplit：可选参数，表示最大的拆分次数。
- flags：可选参数，表示修饰符，用于控制匹配方式，如是否区分字母大小写。

实例 7.8   实例位置：资源包 \Code\07\08

使用 split() 方法分割字符串

例如，从给定的 URL 地址中提取出请求地址和各个参数，代码如下。

```
01  import re
02  pattern = r'[?|&]'                                        # 定义分隔符
03  url = 'http://www.mingrisoft.com/login.jsp?username="mr"&pwd="mrsoft"'
04  result = re.split(pattern,url)                            # 分隔字符串
05  print(result)
```

程序运行结果如下。

```
['http://www.mingrisoft.com/login.jsp', 'username="mr"', 'pwd="mrsoft"']
```

如果需要分隔的字符串非常大，并且不希望使用模式字符串一直分隔下去，此时可以指定 split() 方法中的 maxsplit 参数来确定最大的分隔次数。示例代码如下。

```
01  import re                                                 # 导入 re 模块
02
03  string = ' 预定 |K7577|CCT|THL|CCT|LYL|14:47|16:51|02:04|Y|'  # 需要匹配的字符串
04  pattern = '\|'                                            # 表达式
05  match = re.split(pattern,string,maxsplit=1)               # 匹配字符串，通过第一次出现的 "|" 进行分隔
06  print(match)                                              # 打印匹配结果
```

程序运行结果如下。

```
[' 预定 ', 'K7577|CCT|THL|CCT|LYL|14:47|16:51|02:04|Y|']
```

7.4 综合案例——爬取 QQ 音乐热歌榜

本章学习了如何使用正则表达式匹配字符串，下面就通过本章所学习的知识实现爬取 QQ 音乐热歌榜的综合案例。

7.4.1 分析数据

在浏览器中打开 QQ 音乐首页地址（https://y.qq.com/），然后选择"排行榜"，如图 7.1 所示。

打开排行榜页面以后，在左侧选择"热歌榜"，然后按下 F12 功能键，打开浏览器开发者工具，接着在顶部导航条中选择"Elements"选项，单击导航条左侧的 图标，再用鼠标依次选中歌曲名称、歌手、时长，此时将显示对应的 HTML 代码位置。具体操作步骤如图 7.2 所示。

图 7.1　找到 QQ 音乐排行榜

图 7.2　获取音乐数据对应的 HTML 代码

7.4.2 实现爬虫

使用 re 模块与正则表达式爬取 QQ 音乐热歌榜的具体步骤如下。

① 分别导入 requests 与 re 模块，分别用于发送网络请求和数据的解析工作。代码如下。

```
01  import requests                              # 导入 requests 模块
02  import re                                    # 导入 re 模块
```

② 创建 send_request() 方法，在该方法中先发送网络请求，然后判断请求是否成功，如果请求成功，就将响应的 HTML 代码返回。代码如下。

```
03  def send_request(url,headers):
04      response = requests.get(url=url,headers=headers)    # 发送网络请求
05      if response.status_code==200:                       # 如果请求成功
06          return response.text                            # 返回 HTML 代码
```

③ 创建 interpreting_data() 方法，在该方法中首先通过正则表达式匹配 HTML 代码中的歌曲名称、歌手名称以及歌曲时长，然后使用 for 循环遍历数据。代码如下。

```
07                                                                      # 解析响应结果中的数据
08  def interpreting_data(html_text):
09                                                                      # 正则匹配歌名
10      names = re.findall('<a title=".*?" href=".*?">(.*?)</a>',html_text)
11                                                                      # 正则匹配歌手
12      singers = re.findall('<div class="songlist__artist"><a class="playlist__author" title=".*?" href=".*?">(.*?)</a>',html_text)
13                                                                      # 正则匹配歌曲时长
14      time_len = re.findall('<div class="songlist__time">(.*?)</div>',html_text)
15      for n,s,t in zip(names,singers,time_len):                       # 遍历数据
16          print(n,s,t)                                                # 打印数据
```

④ 创建程序入口，首先定义请求地址，然后定义请求头信息，接着调用 send_request() 方法发送网络请求，再调用 interpreting_data() 方法解析并打印数据。代码如下：

```
17  if __name__ == '__main__':
18      url = 'https://y.qq.com/n/ryqq/toplist/26'                      # 定义请求地址
19                                                                      # 定义请求头信息
20      headers = {'User-Agent': 'Mozilla/5.0 (Windows NT 10.0; Win64; x64) AppleWebKit/537.36 (KHTML, like Gecko) Chrome/92.0.4503.5 Safari/537.36'}
21      html_text = send_request(url=url,headers=headers)               # 发送网络请求
22      interpreting_data(html_text=html_text)                          # 解析数据
```

⑤ 爬虫程序启动后，控制台将显示如图 7.3 所示的部分音乐数据。

7.5 实战练习

在本章案例中，通过控制台打印的音乐数据有些乱，试着使用 pandas 模块将爬取的音乐数据保存至 Excel 表格当中，如图 7.4 所示。

```
我想要 盖君炎 04:23
半生雪 七叔（叶泽浩） 02:56
大风吹 (Live)刘惜君 03:43
雾里 姚六一 04:12
银河与星斗 yihuik苡慧 03:14
晴天 周杰伦 04:29
不该用情（女声版）莫叫姐姐 03:51
窗 虎二 03:00
嘉宾 路飞文 04:30
热爱105°C的你 阿肆 03:15
来迟 戴羽彤 03:53
白鸽 你的上好佳 03:28
七里香 周杰伦 04:59
明明就 周杰伦 04:20
```

图 7.3　爬取 QQ 音乐热歌榜数据　　　　　　　图 7.4　将爬取的音乐数据保存至 Excel 表格当中

小结

本章主要介绍了如何使用正则表达式提取网页中的数据，首先介绍了 re 模块中的 search() 方法，利用该方法可以搜索字符串中的指定内容；然后介绍了 re 模块中的 findall() 方法，利用该方法可以获取符合条件的所有内容，其中贪婪匹配法与非贪婪匹配法是既简单又实用的方法；接着介绍了如何处理字符串，其中包含替换字符串与分割字符串；最后通过所学知识实现了综合案例（爬取 QQ 音乐热歌榜）与实战练习。

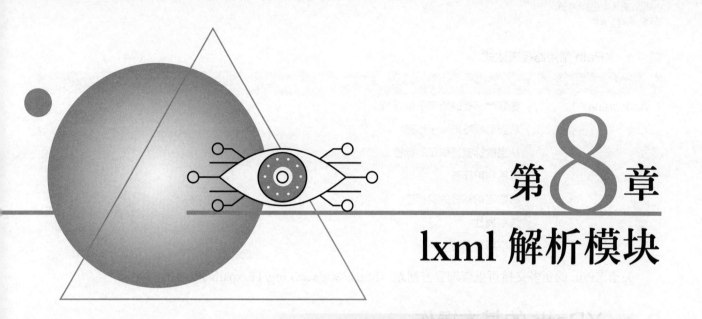

第8章 lxml 解析模块

虽然正则表达式在处理字符串方面的能力很强，但是在编写正则表达式的时候代码还是比较烦琐的，如果不小心写错一处，那么将无法匹配页面中所需要的数据。网页中包含大量的标签，而标签中又包含 id、class 等属性。如果在解析页面中的数据时，通过 XPath 来定位网页中的数据，将会更加的简单、有效。本章将介绍如何使用 lxml 模块中的 xpath() 方法解析 HTML 代码，并提取 HTML 代码中的数据。

8.1 了解 XPath

XPath 是 XML 路径语言，全名为"XML Path Language"，是一门可以在 XML（可扩展标记语言）文件中查找信息的语言。通过该语言不仅可以实现 XML 文件的搜索，还可以在 HTML 文件中进行搜索，所以在爬虫中可以使用 XPath 在 HTML 文件或代码中进行可用信息的抓取。

XPath 的功能非常强大，不仅提供了简洁明了的路径表达式，还提供了 100 多个函数，可用于字符串、数值、时间比较、序列处理、逻辑值等。XPath 于 1999 年 11 月 16 日成为 W3C 标准，被设计为供 XSLT、XPointer 以及其他 XML 解析软件使用。XPath 使用路径表达式在 XML 或 HTML 中选取标签，最常用的路径表达式如表 8.1 所示。

表 8.1　XPath 常用路径表达式

表达式	描述
nodename	选取此标签的所有子标签
/	从当前标签选取子标签
//	从当前标签选取子孙标签
.	选取当前标签
..	选取当前标签的父标签
@	选取属性
*	选取所有标签

关于 XPath 的更多文档可以查询官方网站（https://www.w3.org/TR/xpath/all/）。

8.2　XPath 的基本操作

在 Python 中可以支持 XPath 提取数据的解析模块有很多，这里主要介绍 lxml 模块，该模块可以解析 HTML 与 XML，并且支持 XPath 解析方式。因为 lxml 模块的底层是通过 C 语言编写的，所以在解析效率方面非常优秀。由于 lxml 模块为第三方模块，如果没有使用 Anaconda，则需要通过"pip install lxml"命令安装该模块。

8.2.1　HTML 的解析

（1）parse() 方法

解析本地的 HTML 文件

实例位置：资源包 \Code\08\01

parse() 方法主要用于实现解析本地的 HTML 文件，示例代码如下。

```
01  from lxml import etree                                    # 导入 etree 子模块
02  parser=etree.HTMLParser()                                 # 创建 HTMLParser 对象
03  html = etree.parse('demo.html',parser=parser)             # 解析 demo.html 文件
04  html_txt = etree.tostring(html,encoding = "utf-8")        # 转换字符串类型，并进行编码
05  print(html_txt.decode('utf-8'))                           # 打印解码后的 HTML 代码
```

◎ 程序运行结果如图 8.1 所示。

（2）HTML() 方法

解析字符串类型的 HTML 代码

实例位置：资源包 \Code\08\02

etree 子模块还提供了一个 HTML() 方法，该方法用于实现解析字符串类型的 HTML 代码。示例代码如下。

```
01  from lxml import etree                              # 导入 etree 子模块
02                                                      # 定义 html 字符串
03  html_str = '''
04  <title>标题文档</title>
05  </head>
06  <body>
07  <img src="./demo_files/logo1.png" />
08  <br />
09  hello 明日科技 ~
10  </body></html>'''
11  html = etree.HTML(html_str)                         # 解析 html 字符串
12  html_txt = etree.tostring(html,encoding = "utf-8")  # 转换字符串类型，并进行编码
13  print(html_txt.decode('utf-8'))                     # 打印解码后的 HTML 代码
```

程序运行结果如图 8.2 所示。

图 8.1　解析本地的 HTML 文件

图 8.2　解析字符串类型的 HTML 代码

实例 8.3　解析服务器返回的 HTML 代码

实例位置：资源包 \Code\08\03

在实际开发中，html() 方法的使用率是非常高的，因为发送网络请求后，多数情况下都会将返回的响应结果转换为字符串类型，如果返回的结果是 HTML 代码，则需要使用 html() 方法来进行解析。示例代码如下：

```
01  from lxml import etree                              # 导入 etree 子模块
02  import requests                                     # 导入 requests 模块
03  from requests.auth import HTTPBasicAuth             # 导入 HTTPBasicAuth 类
04                                                      # 定义请求地址
05  url = 'http://sck.rjkflm.com:666/spider/auth/'
06  ah = HTTPBasicAuth('admin','admin')                 # 创建 HTTPBasicAuth 对象，参数为用户名与密码
07  response = requests.get(url=url,auth=ah)            # 发送网络请求
08  if response.status_code==200:                       # 如果请求成功
09      html = etree.HTML(response.text)                # 解析 html 字符串
10      html_txt = etree.tostring(html,encoding = "utf-8")  # 转换字符串类型，并进行编码
11      print(html_txt.decode('utf-8'))                 # 打印解码后的 HTML 代码
```

程序运行结果如图 8.3 所示。

图 8.3　解析服务器返回的 HTML 代码

> **注意**
>
> 图 8.3 中的""表示 Unicode 回车字符。

8.2.2 获取所有标签

获取 HTML 代码的所有标签

实例位置：资源包 \Code\08\04

在获取 HTML 代码中的所有标签时，可以使用"//*"的方式，示例代码如下。

```
01  from lxml import etree                                # 导入 etree 子模块
02                                                        # 定义 html 字符串
03  html_str = '''
04  <div class="level_one on">
05  <ul>
06  <li> <a href="/index/index/view/id/1.html" title="什么是 Java" class="on">什么是 Java</a> </li>
07  <li> <a href="javascript:" onclick="login(0)" title="Java 的版本">Java 的版本 </a> </li>
08  <li> <a href="javascript:" onclick="login(0)" title="Java API 文档">Java API 文档 </a> </li>
09  <li> <a href="javascript:" onclick="login(0)" title="JDK 的下载 ">JDK 的下载 </a> </li>
10  <li> <a href="javascript:" onclick="login(0)" title="JDK 的安装 ">JDK 的安装 </a> </li>
11  <li> <a href="javascript:" onclick="login(0)" title=" 配置 JDK"> 配置 JDK</a> </li>
12  </ul>
13  </div>
14  '''
15  html = etree.HTML(html_str)                           # 解析 html 字符串
16  node_all = html.xpath('//*')                          # 获取所有标签
17  print(' 数据类型: ',type(node_all))                    # 打印数据类型
18  print(' 数据长度: ',len(node_all))                     # 打印数据长度
19  print(' 数据内容: ',node_all)                          # 打印数据内容
20                                                        # 通过推导式打印所有标签名称，通过标签对象 .tag 获取标签名称
21  print(' 标签名称: ',[i.tag for i in node_all])
```

程序运行结果如下。

数据类型：<class 'list'>
数据长度：16
数据内容：[<Element html at 0x1f3b8e6a408>, <Element body at 0x1f3b8fbb148>, <Element div at 0x1f3b8fbb1c8>, <Element ul at 0x1f3b8fbb208>, <Element li at 0x1f3b8fbb408>, <Element a at 0x1f3b8fbb448>, <Element li at 0x1f3b8fbb4c8>, <Element a at 0x1f3b8fbb508>, <Element li at 0x1f3b8fbb548>, <Element a at 0x1f3b8fbb308>, <Element li at 0x1f3b8fbb588>, <Element a at 0x1f3b8fbb5c8>, <Element li at 0x1f3b8fbb608>, <Element a at 0x1f3b8fbb648>, <Element li at 0x1f3b8fbb688>, <Element a at 0x1f3b8fbb6c8>]
标签名称：['html', 'body', 'div', 'ul', 'li', 'a', 'li', 'a', 'li', 'a', 'li', 'a', 'li', 'a', 'li', 'a']

如果需要获取 HTML 代码中所有指定名称的标签时，可以在"//"的后面添加标签的名称，以获取所有 <li> 标签为例，关键代码如下。

```
01  html = etree.HTML(html_str)                           # 解析 html 字符串,html 字符串为上一示例的 html 字符串
02  li_all = html.xpath('//li')                           # 获取所有 <li> 标签
03  print('所有li标签 ',li_all)                            # 打印所有 <li> 标签
04  print('获取指定li标签: ',li_all[1])                    # 打印指定 <li> 标签
05  li_txt = etree.tostring(li_all[1],encoding = "utf-8") # 转换字符串类型,并进行编码
06                                                        # 打印指定标签的 HTML 代码
07  print('获取指定标签 HTML 代码: ',li_txt.decode('utf-8'))
```

🔅 **程序运行结果如下。**

所有li标签 [<Element li at 0x1f90ebfc0c8>, <Element li at 0x1f90ebfc148>, <Element li at 0x1f90ebfc188>, <Element li at 0x1f90ebfc388>, <Element li at 0x1f90ebfc288>, <Element li at 0x1f90ebfc448>]

获取指定 li 标签：<Element li at 0x1f90ebfc148>

获取指定标签 HTML 代码：<li> <a href="javascript:" onclick="login(0)" title="Java 的版本 ">Java 的版本 </a> </li>

8.2.3 获取子标签

获取一个标签中的子标签

> 实例位置：资源包 \Code\08\05

如果需要获取一个标签中的直接子标签可以使用"/"。例如，获取 <li> 标签中所有子标签 <a>，可以使用"//li/a"的方式进行获取。示例代码如下。

```
01  from lxml import etree                                # 导入 etree 子模块
02                                                        # 定义 html 字符串
03  html_str = '''
04  <div class="level_one on">
05  <ul>
06  <li>
07      <a href="/index/index/view/id/1.html" title=" 什么是 Java" class="on"> 什么是 Java</a>
08      <a>Java</a>
09  </li>
10  <li> <a href="javascript:" onclick="login(0)" title="Java 的版本 ">Java 的版本 </a> </li>
11  <li> <a href="javascript:" onclick="login(0)" title="Java API 文档 ">Java API 文档 </a> </li>
12  </ul>
13  </div>
14  '''
15  html = etree.HTML(html_str)                           # 解析 html 字符串
16  a_all = html.xpath('//li/a')                          # 获取 <li> 标签中所有子标签 <a>
17  print('所有子标签 a',a_all)                            # 打印所有 <a> 标签
18  print('获取指定 a 标签: ',a_all[1])                    # 打印指定 <a> 标签
19  a_txt = etree.tostring(a_all[1],encoding = "utf-8")   # 转换字符串类型,并进行编码
20                                                        # 打印指定标签的 HTML 代码
21  print('获取指定标签 HTML 代码: ',a_txt.decode('utf-8'))
```

🔅 **程序运行结果如下。**

所有子标签 a [<Element a at 0x1ca29a9c148>, <Element a at 0x1ca29a9c108>, <Element a at 0x1ca29a9c188>, <Element a at 0x1ca29a9c1c8>]

获取指定 a 标签：<Element a at 0x1ca29a9c108>

获取指定标签 HTML 代码：<a>Java</a>

获取子孙标签

实例位置：资源包 \Code\08\06

"/"可以用来获取直接的子标签，如果需要获取子孙标签时，就可以使用"//"来实现。以获取 \<ul\> 标签中所有子孙标签 \<a\> 为例，示例代码如下。

```
01  from lxml import etree                                              # 导入 etree 子模块
02                                                                      # 定义 html 字符串
03  html_str = '''
04  <div class="level_one on">
05  <ul>
06  <li>
07      <a href="/index/index/view/id/1.html" title="什么是 Java" class="on">什么是 Java</a>
08      <a>Java</a>
09  </li>
10  <li> <a href="javascript:" onclick="login(0)" title="Java 的版本">Java 的版本</a> </li>
11  <li>
12      <a href="javascript:" onclick="login(0)" title="Java API 文档">
13          <a>a 标签中的 a 标签 </a>
14      </a>
15  </li>
16  </ul>
17  </div>
18  '''
19  html = etree.HTML(html_str)                                          # 解析 html 字符串
20  a_all = html.xpath('//ul//a')                                        # 获取 <ul> 标签中所有子孙标签 <a>
21  print(' 所有子孙标签 a',a_all)                                        # 打印所有 <a> 标签
22  print(' 获取指定 a 标签: ',a_all[4])                                  # 打印指定 <a> 标签
23  a_txt = etree.tostring(a_all[4],encoding = "utf-8")                  # 转换字符串类型，并进行编码
24                                                                      # 打印指定标签的 HTML 代码
25  print(' 获取指定标签 HTML 代码: ',a_txt.decode('utf-8'))
```

程序运行结果如下。

所有子孙标签 a [\<Element a at 0x1a81b50c108\>, \<Element a at 0x1a81b50c188\>, \<Element a at 0x1a81b50c1c8\>, \<Element a at 0x1a81b50c3c8\>, \<Element a at 0x1a81b50c2c8\>]
获取指定 a 标签: \<Element a at 0x1a81b50c2c8\>
获取指定标签 HTML 代码: \<a\>a 标签中的 a 标签 \</a\>

说明

在获取 \<ul\> 的子孙标签时，如果使用 "//ul/a" 的方式获取，是无法匹配任何结果的。因为 "/" 用来获取直接子标签，\<ul\> 的直接子标签为 \<li\>，并没有 \<a\> 标签，所以无法匹配。

8.2.4 获取父标签

获取一个标签的父标签

实例位置：资源包 \Code\08\07

在获取一个标签的父标签时，可以使用 ".." 来实现。以获取所有 \<a\> 标签的父标签为例，代码如下。

```
01 from lxml import etree                                       # 导入 etree 子模块
02                                                              # 定义 html 字符串
03 html_str = '''
04 <div class="level_one on">
05 <ul>
06 <li><a href="/index/index/view/id/1.html" title="什么是Java" class="on">什么是Java</a></li>
07 <li> <a href="javascript:" onclick="login(0)" title="Java 的版本">Java 的版本 </a> </li>
08 </ul>
09 </div>
10 '''
11 html = etree.HTML(html_str)                                   # 解析 html 字符串
12 a_all_parent = html.xpath('//a/..')                           # 获取所有 <a> 标签的父标签
13 print('所有 a 的父标签 ',a_all_parent)                         # 打印所有 <a> 的父标签
14 print('获取指定 a 的父标签：',a_all_parent[0])                  # 打印指定 <a> 的父标签
15 a_txt = etree.tostring(a_all_parent[0],encoding = "utf-8")    # 转换字符串类型，并进行编码
16                                                               # 打印指定标签的 HTML 代码
17 print('获取指定标签 HTML 代码: \n',a_txt.decode('utf-8'))
```

程序运行结果如下。

所有 a 的父标签 [<Element li at 0x224a919c0c8>, <Element li at 0x224a919c148>]
获取指定 a 的父标签：<Element li at 0x224a919c0c8>
获取指定标签 HTML 代码：
<li><a href="/index/index/view/id/1.html" title=" 什么是 Java" class="on">什么是 Java</a></li>

说明

除了使用 ".." 获取一个标签的父标签以外，还可以使用 "/parent::*" 的方式来获取。

8.2.5 获取文本

获取 HTML 代码中的文本

实例位置：资源包 \Code\08\08

使用 XPath 获取 HTML 代码中的文本时，可以使用 text() 方法。例如，获取所有 <a> 标签中的文本信息，代码如下。

```
01 from lxml import etree                                       # 导入 etree 子模块
02                                                              # 定义 html 字符串
03 html_str = '''
04 <div class="level_one on">
05 <ul>
06 <li><a href="/index/index/view/id/1.html" title="什么是Java" class="on">什么是Java</a></li>
07 <li> <a href="javascript:" onclick="login(0)" title="Java 的版本">Java 的版本 </a> </li>
08 </ul>
09 </div>
10 '''
11 html = etree.HTML(html_str)                                   # 解析 html 字符串
12 a_text = html.xpath('//a/text()')                             # 获取所有 <a> 标签中的文本信息
13 print('所有 a 标签中的文本信息：',a_text)
```

> **程序运行结果如下。**
>
> 所有 a 标签中的文本信息：[' 什么是 Java', 'Java 的版本 ']

8.2.6 属性匹配

（1）属性匹配

实例 8.9　使用"[@...]"实现标签属性的匹配　　　　实例位置：资源包 \Code\08\09

如果需要更精确地获取某个标签中的内容时，可以使用"[@...]"实现标签属性的匹配，其中"…"表示属性匹配的条件。例如，获取所有 class="level" 的所有 <div> 标签中的文本信息，代码如下。

```
01  from lxml import etree                              # 导入 etree 子模块
02                                                      # 定义 html 字符串
03  html_str = '''
04  <div class="video_scroll">
05      <div class="level"> 什么是 Java</div>
06      <div class="level">Java 的版本 </div>
07  </div>
08  '''
09  html = etree.HTML(html_str)                         # 解析 html 字符串
10                                                      # 获取所有 class="level" 的 <div> 标签中的文本信息
11  div_one = html.xpath('//div[@class="level"]/text()')
12  print(div_one)                                      # 打印 class="level" 的 <div> 标签中的文本信息
```

> **程序运行结果如下。**
>
> [' 什么是 Java', 'Java 的版本 ']

> **说明**
>
> 使用"[@...]"实现属性匹配时，不仅可以用于 class 的匹配，还可以用于 id、href 等属性的匹配。

（2）属性多值匹配

实例 8.10　属性多值匹配　　　　　　　　　　　　实例位置：资源包 \Code\08\10

如果某个标签的某个属性出现了多个值时，可以将所有值作为匹配条件，进行标签的筛选。代码如下。

```
01  from lxml import etree                              # 导入 etree 子模块
02                                                      # 定义 html 字符串
03  html_str = '''
04  <div class="video_scroll">
05      <div class="level one"> 什么是 Java</div>
06      <div class="level">Java 的版本 </div>
```

```
07    </div>
08    '''
09 html = etree.HTML(html_str)              # 解析 html 字符串
10                                          # 获取所有 class="level one" 的 <div> 标签中的文本信息
11 div_one = html.xpath('//div[@class="level one"]/text()')
12 print(div_one)                           # 打印 class="level one" 的 <div> 标签中的文本信息
```

程序运行结果如下。

['什么是 Java']

如果需要既获取 class="level one" 又获取 class="level" 的 <div> 标签时，可以使用 contains() 方法。该方法中有两个参数，第一个参数用于指定属性名称，第二个参数用于指定属性值，如果 HTML 代码中包含指定的属性值，就可以匹配成功。关键代码如下。

```
01 html = etree.HTML(html_str)              # 解析 html 字符串
02                                          # 获取所有 class 属性值中包含 "level" 的 <div> 标签中的文本信息
03 div_all = html.xpath('//div[contains(@class,"level")]/text()')
04 print(div_all)                           # 打印所有符合条件的文本信息
```

程序运行结果如下。

['什么是 Java', 'Java 的版本']

（3）多属性匹配

实例 8.11   **一个标签中多个属性的匹配**   实例位置：资源包 \Code\08\11

通过属性匹配 HTML 代码的标签时，还会遇到一种情况。那就是一个标签中出现多个属性，这时就需要同时匹配多个属性，才可以更精确地获取指定标签中的数据。示例代码如下。

```
01 from lxml import etree                   # 导入 etree 子模块
02                                          # 定义 html 字符串
03 html_str = '''
04 <div class="video_scroll">
05    <div class="level" id="one">什么是 Java</div>
06    <div class="level">Java 的版本 </div>
07 </div>
08 '''
09 html = etree.HTML(html_str)              # 解析 html 字符串
10                                          # 获取所有符合 class="level" 与 id="one" 的 <div> 标签中的文本信息
11 div_all = html.xpath('//div[@class="level" and @id="one"]/text()')
12 print(div_all)                           # 打印所有符合条件的文本信息
```

程序运行结果如下。

['什么是 Java']

从以上的运行结果中可以看出，这里只匹配了属性 class="level" 且属性 id="one" 的 <div> 标签，因为代码中使用了 and 运算符，该运算符表示"与"。XPath 中提供了很多运算符，如表 8.2 所示。

表 8.2　XPath 所提供的运算符

运算符	例子	返回值
+（加法）	5+5	返回 10.0
-（减法）	8-6	返回 2.0
*（乘法）	4 * 6	返回 24.0
div（除法）	24 div 6	返回 4.0
=（等于）	price = 38.0	如果 price 是 38.0，则返回 true，否则返回 false
!=（不等于）	price != 38.0	如果 price 不是 38.0，则返回 true，否则返回 false
<（小于）	price < 38.0	如果 price 小于 38.0，则返回 true，否则返回 false
<=（小于等于）	price <= 38.0	如果 price 小于 38.0 或者是等于 38.0，则返回 true，否则返回 false
>（大于）	price > 38.0	如果 price 大于 38.0，则返回 true，否则返回 false
>=（大于等于）	price >= 38.0	如果 price 大于 38.0 或者是等于 38.0，则返回 true，否则返回 false
or（或）	price=38.0 or price=39.0	如果 price 等于 38.0 或者是等于 39.0 都会返回 true，否则返回 false
and（与）	price>38.0 and price<39.0	如果 price 大于 38.0 且 price 小于 39.0，则返回 true，否则返回 false
mod（求余）	6 mod 4	返回 2.0
|（计算两个标签集）	//div|//a	返回所有 <div> 和 <a> 标签集

8.2.7　获取属性值

实例 8.12　获取属性所对应的值　　实例位置：资源包 \Code\08\12

利用 "@" 不仅可以实现通过属性匹配标签，还可以直接获取属性所对应的值。示例代码如下。

```
01  from lxml import etree                           # 导入 etree 子模块
02                                                   # 定义 html 字符串
03  html_str = '''
04  <div class="video_scroll">
05      <li class="level" id="one">什么是Java</li>
06  </div>
07  '''
08  html = etree.HTML(html_str)                      # 解析 html 字符串
09                                                   # 获取 <li> 标签中的 class 属性值
10  li_class = html.xpath('//div/li/@class')
11                                                   # 获取 <li> 标签中的 id 属性值
12  li_id = html.xpath('//div/li/@id')
13  print('class 属性值：',li_class)
14  print('id 属性值：',li_id)
```

○ 程序运行结果如下。

```
class 属性值：['level']
id 属性值：['one']
```

实例 8.13 使用索引按序获取属性对应的值

> 实例位置：资源包 \Code\08\13

如果同时匹配了多个标签，但只需要其中的某一个标签时，可以使用指定索引的方式获取对应的标签内容。不过 XPath 中的索引是从 1 开始的，所以需要注意不要与 Python 中的列表索引混淆。示例代码如下。

```python
01  from lxml import etree                                        # 导入 etree 子模块
02                                                                # 定义 html 字符串
03  html_str = '''
04  <div class="video_scroll">
05      <li> <a href="javascript:" onclick="login(0)" title="Java API 文档">Java API 文档</a> </li>
06      <li> <a href="javascript:" onclick="login(0)" title="JDK 的下载">JDK 的下载</a> </li>
07      <li> <a href="javascript:" onclick="login(0)" title="JDK 的安装">JDK 的安装</a> </li>
08      <li> <a href="javascript:" onclick="login(0)" title=" 配置 JDK"> 配置 JDK</a> </li>
09  </div>
10  '''
11  html = etree.HTML(html_str)                                   # 解析 html 字符串
12                                                                # 获取所有 li/a 标签中 title 属性值
13  li_all = html.xpath('//div/li/a/@title')
14  print(' 所有属性值: ',li_all)
15                                                                # 获取第 1 个 li/a 标签中 title 属性值
16  li_first = html.xpath('//div/li[1]/a/@title')
17  print(' 第 1 个属性值: ',li_first)
18                                                                # 获取第 4 个 li/a 标签中 title 属性值
19  li_four = html.xpath('//div/li[4]/a/@title')
20  print(' 第 4 个属性值: ',li_four)
```

程序运行结果如下。

所有属性值：['Java API 文档 ', 'JDK 的下载 ', 'JDK 的安装 ', ' 配置 JDK']
第 1 个属性值：['Java API 文档 ']
第 4 个属性值：[' 配置 JDK']

除了使用固定的索引来获取指定标签中的内容以外，还可以使用 XPath 中提供的函数来获取指定标签中的内容，关键代码如下。

```python
01  html = etree.HTML(html_str)                                   # 解析 html 字符串
02                                                                # 获取最后一个 li/a 标签中 title 属性值
03  li_last = html.xpath('//div/li[last()]/a/@title')
04  print(' 最后一个属性值: ',li_last)
05                                                                # 获取第 1 个 li/a 标签中 title 属性值
06  li = html.xpath('//div/li[position()=1]/a/@title')
07  print(' 第 1 个位置的属性值: ',li)
08                                                                # 获取倒数第 2 个 li/a 标签中 title 属性值
09  li = html.xpath('//div/li[last()-1]/a/@title')
10  print(' 倒数第 2 个位置的属性值: ',li)
11                                                                # 获取位置大于 1 的 li/a 标签中 title 属性值
12  li = html.xpath('//div/li[position()>1]/a/@title')
13  print(' 位置大于 1 的属性值: ',li)
```

程序运行结果如下。

最后一个属性值：[' 配置 JDK']
第 1 个位置的属性值：['Java API 文档 ']
倒数第 2 个位置的属性值：['JDK 的安装 ']
位置大于 1 的属性值：['JDK 的下载 ', 'JDK 的安装 ', ' 配置 JDK']

8.2.8 使用标签轴获取标签内容

实例8.14 使用标签轴的方式获取标签内容　　实例位置：资源包\Code\08\14

除了以上的匹配方式以外，XPath 还提供了一些标签轴的匹配方法，如获取祖先标签、子孙标签、兄弟标签等。示例代码如下。

```python
01  from lxml import etree                                    # 导入 etree 子模块
02                                                             # 定义 html 字符串
03  html_str = '''
04  <div class="video_scroll">
05      <li><a href="javascript:" onclick="login(0)" title="Java API 文档">Java API 文档</a></li>
06      <li><a href="javascript:" onclick="login(0)" title="JDK 的下载">JDK 的下载</a></li>
07      <li> <a href="javascript:" onclick="login(0)" title="JDK 的安装">JDK 的安装</a> </li>
08  </div>
09  '''
10
11  html = etree.HTML(html_str)                                # 解析 html 字符串
12                                                             # 获取 li[2] 所有祖先标签
13  ancestors = html.xpath('//li[2]/ancestor::*')
14  print('li[2] 所有祖先标签名称：',[i.tag for i in ancestors])
15                                                             # 获取 li[2] 祖先标签位置为 body
16  body = html.xpath('//li[2]/ancestor::body')
17  print('li[2] 指定祖先标签名称：',[i.tag for i in body])
18                                                             # 获取 li[2] 属性为 class="video_scroll" 的祖先标签
19  class_div = html.xpath('//li[2]/ancestor::*[@class="video_scroll"]')
20  print('li[2]class="video_scroll" 的祖先标签名称：',[i.tag for i in class_div])
21                                                             # 获取 li[2]/a 所有属性值
22  attributes = html.xpath('//li[2]/a/attribute::*')
23  print('li[2]/a 的所有属性值：',attributes)
24                                                             # 获取 <div> 所有子标签
25  div_child = html.xpath('//div/child::*')
26  print('div 的所有子标签名称：',[i.tag for i in div_child])
27                                                             # 获取 <body> 所有子孙标签
28  body_descendant = html.xpath('//body/descendant::*')
29  print('body 的所有子孙标签名称：',[i.tag for i in body_descendant])
30                                                             # 获取 li[1] 标签后的所有标签
31  li_following = html.xpath('//li[1]/following::*')
32  print('li[1] 之后的所有标签名称：',[i.tag for i in li_following])
33                                                             # 获取 li[1] 标签后的所有同级标签
34  li_sibling = html.xpath('//li[1]/following-sibling::*')
35  print('li[1] 之后的所有同级标签名称：',[i.tag for i in li_sibling])
36                                                             # 获取 li[3] 标签前的所有标签
37  li_preceding = html.xpath('//li[3]/preceding::*')
38  print('li[3] 之前的所有标签名称：',[i.tag for i in li_preceding])
```

◎ 程序运行结果如下。

```
li[2] 所有祖先标签名称：['html', 'body', 'div']
li[2] 指定祖先标签名称：['body']
li[2]class="video_scroll" 的祖先标签名称：['div']
li[2]/a 的所有属性值：['javascript:', 'login(0)', 'JDK 的下载 ']
div 的所有子标签名称：['li', 'li', 'li']
body 的所有子孙标签名称：['div', 'li', 'a', 'li', 'a', 'li', 'a']
```

li[1] 之后的所有标签名称：['li', 'a', 'li', 'a']
li[1] 之后的所有同级标签名称：['li', 'li']
li[3] 之前的所有标签名称：['li', 'a', 'li', 'a']

8.3 综合案例——爬取豆瓣新书速递

本章学习了如何使用 XPath 提取网页中的数据，下面就通过本章所学习的知识实现爬取豆瓣新书速递的综合案例。

8.3.1 分析数据

在浏览器中打开豆瓣新书速递首页地址（https://book.douban.com/latest?icn=index-latestbook-all），然后按 F12 功能键，打开浏览器开发者工具，接着在顶部导航条中选择"Elements"选项，单击导航条左侧的 图标，再用鼠标依次选中图书名称、评分、作者与出版社、内容简介，此时将显示对应的 HTML 代码位置。具体操作步骤如图 8.4 所示。

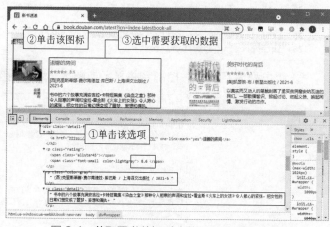

图 8.4 获取图书数据对应的 HTML 代码位置

8.3.2 实现爬虫

使用 XPath 爬取豆瓣新书速递的具体步骤如下。

① 导入 requests 与 lxml 中的 etree 子模块，分别用于发送网络请求和数据的解析工作。代码如下。

```
01  import requests                                    # 导入 requests 模块
02  from lxml import etree                             # 导入 etree 子模块
```

② 创建 send_request() 方法，在该方法中先发送网络请求，然后判断请求是否成功，如果请求成功，就返回响应的 HTML 代码。代码如下。

```
03  def send_request(url,headers):
04      response = requests.get(url=url,headers=headers)    # 发送网络请求
05      if response.status_code==200:                       # 如果请求成功
06          return response.text                            # 返回 HTML
```

③ 创建 interpreting_data() 方法，在该方法中首先通过 html 对象解析 HTML 代码，然后通过 XPath 提取书名、评分、作者与出版社、内容简介，最后再通过 for 循环遍历数据。代码如下。

```
07                                                          # 解析响应结果中的数据
08  def interpreting_data(html_text):
09      html = etree.HTML(html_text)                        # 解析 html 字符串
10      book_names = html.xpath('//h2/a/text()')            # 获取所有图书名称
11                                                          # 获取图书评分
12      scores = html.xpath('//p[@class="rating"]/span[2]/text()')
13      author_press = html.xpath('//p[@class="color-gray"]/text()')  # 获取作者与出版社
14      content = html.xpath('//div[@class="detail-frame"]/p[3]/text()')  # 获取内容简介
```

```python
15  for b,s,a,c in zip(book_names,scores,author_press,content):    # 循环遍历数据
16      print('书名: ',b)
17      print('评分: ',s.strip().replace('\n',""))
18      print('作者 / 出版社: ',a.strip().replace('\n',""))
19      print('内容简介: ',c.strip().replace('\n',""))
20      print()
```

④ 创建程序入口，首先定义请求地址，然后定义请求头信息，接着调用 send_request() 方法发送网络请求，最后调用 interpreting_data() 方法解析并打印数据。代码如下。

```python
21  if __name__ == '__main__':
22      url = 'https://book.douban.com/latest?icn=index-latestbook-all'   # 定义请求地址
23                                                                       # 定义请求头信息
24      headers = {'User-Agent': 'Mozilla/5.0 (Windows NT 10.0; Win64; x64) AppleWebKit/537.36 (KHTML, like Gecko) Chrome/92.0.4503.5 Safari/537.36'}
25      html_text=send_request(url=url,headers=headers)                  # 发送网络请求
26      interpreting_data(html_text)                                     # 解析数据
```

⑤ 爬虫程序启动后，控制台将显示如图 8.5 所示的部分图书数据。

```
书名:    月球上的父亲
评分:
作者/出版社:    胡晓江 / 后浪 | 花城出版社 / 2021-7
内容简介:    由八十六张画和四十四篇小说组成的近未来幻想作品。图文互补的思维迷宫尝
          试，搭建精巧的异世界的创作野心。

书名:    诺娜的房间
评分:    8.6
作者/出版社：    [西]克里斯蒂娜 费尔南德兹 库巴斯 / 上海译文出版社 / 2021-6
内容简介:    书中的六个故事充满安吉拉·卡特短篇集《染血之室》那种令人胆寒的声调和宝
          拉·霍金斯《火车上的女孩》令人揪心的紧张，把女性的日常幻想变成了噩梦、妄想和偏执。

书名:    敲响密室之门 2
评分:    8.7
作者/出版社：    [日]青崎有吾 / 新星出版社 / 2026-6
内容简介:    六起让人毫无头绪的案件，两位年轻侦探——专攻动机分析的片无冰雨与专注
          研究作案手法的御殿场倒理，通过天衣无缝的合作和默契解决！
```

图 8.5　爬取豆瓣新书速递

8.4　实战练习

在本章案例中，豆瓣新书速递页面中的图书数据分为两类（虚构类、非虚构类），试着将两类图书数据保存至两个 Excel 文件当中。

小结

本章主要介绍如何使用 XPath 解析 HTML 代码以及提取代码中的数据，首先介绍了 XPath 的基本语法；然后介绍了 XPath 常用的一些基本操作，如 HTML 的解析、标签内容的获取以及属性值的获取等；最后通过所学知识实现了综合案例（爬取豆瓣新书速递）与实战练习。在爬虫中除了发送网络请求以外，最为重要的就是提取网页代码中的数据，而 XPath 是一种比较简单、高效的提取方式，建议根据 XPath 的基本语法，实现各种网页的爬虫利用练习。

全方位沉浸式学习
见此图标 微信扫码

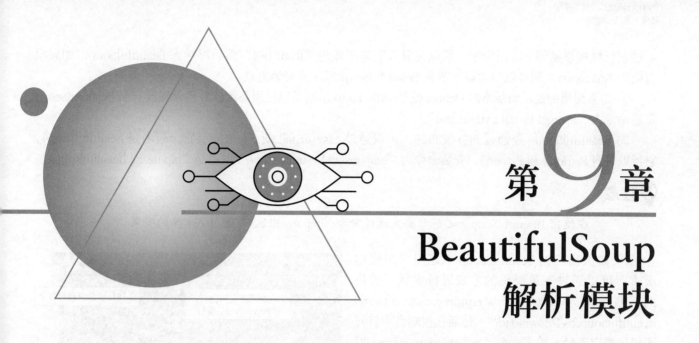

第9章 BeautifulSoup 解析模块

通过发送网络请求即可获取响应结果中的 Web 资源，这仅仅是编写爬虫程序的第一步，接下来需要对爬取的 Web 资源（HTML 代码）进行解析，也就是提取我们所需要的数据。

解析 HTML 代码的方式有多种，本章我们将主要介绍如何使用 BeautifulSoup 模块进行 HTML 代码的解析工作、如何获取某个标签中的内容、通过指定方法快速地获取符合条件的内容以及如何使用 CSS 选择器进行数据的提取工作。

9.1 BeautifulSoup 的基础应用

BeautifulSoup 是一个用于从 HTML 和 XML 文件中提取数据的 Python 库。BeautifulSoup 提供了一些简单的函数，用来实现导航、搜索、修改分析树等功能。BeautifulSoup 模块中的查找、提取功能非常强大，而且非常便捷，它通常可以帮助程序员节省数小时或数天的工作时间。

BeautifulSoup 自动将输入文档转换为 Unicode 编码，输出文档转换为 UTF-8 编码。开发者不需要考虑编码方式，除非文档没有指定一个编码方式，这时，BeautifulSoup 就不能自动识别编码方式了。然后，开发者仅仅需要说明原始编码方式就可以了。

9.1.1 安装 BeautifulSoup

BeautifulSoup3 已经停止开发，目前推荐使用的是 BeautifulSoup4，

不过它已经被移植到 bs4 当中了,所以在导入时需要使用"from bs4"然后再导入 BeautifulSoup。如果没有使用 Anaconda,则可以参考以下 3 种 BeautifulSoup 模块的安装方式。

① 如果使用的是最新版本的 Debian 或 Ubuntu Linux,则可以使用系统软件包管理器安装 BeautifulSoup,安装命令为"apt-get install python-bs4"。

② BeautifulSoup4 是通过 PyPi 发布的,可以通过 easy_install 或 pip 来安装它。包名是 beautifulsoup4,它可以兼容 Python2 和 Python3。安装命令为"easy_install beautifulsoup4"或者是"pip install beautifulsoup4"。

> **注意**
>
> 在使用 BeautifulSoup 4 之前需要先通过命令"pip install bs4"进行 bs4 库的安装。

③ 如果当前的 BeautifulSoup 不是用户想要的版本,可以通过下载源码的方式进行安装,源码的下载地址为"https://www.crummy.com/software/BeautifulSoup/bs4/download/",然后在控制台中打开源码的指定路径,输入命令"python setup.py install"即可,如图 9.1 所示。

图 9.1　通过源码安装 BeautifulSoup

9.1.2　解析器的区别

BeautifulSoup 支持 Python 标准库中包含的 HTML 解析器,但它也支持许多第三方 Python 解析器,其中包含 lxml 解析器。根据不同的操作系统,用户可以使用以下命令之一安装 lxml。

① apt-get install python-lxml。

② easy_install lxml。

③ pip install lxml。

另一个解析器是 html5lib,它是一个用于解析 HTML 的 Python 库,按照 Web 浏览器的方式解析 HTML。用户可以使用以下命令之一安装 html5lib。

① apt-get install python-html5lib。

② easy_install html5lib。

③ pip install html5lib。

在表 9.1 中总结了每个解析器的优缺点。

表 9.1　解析器的比较

解析器	用法	优点	缺点
Python 标准库	BeautifulSoup(markup, "html.parser")	Python 标准库,执行速度适中	文档容错能力差(在 Python 2.7.3 或 3.2.2 之前的版本中)
lxml 的 HTML 解析器	BeautifulSoup(markup, "lxml")	速度快,文档容错能力强	需要安装 C 语言库
lxml 的 XML 解析器	BeautifulSoup(markup, "lxml-xml") BeautifulSoup(markup, "xml")	速度快,是唯一支持 XML 的解析器	需要安装 C 语言库
html5lib	BeautifulSoup(markup, "html5lib")	最好的容错性,以浏览器的方式解析文档 生成 HTML5 格式的文档	速度慢,不依赖外部扩展

9.1.3 解析 HTML

实例 9.1 解析 HTML 代码 　　实例位置：资源包 \Code\09\01

BeautifulSoup 安装完成以后，下面将介绍如何通过 BeautifulSoup 库进行 HTML 的解析工作，具体步骤如下。

① 导入 bs4 库，然后创建一个模拟 HTML 代码的字符串，代码如下。

```
01  from bs4 import BeautifulSoup              # 导入 BeautifulSoup 库
02                                             # 创建模拟 HTML 代码的字符串
03  html_doc = """
04  <html>
05  <head>
06  <title> 第一个 HTML 页面 </title>
07  </head>
08  <body>
09  <p>body 元素的内容会显示在浏览器中。</p>
10  <p>title 元素的内容会显示在浏览器的标题栏中。</p>
11  </body>
12  </html>
13  """
```

② 创建 BeautifulSoup 对象，并指定解析器为 lxml，最后通过打印的方式将解析的 HTML 代码显示在控制台当中，代码如下。

```
01                                                      # 创建一个 BeautifulSoup 对象，获取页面正文
02  soup = BeautifulSoup(html_doc, features="lxml")
03  print(soup)                                          # 打印解析的 HTML 代码
04  print(type(soup))                                    # 打印数据类型
```

程序运行结果如图 9.2 所示。

 说明

> 如果将 html_doc 字符串中的代码保存在 index.html 文件中，可以通过打开 HTML 文件的方式进行代码的解析，并且可以通过 prettify() 方法进行代码的格式化处理。代码如下。

```
<html>
<head>
<title>第一个 HTML 页面</title>
</head>
<body>
<p>body 元素的内容会显示在浏览器中。</p>
<p>title 元素的内容会显示在浏览器的标题栏中。</p>
</body>
</html>

<class 'bs4.BeautifulSoup'>
```

图 9.2　显示解析后的 HTML 代码

```
01                                                   # 创建 BeautifulSoup 对象，打开需要解析的 HTML 文件
02  soup = BeautifulSoup(open('index.html'),'lxml')
03  print(soup.prettify())                           # 打印格式化后的代码
```

9.2　获取标签内容

使用 BeautifulSoup 可以直接调用标签的名称，然后再调用对应的 string 属性，便可以获取标签内的文本信息。在单个标签结构层次非常清晰的情况下，使用这种方式提取标签信息的速度是非常快速的。

9.2.1 获取标签对应的代码

实例 9.2　　获取标签对应的代码　　实例位置：资源包 \Code\09\02

在获取标签对应的代码时，可以直接调用对应的标签名称，如 <head>、<body>、<title> 以及 <p> 标签。代码如下。

```
01  from bs4 import BeautifulSoup                    # 导入 BeautifulSoup 库
02
03                                                   # 创建模拟 HTML 代码的字符串
04  html_doc = """
05  <html>
06  <head>
07  <title> 第一个 HTML 页面 </title>
08  </head>
09  <body>
10  <p>body 元素的内容会显示在浏览器中。</p>
11  <p>title 元素的内容会显示在浏览器的标题栏中。</p>
12  </body>
13  </html>
14  """
15
16                                                   # 创建一个 BeautifulSoup 对象，获取页面正文
17  soup = BeautifulSoup(html_doc, features="lxml")
18  print('head 标签内容为: \n',soup.head)             # 打印 <head> 标签
19  print('body 标签内容为: \n',soup.body)             # 打印 <body> 标签
20  print('title 标签内容为: \n',soup.title)           # 打印 <title> 标签
21  print('p 标签内容为: \n',soup.p)                   # 打印 <p> 标签
```

程序运行结果如图 9.3 所示。

```
head 标签内容为：
 <head>
<title>第一个 HTML 页面</title>
</head>
body 标签内容为：
 <body>
<p>body 元素的内容会显示在浏览器中。</p>
<p>title 元素的内容会显示在浏览器的标题栏中。</p>
</body>
title 标签内容为：
 <title>第一个 HTML 页面</title>
p 标签内容为：
 <p>body 元素的内容会显示在浏览器中。</p>
```

图 9.3　获取标签对应的代码

注意

在打印 <p> 标签对应的代码时，发现只打印了第一个 <p> 标签内容，这说明当有多个标签时，该选择方式只会获取第一个标签中的内容，其他后面的标签将被忽略。

说明

除了通过指定标签名称的方式获取标签内容以外，还可以使用 name 属性获取标签的名称。代码如下。

```
01                                                   # 获取标签名称
02  print(soup.head.name)
03  print(soup.body.name)
04  print(soup.title.name)
05  print(soup.p.name)
```

9.2.2 获取标签属性

实例 9.3 获取标签属性   实例位置：资源包 \Code\09\03

每个标签可能都会含有多个属性，如 class 或者 id 等。如果已经选择了一个指定的标签名称，那么只需要调用 attrs 即可获取这个标签下的所有属性。代码如下。

```
01  from bs4 import BeautifulSoup                              # 导入 BeautifulSoup 库
02                                                             # 创建模拟 HTML 代码的字符串
03  html_doc = """
04  <html>
05  <head>
06      <title> 横排响应式登录 </title>
07      <meta http-equiv="Content-Type" content="text/html" charset="utf-8"/>
08      <meta name="viewport" content="width=device-width"/>
09      <link href="font/css/bootstrap.min.css" type="text/css" rel="stylesheet">
10      <link href="css/style.css" type="text/css" rel="stylesheet">
11  </head>
12  <body>
13  <h3> 登录 </h3>
14  <div class="glyphicon glyphicon-envelope"><input type="text" placeholder=" 请输入邮箱 "></div>
15  <div class="glyphicon glyphicon-lock"><input type="password" placeholder=" 请输入密码 "></div>
16  </body>
17  </html>
18  """
19                                                             # 创建一个 BeautifulSoup 对象，获取页面正文
20  soup = BeautifulSoup(html_doc, features="lxml")
21  print('meta 标签中属性如下: \n',soup.meta.attrs)
22  print('link 标签中属性如下: \n',soup.link.attrs)
23  print('div 标签中属性如下: \n',soup.div.attrs)
```

◎ 程序运行结果如图 9.4 所示。

在以上的运行结果中可以发现，attrs 的返回结果为字典类型，字典中的元素分别是属性名称与对应的值。所以在 attrs 后面添加方括号（[]）并在方括号内添加属性名称即可获取指定属性对应的值。代码如下。

```
01  print('meta 标签中 http-equiv 属性对应的值为: ',soup.meta.attrs['http-equiv'])
02  print('link 标签中 href 属性对应的值为: ',soup.link.attrs['href'])
03  print('div 标签中 class 属性对应的值为: ',soup.div.attrs['class'])
```

◎ 程序运行结果如图 9.5 所示。

```
meta标签中属性如下:
{'http-equiv': 'Content-Type', 'content': 'text/html', 'charset': 'utf-8'}
link标签中属性如下:
{'href': 'font/css/bootstrap.min.css', 'type': 'text/css', 'rel': ['stylesheet']}
div标签中属性如下:
{'class': ['glyphicon', 'glyphicon-envelope']}
```

图 9.4   打印标签中所有属性

```
meta 标签中http-equiv属性对应的值为： Content-Type
link 标签中href属性对应的值为： font/css/bootstrap.min.css
div 标签中class属性对应的值为： ['glyphicon', 'glyphicon-envelope']
```

图 9.5   打印指定属性对应的值

在获取标签中指定属性所对应的值时，除了使用上面的方式以外，还可以不写 attrs，直接在标签后面以中括号的形式直接添加属性名称，来获取对应的值。代码如下。

```
01  print('meta 标签中 http-equiv 属性对应的值为: ',soup.meta['http-equiv'])
02  print('link 标签中 href 属性对应的值为: ',soup.link['href'])
03  print('div 标签中 class 属性对应的值为: ',soup.div['class'])
```

9.2.3 获取标签内的文本

实现获取标签内的文本内容是非常简单的，只需要在标签名称后面添加 string 属性即可。代码如下。

```
01  print('title 标签所包含的文本内容为: ',soup.title.string)
02  print('h3 标签所包含的文本内容为: ',soup.h3.string)
```

● 程序运行结果如图 9.6 所示。

```
title 标签所包含的文本内容为： 横排响应式登录
h3 标签所包含的文本内容为： 登录
```

图 9.6　程序运行结果

9.2.4 嵌套获取标签内容

嵌套获取标签内容　　实例位置：资源包 \Code\09\04

HTML 代码中的每个标签都有出现嵌套的可能，而使用 BeautifulSoup 获取每个标签的内容时，可以通过 "." 直接获取下一个标签中的内容（当前标签的子标签）。代码如下。

```
01  from bs4 import BeautifulSoup                          # 导入 BeautifulSoup 库
02                                                         # 创建模拟 HTML 代码的字符串
03  html_doc = """
04  <html>
05  <head>
06      <title>横排响应式登录</title>
07      <meta http-equiv="Content-Type" content="text/html" charset="utf-8"/>
08      <meta name="viewport" content="width=device-width"/>
09      <link href="font/css/bootstrap.min.css" type="text/css" rel="stylesheet">
10      <link href="css/style.css" type="text/css" rel="stylesheet">
11  </head>
12  </html>
13  """
14                                                         # 创建一个 BeautifulSoup 对象，获取页面正文
15  soup = BeautifulSoup(html_doc, features="lxml")
16  print('head 标签内容如下: \n',soup.head)
17  print('head 标签数据类型为: ',type(soup.head))
18  print('head 标签中 title 标签内容如下: \n',soup.head.title)
19  print('head 标签中 title 标签数据类型为: ',type(soup.head.title))
20  print('head 标签中 title 标签中的文本内容为: ',soup.head.title.string)
21  print('head 标签中 title 标签中文本内容的数据类型为: ',type(soup.head.title.string))
```

● 程序运行结果如图 9.7 所示。

```
head 标签内容如下:
 <head>
<title>横排响应式登录</title>
<meta charset="utf-8" content="text/html" http-equiv="Content-Type"/>
<meta content="width=device-width" name="viewport"/>
<link href="font/css/bootstrap.min.css" rel="stylesheet" type="text/css"/>
<link href="css/style.css" rel="stylesheet" type="text/css"/>
</head>
head 标签数据类型为: <class 'bs4.element.Tag'>
head 标签中 title 节点内容如下:
 <title>横排响应式登录</title>
head 标签中 title 节点数据类型为: <class 'bs4.element.Tag'>
head 标签中 title 节点中的文本内容为: 横排响应式登录
head 标签中 title 节点中文本内容的数据类型为: <class 'bs4.element.NavigableString'>
```

图 9.7　嵌套获取标签内容

📖 说明

> 从上面的运行结果中可以看出，在获取 head 与其内部的 title 标签内容时，数据类型均为 "<class 'bs4.element.Tag'>"，也就说明在 Tag 类型的基础上可以获取当前标签的子标签内容，这样的获取方式叫作嵌套获取标签内容。

9.2.5 关联获取

在获取标签内容时，不一定都能做到一步获取指定标签中的内容，很多时候需要先确认某一个标签，然后以该标签为中心获取对应的子标签、子孙标签、父标签以及兄弟标签。

（1）获取子标签

获取子标签

实例位置：资源包 \Code\09\05

在获取某标签下面的所有子标签时，可以使用 contents 或 children 属性来实现。其中，contents 所返回的是一个列表，在这个列表中每个元素都是一个子标签内容；children 所返回的则是一个 "list_iterator" 类型的可迭代对象。获取所有子标签的代码如下。

```
01  from bs4 import BeautifulSoup            # 导入 BeautifulSoup 库
02                                           # 创建模拟 HTML 代码的字符串
03  html_doc = """
04  <html>
05  <head>
06      <title> 关联获取演示 </title>
07      <meta charset="utf-8"/>
08  </head>
09  </html>
10  """
11                                           # 创建一个 BeautifulSoup 对象，获取页面正文
12  soup = BeautifulSoup(html_doc, features="lxml")
13  print(soup.head.contents)                # 以列表形式打印 <head> 下所有子标签
14  print(soup.head.children)                # 以可迭代对象形式打印 <head> 下所有子标签
```

⭕ 程序运行结果如图 9.8 所示。

在图 9.8 的运行结果中可以看出通过 head.contents 所获取的所有子标签中有三个换行符 \n 以及两个子标题（title 与 meta）对应的所有内容；通过 head.children 所获取的则是一个 "list_iterator" 可迭代对象，如果需要获取该对象中的所有内容，可以直接将其转换为 list 类型或者通过 for 循环遍历的方式进行获取。代码如下。

```
01  print(list(soup.head.children))          # 打印将可迭代对象转换为列表形式的所有子标签
02  for i in soup.head.children:             # 循环遍历可迭代对象中的所有子标签
03      print(i)                             # 打印子标签内容
```

⭕ 程序运行结果如图 9.9 所示。

```
['\n', <title>关联获取演示</title>, '\n', <meta charset="utf-8"/>, '\n']
<list_iterator object at 0x00000276F5D9DF48>
```

图 9.8　获取所有子标签内容

```
['\n', <title>关联获取演示</title>, '\n', <meta charset="utf-8"/>, '\n']

<title>关联获取演示</title>

<meta charset="utf-8"/>
```

图 9.9　遍历所有子标签内容

(2) 获取子孙标签

获取子孙标签

实例位置：资源包 \Code\09\06

在获取某标签下面所有的子孙标签时，可以使用 descendants 属性来实现，该属性会返回一个 generator 对象，获取该对象中的所有内容时，同样可以直接将其转换为 list 类型或者通过 for 循环遍历的方式进行获取。这里以 for 循环遍历方式为例，代码如下。

```
01  from bs4 import BeautifulSoup              # 导入 BeautifulSoup 库
02                                             # 创建模拟 HTML 代码的字符串
03  html_doc = """
04  <html>
05  …此处省略…
06  <body>
07  <div id="test1">
08      <div id="test2">
09          <ul>
10              <li class="test3" value = "user1234">
11                  此处为演示信息
12              </li>
13          </ul>
14      </div>
15  </div>
16  </body>
17  </html>
18  """
19                                             # 创建一个 BeautifulSoup 对象，获取页面正文
20  soup = BeautifulSoup(html_doc, features="lxml")
21  print(soup.body.descendants)               # 打印 <body> 标签下所有子孙标签内容的 generator 对象
22  for i in soup.body.descendants:            # 循环遍历 generator 对象中的所有子孙标签
23      print(i)                               # 打印子孙标签内容
```

◆ 程序运行结果如图 9.10 所示。

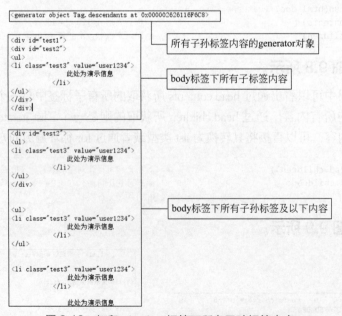

图 9.10　打印 <body> 标签下所有子孙标签内容

（3）获取父标签

获取父标签

实例位置：资源包 \Code\09\07

获取父标签有两种方式，一种是通过 parent 属性直接获取指定标签的父标签内容，另一种是通过 parents 属性获取指定标签的父标签及以上（祖先标签）内容，只是 parents 属性会返回一个 generator 对象。获取该对象中的所有内容时，同样可以直接将其转换为 list 类型或者通过 for 循环遍历的方式进行获取。这里以 for 循环遍历方式为例，获取父标签及祖先标签内容。代码如下。

```python
01  from bs4 import BeautifulSoup          # 导入 BeautifulSoup 库
02                                          # 创建模拟 HTML 代码的字符串
03  html_doc = """
04  <html>
05  <head>
06      <title> 关联获取演示 </title>
07      <meta charset="utf-8"/>
08  </head>
09  </html>
10  """
11                                          # 创建一个 BeautifulSoup 对象，获取页面正文
12  soup = BeautifulSoup(html_doc, features="lxml")
13  print(soup.title.parent)                # 打印 <title> 标签的父标签内容
14  print(soup.title.parents)               # 打印 <title> 标签的父标签及祖先标签内容的 generator 对象
15  for i in soup.title.parents:            # 循环遍历 generator 对象中的所有父标签及祖先标签内容
16      print(i.name)                       # 打印父标签及祖先标签名称
```

● 程序运行结果如图 9.11 所示。

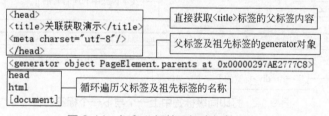

图 9.11　打印父标签及祖先标签内容

📋 说明

从图 9.11 的运行结果中可以看出，parents 属性所获取父标签及祖先标签的顺序为 head、html、document，最后的 [document] 表示文档对象，是整个 HTML 文档，也是 BeautifulSoup 对象。

（4）获取兄弟标签

获取兄弟标签

实例位置：资源包 \Code\09\08

兄弟标签也就是同级标签，表示在同一级标签内的所有子标签间的关系。在一段 HTML 代码中，获取第一个 <p> 标签的下一个 <div> 兄弟标签时，可以使用 next_sibling 属性；获取当前 <div> 标签的上一

个兄弟标签 <p> 时，可以使用 previous_sibling 属性。通过这两个属性获取兄弟标签时，如果两个标签之间含有换行符（\n）、空字符或者是其他文本内容时，将返回这些文本标签。代码如下。

```
01  from bs4 import BeautifulSoup                          # 导入 BeautifulSoup 库
02                                                          # 创建模拟 HTML 代码的字符串
03  html_doc = """
04  <html>
05  <head>
06      <title> 关联获取演示 </title>
07      <meta charset="utf-8"/>
08  </head>
09  <body>
10  <p class="p-1" value = "1"><a href="https://item.jd.com/12353915.html">零基础学 Python</a></p>
11  第一个 p 标签下文本
12  <div class="div-1" value = "2"><a href="https://item.jd.com/12451724.html">Python 从入门到项目实践 </a></div>
13  <p class="p-3" value = "3"><a href="https://item.jd.com/12512461.html">Python 项目开发案例集锦 </a></p>
14  <div class="div-2" value = "4"><a href="https://item.jd.com/12550531.html">Python 编程锦囊 </a></div>
15  </body>
16  </html>
17  """
18                                                          # 创建一个 BeautifulSoup 对象，获取页面正文
19  soup = BeautifulSoup(html_doc, features="lxml")
20  print(soup.p.next_sibling)                              # 打印第一个 <p> 标签的下一个兄弟标签（文本标签内容）
21  print(list(soup.p.next_sibling))                        # 以列表形式打印文本标签中的所有元素
22  div = soup.p.next_sibling.next_sibling                  # 获取 <p> 标签同级的第一个 <div> 标签
23  print(div)                                              # 打印第一个 <div> 标签内容
24  print(div.previous_sibling)                             # 打印第一个 <div> 标签的上一个兄弟标签（文本标签内容）
```

◎ 程序运行结果如图 9.12 所示。

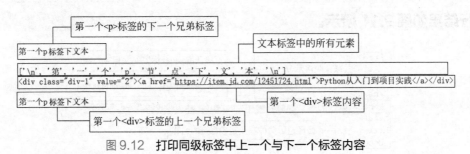

图 9.12　打印同级标签中上一个与下一个标签内容

如果想获取当前标签后面的所有兄弟标签时，可以使用 next_siblings 属性；如果想获取当前标签前面的所有兄弟标签时，可以使用 previous_siblings 属性。通过这两个属性所获取的标签都将以 generator（可迭代对象）的形式返回。在获取标签内容时，同样可以直接将其转换为 list 类型或者通过 for 循环遍历的方式进行获取。这里以转换 list 类型为例，代码如下。

```
01  print(' 获取 p 标签后面的所有兄弟标签如下: \n',list(soup.p.next_siblings))
02  print(' 获取 p 标签前面的所有兄弟标签如下: \n',list(soup.p.previous_siblings))
```

◎ 程序运行结果如图 9.13 所示。

```
获取p标签后面的所有兄弟标签如下:
 ['\n第一个p标签下文本\n', <div class="div-1" value="2"><a href="https://item.jd.com/12451724.html">Python从入门到项目实践</a></div>, '\n', <p class="p-3" value="3"><a href="https://item.jd.com/12512461.html">Python项目开发案例集锦</a></p>, '\n', <div class="div-2" value="4"><a href="https://item.jd.com/12550531.html">Python编程锦囊</a></div>, '\n']
获取p标签前面的所有兄弟标签如下:
 ['\n']
```

图 9.13　获取当前标签后面、前面所有兄弟标签内容

9.3 利用方法获取内容

在 HTML 代码中获取比较复杂的内容时，可以使用 find_all() 方法与 find() 方法。调用这些方法，然后传入指定的参数即可灵活地获取标签中内容。

9.3.1 find_all() 方法

BeautifulSoup 提供了一个 find_all() 方法，该方法用于获取所有符合条件的内容。语法格式如下。

```
find_all(name=None, attrs={}, recursive=True, text=None,limit=None, **kwargs)
```

在 find_all() 方法中，常用参数分别是 name、attrs 以及 text，下面将具体介绍每个参数的用法。

（1）name 参数

find_all(name) 通过标签名称获取内容

> 实例位置：资源包 \Code\09\09

name 参数用来指定标签名称，指定该参数以后将返回一个可迭代对象，所有符合条件的内容均为对象中的一个元素。代码如下。

```
01  from bs4 import BeautifulSoup                           # 导入 BeautifulSoup 库
02                                                          # 创建模拟 HTML 代码的字符串
03  html_doc = """
04  <html>
05  <head>
06      <title> 方法获取演示 </title>
07      <meta charset="utf-8"/>
08  </head>
09  <body>
10  <p class="p-1" value = "1"><a href="https://item.jd.com/12353915.html"> 零基础学 Python</a></p>
11  <p class="p-2" value = "2"><a href="https://item.jd.com/12451724.html">Python 从入门到项目实践 </a></p>
12  <p class="p-3" value = "3"><a href="https://item.jd.com/12512461.html">Python 项目开发案例集锦 </a></p>
13  <div class="div-2" value = "4"><a href="https://item.jd.com/12550531.html">Python 编程锦囊 </a></div>
14  </body>
15  </html>
16  """
17                                                          # 创建一个 BeautifulSoup 对象，获取页面正文
18  soup = BeautifulSoup(html_doc, features="lxml")
19  print(soup.find_all(name='p'))                          # 打印名称为 · p 的所有标签内容
20  print(type(soup.find_all(name='p')))                    # 打印数据类型
```

◎ 程序运行结果如图 9.14 所示。

```
[<p class="p-1" value="1"><a href="https://item.jd.com/12353915.html">零基础学Python</a></p>, <p
class="p-2" value="2"><a href="https://item.jd.com/12451724.html">Python从入门到项目实践</a></p>,
<p class="p-3" value="3"><a href="https://item.jd.com/12512461.html">Python项目开发案例集锦</a></p>]
<class 'bs4.element.ResultSet'>
```

图 9.14　打印名称为 p 的所有标签内容

 说明

> bs4.element.ResultSet 类型的数据与 Python 中的列表类似，如果想获取可迭代对象中的某条数据，可以使用切片的方式进行获取，如获取所有 <p> 标签中的第一个元素，可以参考以下代码。

```
print(soup.find_all(name='p')[0])                           # 打印所有 <p> 标签中的第一个元素
```

因为 bs4.element.ResultSet 数据中的每一个元素都是 bs4.element.Tag 类型，所以可以直接对某一个元素进行嵌套获取。代码如下。

```
01  print(type(soup.find_all(name='p')[0]))              # 打印数据类型
02  print(soup.find_all(name='p')[0].find_all(name='a')) # 打印第一个 <p> 标签内的子标签 a
```

◎ 程序运行结果如图 9.15 所示。

```
<class 'bs4.element.Tag'>
[<a href="https://item.jd.com/12353915.html">零基础学Python</a>]
```

图 9.15　嵌套获取标签内容

（2）attrs 参数

实例位置：资源包 \Code\09\10

find_all(attrs) 通过指定属性获取内容

attrs 参数表示通过指定属性进行数据的获取工作，在填写 attrs 参数时，默认情况下需要填写字典类型的参数值，但也可以通过以赋值的方式填写参数。代码如下。

```
01  from bs4 import BeautifulSoup                        # 导入 BeautifulSoup 库
02                                                       # 创建模拟 HTML 代码的字符串
03  html_doc = """
04  <html>
05  <head>
06      <title> 方法获取演示 </title>
07      <meta charset="utf-8"/>
08  </head>
09  <body>
10  <p class="p-1" value = "1"><a href="https://item.jd.com/12353915.html"> 零基础学 Python</a></p>
11  <p class="p-1" value = "2"><a href="https://item.jd.com/12451724.html">Python 从入门到项目实践 </a></p>
12  <p class="p-3" value = "3"><a href="https://item.jd.com/12512461.html">Python 项目开发案例集锦 </a></p>
13  <div class="div-2" value = "4"><a href="https://item.jd.com/12550531.html">Python 编程锦囊 </a></div>
14  </body>
15  </html>
16  """
17                                                       # 创建一个 BeautifulSoup 对象，获取页面正文
18  soup = BeautifulSoup(html_doc, features="lxml")
19  print(' 字典参数结果如下： ')
20  print(soup.find_all(attrs={'value':'1'}))            # 打印 value 值为 1 的所有内容，字典参数
21  print(' 赋值参数结果如下： ')
22  print(soup.find_all(class_='p-1'))                   # 打印 class 为 p-1 的所有内容，赋值参数
23  print(soup.find_all(value='3'))                      # 打印 value 值为 3 的所有内容，赋值参数
```

◎ 程序运行结果如图 9.16 所示。

（3）text 参数

实例位置：资源包 \Code\09\11

find_all(text) 获取标签中的文本

指定 text 参数可以获取标签中的文本，该参数可以是字符串或者是正则表达式对象。代码如下。

```
01  from bs4 import BeautifulSoup                                          # 导入 BeautifulSoup 库
02  import re                                                              # 导入正则表达式模块
03                                                                         # 创建模拟 HTML 代码的字符串
04  html_doc = """
05  <html>
06  <head>
07      <title> 方法获取演示 </title>
08      <meta charset="utf-8"/>
09  </head>
10  <body>
11  <p class="p-1" value = "1"><a href="https://item.jd.com/12353915.html"> 零基础学 Python</a></p>
12  <p class="p-1" value = "2"><a href="https://item.jd.com/12451724.html">Python 从入门到项目实践 </a></p>
13  <p class="p-3" value = "3"><a href="https://item.jd.com/12512461.html">Python 项目开发案例集锦 </a></p>
14  <div class="div-2" value = "4"><a href="https://item.jd.com/12550531.html">Python 编程锦囊 </a></div>
15  </body>
16  </html>
17  """
18                                                                         # 创建一个 BeautifulSoup 对象，获取页面正文
19  soup = BeautifulSoup(html_doc, features="lxml")
20  print(' 指定字符串所获取的内容如下: ')
21  print(soup.find_all(text=' 零基础学 Python'))                           # 打印指定字符串所获取的内容
22  print(' 指定正则表达式对象所获取的内容如下: ')
23  print(soup.find_all(text=re.compile('Python')))                        # 打印指定正则表达式对象所获取的内容
```

⏺ 程序运行结果如图 9.17 所示。

图 9.16　通过属性获取标签内容

图 9.17　获取标签中的内容

9.3.2　find() 方法

实例 9.12　获取第一个匹配的标签内容

实例位置：资源包 \Code\09\12

利用 find_all() 方法可以获取所有符合条件的标签内容，而利用 find() 方法只能获取第一个匹配的标签内容。代码如下：

```
01  from bs4 import BeautifulSoup                                          # 导入 BeautifulSoup 库
02  import re                                                              # 导入正则表达式模块
03                                                                         # 创建模拟 HTML 代码的字符串
04  html_doc = """
05  <html>
06  <head>
07      <title> 方法获取演示 </title>
08      <meta charset="utf-8"/>
09  </head>
10  <body>
11  <p class="p-1" value = "1"><a href="https://item.jd.com/12353915.html"> 零基础学 Python</a></p>
12  <p class="p-1" value = "2"><a href="https://item.jd.com/12451724.html">Python 从入门到项目实践 </a></p>
13  <p class="p-3" value = "3"><a href="https://item.jd.com/12512461.html">Python 项目开发案例集锦 </a></p>
14  <div class="div-2" value = "4"><a href="https://item.jd.com/12550531.html">Python 编程锦囊 </a></div>
15  </body>
16  </html>
```

```
17     """
18
19     soup = BeautifulSoup(html_doc, features="lxml")    # 创建一个 BeautifulSoup 对象，获取页面正文
20     print(soup.find(name='p'))                          # 打印第一个 name 为 p 的标签内容
21     print(soup.find(class_='p-3'))                      # 打印第一个 class 为 p-3 的标签内容
22     print(soup.find(attrs={'value':'4'}))               # 打印第一个 value 为 4 的标签内容
23     print(soup.find(text=re.compile('Python')))         # 打印第一个文本中包含 Python 的文本信息
```

程序运行结果如图 9.18 所示。

```
<p class="p-1" value="1"><a href="https://item.jd.com/12353915.html">零基础学Python</a></p>
<p class="p-3" value="3"><a href="https://item.jd.com/12512461.html">Python项目开发案例集锦</a></p>
<div class="div-2" value="4"><a href="https://item.jd.com/12550531.html">Python编程锦囊</a></div>
零基础学Python
```

图 9.18　获取第一个匹配的标签内容

9.3.3　其他方法

除了以上的 find_all() 和 find() 方法可以用于实现按照指定条件获取标签内容以外，BeautifulSoup 还提供了其他方法，这些方法的使用方式与 find_all() 和 find() 相同，只是查询的范围不同。各方法的具体说明如表 9.2 所示。

表 9.2　根据条件获取标签内容的其他方法

方法名称	描述
find_parent()	获取父标签内容
find_parents()	获取所有祖先标签内容
find_next_sibling()	获取后面第一个兄弟标签内容
find_next_siblings()	获取后面所有兄弟标签内容
find_previous_sibling()	获取前面第一个兄弟标签内容
find_previous_siblings()	获取前面所有兄弟标签内容
find_next()	获取当前标签的下一个第一个符合条件的标签内容
find_all_next()	获取当前标签的下一个所有符合条件的标签内容
find_previous()	获取第一个符合条件的标签内容
find_all_previous()	获取所有符合条件的标签内容

9.4　CSS 选择器

BeautifulSoup 还提供了 CSS 选择器来获取标签内容，如果是 Tag 或者是 BeautifulSoup 对象都可以直接调用 select() 方法，然后填写指定参数即可通过 CSS 选择器获取标签内容。如果对 CSS 选择器不是很熟悉的情况下，可以参考 CSS 选择器参考手册（https://www.w3school.com.cn/cssref/css_selectors.asp）。

在使用 CSS 选择器获取标签内容时，首先需要调用 select() 方法，然后为其指定字符串类型的 CSS 选择器。常见的 CSS 选择器如下。

① 直接填写字符串类型的标签名称。
② .class：表示指定 class 属性值。
③ #id：表示指定 id 属性的值。

使用 CSS 选择器获取标签内容

实例位置：资源包 \Code\09\13

使用 select() 方法获取标签内容时，需要对其指定 CSS 选择器的语法格式，如获取类标签需要使用".类名称"，获取 id 对应的标签需要使用"#id 名称"。使用方式可以参考以下代码。

```
01  from bs4 import BeautifulSoup                    # 导入 BeautifulSoup 库
02                                                    # 创建模拟 HTML 代码的字符串
03  html_doc = """
04  <html>
05  <head>
06  <title>关联获取演示</title>
07  <meta charset="utf-8"/>
08  </head>
09  <body>
10  <div class="test_1" id="class_1">
11  <p class="p-1" value = "1"><a href="https://item.jd.com/12353915.html">零基础学 Python</a></p>
12  <p class="p-2" value = "2"><a href="https://item.jd.com/12451724.html">Python 从入门到项目实践 </a></p>
13  <p class="p-3" value = "3"><a href="https://item.jd.com/12512461.html">Python 项目开发案例集锦 </a></p>
14  <p class="p-4" value = "4"><a href="https://item.jd.com/12550531.html">Python 编程锦囊 </a></p>
15  </div>
16  <div class="test_2" id="class_2">
17  <p class="p-5"><a href="https://item.jd.com/1218551.html">零基础学 Java（全彩版）</a></p>
18  <p class="p-6"><a href="https://item.jd.com/12199033.html">零基础学 Android（全彩版）</a></p>
19  <p class="p-7"><a href="https://item.jd.com/12250414.html">零基础学 C 语言（全彩版）</a></p>
20  </div>
21  </body>
22  </html>
23  """
24
25  soup = BeautifulSoup(html_doc, features="lxml")   # 创建一个 BeautifulSoup 对象，获取页面正文
26  print('所有 p 标签内容如下：')
27  print(soup.select('p'))                            # 打印所有 <p> 标签内容
28  print('所有 p 标签中的第二个 p 标签内容如下：')
29  print(soup.select('p')[1])                         # 打印所有 <p> 标签中的第二个 <p> 标签内容
30  print('逐层获取的 title 标签内容如下：')
31  print(soup.select('html head title'))              # 打印逐层获取的 <title> 标签内容
32  print('类名为 test_2 所对应的标签内容如下：')
33  print(soup.select('.test_2'))                      # 打印类名为 test_2 所对应的标签内容
34  print('id 值为 class_1 所对应的标签内容如下：')
35  print(soup.select('#class_1'))                     # 打印 id 值为 class_1 所对应的标签内容
```

程序运行结果如图 9.19 所示。

图 9.19 CCS 选择器所获取的标签内容

select() 方法除了以上的基本使用方式以外，还可以实现嵌套获取、获取属性值以及获取文本等。这里以 9.4 节示例代码中的 HTML 代码为例，获取标签内容的其他方式如表 9.3 所示。

表 9.3　根据条件获取标签内容的其他方式

获取标签内容的方式	描述
soup.select('div[class="test_1"]')[0].select('p')[0]	嵌套获取 class 名为 test_1 对应的 <div> 标签中所有 <p> 标签中的第一个
soup.select('p')[0]['value'] soup.select('p')[0].attrs['value']	获取所有 <p> 标签中第一个标签内 value 属性对应的值（两种方式）
soup.select('p')[0].get_text() soup.select('p')[0].string	获取所有 <p> 标签中第一个标签内的文本（两种方式）
soup.select('p')[1:]	获取所有 <p> 标签中第二个以后的 <p> 标签内容
soup.select('.p-1,.p-5')	获取类名为 p-1 与 p-5 对应的标签内容
soup.select('a[href]')	获取存在 href 属性的所有 <a> 标签内容
soup.select('p[value = "1"]')	获取所有属性值为 value = "1" 的 <p> 标签内容

> **说明**
> BeautifulSoup 还提供了一个 select_one() 方法，用于获取所有符合条件的标签中的第一个标签内容。例如，soup.select_one('a') 将获取所有 <a> 标签中的第一个 <a> 标签内容。

9.5　综合案例——爬取百度贴吧（热议榜）

本章学习了如何使用 BeautifulSoup 提取网页中的数据，下面就通过本章所学习的知识实现爬取百度贴吧（热议榜）的综合案例。

9.5.1　分析数据

在浏览器中打开百度贴吧（热议榜）地址（http://tieba.baidu.com/hottopic/browse/topicList?res_type=1&red_tag=y0319003759），然后按 F12 功能键，打开浏览器开发者工具，接着在顶部导航条中选择"Elements"选项，单击导航条左侧的 图标，再用鼠标依次选中标题、实时讨论数量、简介，此时将显示对应的 HTML 代码位置。具体操作步骤如图 9.20 所示。

图 9.20　获取数据对应的 HTML 代码

9.5.2　实现爬虫

使用 BeautifulSoup 爬取百度贴吧（热议榜）的具体步骤如下。

① 导入 requests 与 BeautifulSoup 模块，分别用于发送网络请求和数据的解析工作。代码如下。

```
01  import requests                          # 导入 requests 模块
02  from bs4 import BeautifulSoup            # 导入 BeautifulSoup 模块
```

② 创建 send_request() 方法，在该方法中先发送网络请求，然后判断请求是否成功，如果请求成功就将响应的 HTML 代码返回。代码如下。

```
03  def send_request(url,headers):
04      response = requests.get(url=url,headers=headers)    # 发送网络请求
05      if response.status_code == 200:                      # 如果请求成功
06          return response.text                             # 返回 HTML
```

③ 创建 interpreting_data() 方法,在该方法中首先通过 BeautifulSoup 对象解析 HTML 代码,然后通过 fand_all() 方法获取数据所在的标签,最后通过 for 循环遍历每个标签中的贴吧数据。代码如下。

```
07                                                          # 解析响应结果中的数据
08  def interpreting_data(html_text):
09      soup = BeautifulSoup(html_text, features="lxml")    # 解析 HTML 代码
10      div_name = soup.find_all(class_='topic-name')       # 获取所有包含标题的 div 标签
11      infos = soup.find_all(class_='topic-top-item-desc') # 获取所有简介
12      for d,i in zip(div_name,infos):
13          title=d.a.string                                # 获取标题
14          href = d.a['href']                              # 获取详情页地址
15          number = d.find(class_='topic-num').string      # 获取实时讨论数量
16          info = i.string                                 # 获取简介内容
17          print(' 标题: ',title)
18          print(' 详情页地址: ',href)
19          print(' 实时讨论: ',number)
20          print(' 简介: ',info)
21          print()
```

④ 创建程序入口,首先定义请求地址,然后定义请求头信息,接着调用 send_request() 方法发送网络请求,最后调用 interpreting_data() 方法解析并打印数据。代码如下。

```
22  if __name__ == '__main__':
23      url = 'http://tieba.baidu.com/hottopic/browse/topicList?res_type=1&red_tag=y0319003759'
24                                                          # 定义请求头信息
25      headers = {'User-Agent': 'Mozilla/5.0 (Windows NT 10.0; Win64; x64) AppleWebKit/537.36 (KHTML, like Gecko) Chrome/92.0.4503.5 Safari/537.36'}
26      html_text = send_request(url=url, headers=headers)  # 发送网络请求
27      interpreting_data(html_text)                        # 解析数据
```

⑤ 爬虫程序启动后,控制台将显示如图 9.21 所示的部分贴吧数据。

9.6 实战练习

在本章案例中,主要使用了 BeautifulSoup 中的 find_all() 方法与直接获取标签的方式提取网页中的贴吧数据,试着使用 CSS 选择器的 select() 方法获取网页中的贴吧数据。

图 9.21 爬取百度贴吧(热议榜)数据

小结

本章主要介绍如何使用 BeautifulSoup 模块解析、提取 HTML 代码中的数据。首先介绍了该模块的基础应用,如模块的安装、解析器的区别以及如何解析 HTML 代码;然后介绍了如何获取标签中的内容,如标签中的文本、属性等;接着介绍了如何使用 BeautifulSoup 模块提供的方法来获取网页标签中的内容,以及 CSS 选择器的使用方法;最后通过所学知识实现了综合案例(爬取百度贴吧)与实战练习。BeautifulSoup 模块是多数初学者所钟爱的一个解析、提取数据的模块,该模块功能比较全面,建议多多练习,从众多的解析模块中选择一个适合自己的解析模块。

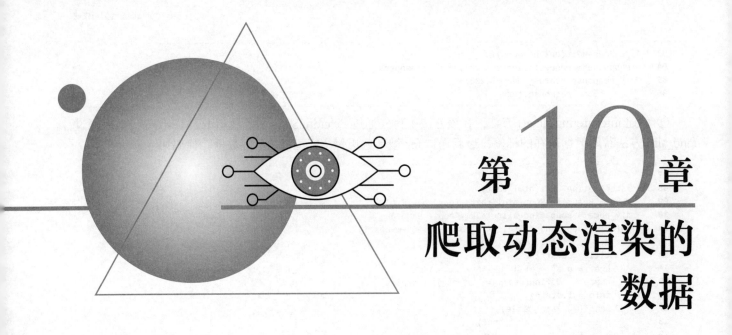

第 10 章 爬取动态渲染的数据

很多网页上所显示的数据并不是服务端一次性返回的，需要向服务端单独发送一个或多个异步请求，服务端才会返回 JSON 格式的数据信息。在爬取此类信息时可以在浏览器中分析 Ajax 或 JS 的请求地址，然后通过该地址获取 JSON 信息。还可以通过动态加载的技术像浏览器一样直接获取已经加载好的动态数据。

本章将介绍如何使用 selenium 模块以及 Splash 技术获取动态渲染的数据。

10.1 selenium 模块

本节将使用 selenium 实现动态渲染页面的爬取，selenium 是浏览器自动化测试框架，是一个用于 Web 应用程序测试的工具，可以直接运行在浏览器当中，并可以驱动浏览器执行指定的动作，如点击、下拉等操作，还可以获取浏览器当前页面的源代码，就像用户在浏览器中操作一样。该工具所支持的浏览器有 IE 浏览器、Mozilla Firefox 以及 Google Chrome 等。

10.1.1 配置 selenium 环境

首先打开 Anaconda Prompt(Anaconda) 命令行窗口，然后输入 "pip install selenium" 命令（如果没有安装 Anaconda，可以在 cmd 命令行窗口中执行安装模块的命令），接着按 Enter 键，将显示如图 10.1 所示的安装进度。

10.1.2 下载浏览器驱动

selenium 模块安装完成以后还需要选择一个浏览器，然后下载对应的浏览器驱动，此时才可以通过 selenium 模块来控制浏览器的操作。这里选择 Google Chrome 80.0.3987.149（正式版本，32 位）浏览器，然后在谷歌浏览器驱动地址中（http://chromedriver.storage.googleapis.com/index.html?path=80.0.3987.106/）下载 80.0.3987.106 版本的浏览器驱动，如图 10.2 所示。

图 10.1　安装 selenium 模块

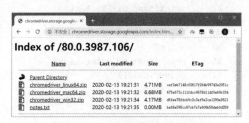

图 10.2　下载谷歌浏览器驱动

 说明

> 在下载谷歌浏览器驱动时，需要根据自己计算机的系统版本下载对应的浏览器驱动。这里以 Windows 系统为例，所以下载 chromedriver_win32.zip 即可。

10.1.3　selenium 的应用

谷歌浏览器驱动下载完成后，提取名称为 chromedriver.exe 的文件，保存在与 python.exe 文件同级路径当中即可。然后需要通过 Python 代码进行谷歌浏览器驱动的加载，这样才可以启动浏览器驱动并控制浏览器。

实例 10.1　获取京东商品信息　　　　　　　　　　实例位置：资源包 \Code\10\01

在使用 selenium 模块爬取京东商品信息时，首先需要导入需要使用的模块及类，然后创建浏览器参数对象，指定所需参数（如不加载图片、无界面浏览器模式等），接着加载指定的浏览器驱动用于控制浏览器的操作，最后发送网络请求并通过指定方法获取标签内容即可。代码如下：

```python
01  from selenium import webdriver                                   # 导入浏览器驱动模块
02  from selenium.webdriver.support.wait import WebDriverWait        # 导入等待类
03  from selenium.webdriver.support import expected_conditions as EC # 等待条件
04  from selenium.webdriver.common.by import By                      # 标签定位
05  try:
06                                                                   # 创建谷歌浏览器驱动参数对象
07      chrome_options = webdriver.ChromeOptions()
08                                                                   # 不加载图片
09      prefs = {"profile.managed_default_content_settings.images": 2}
10      chrome_options.add_experimental_option("prefs", prefs)
11                                                                   # 使用 headless 无界面浏览器模式
12      chrome_options.add_argument('--headless')
13      chrome_options.add_argument('--disable-gpu')
14                                                                   # 加载谷歌浏览器驱动
15      driver = webdriver.Chrome(options=chrome_options, executable_path='G:/Python/chromedriver.exe')
16                                                                   # 请求地址
17      driver.get('https://item.jd.com/12353915.html')
18      wait = WebDriverWait(driver,10)                              # 等待 10 s
```

```
19                                                          # 等待页面加载类名称为 m-item-inner 的标签，该标签中包含商品信息
20      wait.until(EC.presence_of_element_located((By.CLASS_NAME,"m-item-inner")))
21                                                          # 获取 name 标签中所有 div 标签
22      name_div = driver.find_element_by_css_selector('#name').find_elements_by_tag_name('div')
23      summary_price = driver.find_element_by_id('summary-price')
24      print(' 提取的商品标题如下：')
25      print(name_div[0].text)                             # 打印商品标题
26      print(' 提取的商品宣传语如下：')
27      print(name_div[1].text)                             # 打印宣传语
28      print(' 提取的编著信息如下：')
29      print(name_div[4].text)                             # 打印编著信息
30      print(' 提取的价格信息如下：')
31      print(summary_price.text)                           # 打印价格信息
32      driver.quit()                                       # 退出浏览器驱动
33 except Exception as e:
34      print(' 显示异常信息！ ', e)
```

◐ 程序运行结果如图 10.3 所示。

10.1.4　selenium 的常用方法

selenium 模块支持多种提取网页标签的方法，其中比较常用的方法如表 10.1 所示。

表 10.1　通过 selenium 模块抓取网页标签的常用方法

常用方法	描述
driver.find_element_by_id()	根据 id 获取标签，参数为字符类型 id 对应的值
driver.find_element_by_name()	根据 name 获取标签，参数为字符类型 name 对应的值
driver.find_element_by_xpath()	根据 XPath 获取标签，参数为字符类型的 XPath
driver.find_element_by_link_text()	根据链接文本获取标签，参数为字符类型链接文本
driver.find_element_by_tag_name()	根据标签名称获取标签，参数为字符类型的标签名称
driver.find_element_by_class_name()	根据类名获取标签，参数为字符类型类对应的值
driver.find_element_by_css_selector()	根据 CSS 选择器获取标签，参数为字符类型的 CSS 选择器语法

📄 说明

表 10.1 中所有获取标签的方法均为获取单个标签的方法，如需要获取符合条件的多个标签时，可以在对应方法中 element 后面添加 s 即可。

除了以上常用的获取标签方法以外，还可以使用 driver.find_element() 方法获取单个标签，使用 driver.find_elements() 方法获取多个标签。只是在调用这两种方法时，需要为其指定 by 与 value 参数。其中，by 参数表示获取标签的方式，而 value 为获取方式所对应的值（可以理解为条件）。示例代码如下。

```
01                                                          # 获取 name 标签中所有 <div> 标签
02 name_div = driver.find_element(By.ID,'name').find_elements(By.TAG_NAME,'div')
03 print(' 提取的商品标题如下：')
04 print(name_div[0].text)                                  # 打印商品标题
```

◐ 程序运行结果如图 10.4 所示。

```
提取的商品标题如下：
零基础学Python（全彩版）
提取的商品宣传语如下：
10万读者认可的编程图书，零基础自学编程的入门图书，由浅入深，详解Python
语言的编程思想和核心技术，配同步视频教程和源代码，海量资源免费赠送
提取的编著信息如下：
明日科技（MingRi Soft）  著，明日科技  编
提取的价格信息如下：
京  东  价
¥62.20 [7.8折] [定价  ¥79.80] (降价通知)
```

图 10.3　获取京东某商品信息

```
提取的商品标题如下：
零基础学Python（全彩版）
```

图 10.4　获取商品标题名称

 说明

> 以上代码中首先使用 find_element() 方法获取 id 值为 name 的整个标签，然后在该标签中通过 find_elements() 方法获取标签名称为 div 的所有标签，最后通过 name_div[0].text 获取所有 <div> 标签中第一个 <div> 标签内的文本信息。关于 by 的属性及用法可以参考表 10.2。

表 10.2　by 的属性及用法

by 属性	用法
by.id	根据 id 值获取对应的单个或多个标签
by.link_text	根据链接文本获取对应的单个或多个标签
by.partial_link_text	根据部分链接文本获取对应的单个或多个标签
by.name	根据 name 值获取对应的单个或多个标签
by.tag_name	根据标签名称获取单个或多个标签
by.class_name	根据类名获取单个或多个标签
by.css_selector	根据 CSS 选择器获取单个或多个标签，对应的 value 为字符串 CSS 位置
by.XPath	根据 by.XPath 获取单个或多个标签，对应的 value 为字符串标签位置

在使用 selenium 获取某个标签中某个属性所对应的值时，可以使用 get_attribute() 方法来实现。示例代码如下。

```
01                                              # 根据 XPath 定位获取指定标签中的 href 地址
02  href = driver.find_element(By.XPATH,'//*[@id="p-author"]/a[1]').get_attribute('href')
03  print(' 指定标签中的地址信息如下：')
04  print(href)
```

● 程序运行结果如图 10.5 所示。

```
指定标签中的地址信息如下：
https://book.jd.com/writer/%E6%98%8E%E6%97%A5%E7%A7%91%E6%8A%80_1.html
```

图 10.5　获取指定标签中的地址信息

10.2　Splash 服务

　　Splash 是一个 JavaScript 渲染服务，它是一个带有 HTTP API 的轻型 Web 浏览器。在 Python 中，可以通过 HTTP API 调用 Splash 中的一些方法实现对页面的渲染工作。同时，因为 Splash 可以使用 Lua 语言实现页面的渲染，所以使用 Splash 同样可以实现动态渲染页面的爬取。

10.2.1 搭建 Splash 环境

在搭建 Splash 环境时，首先需要确保当前所使用的系统为 64 位并且已经开启 Hyper-V，然后打开 DockerToolbox 的下载页面（https://github.com/docker/toolbox/releases），单击"DockerToolbox-19.03.1.exe"，如图 10.6 所示。

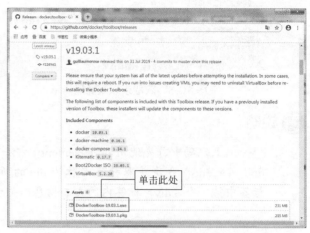

> **说明**
>
> 根据网络环境，下载时间可能会很长，请耐心等待，也可以选择直接安装资源包 "/Code/10./搭建 splash 环境/DockerToolbox-19.03.1.exe"文件。

图 10.6 下载 Win7 系统对应的 DockerToolbox

DockerToolbox 下载完成后，是一个名为 "DockerToolbox-19.03.1.exe" 的文件，直接双击该文件默认安装即可。DockerToolbox 安装完成以后，会在桌面上自动生成如图 10.7 所示的三个图标。

双击名称为 "Docker Quickstart Terminal" 的启动图标，在打开的窗口中，将自动在 "C:\Users\Administrator\.docker\machine\cache" 路径下，下载名称为 "boot2docker.iso" 的资源文件，如图 10.8 所示。

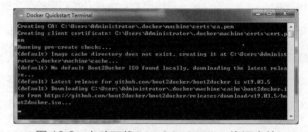

图 10.7 自动生成三个图标　　　图 10.8 自动下载 boot2docker.iso 资源文件

由于网络资源的原因，可能出现下载错误或者是长时间卡在当前位置等问题，此时可以通过离线加载的方式解决此类问题。打开 boot2docker.iso 资源文件的下载页面（https://github.com/boot2docker/boot2docker/releases），然后单击 "boot2docker.iso" 下载该资源文件，如图 10.9 所示。

> **说明**
>
> 根据网络环境，下载时间可能会很长，请耐心等待，也可以选择直接使用资源包 "/Code/10./搭建 splash 环境/boot2docker.iso"文件。

boot2docker.iso 资源文件下载完成后，将该文件直接拷贝至图 10.8 中自动下载的路径（C:\Users\Administrator\.docker\machine\cache）当中，然后重新启动 Docker Quickstart Terminal 窗口，等待一段时间，将显示如图 10.10 所示界面。

在此 Docker Quickstart Terminal 窗口中底部位置输入 "docker pull scrapinghub/splash" 命令，然后按 Enter 键安装 Splash，如图 10.11 所示。

Splash 安装完成以后，需要在底部位置输入 "docker run -p 8050:8050 scrapinghub/splash" 命令启动 Splash 服务。然后在浏览器中输入 "http://192.168.99.100:8050/"，即可打开如图 10.12 所示的测试页面。

图 10.9　下载 boot2docker.iso 资源文件

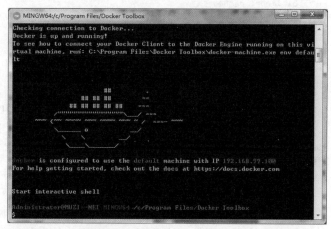

图 10.10　重新启动 Docker Quickstart Terminal 窗口

图 10.11　安装 Splash

图 10.12　Splash 测试页面

10.2.2　Splash 的 API 接口

Splash 提供了 API 接口，用于实现 Python 与 Splash 之间的交互。Splash 比较常用的 API 接口使用方法如下。

（1）render.html

通过该接口可以实现获取 JavaScript 渲染后的 HTML 代码，接口的请求地址如下。

```
http://localhost:8050/render.html
```

获取百度首页 logo 图片的链接　　　　👁 实例位置：资源包 \Code\10\02

使用 render.html 接口是比较简单的，只要将接口地址设置为发送网络请求的主地址，然后将需要爬取的网页地址以参数的方式添加至网络请求中即可。以获取百度首页 logo 图片的链接为例，代码如下。

```
01  import requests                                          # 导入网络请求模块
02  from bs4 import BeautifulSoup                            # 导入 BeautifulSoup 库
03  splash_url = 'http://localhost:8050/render.html'         # Splash 的 render.html 接口地址
04  args = {'url':'https://www.baidu.com/'}                  # 需要爬取的页面地址
05  response = requests.get(splash_url,args)                 # 发送网络请求
06  response.encoding='utf-8'                                # 设置编码方式
07  bs = BeautifulSoup(response.text,"html.parser")          # 创建解析 HTML 代码的 BeautifulSoup 对象
08                                                           # 获取百度首页 logo 图片的链接
09  img_url = 'https:'+bs.select('div[class="s-p-top"]')[0].select('img')[0].attrs['src']
10  print(img_url)                                           # 打印链接地址
```

◎ 程序运行结果如下。

https://www.baidu.com/img/bd_logo1.png

在没有使用 render.html 接口并直接对百度首页的网络地址发送网络请求时，将出现如图 10.13 所示的错误信息。那是因为百度首页中 logo 图片的链接地址是渲染后的结果，所以在没有经过 Splash 渲染的情况下是不能直接从 HTML 代码中提取该链接地址的。

```
Traceback (most recent call last):
  File "C:/Users/Administrator/Desktop/test/demo.py", line 13, in <module>
    img_url = 'https:'+bs.select('div[class="s-p-top"]')[0].select('img')[0].attrs['src']
IndexError: list index out of range
```

图 10.13　获取不到渲染后的内容

在使用 render.html 接口时，除了可以使用简单的 url 参数以外，还有多种参数可以应用，比较常用的参数及含义如表 10.3 所示。

表 10.3　render.html 接口常用参数及含义

参数名	描述
timeout	设置渲染页面超时的时间
proxy	设置代理服务的地址
wait	设置页面加载后等待更新的时间
images	设置是否下载图片，默认值为 1，表示下载图片，值为 0 时表示不下载图片
js_source	设置用户自定义的 JavaScript 代码，在页面渲染前执行

📘 说明

关于 Splash API 接口中的其他参数可以参考官方文档，地址为 "https://splash.readthedocs.io/en/stable/api.html"。

(2) render.png

通过该接口可以实现获取目标网页的截图，接口的请求地址为：http://localhost:8050/render.png。

获取百度首页截图

实例位置：资源包 \Code\10\03

该接口比上一个接口多了两个比较重要的参数，分别为 "width" 与 "height"，使用这两个参数即可

指定目标网页截图的宽度与高度。以获取百度首页截图为例，代码如下。

```
01  import requests                                        # 导入网络请求模块
02  splash_url = 'http://localhost:8050/render.png'        # Splash 的 render.png 接口地址
03  args = {'url':'https://www.baidu.com/','width':1280,'height':800}  # 需要爬取的页面地址
04  response = requests.get(splash_url,args)               # 发送网络请求
05  with open('baidu.png','wb') as f:                      # 调用 open() 函数
06      f.write(response.content)                          # 将返回的二进制数据保存成图片
```

运行以上代码，在当前目录下将自动生成名称为"baidu.png"的图片文件，打开该文件，如图 10.14 所示。

图 10.14　返回目标网页的截图

> **说明**
>
> Splash 还提供了一个 render.jpeg 接口，该接口与 render.png 类似，只不过返回的是 JPEG（联合图像专家组）格式的二进制数据。

（3）render.json

通过该接口可以实现获取 JavaScript 渲染网页信息的 JSON，根据传递的参数，它可以包含 HTML、PNG 和其他信息。接口的请求地址为：http://localhost:8050/render.json。

实例 10.4　获取请求页面的 JSON 信息

实例位置：资源包 \Code\10\04

在默认的情况下使用 render.json 接口，将返回请求地址、页面标题、页面尺寸的 JSON 信息。代码如下。

```
01  import requests                                        # 导入网络请求模块
02  splash_url = 'http://localhost:8050/render.json'       # Splash 的 render.json 接口地址
03  args = {'url':'https://www.baidu.com/'}                # 需要爬取的页面地址
04  response = requests.get(splash_url,args)               # 发送网络请求
05  print(response.json())                                 # 打印返回的 JSON 信息
```

程序运行结果如下。

{'url': 'https://www.baidu.com/', 'requestedUrl': 'https://www.baidu.com/', 'geometry': [0, 0, 1024, 768], 'title': '百度一下，你就知道'}

10.2.3　自定义 lua 脚本

实例 10.5　获取百度渲染后的 HTML 代码

实例位置：资源包 \Code\10\05

Splash 还提供了一个非常强大的 execute 接口，该接口用于实现在 Python 代码中执行 lua 脚本。使用该接口就必须指定 lua_source 参数，该参数表示需要执行的 lua 脚本，接着 Splash 执行完成以后将结果返

回给 Python。以获取百度首页渲染后的 HTML 代码为例，代码如下。

```
01  import requests                                              # 导入网络请求模块
02  from urllib.parse import quote                               # 导入 quote 方法
03                                                               # 自定义的 lua 脚本
04  lua_script = '''
05  function main(splash)                                        # 脚本入口
06      splash:go("https://www.baidu.com/")
07      splash:wait(0.5)
08      return splash:html()
09  end
10  '''
11                                                               # Splash 的 execute 接口地址
12  splash_url = 'http://localhost:8050/execute?lua_source='+ quote(lua_script)
13                                                               # 定义 headers 信息
14  headers = {'User-Agent':'Mozilla/5.0 (Windows NT 10.0; WOW64) AppleWebKit/537.36 (KHTML, like Gecko) Chrome/80.0.3987.149 Safari/537.36'}
15  response = requests.get(splash_url,headers=headers)          # 发送网络请求
16  print(response.text)                                         # 打印渲染后的 HTML 代码
```

运行以上代码，将打印百度首页渲染后的 HTML 代码，执行结果如图 10.15 所示。

在 Splash 中使用 lua 脚本可以执行一系列的渲染操作，这样便可以通过 Splash 模拟浏览器实现网页数据的提取工作。

lua 脚本中的语法是比较简单的，可以通过 splash: 的方式调用其内部的方法与属性。其中，function main(splash) 表示脚本入口，splash:go（"https://www.baidu.com/"）表示调用 go() 方法访问百度首页（网络地址），splash:wait(0.5) 表示等待 0.5 s，return splash:html() 表示返回渲染后的 HTML 代码，最后的 end 表示脚本结束。

lua 脚本的常用属性与方法及含义如表 10.4 所示。

图 10.15　百度首页渲染后的 HTML 代码

表 10.4　lua 脚本的常用属性与方法及含义

属性与方法	描述
splash.args 属性	获取加载时配置的参数，如 url、GET 参数、POST 表单等
splash.js_enabled 属性	该属性默认为 true，表示可以执行 JavaSript 代码，设置为 False 表示禁止执行
splash.private_mode_enabled 属性	表示是否使用浏览器私有模式（隐身模式），True 表示启动，False 表示关闭
splash.resource_timeout 属性	设置网络请求的默认超时时间，以秒为单位
splash.images_enabled 属性	启用或禁用图像，True 表示启用，False 表示禁用
splash.plugins_enabled 属性	启用或禁用浏览器插件，True 表示启用，False 表示禁用
splash.scroll_position 属性	获取或设置当前滚动位置
splash:jsfunc() 方法	将 JavaScript 函数转换为可调用的 lua，但 JavaScript 函数必须在一对双中括号内
splash:evaljs() 方法	执行一段 JavaScript 代码，并返回最后一条语句的结果
splash:runjs() 方法	仅执行 JavaScript 代码

属性与方法	描述
splash:call_later() 方法	设置并执行定时任务
splash:http_get() 方法	发送 HTTP GET 请求并返回响应，而无须将结果加载到浏览器窗口
splash:http_post() 方法	发送 HTTP POST 请求并返回响应，而无须将结果加载到浏览器窗口
splash:get_cookies() 方法	获取当前页面的 Cookies 信息，结果以 HAR Cookies 格式返回
splash:add_cookie() 方法	为当前页面添加 Cookie 信息
splash:clear_cookies() 方法	清除所有的 Cookies

说明

> 由于 lua 脚本中的属性与方法较多，如果需要了解其他属性与方法可以参考官方文档，地址为"https://splash.readthedocs.io/en/stable/scripting-ref.html"。

10.3 综合案例——爬取豆瓣阅读（连载榜）

本章学习了如何使用 selenium 模块爬取网页中的数据，下面就通过本章所学习的知识实现爬取豆瓣阅读（连载榜）的综合案例。

10.3.1 分析数据

在浏览器中打开豆瓣阅读（连载榜）地址（https://read.douban.com/charts?index=featured&type=unfinished_column&dcm=charts-nav&dcs=charts），然后按 F12 功能键，打开浏览器开发者工具，接着在顶部导航条中选择"Elements"选项，单击导航条左侧的 图标，再用鼠标依次选中小说名称、小说作者、小说简介、小说类型以及小说的字数，此时将显示对应的 HTML 代码位置。具体操作步骤如图 10.16 所示。

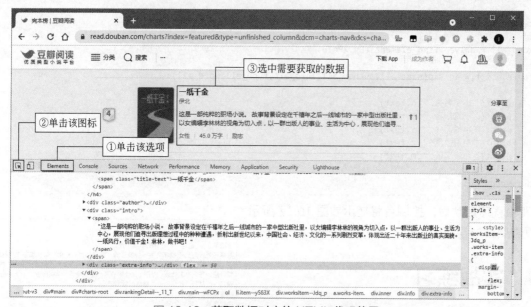

图 10.16 获取数据对应的 HTML 代码位置

10.3.2 实现爬虫

使用 selenium 模块爬取豆瓣阅读（连载榜）的具体步骤如下。

① 导入 time、webdriver 与 by 对象，分别用于实现网页加载的等待、浏览器控制以及标签定位。代码如下。

```
01  import time                                            # 导入时间模块
02  from selenium import webdriver                         # 导入浏览器驱动模块
03  from selenium.webdriver.common.by import By            # 标签定位
```

② 首先创建浏览器参数对象，然后设置不加载图片与无界面浏览器模式，接着加载浏览器驱动。代码如下。

```
04                                                         # 创建谷歌浏览器驱动参数对象
05  chrome_options = webdriver.ChromeOptions()
06                                                         # 不加载图片
07  prefs = {"profile.managed_default_content_settings.images": 2}
08  chrome_options.add_experimental_option("prefs", prefs)
09                                                         # 使用 headless 无界面浏览器模式
10  chrome_options.add_argument('--headless')
11  chrome_options.add_argument('--disable-gpu')
12                                                         # 加载谷歌浏览器驱动
13  driver = webdriver.Chrome(options=chrome_options, executable_path='H:/Python/chromedriver.exe')
```

③ 使用浏览器驱动发送网络请求，然后等待 2 s 后通过 XPath 方式提取网页中包含数据的所有标签，最后通过 for 循环遍历标签并打印小说名称、小说作者、小说简介等数据。代码如下。

```
14                                                         # 请求地址
15  driver.get('https://read.douban.com/charts?index=featured&type=unfinished_column&dcm=charts-nav&dcs=charts')
16  time.sleep(2)                                          # 根据网速适当地等待一段时间，让页面加载完
17  name_all = driver.find_elements(By.XPATH,'//span[@class="title-text"]')
                                                           # 获取所有小说名称对应的标签
18  author_all = driver.find_elements(By.XPATH,'//span[@class="author-link"]')
                                                           # 获取所有小说作者对应的标签
19  info_all = driver.find_elements(By.XPATH,'//div[@class="intro"]/span')
                                                           # 获取所有简介对应的标签
20  type_all = driver.find_elements(By.XPATH,'//div[@class="sticky-info"]/span[2]')
                                                           # 获取所有类型对应的标签
21  word_all = driver.find_elements(By.XPATH,'//div[@class="sticky-info"]/span[4]')
                                                           # 获取所有字数对应的标签
22  for n,a,i,t,w in zip(name_all,author_all,info_all,type_all,word_all):
                                                           # 遍历所有标签
23      print('小说名称：',n.text)
24      print('小说作者：',a.text)
25      print('小说简介：',i.text)
26      print('小说类型：',t.text)
27      print('小说字数：',w.text)
28      print()
29  driver.quit()                                          # 退出浏览器驱动
```

④ 爬虫程序启动后，控制台将显示如图 10.17 所示的部分豆瓣阅读（连载榜）数据。

```
小说名称：一纸千金
小说作者：伊北
小说简介：这是一部纯粹的职场小说。
故事背景设定在千禧年之后一线城市的一家中型出版社里，以女编辑李林林的视角为切入点，以一群出版人的事业、生活为中心，展现他们追寻出版理想过程中的种种遭遇，折射出新世纪以来，中国社会、经济、文化的一系列剧烈变革，体现近二十年来出版业的真实面貌。一纸风行，价值千金！林林，做书吧！
小说类型：女性
小说字数：45.0 万字
```

图 10.17 爬取豆瓣阅读（连载榜）数据

10.4 实战练习

在本章案例中，使用了 selenium 模块爬取豆瓣阅读

（连载榜）数据，试着使用 Splash 的 API 接口与 lxml 模块爬取豆瓣阅读（连载榜）的数据。

小结

本章主要介绍如何爬取动态渲染的数据，首先介绍了如何使用 selenium 爬取动态加载的数据，selenium 也叫作自动化测试框架，其最大的特点就是可以控制浏览器自动执行很多操作，使用浏览器将网页渲染完成以后，再进行数据的提取。然后介绍了 Splash 服务，Splash 服务与 selenium 相似，都可以用来进行 JavaScript 渲染，只不过 Splash 是一个带有 HTTP API 的轻型 Web 浏览器，通过 API 调用 Splash 中的一些方法，实现对页面的渲染工作，同时它还可以使用 lua 脚本实现页面的渲染。最后通过所学知识实现了综合案例（爬取豆瓣阅读）与实战练习。在编写爬虫时，如果不想花费大量的时间分析动态加载数据的请求地址，那么就可以使用 selenium 或 Splash 服务来解决这样的爬虫问题。

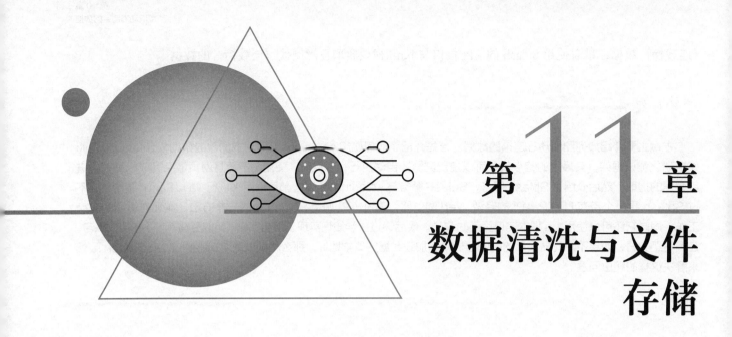

第11章 数据清洗与文件存储

数据爬取完成以后，需要将大量的数据清洗（处理）并存储。存储的方式多种多样，如果只是想简单地保存，可以选择保存至文本文件（TXT、CSV、Excel）。本章将介绍如何将爬取到的数据进行 NaN（空）数据的筛选和去重等清洗操作，以及如何将数据存储至文本文件当中。

11.1 使用 pandas 进行数据清洗

在实现数据清洗时，可以使用 pandas 模块来实现。pandas 是一个开源的并且通过 BSD（伯克利软件套件）许可的库，主要为 Python 提供高性能、易于使用的数据结构和数据分析工具，pandas 还提供了多种数据操作和数据清洗的方法。由于 pandas 是第三方模块，所以在使用前需要安装并导入该模块。

11.1.1 常见的两种数据结构

pandas 的数据结构中有两大核心，分别是 Series 与 DataFrame。其中，Series 是一维数组，与 Python 中的基本数据结构 List 类似。Series 可以用来保存多种数据类型的数据，如布尔值、字符串、数字类型等。DataFrame 类似于 Excel 表格，是一种二维的表格型数据结构。

（1）Series 对象

① 创建 Series 对象

在创建 Series 对象时，只需要将数组形式的数据传入 Series() 构造函数中即可。示例代码如下。

```
01  import pandas as pd                              # 导入 pandas
02  data = ['A','B','C']                             # 创建数据数组
03  series = pd.Series(data)                         # 创建 Series 对象
04  print(series)                                    # 打印 Series 对象内容
```

程序运行结果如下。

```
0    A
1    B
2    C
dtype: object
```

说明

在以上的运行结果中，左侧数字为索引列，右侧的字母列为索引对应的元素。Series 对象在没有指定索引时，将默认生成从 0 开始依次递增的索引值。

在创建 Series 对象时，是可以指定索引名称的，如指定索引项为 a、b、c 时，示例代码如下。

```
01  import pandas as pd                              # 导入 pandas
02  data = ['A','B','C']                             # 创建数据数组
03  index = ['a','b','c']                            # 创建索引名称的数组
04  series = pd.Series(data,index=index)             # 创建指定索引的 Series 对象
05  print(series)                                    # 打印指定索引的 Series 对象内容
```

程序运行结果如下。

```
a    A
b    B
c    C
dtype: object
```

② 访问数据

在访问 Series 对象中的数据时，可以单独访问索引数组或者元素数组。示例代码如下。

```
01  print('索引数组为：',series.index)                # 打印索引数组
02  print('元素数组为：',series.values)               # 打印元素数组
```

程序运行结果如下。

索引数组为：Index(['a', 'b', 'c'], dtype='object')

元素数组为：['A' 'B' 'C']

如果需要获取指定下标的数组元素时，可以直接通过"Series 对象 [下标]"的方式进行数组元素的获取，数组下标从 0 开始。示例代码如下。

```
01  print('指定下标的数组元素为：',series[1])          # 打印指定下标的数组元素
02  print('指定索引的数组元素为：',series['a'])        # 打印指定索引的数组元素
```

程序运行结果如下。

指定下标的数组元素为：B

指定索引的数组元素为：A

如果需要获取多个下标对应的 Series 对象时，可以指定下标范围。示例代码如下。

```
01                                              # 打印下标为 0、1、2 对应的 Series 对象
02 print('获取多个下标对应的 Series 对象: ')
03 print(series[0:3])
```

🔄 程序运行结果如下。

获取多个下标对应的 Series 对象：
a   A
b   B
c   C
dtype: object

不仅可以通过指定下标范围的方式获取 Series 对象，还可以通过指定多个索引的方式获取 Series 对象。示例代码如下。

```
01                                              # 打印索引为 a、b 对应的 Series 对象
02 print('获取多个索引对应的 Series 对象:')
03 print(series[['a','b']])
```

🔄 程序运行结果如下。

获取多个索引对应的 Series 对象：
a   A
b   B
dtype: object

③ 修改元素值

在实现修改 Series 对象的元素值时，同样可以通过指定下标或者指定索引的方式来实现。示例代码如下。

```
01 series[0] = 'D'                              # 修改下标为 0 的元素值
02 print('修改下标为 0 的元素值: \n')
03 print(series)                                # 打印修改元素值以后的 Series 对象
04 series['b'] = 'A'                            # 修改索引为 b 的元素值
05 print('修改索引为 b 的元素值: ')
06 print(series)                                # 打印修改元素值以后的 Series 对象
```

🔄 程序运行结果如下。

修改下标为 0 的元素值：
a   D
b   B
c   C
dtype: object
修改索引为 b 的元素值：
a   D
b   A
c   C
dtype: object

(2) DataFrame 对象

在创建 DataFrame 对象时，需要通过字典来实现。其中，每列的名称为键，而每个键对应的是一个数组，这个数组作为值。示例代码如下。

```
01 import pandas as pd                          # 导入 pandas
02 data = {'A': [1, 2, 3, 4, 5],
03         'B': [6, 7, 8, 9, 10],
04         'C':[11,12,13,14,15]}
05 data_frame = pd.DataFrame(data)              # 创建 DataFrame 对象
06 print(data_frame)                            # 打印 DataFrame 对象内容
```

◎ 程序运行结果如下。

```
   A  B   C
0  1  6  11
1  2  7  12
2  3  8  13
3  4  9  14
4  5 10  15
```

📖 说明

在以上运行结果中，左侧单独的数字为索引列，在没有指定特定的索引时，DataFrame 对象默认的索引将从 0 开始递增。右侧 A、B、C 列名为键，列名对应的值为数组。

对于 DataFrame 对象，同样可以单独指定索引名称，指定方式与 Series 对象类似。示例代码如下。

```
01 import pandas as pd                          # 导入 pandas
02 data = {'A': [1, 2, 3, 4, 5],
03         'B': [6, 7, 8, 9, 10],
04         'C':[11,12,13,14,15]}
05 index = ['a','b','c','d','e']                # 自定义索引
06 data_frame = pd.DataFrame(data,index = index) # 创建自定义索引 DataFrame 对象
07 print(data_frame)                            # 打印 DataFrame 对象内容
```

◎ 程序运行结果如下。

```
   A  B   C
a  1  6  11
b  2  7  12
c  3  8  13
d  4  9  14
e  5 10  15
```

如果数据中含有不需要的数据列时，可以在创建 DataFrame 对象时指定需要的数据列名。示例代码如下。

```
01 import pandas as pd                          # 导入 pandas
02 data = {'A': [1, 2, 3, 4, 5],
03         'B': [6, 7, 8, 9, 10],
04         'C':[11,12,13,14,15]}
05 data_frame = pd.DataFrame(data,columns=['B','C'])  # 创建指定列名的 DataFrame 对象
06 print(data_frame)                            # 打印 DataFrame 对象内容
```

> **程序运行结果如下。**

```
   B   C
0  6  11
1  7  12
2  8  13
3  9  14
4 10  15
```

11.1.2 pandas 数据的基本操作

（1）增添数据

如果需要为 DataFrame 对象添加一列数据时，可以先创建列名，然后为其赋值。示例代码如下。

```
01 import pandas as pd                              # 导入 pandas
02 data = {'A': [1, 2, 3, 4, 5],
03         'B': [6, 7, 8, 9, 10],
04         'C':[11,12,13,14,15]}
05 data_frame = pd.DataFrame(data)                  # 创建 DataFrame 对象
06 data_frame['D'] = [10,20,30,40,50]               # 增加 D 列数据
07 print(data_frame)                                # 打印 DataFrame 对象内容
```

> **程序运行结果如下。**

```
   A   B   C   D
0  1   6  11  10
1  2   7  12  20
2  3   8  13  30
3  4   9  14  40
4  5  10  15  50
```

（2）删除数据

pandas 模块中提供了 drop() 函数，用于删除 DataFrame 对象中的某行或某列数据。该函数提供了多个参数，其中比较常用的参数及含义如表 11.1 所示。

表 11.1 drop() 方法常用参数及含义

参数名	含义
labels	需要删除的行或列的名称，接收 string 或 array
axis	默认为 0，表示删除行，当 axis=1 时表示删除列
index	指定需要删除的行
columns	指定需要删除的列
inplace	设置为 false，表示不改变原数据，返回一个执行删除后的新 DataFrame 对象；设置为 true，将对原数据进行删除操作

实现删除 DataFrame 对象原数据中指定列与索引的行数据。代码如下。

```
01 import pandas as pd                              # 导入 pandas
02 data = {'A': [1, 2, 3, 4, 5],
03         'B': [6, 7, 8, 9, 10],
```

```
04          'C':[11,12,13,14,15]}
05 data_frame = pd.DataFrame(data)                         # 创建 DataFrame 对象
06 data_frame.drop([0],inplace=True)                       # 删除原数据中索引为 0 的那行数据
07 data_frame.drop(labels='A',axis=1,inplace=True)         # 删除原数据中列名为 A 的那列数据
08 print(data_frame)                                       # 打印 DataFrame 对象内容
```

程序运行结果如下。

```
   B   C
1  7  12
2  8  13
3  9  14
4 10  15
```

多学两招

在实现删除 DataFrame 对象中指定列名的数据时，也可以通过 del 关键字来实现。例如，删除原数据中列名为 A 的数据，即可使用 "del data_frame['A']" 代码。

drop() 函数除了可以用来删除指定的列或者行数据以外，还可以通过指定行索引的范围，实现删除多行数据。示例代码如下。

```
01 import pandas as pd                                     # 导入 pandas
02 data = {'A': [1, 2, 3, 4, 5],
03         'B': [6, 7, 8, 9, 10],
04         'C':[11,12,13,14,15]}
05 data_frame = pd.DataFrame(data)                         # 创建 DataFrame 对象
06
07 data_frame.drop(labels=range(0,3),axis=0,inplace=True)  # 删除原数据中行索引从 0 至 2 的前三行数据
08 print(data_frame)                                       # 打印 DataFrame 对象内容
```

程序运行结果如下。

```
   A   B   C
3  4   9  14
4  5  10  15
```

（3）修改数据

如果需要修改 DataFrame 对象中某一列的某个元素时，需要通过赋值的方式来进行元素的修改。示例代码如下。

```
01 import pandas as pd                                     # 导入 pandas
02 data = {'A': [1, 2, 3, 4, 5],
03         'B': [6, 7, 8, 9, 10],
04         'C':[11,12,13,14,15]}
05 data_frame = pd.DataFrame(data)                         # 创建 DataFrame 对象
06 data_frame['A'][2] = 10                                 # 将 A 列中第三行数据修改为 10
07 print(data_frame)                                       # 打印 DataFrame 对象内容
```

程序运行结果如下。

```
    A  B   C
0   1  6  11
1   2  7  12
2  10  8  13
```

```
3   4   9  14
4   5  10  15
```

在修改 DataFrame 对象中某一列的所有数据时,需要了解当前修改列名所对应的元素数组中包含多少个元素,然后根据原有元素的个数进行对应元素的修改。示例代码如下。

```
01  import pandas as pd                          # 导入 pandas
02  data = {'A': [1, 2, 3, 4, 5],
03          'B': [6, 7, 8, 9, 10],
04          'C':[11,12,13,14,15]}
05  data_frame = pd.DataFrame(data)              # 创建 DataFrame 对象
06  data_frame['B'] = [5,4,3,2,1]                # 修改 B 列中的所有数据
07  print(data_frame)                            # 打印 DataFrame 对象内容
```

💡 **程序运行结果如下。**

```
   A  B   C
0  1  5  11
1  2  4  12
2  3  3  13
3  4  2  14
4  5  1  15
```

💡 **注意**

如果在修改 B 列中的所有数据时,修改的元素数量与原有的元素数量不匹配时,将出现如图 11.1 所示的错误信息。

```
Traceback (most recent call last):
  File "C:/demo/demo.py", line 12, in <module>
    data_frame['B'] = [5,4,3]            # 修改B列中所有数据
  File "G:\Python\Python37\lib\site-packages\pandas\core\frame.py", line 3370, in __setitem__
    self._set_item(key, value)
  File "G:\Python\Python37\lib\site-packages\pandas\core\frame.py", line 3445, in _set_item
    value = self._sanitize_column(key, value)
  File "G:\Python\Python37\lib\site-packages\pandas\core\frame.py", line 3630, in _sanitize_column
    value = sanitize_index(value, self.index, copy=False)
  File "G:\Python\Python37\lib\site-packages\pandas\core\internals\construction.py", line 519, in sanitize_index
    raise ValueError('Length of values does not match length of index')
ValueError: Length of values does not match length of index
```

图 11.1　修改元素数量不匹配

📖 **说明**

将某一列赋值为单个元素时,如 data_frame['B'] = 1,此时 B 列所对应的数据将都被修改为 1。

(4)查询数据

在获取 DataFrame 对象中某一列的数据时,可以通过直接指定列名或者直接调用列名的属性来获取指定列的数据。示例代码如下。

```
01  import pandas as pd                          # 导入 pandas
02  data = {'A': [1, 2, 3, 4, 5],
```

```
03        'B': [6, 7, 8, 9, 10],
04        'C':[11,12,13,14,15]}
05 data__frame = pd.DataFrame(data)                    # 创建 DataFrame 对象
06 print('指定列名的数据为: \n',data__frame['A'])
07 print('指定列名属性的数据为: \n',data__frame.B)
```

⭕ 程序运行结果如下。

```
指定列名的数据为：
0    1
1    2
2    3
3    4
4    5
Name: A, dtype: int64
指定列名属性的数据为：
0     6
1     7
2     8
3     9
4    10
Name: B, dtype: int64
```

在获取 DataFrame 对象从第 1 行至第 3 行范围内的数据时，可以通过指定行索引范围的方式来获取数据。行索引从 0 开始，行索引 0 对应的是 DataFrame 对象中的第 1 行数据。示例代码如下。

```
01 import pandas as pd                                 # 导入 pandas
02 data = {'A': [1, 2, 3, 4, 5],
03        'B': [6, 7, 8, 9, 10],
04        'C':[11,12,13,14,15]}
05 data__frame = pd.DataFrame(data)                    # 创建 DataFrame 对象
06 print('获取指定行索引范围的数据: \n',data__frame[0:3])
```

⭕ 程序运行结果如下。

```
获取指定行索引范围的数据：
   A  B   C
0  1  6  11
1  2  7  12
2  3  8  13
```

📄 说明

在获取指定行索引范围的示例代码中，0 为起始行索引，3 为结束行索引，所以此次获取内容并不包含行索引为 3 的数据。

在获取 DataFrame 对象中某一列的某个元素时，可以通过依次指定列名称、行索引来进行数据的获取。示例代码如下。

```
01  import pandas as pd                              # 导入 pandas
02  data = {'A': [1, 2, 3, 4, 5],
03          'B': [6, 7, 8, 9, 10],
04          'C':[11,12,13,14,15]}
05  data_frame = pd.DataFrame(data)                  # 创建 DataFrame 对象
06  print('获取指定列中的某个数据: ',data_frame['B'][2])
```

程序运行结果如下。

获取指定列中的某个数据：8

11.1.3 处理 NaN 数据

（1）修改元素为 NaN

NaN 数据在 numpy 模块中用于表示空缺数据，在数据分析中偶尔会需要将数据结构中的某个元素修改为 NaN 值，这时只需要调用 numpy.NaN 为需要修改的元素赋值即可实现修改元素的目的。示例代码如下。

```
01  import pandas as pd                              # 导入 pandas
02  data = {'A': [1, 2, 3, 4, 5],
03          'B': [6, 7, 8, 9, 10],
04          'C':[11,12,13,14,15]}
05  data_frame = pd.DataFrame(data)                  # 创建 DataFrame 对象
06  data_frame['A'][0] = numpy.nan                   # 将数据中列名为 A，行索引为 0 的元素修改为 NaN
07  print(data_frame)                                # 打印 DataFrame 对象内容
```

程序运行结果如下。

```
     A    B   C
0  NaN    6  11
1  2.0    7  12
2  3.0    8  13
3  4.0    9  14
4  5.0   10  15
```

（2）统计 NaN 数据

pandas 提供了两个可以快速识别空缺值的方法：isnull() 方法用于判断是否为空缺值，如果是空缺值将返回 true；notnull() 方法用于识别非空缺值，该方法在检测出不是空缺值的数据时将返回 true。通过这两个方法与统计函数的方法即可获取数据中空缺值与非空缺值的具体数量。示例代码如下（在上述代码的基础上）。

```
01  print('每列空缺值数量为: \n',data_frame.isnull().sum())     # 打印数据中空缺值数量
02  print('每列非空缺值数量为: \n',data_frame.notnull().sum())   # 打印数据中非空缺值数量
```

程序运行结果如下。

```
每列空缺值数量为:
A    1
B    0
C    0
dtype: int64
```

每列非空缺值数量为：
A   4
B   5
C   5
dtype: int64

(3) 筛选 NaN 元素

在实现 NaN 元素的筛选时，可以使用 dropna() 函数来实现，例如，将 NaN 元素所在的整行数据删除。示例代码如下（在上述代码的基础上）。

```
01 data_frame.dropna(axis=0,inplace=True)     # 将 NaN 元素所在的整行数据删除
02 print(data_frame)                           # 打印 DataFrame 对象内容
```

◎ 程序运行结果如下。

```
     A    B   C
1  2.0    7  12
2  3.0    8  13
3  4.0    9  14
4  5.0   10  15
```

📖 说明

如果需要将数据中 NaN 元素所在的整列数据删除时，可以将 axis 参数设置为 1。

dropna() 函数提供了一个 how 参数，如果将该参数设置为 all，dropna() 函数将会删除所有元素全部为 NaN 的某行或者某列。示例代码如下。

```
01 import pandas as pd                                # 导入 pandas
02 import numpy                                        # 导入 numpy
03 data = {'A': [1, 2, 3, 4, 5],
04         'B': [6, 7, 8, 9, 10],
05         'C':[11,12,13,14,15]}
06 data_frame = pd.DataFrame(data)                    # 创建 DataFrame 对象
07 data_frame['A'][0] = numpy.nan                     # 将数据中列名为 A、行索引为 0 的元素修改为 NaN
08 data_frame['A'][1] = numpy.nan                     # 将数据中列名为 A、行索引为 1 的元素修改为 NaN
09 data_frame['A'][2] = numpy.nan                     # 将数据中列名为 A、行索引为 2 的元素修改为 NaN
10 data_frame['A'][3] = numpy.nan                     # 将数据中列名为 A、行索引为 3 的元素修改为 NaN
11 data_frame['A'][4] = numpy.nan                     # 将数据中列名为 A、行索引为 4 的元素修改为 NaN
12 data_frame.dropna(how='all',axis=1,inplace=True)   # 删除所有元素全为 NaN 的整行数据
13 print(data_frame)                                   # 打印 DataFrame 对象内容
```

◎ 程序运行结果如下。

```
    B   C
0   6  11
1   7  12
2   8  13
3   9  14
4  10  15
```

> **说明**
>
> 由于 axis 的默认值为 0，也就是说只对行数据进行删除，而如果所有元素都为 NaN 的是列，在指定 how 参数时还需要指定删除目标为列，即 axis=1。

（4）NaN 元素的替换

当处理数据中的 NaN 元素时，为了避免删除数据中比较重要的参考数据，可以使用 fillna() 函数将数据中的 NaN 元素替换为同一个元素，这样在实现数据分析时可以很清楚地知道哪些元素无用。示例代码如下。

```
01  import pandas as pd                              # 导入 pandas
02  data = {'A': [1, None, 3, 4, 5],
03          'B': [6, 7, 8, None, 10],
04          'C': [11, 12, None, 14, None]}
05  data_frame = pd.DataFrame(data)                  # 创建 DataFrame 对象
06  data_frame.fillna(0, inplace=True)               # 将数据中所有 NaN 元素修改为 0
07  print(data_frame)                                # 打印 DataFrame 对象内容
```

程序运行结果如下。

```
     A     B     C
0  1.0   6.0  11.0
1  0.0   7.0  12.0
2  3.0   8.0   0.0
3  4.0   0.0  14.0
4  5.0  10.0   0.0
```

如果需要将不同列中的 NaN 元素修改为不同的元素值时，可以通过字典的方式依次修改每列。示例代码如下。

```
01  import pandas as pd                              # 导入 pandas
02  data = {'A': [1, None, 3, 4, 5],
03          'B': [6, 7, 8, None, 10],
04          'C': [11, 12, None, 14, None]}
05  data_frame = pd.DataFrame(data)                  # 创建 DataFrame 对象
06  print(data_frame)                                # 打印修改前的 DataFrame 对象内容
07                                                   # 将数据中 A 列中的 NaN 元素修改为 0，B 列中的 NaN 元素修改为 1，
                                                     # C 列中的 NaN 元素修改为 2
08  data_frame.fillna({'A':0,'B':1,'C':2}, inplace=True)
09  print(data_frame)                                # 打印修改后的 DataFrame 对象内容
```

修改前结果如图 11.2 所示，修改后结果如图 11.3 所示。

```
     A     B     C                          A     B     C
0  1.0   6.0  11.0                     0  1.0   6.0  11.0
1  NaN   7.0  12.0                     1  0.0   7.0  12.0
2  3.0   8.0   NaN                     2  3.0   8.0   2.0
3  4.0   NaN  14.0                     3  4.0   1.0  14.0
4  5.0  10.0   NaN                     4  5.0  10.0   2.0
```

图 11.2　修改前的结果　　　　　　图 11.3　修改后的结果

11.1.4　重复数据的筛选

pandas 提供了一个 drop_duplicates() 方法，用于去除指定列中的重复数据。语法格式如下。

```
pandas.dataFrame.drop_duplicates(subset=None, keep='first', inplace=False)
```

drop_duplicates() 方法的常用参数及含义如表 11.2 所示。

表 11.2　drop_duplicates() 方法的常用参数及含义

参数名	含义
subset	表示需要去重的列名，也可以是多个列名组成的列表。默认为 None，表示全部列
keep	表示保留重复数据中的哪一条数据，first 表示保留第一条，last 表示保留最后一条，False 表示重复项数据都不保留。默认为 first
inplace	表示是否在原数据中进行操作，默认为 False

在指定去除某一列中的重复数据时，需要在 subset 参数位置指定列名。示例代码如下。

```
01  import pandas as pd                                # 导入 pandas
02                                                     # 创建数据
03  data = {'A': ['A1','A1','A3'],
04          'B': ['B1','B2','B1']}
05  data_frame = pd.DataFrame(data)                    # 创建 DataFrame 对象
06  data_frame.drop_duplicates('A',inplace=True)       # 指定列名为 A
07  print(data_frame)                                  # 打印移除后的数据
```

◎ 程序运行结果如下。

```
   A   B
0  A1  B1
2  A3  B1
```

⚡ 注意

> 在去除 DataFrame 对象中的重复数据时，将会删除指定列中重复数据所对应的整行数据。

📖 说明

> drop_duplicates() 方法除了用于删除 DataFrame 对象中重复数据对应的行以外，还可以对 DataFrame 对象中的某一列数据进行重复数据的删除。例如，删除 DataFrame 对象中 A 列内重复数据，即可使用此段代码 "new_data=data_frame['A'].drop_duplicates()"。

drop_duplicates() 方法不仅可以实现 DataFrame 对象中单列的去重操作，还可以实现多列的去重操作。示例代码如下。

```
01  import pandas as pd                                           # 导入 pandas
02                                                                # 创建数据
03  data = {'A': ['A1','A1','A1','A2','A2'],
04          'B': ['B1','B1','B3','B4','B5'],
05          'C': ['C1','C2','C3','C4','C5']}
06  data_frame = pd.DataFrame(data)                               # 创建 DataFrame 对象
07  data_frame.drop_duplicates(subset=['A','B'],inplace=True)     # 进行多列去重操作
08  print(data_frame)                                             # 打印移除后的数据
```

📀 **程序运行结果如下。**

```
   A  B  C
0  A1 B1 C1
2  A1 B3 C3
3  A2 B4 C4
4  A2 B5 C5
```

11.2 常见文件的基本操作

11.2.1 存取 TXT 文件

（1）TXT 文件的存储

如果想要简单地进行 TXT 文件存储工作，可以通过 open() 函数操作文件实现，即需要先创建或者打开指定的文件并创建文件对象。open() 函数的基本语法格式如下。

```
file = open(filename[,mode[,buffering]])
```

💬 **参数说明**：

- file：被创建的文件对象。
- filename：要创建或打开的文件的文件名称，需要使用单引号或双引号括起来。如果要打开的文件和当前文件在同一个目录下，那么直接写文件名即可，否则需要指定完整路径。例如，要打开当前路径下的名称为 status.txt 的文件，可以使用 "status.txt"。
- mode：可选参数，用于指定文件的打开模式，其参数值如表 11.3 所示。默认的打开模式为只读（即 r）。
- buffering：可选参数，用于指定读写文件的缓冲模式。值为 0，表示不缓存；值为 1，表示缓存；如果大于 1，则表示缓冲区的大小。默认为缓存模式。

表 11.3 mode 参数的参数值说明

参数值	说明	注意
r	以只读模式打开文件。文件的指针将会放在文件的开头	文件必须存在
rb	以二进制格式打开文件，并且采用只读模式。文件的指针将会放在文件的开头。一般用于非文本文件，如图片、声音等	
r+	打开文件后，可以读取文件内容，也可以写入新的内容覆盖原有内容（从文件开头进行覆盖）	
rb+	以二进制格式打开文件，并且采用读写模式。文件的指针将会放在文件的开头。一般用于非文本文件，如图片、声音等	
w	以只写模式打开文件	文件存在，则将其覆盖，否则创建新文件
wb	以二进制格式打开文件，并且采用只写模式。一般用于非文本文件，如图片、声音等	
w+	打开文件后，先清空原有内容，使其变为一个空的文件，对这个空文件有读写权限	
wb+	以二进制格式打开文件，并且采用读写模式。一般用于非文本文件，如图片、声音等	
a	以追加模式打开一个文件。如果该文件已经存在，文件指针将放在文件的末尾（即新内容会被写入到已有内容之后），否则，创建新文件用于写入	

参数值	说明	注意
ab	以二进制格式打开文件，并且采用追加模式。如果该文件已经存在，文件指针将放在文件的末尾（即新内容会被写入到已有内容之后），否则，创建新文件用于写入	
a+	以读写模式打开文件。如果该文件已经存在，文件指针将放在文件的末尾（即新内容会被写入到已有内容之后），否则，创建新文件用于读写	
ab+	以二进制格式打开文件，并且采用追加模式。如果该文件已经存在，文件指针将放在文件的末尾（即新内容会被写入到已有内容之后），否则，创建新文件用于读写	

实例 11.1　TXT 文件存储

实例位置：资源包 \Code\11\01

以爬取某网页中的励志名句为例，首先通过 requests 发送网络请求，然后接收响应结果并通过 BeautifulSoup 解析 HTML 代码，接着提取所有信息，最后将信息逐条写入 data.txt 文件当中。代码如下。

```
01  import requests                              # 导入网络请求模块
02  from bs4 import BeautifulSoup                # HTML 解析库
03  url = 'http://quotes.toscrape.com/tag/inspirational/'   # 定义请求地址
04  headers = {'User-Agent':'Mozilla/5.0 (Windows NT 10.0; WOW64) AppleWebKit/537.36 (KHTML, like Gecko) Chrome/80.0.3987.149 Safari/537.36'}
05  response = requests.get(url,headers)         # 发送网络请求
06  if response.status_code==200:                # 如果请求成功
07                                               # 创建一个 BeautifulSoup 对象，获取页面正文
08      soup = BeautifulSoup(response.text, features="lxml")
09      text_all = soup.find_all('span',class_='text')    # 获取所有显示励志名句的 span 标签
10      txt_file = open('data.txt','w',encoding='utf-8')  # 创建 open 对象
11      for i,value in enumerate(text_all):              # 循环遍历爬取内容
12          txt_file.write(str(i)+value.text+'\n')       # 写入爬取的每条励志名句并在结尾换行
13      txt_file.close()                                  # 关闭文件操作
```

运行以上代码后，当前目录中将自动生成 data.txt 文件，打开文件将显示如图 11.4 所示的结果。

（2）TXT 文件的读取

在 Python 中打开文件后，除了可以向其写入或追加内容外，还可以读取文件中的内容。读取文件内容主要分为以下几种情况。

① 读取指定字符

文件对象提供了 read() 方法读取指定个数的字符，其语法格式如下。

图 11.4　文件内容

```
file.read([size])
```

其中，file 为打开的文件对象；size 为可选参数，用于指定要读取的字符个数，如果省略，则一次性读取所有内容。

实例 11.2　读取 message.txt 文件中的前 9 个字符

实例位置：资源包 \Code\11\02

读取 message.txt 文件中的前 9 个字符，可以使用下面的代码。

```
01  with open('message.txt','r') as file:           # 打开文件
02      string = file.read(9)                       # 读取前 9 个字符
03      print(string)
```

如果 message.txt 的文件内容为:

Python 的强大，强大到你无法想象！！！

那么执行上面的代码将显示以下结果。

Python 的强大

使用 read(size) 方法读取文件时，是从文件的开头读取的。如果想要读取中间部分内容，可以先使用文件对象的 seek() 方法将文件的指针移动到新的位置，然后再应用 read(size) 方法读取。seek() 方法的基本语法格式如下。

```
file.seek(offset[,whence])
```

参数说明：

- file：表示已经打开的文件对象。
- offset：用于指定移动的字符个数，其具体位置与 whence 有关。
- whence：用于指定从什么位置开始计算。值为 0，表示从文件头开始计算，1 表示从当前位置开始计算，2 表示从文件尾开始计算，默认为 0。

实例 11.3 从文件的第 14 个字符开始读取 8 个字符

实例位置：资源包 \Code\11\03

想要从文件的第 14 个字符开始读取 8 个字符，可以使用下面的代码。

```
01  with open('message.txt','r') as file:           # 打开文件
02      file.seek(14)                               # 移动文件指针到新的位置
03      string = file.read(8)                       # 读取 8 个字符
04      print(string)
```

如果 message.txt 的文件内容为:

Python 的强大，强大到你无法想象！！！

那么执行上面的代码将显示以下结果。

强大到你无法想象

说明

在使用 seek() 方法时，offset 的值是按一个汉字占两个字符，英文和数字占一个字符计算的。这与 read(size) 方法不同。

② 读取一行

实例 11.4 读取一行

实例位置：资源包 \Code\11\04

在使用 read() 方法读取文件时，如果文件很大，一次读取全部内容到内存，容易造成内存不足，所以

通常会采用逐行读取。文件对象的 readline() 方法用于每次读取一行数据。readline() 方法的基本语法格式如下。

```
file.readline()
```

其中，file 为打开的文件对象。同 read() 方法一样，打开文件时，也需要指定打开模式为 r（只读）或者 r+（读写）。示例代码如下。

```
01  print("\n","="*20,"Python 经典应用 ","="*20,"\n")
02  with open('message.txt','r') as file:       # 打开保存 Python 经典应用信息的文件
03      number = 0                              # 记录行号
04      while True:
05          number += 1
06          line = file.readline()
07          if line =='':
08              break                           # 跳出循环
09          print(number,line,end= "\n")        # 输出一行内容
10  print("\n","="*20,"over","="*20,"\n")
```

执行上面的代码，将显示如图 11.5 所示的结果。

③ 读取全部行

实例 11.5 读取全部行

实例位置：资源包 \Code\11\05

读取全部行的作用同调用 read() 方法时不指定 size 类似，只不过读取全部行时，返回的是一个字符串列表，每个元素为文件的一行内容。读取全部行，使用的是文件对象的 readlines() 方法，其语法格式如下。

```
file.readlines()
```

其中，file 为打开的文件对象。同 read() 方法一样，打开文件时，也需要指定打开模式为 r（只读）或者 r+（读写）。

例如，通过 readlines() 方法读取 message.txt 文件中的所有内容，并输出读取结果，代码如下。

```
01  print("\n","="*20,"Python 经典应用 ","="*20,"\n")
02  with open('message.txt','r') as file:       # 打开保存 Python 经典应用信息的文件
03      message = file.readlines()              # 读取全部信息
04      print(message)                          # 输出信息
05      print("\n","="*25,"over","="*25,"\n")
```

执行上面的代码，将显示如图 11.6 所示的运行结果。

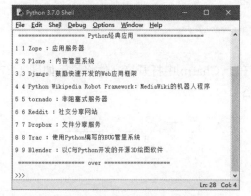

图 11.5　逐行显示 Python 经典应用

图 11.6　readlines() 方法的返回结果

从该运行结果中可以看出 readlines() 方法的返回值为一个字符串列表。在这个字符串列表中，每个元素记录一行内容。如果文件比较大时，采用这种方法输出读取的文件内容会很慢。这时可以将列表的内容逐行输出。例如，代码可以修改为以下内容。

```
01 print("\n","="*20,"Python 经典应用 ","="*20,"\n")
02 with open('message.txt','r') as file:          # 打开保存 Python 经典应用信息的文件
03     messageall = file.readlines()              # 读取全部信息
04     for message in messageall:
05         print(message)                         # 输出一条信息
06 print("\n","="*25,"over","="*25,"\n")
```

执行结果与图 11.6 相同。

11.2.2 存取 CSV 文件

CSV（逗号分隔值）文件是文本文件的一种，该文件中每一行数据的多个元素是使用逗号进行分隔的。其实存取 CSV 文件时同样可以使用 open() 函数，不过我们有更好的办法，那就是使用 pandas 模块实现 CSV 文件的存取工作。

（1）CSV 文件的存储

在实现 CSV 文件的存储工作时，pandas 提供了 to_csv() 函数，该函数中的常用参数及含义如表 11.4 所示。

表 11.4　to_csv() 函数的常用参数及含义

参数名	含义
filepath_or_buffer	表示文件路径的字符串
sep	str 类型，表示分隔符，默认为逗号","
na_rep	str 类型，用于替换缺失值，默认为""（空）
float_format	str 类型，指定浮点数据的格式，例如，'%.2f' 表示保留两位小数
columns	表示写入哪列数据的列名，默认为 None
header	表示是否写入数据中的列名，默认为 False，表示不写入
index	表示是否将行索引写入文件，默认为 True
mode	str 类型，表示写入模式默认为 "w"
encoding	str 类型，表示写入文件的编码格式

例如，创建 A、B、C 三列数据，然后将数据写入 CSV 文件中，可以参考以下示例代码。

```
01 import pandas as pd                                # 导入 pandas
02 data ={'A':[1,2,3],'B':[4,5,6],'C':[7,8,9]}        # 创建三列数据
03 df = pd.DataFrame(data)                            # 创建 DataFrame 对象
04 df.to_csv('test.csv')                              # 存储为 CSV 文件
```

运行以上代码后，文件夹目录中将自动生成 test.csv 文件，在 PyCharm 中打开该文件将显示如图 11.7 所示的内容，通过 Excel 打开该文件将显示如图 11.8 所示的内容。

```
,A,B,C
0,1,4,7
1,2,5,8
2,3,6,9
```

图 11.7　PyCharm 打开文件所显示的内容　　　　图 11.8　Excel 打开文件所显示的内容

> **说明**
>
> 图 11.8 中第一列数据为默认生成的索引列，在写入数据时如果不需要默认的索引列，可以在 to_csv() 函数中设置 index=False 即可。

（2）CSV 文件的读取

pandas 提供了 read_csv() 函数用于 CSV 文件的读取工作。read_csv() 函数中的常用参数及含义如表 11.5 所示。

表 11.5 read_csv() 函数中的常用参数及含义

参数名	含义
filepath_or_buffer	表示文件路径的字符串
sep	str 类型，表示分隔符，默认为逗号","
header	表示将哪一行数据作为列名
names	为读取后的数据设置列名，默认为 None
index_col	通过列索引指定列的位置，默认为 None
skiprows	int 类型，需要跳过的行号，从文件内数据的开始处算起
skipfooter	int 类型，需要跳过的行号，从文件内数据的末尾处算起
na_values	将指定的值设置为 NaN
nrows	int 类型，设置需要读取数据中的前 n 行数据
encoding	str 类型，用于设置文本编码格式。例如，设置为"utf-8"表示用 UTF-8 编码
squeeze	设置为 True，表示如果解析的数据只包含一列，则返回一个 Series。默认为 False
engine	表示数据解析的引擎，可以指定为 c 或 python，默认为 c

在实现一个简单的读取 CSV 文件时，直接调用 pandas.read_csv() 函数，然后指定文件路径即可。示例代码如下。

```
01 import pandas as pd                          # 导入 pandas
02 data = pd.read_csv('test.csv')               # 读取 CSV 文件信息
03 print('读取的 CSV 文件内容为: \n',data)         # 打印读取的文件内容
```

🔘 程序运行结果如下。

```
读取的 CSV 文件内容为:
   Unnamed: 0 A B C
0           0 1 4 7
1           1 2 5 8
2           2 3 6 9
```

还可以将读取出来的数据中，指定列写入到新的文件当中。示例代码如下。

```
01 import pandas as pd                                          # 导入 pandas
02 data = pd.read_csv('test.csv')                               # 读取 CSV 文件信息
03
04 data.to_csv('new_test.csv',columns=['B','C'],index=False)    # 将读取的数据中的指定列写入新的文件中
05 new_data = pd.read_csv('new_test.csv')                       # 读取新写入的 CSV 文件信息
06 print('读取新的 CSV 文件内容为: \n',new_data)                  # 打印新文件信息
```

程序运行结果如下。

```
读取新的 CSV 文件内容为：
   B  C
0  4  7
1  5  8
2  6  9
```

11.2.3 存取 Excel 文件

（1）Excel 文件的存储

Excel 文件是一个大家都比较熟悉的文件，该文件是常用的表格文件，是微软公司推出的办公软件中的一个组件。Excel 文件的扩展名目前有两种，一种为 xls，另一种为 xlsx，其主要根据 Microsoft Office 办公软件的版本所决定。

在实现 Excel 文件的写入工作时，通过 DataFrame 的数据对象直接调用 to_excel() 方法即可，该方法的参数含义与 to_csv() 方法的类似。通过 to_excel() 方法向 Excel 文件内写入信息，示例代码如下。

```
01  import pandas as pd                              # 导入 pandas
02  data ={'A':[1,2,3],'B':[4,5,6],'C':[7,8,9]}      # 创建三列数据
03  df = pd.DataFrame(data)                          # 创建 DataFrame 对象
04  df.to_excel('test.xlsx')                         # 存储为 Excel 文件
```

（2）Excel 文件的读取

pandas 提供了 read_excel() 函数用于 Excel 文件的读取工作，该函数中的常用参数及含义如表 11.6 所示。

表 11.6　read_excel() 函数的常用参数及含义

参数名	含义
io	表示文件路径的字符串
sheet_name	表示指定 Excel 文件内的分表位置，返回多表可以使用 sheet_name =[0,1]，默认为 0
header	表示指定哪一行数据作为列名，默认为 0
skiprows	int 类型，需要跳过的行号，从文件内数据的开始处算起
skipfooter	int 类型，需要跳过的行号，从文件内数据的末尾处算起
index_col	通过列索引指定列的位置，默认为 None
names	指定列的名字

在没有特殊的要求下，读取 Excel 文件内容与读取 CSV 文件内容相同，直接调用 pandas.read_excel() 函数即可。示例代码如下。

```
01  import pandas as pd                              # 导入 pandas
02                                                   # 读取 Excel 文件内容
03  data = pd.read_excel('test.xlsx')
04  print('读取的 Excel 文件内容为: \n', data)
```

11.3　综合案例——爬取豆瓣小组（讨论精选）

本章学习了如何使用 pandas 模块实现数据的清洗与文件存储，下面就通过本章所学习的知识实现爬

取豆瓣小组（讨论精选）的综合案例。

11.3.1 分析数据

在浏览器中打开豆瓣小组（讨论精选）地址（https://www.douban.com/group/explore），然后按F12功能键，打开浏览器开发者工具，接着在顶部导航条中选择"Elements"选项，单击导航条左侧的图标，再用鼠标依次选中标题、喜欢数、简介、用户名称与时间，此时将显示对应的HTML代码位置。具体操作步骤如图11.9所示。

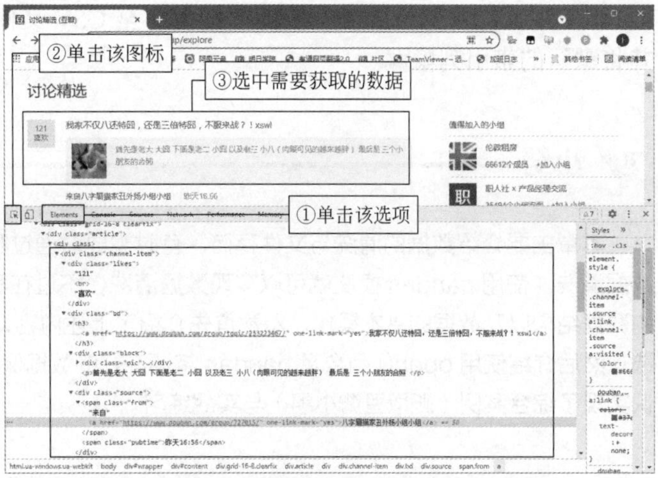

图11.9 获取数据对应的HTML代码位置

11.3.2 实现爬虫

爬取豆瓣小组（讨论精选）的具体步骤如下。

① 导入requests_html与pandas模块，分别用于实现网页的爬取与数据的保存功能。代码如下。

```
01  from requests_html import HTMLSession,HTML     # 导入会话对象类与HTML解析类
02  import pandas                                   # 导入pandas模块
```

② 创建会话对象，然后发送网络请求，接着通过HTML对象解析服务器返回的HTML代码，最后通过XPath提取所有数据。代码如下。

```
03  session = HTMLSession()                                              # 创建会话对象
04  response = session.get('https://www.douban.com/group/explore')       # 发送网络请求
05  html = HTML(html=response.text)                                      # 解析HTML代码
06  title_all = html.xpath('//div[@class="bd"]/h3/a/text()')              # 获取所有标题
07  like_all = html.xpath('//div[@class="likes"]/text()[1]')              # 获取喜欢数
08  info_all = html.xpath('//div[@class="block"]/p/text()')               # 获取简介
09  user_all = html.xpath('//span[@class="from"]/a/text()')               # 获取用户名称
10  pubtime = html.xpath('//span[@class="pubtime"]/text()')               # 获取时间
```

③ 创建DataFrame对象并设置列名，然后设置每一列的数据，最后通过to_excel()方法将爬取的数据保存至Excel文件当中。代码如下。

```
11  df = pandas.DataFrame(columns=['标题','喜欢','简介','用户名称','时间'])  # 创建临时表格对象
12                                                                          # 设置每列数据
13  df['标题'] = title_all
14  df['喜欢'] = like_all
15  df['简介'] = info_all
16  df['用户名称'] = user_all
17  df['时间'] = pubtime
18  df.to_excel('豆瓣小组（讨论精选）.xlsx')                                  # 将数据写入Excel文件中
```

④ 爬虫程序启动后，Excel文件中将显示如图11.10所示的豆瓣小组（讨论精选）数据。

11.4 实战练习

在本章案例中，使用了pandas模块中的to_excel()方法将数据保存至Excel文件当中，pandas除了可以保存

图11.10 爬取豆瓣小组（讨论精选）

Excel 文件以外，还可以将爬取的数据保存至 CSV 文件当中。试着将爬取的数据保存至 CSV 文件当中，并将默认的索引列隐藏。

小结

本章主要介绍数据的清洗与文件存储，有时需要对通过爬虫程序爬取的数据进行处理，这个处理的过程就叫作数据清洗。使用 pandas 模块就可以实现数据清洗，不过在实现数据清洗前，需要先了解 pandas 的两种比较常用的数据结构以及数据的基本操作。本章首先介绍了上述内容，接着介绍了如何处理 NaN（空）数据、重复数据的筛选；然后介绍使用 open() 函数及 pandas 将清洗好的数据保存至 TXT、CSV 及 Excel 文件当中。最后通过所学知识实现了综合案例（爬取豆瓣小组）与实战练习。

扫码领取
- 视频讲解
- 源码下载
- 配套答案
- 拓展资料
- ……

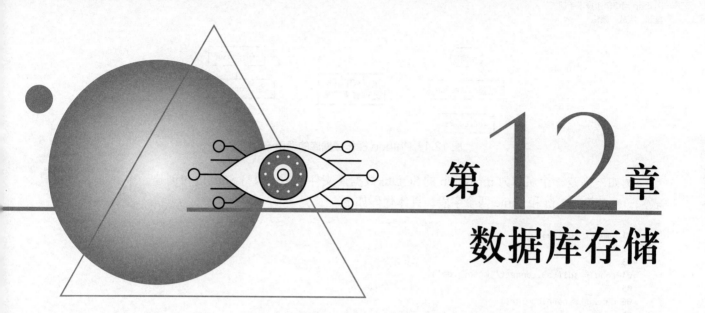

第12章 数据库存储

程序运行的时候,数据都在内存中。当程序终止的时候,通常都需要将数据保存到磁盘上。前面我们学习了将数据写入文件,保存在磁盘上。为了便于程序保存和读取数据,而且,能直接通过条件快速查询到指定的数据,就出现了数据库(database)这种专门用于集中存储和查询的软件。本章将介绍如何将数据保存至 SQLite 及 MySQL 数据库当中。

12.1 SQLite 数据库

与许多其他数据库管理系统不同,SQLite 不是一个客户端/服务器结构的数据库引擎,而是一种嵌入式数据库,它的数据库就是一个文件。SQLite 将整个数据库,包括定义、表、索引及数据本身,作为一个单独的、可跨平台使用的文件存储在主机中。由于 SQLite 本身是用 C 语言编写的,而且体积很小,所以,经常被集成到各种应用程序中。Python 就内置了 SQLite3,所以,在 Python 中使用 SQLite,不需要安装任何模块,可以直接使用。

12.1.1 创建数据库文件

由于 Python 中已经内置了 SQLite3,所以可以直接使用 import 语句导入 SQLite3 模块。Python 操作数据库的通用流程如图 12.1 所示。

图 12.1　Phthon 操作数据库的通用流程图

例如，创建一个名称为 mrsoft.db 的 SQLite 数据库文件，然后执行 SQL 语句创建一个 user 表（用户表），user 表包含 id 和 name 两个字段。具体代码如下。

```
01 import sqlite3
02                                          # 连接到 SQLite 数据库
03                                          # 数据库文件是 mrsoft.db，如果文件不存在，会自动在当前目录创建
04 conn = sqlite3.connect('mrsoft.db')
05                                          # 创建一个 cursor
06 cursor = conn.cursor()
07                                          # 执行一条 SQL 语句，创建 user 表
08 cursor.execute('create table user (id int(10) primary key, name varchar(20))')
09                                          # 关闭游标
10 cursor.close()
11                                          # 关闭 connection
12 conn.close()
```

上述代码中，使用 sqlite3.connect() 方法连接 SQLite 数据库文件 mrsoft.db，由于 mrsoft.db 文件并不存在，所以会创建 mrsoft.db 文件，该文件包含了 user 表的相关信息。

> **说明**
>
> 上面代码只能运行一次，再次运行时，会提示错误信息：sqlite3.OperationalError:table user alread exists。这是因为 user 表已经存在。

12.1.2　操作 SQLite

（1）新增用户数据信息

为了向数据表中新增数据，可以使用如下 SQL 语句。

```
insert into 表名 ( 字段名 1, 字段名 2,…, 字段名 n) values ( 字段值 1, 字段值 2,…, 字段值 n)
```

例如，在 user 表中，有 2 个字段，字段名分别为 id 和 name。而字段值需要根据字段的数据类型来赋值，如 id 是一个长度为 10 的整型字段，name 是长度为 20 的字符串型字段。向 user 表中插入 3 条用户信息记录，则 SQL 语句如下。

```
01 cursor.execute('insert into user (id, name) values ("1", "MRSOFT")')
02 cursor.execute('insert into user (id, name) values ("2", "Andy")')
03 cursor.execute('insert into user (id, name) values ("3", " 明日科技小助手 ")')
```

（2）查看用户数据信息

查询表中的数据可以使用如下 SQL 语句。

```
select 字段名 1, 字段名 2, 字段名 3,… from 表名 where 查询条件
```

查询数据的代码与插入数据的代码大致相同，不同点在于使用的 SQL 语句不同。此外，查询数据时通常使用如下 3 种方式。

- fetchone()：获取查询结果集中的下一条记录。

- fetchmany(size)：获取指定数量的记录。
- fetchall()：获取结果集的所有记录。

下面通过一个实例来学习这 3 种查询方式的区别。

例如，分别使用 fetchone()、fetchmany() 和 fetchall() 这 3 种方式查询数据的代码如下。

```
01                                                    # 执行查询语句
02 cursor.execute('select * from user')
03                                                    # 获取查询结果
04 result1 = cursor.fetchone()                        # 使用 fetchone() 方法查询一条数据
05 result2 = cursor.fetchmany(2)                      # 使用 fetchmany() 方法查询多条数据
06 print(result2)
07 result3 = cursor.fetchall()                        # 使用 fetchall() 方法查询多条数据
08 print(result3)
```

修改上面的代码，将获取查询结果的语句块代码修改如右：

```
01 cursor.execute('select * from user where id > ?',(1,))
02 result3 = cursor.fetchall()
03 print(result3)
```

在 select 查询语句中，使用问号作为占位符代替具体的数值，然后使用一个元组来替换问号（注意，不要忽略元组中最后的逗号）。上述查询语句等价于：

```
cursor.execute('select * from user where id > 1')
```

📖 **说明**

使用占位符的方式可以避免 SQL 注入的风险，推荐使用这种方式。

（3）修改用户数据信息

修改表中的数据可以使用如下 SQL 语句。

update 表名 set 字段名=字段值 where 查询条件

例如，将 SQLite 数据库中 user 表中 id 为 1 的数据的 name 字段值 "mrsoft" 修改为 "mr" 的代码如下。

```
01                                                    # 创建一个 cursor:
02 cursor = conn.cursor()
03 cursor.execute('update user set name = ? where id = ?',('MR',1))
```

（4）删除用户数据信息

删除表中的数据可以使用如下 SQL 语句。

delete from 表名 where 查询条件

例如，删除 SQLite 数据库中 user 表中 id 为 1 的数据的代码如下。

```
01                                                    # 创建一个 cursor:
02 cursor = conn.cursor()
03 cursor.execute('delete from user where id = ?',(1,))
```

12.2 MySQL 数据库

12.2.1 下载 MySQL

MySQL 服务器的安装包可以到 "https://www.mysql.com/downloads/" 中下载。下载 MySQL 的具体步骤如下。

① 在浏览器的地址栏中输入URL地址"https://www.mysql.com/downloads/",进入到MySQL下载页面,如图12.2所示。

② 在如图12.2所示的页面中,将鼠标向下滚动。

③ 单击"MySQL Community (GPL)Downloads"超链接,如图12.3所示,进入到MySQL Community Downloads页面,如图12.4所示。

④ 单击"MySQL Community Server"超链接,将进入到MySQL Community Server页面,将页面向下滚动。

图12.2 MySQL下载页面

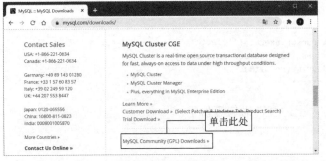

图12.3 MySQL Community (GPL) Downloads 页面

图12.4 MySQL Community Downloads 页面

⑤ 根据自己操作系统来选择合适的安装文件,这里以针对Windows 64位操作系统的完整版MySQL Community Server为例进行介绍,单击图12.5中的图片,将进入到MySQL Installer页面,将页面向下滚动。

⑥ 单击"Download"按钮,如图12.6所示,将进入Login Now or Sign Up for a free account页面。

图12.5 MySQL Community Server 页面

图12.6 "MySQL Installer"页面

⑦ 单击"No thanks, just start my download"超链接,如图12.7所示,即可看到安装文件的下载界面,如图12.8所示。

12.2.2 安装MySQL服务器

下载MySQL服务器的安装文件以后,将得到一个名称为"mysql-installer-community-8.0.20.0.msi"的安装文件,双击该文件可以进行MySQL服务器的安装,具体的安装步骤如下:

① 双击下载后的"mysql-installer-community-8.0.20.0.msi"文件,打开Choosing a Setup Type页面。在该页面中,选中"Developer Default"单选按钮,安装全部产品,单击"Next"按钮,如图12.9所示。

图 12.7　Login Now or Sign Up for a free account 页面

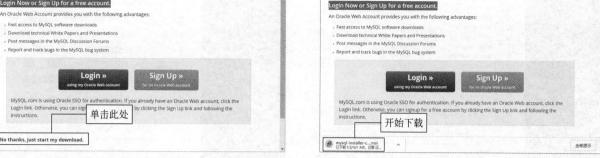
图 12.8　开始下载

②单击"Next"按钮，将打开 Check Requirements 页面，在该页面中检查系统是否具备安装所必需的插件，单击"Execute"按钮，将开始安装，并显示安装进度。安装完成后，在页面中单击"Next"按钮，如图 12.10 所示。

> **注意**
>
> 由于每台计算机的环境不同，在安装插件的过程中，可能会出现没有安装成功的插件，如图 12.10 中没有画对号的插件。

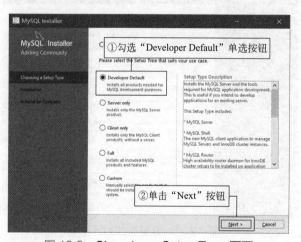
图 12.9　Choosing a Setup Type 页面

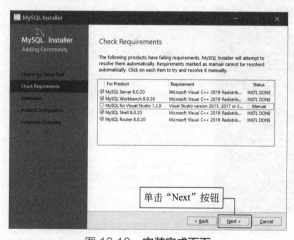
图 12.10　安装完成页面

③将打开如图 12.11 所示的提示框，单击"Yes"按钮。

④将提示在线安装所需插件，然后单击"Execute"按钮，将开始安装，并显示安装进度。安装完成后，单击"Next"按钮，如图 12.12 所示。

⑤将打开 Product Configuration 页面，然后单击"Next"按钮，将打开 High Availability 页面，这里有两种 MySQL 服务的类型。选择第一项，单击"Next"按钮，如图 12.13 所示。

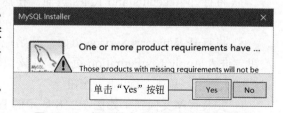
图 12.11　提示缺少安装所需插件的对话框

⑥将打开 Type and Networking 页面，在这个页面中，可以设置服务器类型及网络连接选项，最重要的是端口的设置，这里保持默认的 3306 端口，单击"Next"按钮，如图 12.14 所示。

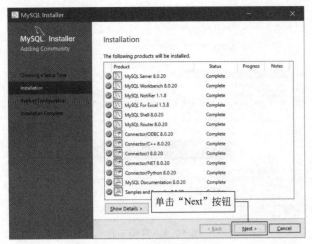

图 12.12 安装完成页面

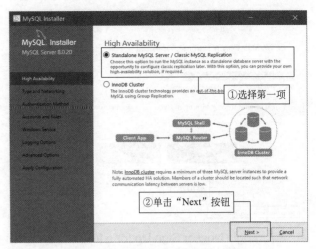

图 12.13 High Availability 页面

> **说明**
>
> MySQL 使用的默认端口是 3306，在安装时，可以修改为其他的端口，如 3307。但是一般情况下，不要修改默认的端口号，除非 3306 端口已经被占用。

⑦ 将打开如图 12.15 所示 Authentication Method 页面，单击"Next"按钮。

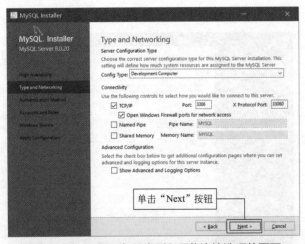

图 12.14 配置服务器类型和网络连接选项的页面

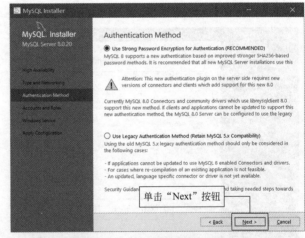

图 12.15 认证方式对话框

⑧ 将打开 Accounts and Roles 页面，在这个页面中，可以设置 root 用户的登录密码，也可以添加新用户。这里只设置 root 用户的登录密码为"root"，其他采用默认，单击 Next 按钮，如图 12.16 所示。

⑨ 将打开 Windows Service 页面，开始配置 MySQL 服务器，这里采用默认设置，然后单击"Next"按钮，进入 Apply Configuration 页面，在该页面中单击"Execute"按钮，进行应用配置，配置完成后如图 12.17 所示，单击"Finish"按钮。

⑩ 安装程序又回到了如图 12.18 所示的 Product Configuration 页面，此时我们看到 MySQL Server 安装成功的提示，单击"Next"按钮。

⑪ 打开 MySQL Router Configuration 页面，在这个页面中可以配置路由，这里使用默认，然后单击"Finish"按钮，打开 Connect To Server 页面。输入数据库用户名 root、密码 root，单击"Check"按钮，进行 MySQL 连接测试，如图 12.19 所示可以看到，数据库测试连接成功。

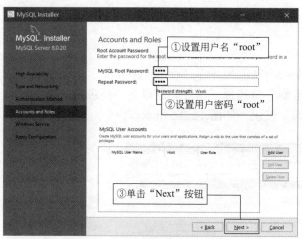
图 12.16　设置用户和密码

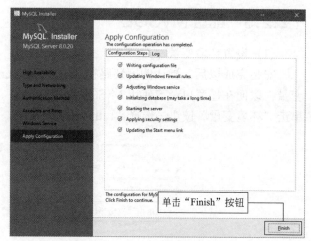
图 12.17　配置完成页面

⑫ 单击"Next"按钮，继续回到 Apply Configuration 页面，在该页面中单击"Execute"按钮进行配置，此过程需等待几分钟。

⑬ 配置完成以后，出现如图 12.20 所示界面，单击"Finish"按钮，打开如图 12.21 所示界面，单击"Finish"按钮，至此安装完毕。

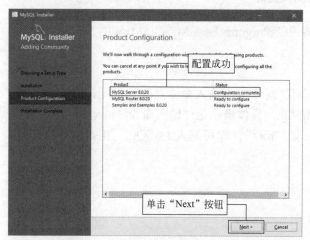
图 12.18　Product Configuration 页面

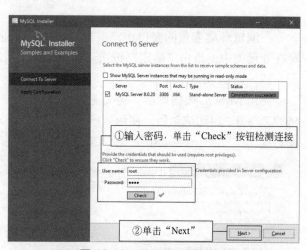
图 12.19　MySQL 连接测试

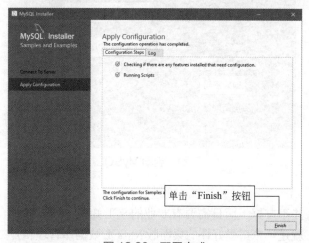
图 12.20　配置完成

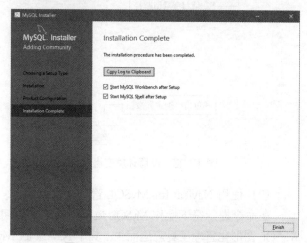
图 12.21　MySQL 服务器安装完毕

12.2.3 配置 MySQL

（1）设置环境变量

安装完成以后，默认的安装路径是"C:\Program Files\MySQL\MySQL Server 8.0\bin"。下面设置环境变量，以便在任意目录下使用 MySQL 命令。右击"此电脑"→选择"属性"→单击"高级系统设置"→单击"环境变量"按钮→选择"Path"变量→单击"编辑"按钮，如图 12.22 所示。

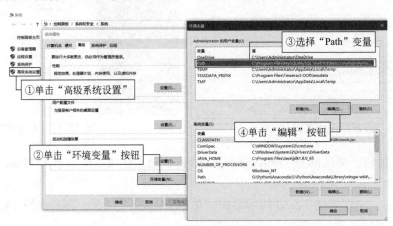

图 12.22　编辑环境变量

在编辑环境变量的窗口中，单击"新建"按钮，将"C:\Program Files\MySQL\MySQL Server 8.0\bin"写在变量值中，单击"确定"按钮。如图 12.23 所示。

（2）启动 MySQL

使用 MySQL 数据库前，需要先启动 MySQL。在 CMD 窗口中，输入命令"net start mysql80"，启动 MySQL 8.0。启动成功后，使用账户和密码即可进入 MySQL，具体操作是：输入命令"mysql -u root -p"，接着提示"Enter password:"，输入安装时设置的密码，如"root"，即可进入 MySQL。如图 12.24 所示。

图 12.23　设置环境变量

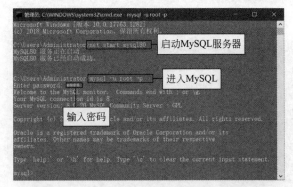

图 12.24　启动 MySQL

（3）使用 Navicat for MySQL 管理软件

在命令提示符下操作 MySQL 数据库的方式对初学者并不友好，而且需要有专业的 SQL 知识，所以各种 MySQL 图形化管理工具应运而生，其中 Navicat for MySQL 就是一个广受好评的桌面版 MySQL 数据库管理和开发工具。它使用图形化的用户界面，可以让用户使用和管理更为轻松。官方网址：https://www.navicat.com.cn。

① 下载并安装 Navicat for MySQL，然后新建 MySQL 连接，如图 12.25 所示。

② 输入连接信息。输入连接名"studyPython"，输入主机名或 IP 地址"localhost"或"127.0.0.1"，输入密码"root"，如图 12.26 所示。

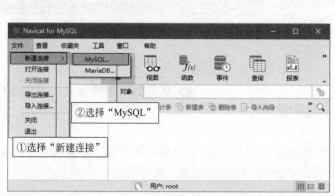

图 12.25　新建 MySQL 连接

图 12.26　输入连接信息

③ 单击"确定"按钮，创建完成。此时，双击 studyPython，进入 studyPython 数据库连接，如图 12.27 所示。

④ 下面使用 Navicat 创建一个名为"mrsoft"的数据库，步骤为：右击 studyPython→选择"新建数据库"→填写数据库信息→单击"确定"按钮，如图 12.28 所示。

图 12.27　Navicat for MySQL 主页

图 12.28　创建数据库

 说明

关于 Navicat for MySQL 的更多操作，请到 Navicat 官网查阅相关资料。

12.2.4　安装 PyMySQL 数据库操作模块

由于 MySQL 服务器以独立的进程运行，并通过网络对外服务，所以，需要支持 Python 的 MySQL 驱动来连接到 MySQL 服务器。在 Python 中支持 MySQL 的数据库模块有很多，这里我们选择使用 PyMySQL。

PyMySQL 的安装比较简单，在 CMD 命令行窗口中运行如下命令。

```
pip install PyMySQL
```

运行结果如图 12.29 所示。

12.2.5 数据库的连接

使用数据库的第一步是连接数据库，此处使用 PyMySQL 连接数据库。由于 PyMySQL 也遵循 Python Database API 2.0 规范，所以操作 MySQL 数据库的方式与 SQLite 相似。

图 12.29　安装 PyMySQL

实例 12.1　　　　　　　　　　**连接数据库**　　　　　　　　　实例位置：资源包 \Code\12\01

前面我们已经创建了一个 MySQL 连接"studyPython"，并且在安装数据库时设置了数据库的用户名"root"和密码"root"。下面就通过以上信息，使用 connect() 方法连接 MySQL 数据库，代码如下。

```
01  import pymysql
02                          # 打开数据库连接，参数1：主机名或IP；参数2：用户名；参数3：密码；参数4：数据库名称
03  db = pymysql.connect(host="localhost", user="root", password="root",database="mrsoft")
04                          # 使用 cursor() 方法创建一个游标对象 cursor
05  cursor = db.cursor()
06                          # 使用 execute() 方法执行 SQL 查询
07  cursor.execute("SELECT VERSION()")
08                          # 使用 fetchone() 方法获取单条数据
09  data = cursor.fetchone()
10  print ("Database version : %s " % data)
11                          # 关闭数据库连接
12  db.close()
```

上述代码中，首先使用 connect() 方法连接数据库，然后使用 cursor() 方法创建游标，接着使用 execute() 方法执行 SQL 语句查看 MySQL 数据库版本，然后使用 fetchone() 方法获取数据，最后使用 close() 方法关闭数据库连接。

运行结果如下。

```
Database version : 8.0.20
```

12.2.6 数据表的创建

数据库连接成功以后，接下来就可以为数据库创建数据表了。创建数据表需要使用 execute() 方法，这里使用该方位创建一个 books 表。books 表包含 id（编号，主键）、name（图书名称）、category（图书分类）、price（图书价格）和 publish_time（出版时间）5 个字段。创建 books 表的 SQL 语句如下。

```
01  CREATE TABLE books (
02    id int(8) NOT NULL AUTO_INCREMENT,
03    name varchar(50) NOT NULL,
04    category varchar(50) NOT NULL,
05    price decimal(10,2) DEFAULT NULL,
06    publish_time date DEFAULT NULL,
07    PRIMARY KEY (id)
08  ) ENGINE=MyISAM AUTO_INCREMENT=1 DEFAULT CHARSET=utf8;
```

在创建数据表前，使用如下语句实现如果当前数据表存在则将其删除。

```
DROP TABLE IF EXISTS 'books';
```

实例 12.2 创建数据表

> 实例位置：资源包 \Code\12\02

如果 mrsoft 数据库中已经存在 books 表，那么先删除 books 表，然后再创建 books 表。具体代码如下。

```
01  import pymysql
02                                          # 打开数据库连接
03  db = pymysql.connect(host="localhost", user="root", password="root",database="mrsoft")
04                                          # 使用 cursor() 方法创建一个游标对象 cursor
05  cursor = db.cursor()
06                                          # 使用预处理语句创建表
07  sql = """
08  CREATE TABLE books (
09  id int NOT NULL AUTO_INCREMENT,
10  name varchar(50) NOT NULL,
11  category varchar(50) NOT NULL,
12  price decimal(10,2) DEFAULT NULL,
13  publish_time date DEFAULT NULL,
14  PRIMARY KEY (id)
15  ) ENGINE=MyISAM AUTO_INCREMENT=1 DEFAULT CHARSET=utf8mb4;
16  """
17                                          # 执行 SQL 语句
18  cursor.execute(sql)
19                                          # 关闭数据库连接
20  db.close()
```

运行上述代码后，mrsoft 数据库下会创建一个 books 表。打开 Navicat（如果已经打开则按下 F5 功能键刷新），发现 mrsoft 数据库下多了一个 books 表。右击 books 表，选择"设计表"，效果如图 12.30 所示。

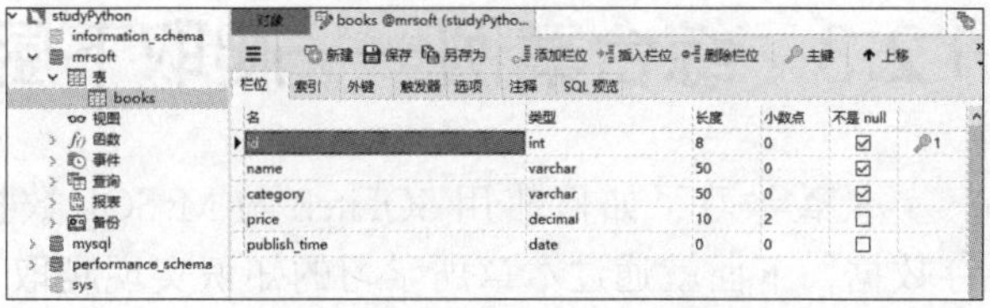

图 12.30 创建 books 表效果

12.2.7 数据表的基本操作

实例 12.3 操作数据表

> 实例位置：资源包 \Code\12\03

MySQL 数据表的操作主要包括数据的增、删、改、查，与操作 SQLite 类似，我们使用 executemany() 方法向数据表中批量添加多条记录。executemany() 方法的格式如下。

```
executemany(operation, seq_of_params)
```

- operation：操作的 SQL 语句。
- seq_of_params：参数序列。

使用 executemany() 方法向数据表中批量添加多条记录的代码如下。

```
01  import pymysql
02                                          # 打开数据库连接
03  db = pymysql.connect(host="localhost", user="root", password="root",database="mrsoft",charset="utf8")
```

```
04                                                         # 使用 cursor() 方法获取操作游标
05 cursor = db.cursor()
06                                                         # 数据列表
07 data = [("零基础学 Python",'Python','79.80','2018-5-20'),
08 ("Python 从入门到精通 ",'Python','69.80','2018-6-18'),
09 (" 零基础学 PHP",'PHP','69.80','2017-5-21'),
10 ("PHP 项目开发实战入门",'PHP','79.80','2016-5-21'),
11 (" 零基础学 Java",'Java','69.80','2017-5-21'),
12 ]
13 try:
14                                                         # 执行 SQL 语句，插入多条数据
15     cursor.executemany("insert into books(name, category, price, publish_time) values (%s,%s,%s,%s)", data)
16                                                         # 提交数据
17     db.commit()
18 except:
19                                                         # 发生错误时回滚
20     db.rollback()
21                                                         # 关闭数据库连接
22 db.close()
```

图 12.31　books 表数据

上述代码中，需要特别注意以下几点。

① 使用 connect() 方法连接数据库时，额外设置字符集"charset=utf-8"，可以防止插入中文时出错。

② 在使用 insert 语句插入数据时，使用 "%s" 作为占位符，可以防止 SQL 注入。

运行上述代码，在 Navicat 中查看 books 表数据，如图 12.31 所示。

12.3　综合案例——爬取下厨房（家常菜单）

本章学习了如何使用 SQLite3 与 MySQL 数据库保存数据，下面就通过本章所学习的知识实现爬取下厨房（家常菜单）的综合案例。

12.3.1　分析数据

在浏览器中打开下厨房（家常菜单）地址（https://www.xiachufang.com/category/40076/），然后按 F12 功能键，打开浏览器开发者工具，接着在顶部导航条中选择 "Elements" 选项，单击导航条左侧的 图标，再用鼠标依次选中菜名、材料、评分、作者，此时将显示对应的 HTML 代码位置。具体操作步骤如图 12.32 所示。

图 12.32　获取数据对应的 HTML 代码

12.3.2　实现爬虫

爬取下厨房（家常菜单）的具体步骤如下。

① 导入 HTMLSession、HTML 类与 sqlite3 模块，分别用于实现网页的爬取与数据的保存功能。代码如下。

```
01  from requests_html import HTMLSession,HTML          # 导入会话对象类与HTML解析类
02  import sqlite3                                       # 导入sqlite3模块
```

② 创建会话对象，然后发送网络请求，接着通过 HTML 对象解析服务器返回的 HTML 代码，最后通过 XPath 提取所有数据。代码如下。

```
03  session = HTMLSession()                              # 创建会话对象
04                                                       # 发送网络请求
05  response = session.get('https://www.xiachufang.com/category/40076/')
06  html = HTML(html=response.text)                      # 解析HTML代码
07  name_all = html.xpath('//div[@class="info pure-u"]/p[1]/a')    # 获取菜名对应的标签
08  material_all = html.xpath('//p[@class="ing ellipsis"]')        # 获取材料对应的标签
09  score_all = html.xpath('//p[@class="stats"]')        # 获取评分对应的标签
10  author_all = html.xpath('//a[@class="gray-font"]')   # 获取作者名称对应的标签
```

③ 通过 sqlite3 模块中的 connect、cursor 与 execute 实现与数据库的连接以及创建数据表的表结构。代码如下。

```
11                                                       # 连接到SQLite数据库
12                                                       # 数据库文件是mrsoft.db，如果文件不存在，会自动在当前目录创建
13  conn = sqlite3.connect('menu.db')
14                                                       # 创建一个cursor
15  cursor = conn.cursor()
16                                                       # 执行一条SQL语句，创建user表
17  cursor.execute('create table if not exists menu (id int(10) primary key,name varchar(20),' 'material varchar(30),score varchar(10),author varchar(10))')
```

④ 通过 for 循环遍历爬取到的所有数据并将评分数据中的特俗符号去除，然后执行 sql 语句将数据插入数据库当中。代码如下。

```
18  id = 0
19  for n,m,s,a in zip(name_all[:20],material_all[:20],score_all[:20],author_all[:20]):
20      id+=1                                            # id
21      name = n.text                                    # 获取菜名
22      material = m.text                                # 获取做菜所需的材料
23      score = "".join(s.text.split())                  # 获取评分，并去除 \\xa0
24      author = a.text                                  # 获取作者
25                                                       # 执行插入数据的SQL语句
26      cursor.execute('insert into menu (id,name,material,score,author) values {}'.format((id,name,material,score,author)))
```

⑤ 在 for 循环的外面执行查询数据的 SQL 语句，然后将查询到的数据打印出来，证明数据已经保存至数据库当中，最后关闭游标与数据库的连接。代码如下。

```
27                                                       # 执行查询语句
28  cursor.execute('select * from menu')
29  result = cursor.fetchall()                           # 使用fetchall()方法查询多条数据
30  print(result)                                        # 打印查询结果
31                                                       # 关闭游标
32  cursor.close()
33                                                       # 关闭Connection
34  conn.close()
```

⑥ 爬虫程序启动后，控制台将显示如图 12.33 所示的部分家常菜单数据。

[(1,'家庭版的手撕鸡','鸡腿、姜片、葱段、盐、糖、生抽、香醋、小米辣、蒜蓉、柠檬、鸡精、香菜、熟芝麻、香油','综合评分7.8（七天内27人做过）','小爱麻麻饭婆子'),(2,'经典的家常菜，青椒炒肉丝，简单的食材也能做出如此美味','青椒、里脊肉、蒜、姜片、葱、海天蚝油、料酒或黄酒、海天草菇老抽、一品鲜酱油、淀粉、蛋清、水、鸡精、白糖、香醋','综合评分7.6（七天内7人做过）','香水厨娘'),(3,'超级下饭的豆角做法','豆角、生抽、盐、蒜、蚝油、小米辣','综合评分7.6（七天内13人做过）','时间在哪里2'),(4,'肉末日本豆腐（下饭家常菜）','日本豆腐、瘦肉、生抽、蚝油、白糖、蒜末、葱花、玉米淀粉','综合评分7.8（七天内1人做过）','曾经-11'),(5,'家庭版炒合菜','鸡蛋、粉条、韭菜、大葱、豆芽','综合评分7.1','告白酱,)(6,'小炒西葫芦','西葫芦、生抽、盐、小米椒、蒜、白糖、番茄酱、香醋、香油','综合评分8.5(七天内6人做过）','爱吃的潘小厨'),(7,'口巨下饭，软糯入味！比肉还好吃的红烧土豆','土豆、蒜、葱、老抽、生抽、糖、盐、蚝油、淀粉','综合评分7.8（七天内44人做过）','厨房笔记

图 12.33　爬取下厨房（家常菜单）

12.4　实战练习

在本章案例中，使用了 SQLite3 数据库来保存爬取的数据，试着修改原有的爬虫程序，将爬取的数据保存至 MySQL 数据库当中。

小结

本章主要介绍了如何将数据存储至 SQLite 与 MySQL 数据库当中，其中 SQLite 是嵌入式数据库，Python 已经内置了 SQLite3，所以在使用该数据库时，不需要安装任何模块，可以直接使用。而 MySQL 数据库是目前开发者非常喜欢的一个数据库，但是该数据库需要单独下载与安装，使用 Python 操作数据库时还需要单独安装数据库操作的模块。本章最后通过所学知识实现了综合案例（爬取下厨房）与实战练习。读者需要完全掌握这两种比较常用的数据库，然后根据自己的需求使用对应的数据库来保存爬取的数据。

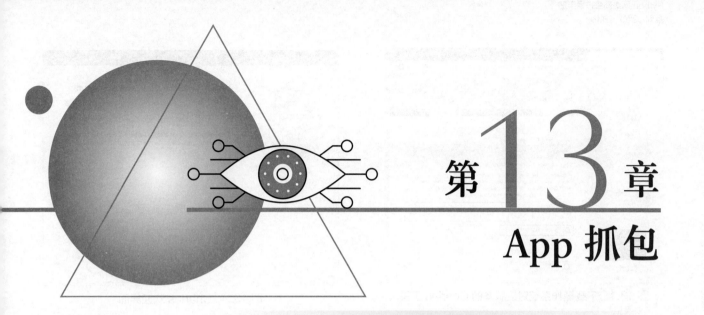

第13章 App 抓包

不仅仅 Web 页面的信息能够进行爬取，应用中也存在大量数据需要爬取，如移动端的 App。由于 App 中的数据都是采用异步的方式从后台服务器中获取的，类似于 Web 中的 Ajax 请求，所以在爬取数据前同样需要分析 App 用于获取数据的 URL。

由于 App 运行在手机或平板电脑中，在获取请求地址时无法像 Web 一样在 PC 端通过浏览器进行获取，此时就需要使用专业的抓包工具，实现 App 请求地址的抓取工作。本章将介绍如何使用 Charles 抓包工具，获取 App 中的请求地址。

13.1 下载与安装 Charles 抓包工具

可以实现 App 抓包的工具有很多，比较常用的有 Fidder 与 Charles 工具，论性能来讲，Charles 更加强大一些。Charles 抓包工具是收费软件，但是可以免费试用 30 天。打开 Charles 工具的官方下载页面（https://www.charlesproxy.com/download/），根据操作系统下载对应的版本即可。这里以 Windows 系统为例进行讲解，如图 13.1 所示。

下载完成后本地磁盘中将出现名称为"charles-proxy-4.5.6-win64.msi"的安装文件，双击该文件将显示如图 13.2 所示的欢迎界面，在该界面中直接单击"Next"按钮。

在许可协议界面中，勾选"I accept the terms in the License Agreement"复选框同意协议，然后单击"Next"按钮。如图 13.3 所示。

在 Destination Folder 界面中，选择自己需要安装的路径，然后单击"Next"按钮，如图 13.4 所示。

图 13.1　下载操作系统对应版本的 Charles 工具

图 13.2　Charles 欢迎界面

图 13.3　勾选协议

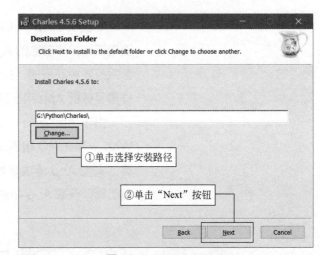

图 13.4　选择安装路径

在 Ready to install Charles 界面中直接单击"Install"按钮，如图 13.5 所示。

安装完成以后将显示如图 13.6 所示的界面，在该界面中直接单击"Finish"按钮即可。

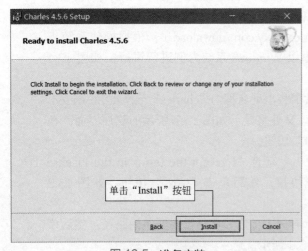

图 13.5　准备安装

图 13.6　安装完成

13.2 PC 端证书的安装

Charles 工具安装完成以后，在"开始"菜单中或底部搜索位置找到 Charles 启动图标，启动 Charles 工具。Charles 启动后将默认获取当前 PC 端的所有网络请求。例如，自动获取 PC 端浏览器中访问的百度页面，不过在查看请求内容时，将显示如图 13.7 所示的乱码信息。

> 说明
>
> 在默认的情况下，Charles 是可以获取 PC 端的网络请求的。

目前的网页多数都使用 HTTPS 与服务端进行数据交互，而通过 HTTPS 传输的数据都是加密的，因此通过 Charles 所获取到的信息也就是乱码的，此时需要安装 PC 端 SSL 证书。安装 PC 端 SSL 证书的具体步骤如下。

① 打开 Charles 工具，依次选择"Help"→"SSL Proxying"→"Install Charles Root Certificate"菜单项，如图 13.8 所示，打开安装 SSL 证书界面。

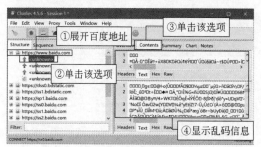

图 13.7　显示乱码信息

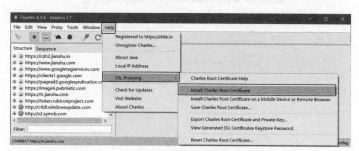

图 13.8　打开安装 SSL 证书界面步骤

② 在已经打开的安装 SSL 证书界面中，单击"安装证书"按钮，如图 13.9 所示。然后在"证书导入向导"对话框中直接单击"下一步"按钮，如图 13.10 所示。

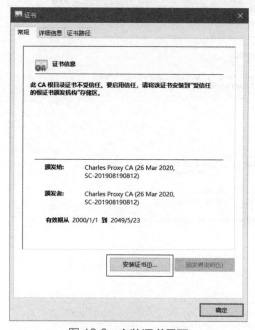

图 13.9　安装证书界面

图 13.10　"证书导入向导"对话框

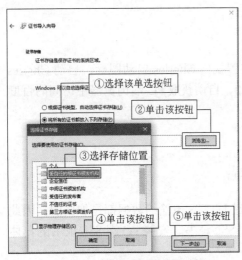

③ 打开证书导入向导的证书存储界面，在该界面中首先选择"将所有的证书都放入下列存储"单选按钮，然后单击"浏览"按钮，选择证书的存储位置为"受信任的根证书颁发机构"，再单击"确定"按钮，最后单击"下一步"按钮即可。如图 13.11 所示。

④ 在证书导入向导的正在完成证书导入向导界面中，直接单击"完成"按钮，如图 13.12 所示。

⑤ 在弹出的安全警告框中单击"是"按钮，如图 13.13 所示，即可完成 SSL 证书的安装。

⑥ 在"导入成功"的提示对话框中单击"确定"按钮，如图 13.14 所示，然后在安装证书的对话框中单击"确定"按钮，如图 13.15 所示。

图 13.11 选择证书存储区域

图 13.12 确认完成 SSL 证书导入

图 13.13 确认 SSL 证书的安全警告

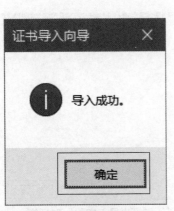

图 13.14 确定导入成功

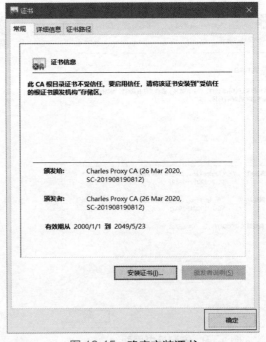

图 13.15 确定安装证书

13.3 设置 SSL 代理

PC 端的 SSL 证书安装完成以后，在获取请求详情内容时依然显示乱码，此时还需要设置 SSL 代理。设置 SSL 代理的具体步骤如下。

在 Charles 工具中，依次选择"Proxy"→"SSL Proxying Settings"菜单项，如图 13.16 所示。

在"SSL Proxying"选项卡当中勾选"Enable SSL Proxying"复选框，然后单击左侧"Include"下面对应的"Add"按钮，在"Edit Location"对话框中设置指定代理，如果没有代理的情况下可以将其设置为 *（表示所有的 SSL）即可，如图 13.17 所示，连续单击"OK"按钮。

SSL 代理设置完成以后，重新启动 Charles，再次打开浏览器中的百度网页，单击左侧目录中的"/"将显示如图 13.18 所示的详细内容。

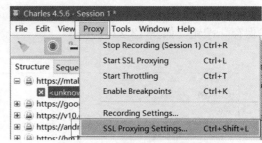

图 13.16　打开 SSL 代理设置

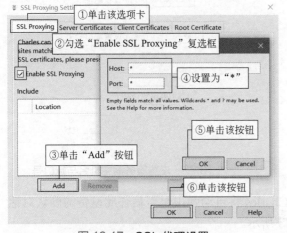

图 13.17　SSL 代理设置

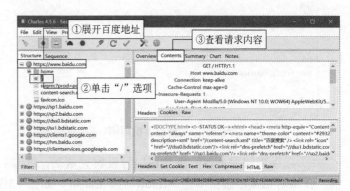

图 13.18　查看百度请求内容

13.4 网络配置

当需要通过 Charles 抓取手机中的请求地址时，需要保证 PC 端与手机端在同一网络环境下，然后为手机端进行网络配置。配置网络的具体步骤如下。

① 确定 PC 端与手机端在同一网络下，然后在 Charles 工具的菜单中依次选择"Help"→"SSL Proxying"→"Install Charles Root Certificate on a Mobile Device or Remote Browser"菜单项，如图 13.19 所示。

② 打开移动设备安装证书的信息提示对话框，在该对话框中需要记录 IP 地址与端口号，如图 13.20 所示。

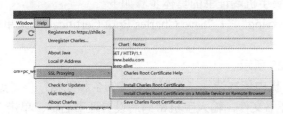

图 13.19　打开移动设备安装证书的信息提示对话框的菜单操作

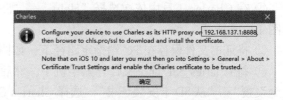

图 13.20　移动设备安装证书的信息提示对话框

③ 将提示对话框中的 IP 地址与端口号记住后，将手机（这里以 Android 手机为例）连接到与 PC 端同一网络的 WIFI，然后在手机 WIFI 列表中长按已经连接的 WIFI，在弹出的菜单中选择"修改网络"，如图 13.21 所示。

④ 在修改网络的界面中，首先勾选"显示高级选项"复选框，然后在"服务器主机名"与"服务器端口"文本框中分别填写 Charles 的移动设备安装证书的信息提示对话框中所给出的 IP 与端口号，单击"保存"按钮。如图 13.22 所示。

图 13.21　修改手机网络

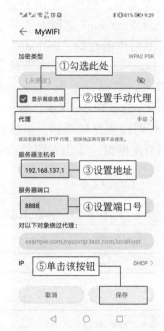

图 13.22　设置服务器主机名与端口号

⑤ 在手机端服务器主机与端口号设置完成后，PC 端 Charles 将自动弹出是否信任此设备的确认对话框，在该对话框中直接单击"Allow"按钮即可，如图 13.23 所示。

> **注意**
>
> 如果 PC 端的 Charles 没有提示如图 13.23 所示的确认对话框，可以在 PC 端命令行窗口内通过 ipconfig 获取当前 PC 端的无线局域适配器所对应的 IPv4 地址，并将该地址设置在步骤④中手机连接 WIFI 的服务器主机名当中。

13.5　手机证书的安装

PC 端与手机端的网络配置完成以后，需要将 Charles 证书保存在 PC 端，然后安装在手机端，这样 Charles 才可以正常地抓取手机 App 中的网络请求。安装手机端证书的具体步骤如下。

① 在 Charles 工具中依次选择"Help"→"SSL Proxying"→"Save Charles Root Certificate"菜单项，如图 13.24 所示。

② 将证书文件保存在 PC 端指定路径下，如图 13.25 所示。

③ 将 Charles_SSL 证书文件导入手机中，然后在手机中依次选择"设置"→"安全和隐私"→"更多安全设置"→"从 SD 卡安装证书"，选择 Charles_SSL 证书文件，输入手机密码后设置证书名称，单击"确定"按钮。如图 13.26 所示。

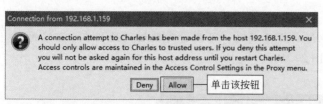
图 13.23　确认是否信任手机设备

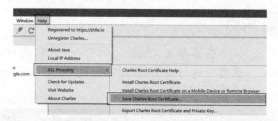
图 13.24　打开 Charles_SSL 证书保存对话框的菜单操作

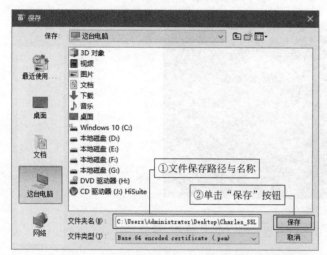
图 13.25　将 Charles_SSL 证书文件保存在 PC 端指定路径

图 13.26　手机从 SD 卡安装证书

> **说明**
>
> 不同品牌的手机安装 Charles_SSL 证书文件的方式有所不同，需要根据使用的手机品牌寻找对应的安装方式。

④ 完成以上的配置工作以后，打开 Android 手机中的腾讯新闻界面，如图 13.27 所示。

⑤ 在 Charles 工具中左侧的请求栏内，同时观察不断出现换色闪烁的最新请求，即可查询到 Android 手机中新闻所对应网页的请求地址，如图 13.28 所示。

图 13.27　Android 手机中的腾讯新闻界面

图 13.28　在 Charles 工具中获取 App 的网页请求地址

说明

在不确定 Charles 工具中所获取的请求地址是否正确时，可以针对获取的地址在 PC 端的浏览器中进行页面的验证工作，验证结果如图 13.29 所示。

图 13.29　在 PC 端的浏览器中验证抓取的 App 请求地址

13.6　综合案例——抓取手机微信新闻的地址

打开 Charles 工具，然后使用手机配置网络环境，接着打开手机中微信 App，在腾讯新闻中打开任意新闻，如图 13.30 所示。

在 Charles 工具中，单击左上角的"清理" 按钮，接着在手机微信的腾讯新闻页面中刷新手机页面，此时在 Charles 工具即可查询到新闻页面对应的标题数据，如图 13.31 所示。

图 13.30　手机微信中的腾讯新闻

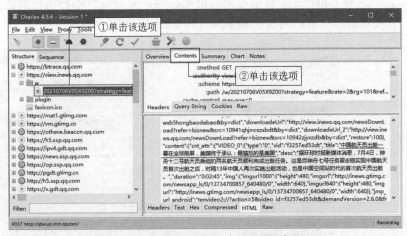

图 13.31　获取手机微信（腾讯新闻）标题

在 Charles 工具中，单击 "Overview" 选项，然后双击 URL 对应的请求地址。如图 13.32 所示。

将获取的新闻地址粘贴在 PC 端浏览器当中进行访问，测试访问结果是否正常，如图 13.33 所示。

图 13.32　获取微信中腾讯新闻的请求地址

图 13.33　在 PC 端浏览器中测试访问新闻地址

13.7　实战练习

在本章案例中，只是通过 Charles 工具获取了手机微信中腾讯新闻的请求地址，试着编写一个爬虫程序，获取页面中的新闻标题。

小结

本章主要介绍如何爬取手机 App 中的网络数据，首先介绍了如何下载与安装 Charles 工具，虽然该工具为收费工具，不过新用户有 30 天的免费试用期；接着介绍了如何在 PC 端安装证书、如何设置 SSL 代理、网络配置，还介绍手机证书的安装并通过手机 App 测试是否可以正常抓包；最后通过所学知识实现了综合案例（抓取手机微信新闻的地址）与实战练习。学习本章后需要知道在爬虫项目中，不仅仅需要爬取 PC 端网页内容的数据，有时也需要爬取手机 App 中的网络数据，因此需要一个支持 App 抓包的工具来实现网络数据请求地址的抓取。

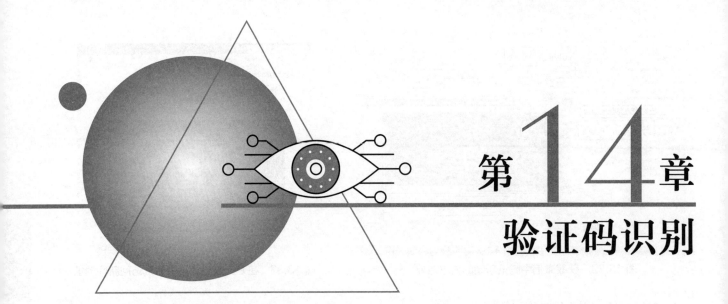

第 14 章 验证码识别

验证码是许多网站都采取的反爬虫机制,随着技术的发展,验证码出现了各种各样的形态,从一开始的几个数字,发展到随机添加英文字母,以及混淆曲线、彩色斑点、滑动拼图等,形态越来越复杂。本章将介绍如何使用 OCR(光学字符识别)技术实现字符验证码的识别、如何使用第三方识别验证码平台识别验证码以及滑动拼图验证码的校验工作。

14.1 字符验证码

字符验证码的特点就是验证码中包含数字、字母或者掺杂着斑点与混淆曲线的图片验证码。识别此类验证码,首先需要找到验证码图片在网页 HTML 代码中的位置,然后下载验证码,最后再通过 OCR 技术进行验证码的识别工作。

14.1.1 配置 OCR

Tesseract-OCR 是一个免费、开源的 OCR 引擎,通过该引擎可以识别图片中的验证码。搭建 OCR 的具体步骤如下。

① 打开 Tesseract-OCR 下载地址(https://github.com/UB-Mannheim/tesseract/wiki),然后选择与自己操作系统匹配的版本(这里以 Windows 64 位操作系统为例),如图 14.1 所示。

② Tesseract-OCR 文件下载完成后,默认安装即可。

③ 找到 Tesseract-OCR 的安装路径(默认为 C:\Program Files\Tesseract-OCR\tessdata),然后将安装路径添加至系统环境变量中,首先右击"此电脑"→选择"属性"→选择"高级系统设置"→选择"环

境变量",然后在上面的用户变量中单击"新建"按钮,在弹出的"新建用户变量"窗口中设置变量名与变量值,单击"确定"按钮,如图14.2所示。

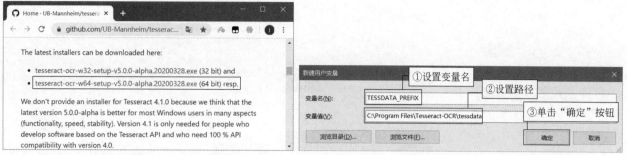

图 14.1 下载 Tesseract-OCR 安装文件　　　　图 14.2 设置 Tesseract-OCR 的环境变量

> **说明**
>
> Tesseract-OCR 环境变量配置完成以后,需重新启动 PyCharm 开发工具。

④ 接下来需要安装 tesserocr 模块,安装命令如下。

```
pip install tesserocr
```

> **说明**
>
> 如果使用的是 Anaconda 并在安装 tesserocr 模块时出现了错误,可以使用如下命令。
>
> ```
> conda install -c simonflueckiger tesserocr
> ```

> **注意**
>
> 如果以上两种安装 tesserocr 模块的方式都遇到问题时,可以在资源包 "\Code\14\ 搭建 OCR 环境"文件夹中启动命令提示符窗口,然后通过 "pip install tesserocr-2.4.0-cp37-cp37m-win_amd64.whl" 命令安装 tesserocr 模块。由于 tesserocr 模块当前只支持 Python3.7 版本,所以需要将 Python 解析器切换为 Python3.7。

14.1.2 下载验证码图片

下载验证码图片

　　　　　　　　　　　　　　　　　　　　　　　　　　实例位置:资源包 \Code\14\01

以下面地址对应的网页为例,下载网页中的验证码图片,具体步骤如下。
测试网页地址:http://sck.rjkflm.com:666/spider/word/。
① 使用浏览器打开测试网页的地址,将显示如图14.3所示的字符验证码。
② 打开浏览器开发者工具,然后在 HTML 代码中获取验证码图片所在的位置,如图14.4所示。

图 14.3　字符验证码

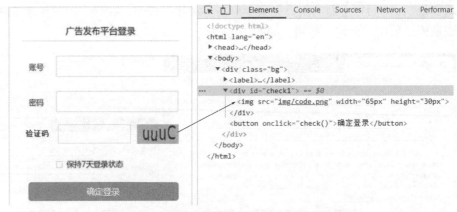

图 14.4　获取验证码在 HTML 代码中的位置

③ 对目标网页发送网络请求,并在返回的 HTML 代码中获取图片的下载地址,然后下载验证码图片。代码如下。

```
01  import requests                                          # 导入网络请求模块
02  import urllib.request                                    # 导入 urllib.request 模块
03  from fake_useragent import UserAgent                     # 导入随机请求头
04  from bs4 import BeautifulSoup                            # 导入解析 HTML 的模块
05  header = {'User-Agent':UserAgent().random}               # 创建随机请求头
06  url = 'http://sck.rjkflm.com:666/spider/word/'           # 网页请求地址
07
08  response = requests.get(url,header)                      # 发送网络请求
09  response.encoding='utf-8'                                # 设置编码方式
10  html = BeautifulSoup(response.text,"html.parser")        # 解析 HTML
11  src = html.find('img').get('src')
12  img_url = url+src                                        # 组合验证码图片请求地址
13  urllib.request.urlretrieve(img_url,'code.png')           # 下载并设置图片名称
```

程序运行后项目文件夹中将自动生成如图 14.5 所示的验证码图片。

图 14.5　验证码图片

14.1.3　识别图片验证码

实例 14.2　识别图片验证码　　　　　　　　　　实例位置：资源包 \Code\14\02

验证码下载完成以后,如果没有安装 pillow 模块,需要通过 "pip install pillow" 命令安装,然后导入 tesserocr 与 Image 模块,再通过 Image.open() 方法打开验证码图片,接着通过 tesserocr.image_to_text() 函数识别图片中的验证码信息即可。示例代码如下。

```
01  import tesserocr                                         # 导入 tesserocr 模块
02  from PIL import Image                                    # 导入图像处理模块
03  img =Image.open('code.png')                              # 打开验证码图片
04  code = tesserocr.image_to_text(img)                      # 将图片中的验证码转换为文本
05  print('验证码为：',code)
```

● 程序运行结果如下。

验证码为：uuuc

OCR 的识别技术虽然很强大，但是并不是所有的验证码都可以这么轻松地识别出来。例如，如图 14.6 所示的验证码中就掺杂着许多干扰线条，那么在识别这样的验证码信息时，就需要对验证码图片进行相应的处理并识别。

图 14.6 带有干扰线条的验证码

如果直接通过 OCR 识别，识别结果将会受到干扰线的影响。下面我们通过 OCR 直接识别测试一下，识别代码与效果如下。

```
01 import tesserocr                                # 导入 tesserocr 模块
02 from PIL import Image                           # 导入图像处理模块
03 img =Image.open('code2.jpg')                    # 打开验证码图片
04 code = tesserocr.image_to_text(img)             # 将图片中的验证码转换为文本
05 print('验证码为: ',code)
```

程序运行结果如下。

验证码为：YSGN.

通过以上测试可以发现，直接通过 OCR 技术识别后的验证码中多了一个"点"，遇到此类情况，首先我们可以将彩色的验证码图片转换为灰度图片进行测试。示例代码如下。

```
01 import tesserocr                                # 导入 tesserocr 模块
02 from PIL import Image                           # 导入图像处理模块
03 img =Image.open('code2.jpg')                    # 打开验证码图片
04 img = img.convert('L')                          # 将彩色图片转换为灰度图片
05 img.show()                                      # 显示灰度图片
06 code = tesserocr.image_to_text(img)             # 将图片中的验证码转换为文本
07 print('验证码为: ',code)
```

程序运行后将自动显示如图 14.7 所示的灰度验证码图片。
控制台中所识别的验证码如下。

验证码为：YSGN.

图 14.7 验证码转换后的灰度验证码图片

接下来需要对灰度后的验证码图片进行二值化处理，将验证码二值化处理后再次通过 OCR 进行识别。示例代码如下。

```
01 import tesserocr                                # 导入 tesserocr 模块
02 from PIL import Image                           # 导入图像处理模块
03 img =Image.open('code2.jpg')                    # 打开验证码图片
04 img = img.convert('L')                          # 将彩色图片转换为灰度图片
05 t = 155                                         # 设置阈值
06 table = []                                      # 二值化数据的列表
07 for i in range(256):                            # 循环遍历
08     if i <t:
09         table.append(0)
10     else:
11         table.append(1)
12 img = img.point(table,'1')                      # 对图片进行二值化处理
13 img.show()                                      # 显示处理后的图片
14 code = tesserocr.image_to_text(img)             # 将图片中的验证码转换为文本
15 print('验证码为: ',code)                         # 打印验证码
```

程序运行后将自动显示如图 14.8 所示的进行二值化处理后的验证码图片。
控制台中所识别的验证码如下。

验证码为：YSGN

图 14.8 进行二值化处理后的验证码图片

> **说明**
>
> 在识别以上具有干扰线的验证码图片时,我们可以做一些灰度和二值化处理,这样可以提高图片验证码的识别率。如果二值化处理后还是无法达到识别的精准性,可以适当地上下调节二值化操作中的阈值。

14.2 第三方验证码识别

虽然通过 OCR 可以识别验证码图片中的验证码信息,但是识别效率与准确度不高是 OCR 的缺点。所以使用第三方验证码识别平台是一个不错的选择,不仅可以解决验证码识别效率不高的问题,还可以提高验证码识别的准确度。使用第三方平台识别验证码是非常简单的,平台提供一个完善的 API 接口,根据平台对应的开发文档即可完成快速开发的需求,但每次验证码成功识别后平台会收取少量的费用。

第三方验证码识别平台一般分为两种,分别是打码平台和 AI 开发者平台。打码平台主要是由在线人员进行验证码的识别工作,然后在较短的时间内返回结果。AI 开发者平台主要是由人工智能来进行识别,如百度 AI 及其他 AI 平台。

实例 14.3   第三方打码平台   实例位置:资源包 \Code\14\03

下面以打码平台为例,演示验证码识别的具体过程。

① 在浏览器中打开打码平台网页(http://www.chaojiying.com/),并且单击首页的"用户注册"按钮,如图 14.9 所示。

② 然后在用户中心的页面中填写注册账号的基本信息,如图 14.10 所示。

图 14.9　打码平台首页

图 14.10　填写注册账号的基本信息

③ 账号注册完成以后,在网页的顶部导航栏中选择"开发文档",然后在常用开发语言示例下载中选择"Python"语言,如图 14.11 所示。

④ 在 Python 语言 Demo 下载页面中，查看注意事项，然后单击"点击这里下载"即可下载示例代码，如图 14.12 所示。

图 14.11　选择开发语言示例

图 14.12　下载示例代码

⑤ 在平台提供的示例代码中，已经将所有需要用到的功能代码进行了封装处理，封装后的代码如下。

```
01                                                              #!/usr/bin/env python
02                                                              # coding:utf-8
03  import requests                                             # 网络请求模块
04  from hashlib import md5                                     # 加密
05  class Chaojiying_Client(object):
06
07      def __init__(self, username, password, soft_id):
08          self.username = username                            # 自己注册的账号
09          password = password.encode('utf8')                  # 自己注册的密码
10          self.password = md5(password).hexdigest()
11          self.soft_id = soft_id                              # 软件 ID
12          self.base_params = {                                # 组合表单数据
13              'user': self.username,
14              'pass2': self.password,
15              'softid': self.soft_id,
16          }
17          self.headers = {                                    # 请求头信息
18              'Connection': 'Keep-Alive',
19              'User-Agent': 'Mozilla/4.0 (compatible; MSIE 8.0; Windows NT 5.1; Trident/4.0)',
20          }
21
22      def PostPic(self, im, codetype):
23          """
24          im: 图片字节
25          codetype: 题目类型 参考 http://www.chaojiying.com/price.html
26          """
27          params = {
28              'codetype': codetype,
29          }
30          params.update(self.base_params)                     # 更新表单参数
31          files = {'userfile': ('ccc.jpg', im)}               # 上传验证码图片
32                                                              # 发送网络请求
33          r = requests.post('http://upload.chaojiying.net/Upload/Processing.php', data=params, files=files, headers=self.headers)
34          return r.json()                                     # 返回响应数据
35
36      def ReportError(self, im_id):
37          """
38          im_id: 报错题目的图片 ID
39          """
40          params = {
41              'id': im_id,
42          }
43          params.update(self.base_params)
```

```
44          r = requests.post('http://upload.chaojiying.net/Upload/ReportError.php', data=params, headers=
self.headers)
45          return r.json()
```

⑥ 在已经确保用户名完成充值的情况下，填写必要参数，然后创建示例代码中的实例对象，实现验证码的识别工作。代码如下。

```
01  if __name__ == '__main__':
02                                                      # 用户中心 >> 软件 ID 生成一个替换 96001
03      chaojiying = Chaojiying_Client('超级鹰用户名', '超级鹰用户名的密码', '96001')
04      im = open('a.jpg', 'rb').read()                 # 本地图片文件路径 来替换 a.jpg 有时 WIN 系统须要 //
05                                                      # 1902 验证码类型 官方网站 >> 价格体系 3.4+ 版 print 后要加 ()
06      print(chaojiying.PostPic(im, 1902))
```

⑦ 使用平台示例代码中所提供的验证码图片，运行以上示例代码，程序运行结果如下。

```
{'err_no': 0, 'err_str': 'OK', 'pic_id': '3109515574497000001', 'pic_str': '7261', 'md5': 'cf567a46b464d6cbe
6b0646fb6eb18a4'}
```

说明

程序运行结果中 pic_str 所对应的值为返回的验证码识别信息。

在发送识别验证码的网络请求时，代码中的"1902"表示验证码类型，该平台所支持的常用验证码类型如表 14.1 所示。

表 14.1 常用验证码类型

验证码类型	验证码描述
1902	4～6 位英文、数字
1101～1020	1～20 位英文、数字
2001～2007	1～7 位纯汉字
3004～3012	1～12 位纯英文
4004～4111	1～11 位纯数字
5000	不定长汉字、英文、数字
5108	8 位英文、数字（包含字符）
5201	拼音首字母、计算题、成语混合
5211	集装箱号，4 位字母 7 位数字
6001	计算题
6003	复杂计算题
6002	选择题四选一（ABCD 或 1234）
6004	问答题，智能回答题
9102	点击两个相同的字，返回:x1,y1|x2,y2
9202	点击两个相同的动物或物品，返回:x1,y1|x2,y2
9103	坐标多选，返回 3 个坐标，如:x1,y1|x2,y2|x3,y3
9004	坐标多选，返回 1～4 个坐标，如:x1,y1|x2,y2|x3,y3

> **说明**
>
> 表 14.1 中只列出了比较常用的验证码识别类型，详细内容可查询验证码平台官网。

14.3 滑动拼图验证码

滑动拼图验证码是在滑动验证码的基础上增加了滑动距离的校验，用户需要将图形滑块滑动至主图空缺滑块的位置，才能通过校验。

滑动拼图验证码　　　　　　　　　　　　　　实例位置：资源包 \Code\14\04

以下面测试地址对应的网页为例，实现滑动拼图验证码的自动校验，具体步骤如下。
测试网页地址：http://sck.rjkflm.com:666/spider/jigsaw/。
① 使用浏览器打开测试网页的地址，将显示如图 14.13 所示的滑动拼图验证码。
② 打开浏览器开发者工具，单击按钮滑块，然后在 HTML 代码中依次获取按钮滑块、图形滑块及空缺滑块所对应的 HTML 代码标签所在的位置，如图 14.14 所示。
③ 拖动按钮滑块，完成滑动拼图验证码的校验，此时将显示如图 14.15 所示的 HTML 代码。

图 14.13　滑动拼图验证码

图 14.14　确定滑动拼图验证码的 HTML 代码位置

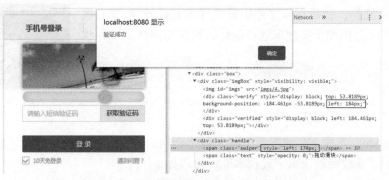

图 14.15　验证成功后 HTML 代码的变化

> **说明**
>
> 通过以上图 14.14 与图 14.15 可以看出，按钮滑块在默认情况下 left 值为 0 px，而图形滑块在默认情况下 left 值为 10 px，验证成功后按钮滑块的 left 值 174 px，而图形滑块的 left 值为 184 px。此时，可以总结出整个验证过程的位置变化情况如图 14.16 所示。

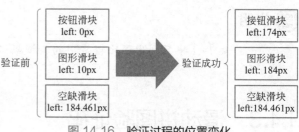

图 14.16　验证过程的位置变化

④ 通过按钮滑块的 left 值可以确认需要滑动的距离，接下来只需要使用 selenium 模拟滑动的动作即可。实现代码如下。

```python
01 from selenium import webdriver                                  # 导入 webdriver 模块
02 import re                                                       # 导入正则模块
03 driver = webdriver.Chrome()                                     # Google Chrome 浏览器
04 driver.get('http://sck.rjkflm.com:666/spider/jigsaw/')          # 启动网页
05 swiper = driver.find_element_by_xpath(
06     '/html/body/div/div[2]/div[2]/span[1]')                     # 获取按钮滑块
07 action = webdriver.ActionChains(driver)                         # 创建动作
08 action.click_and_hold(swiper).perform()                         # 单击并保证不松开
09                                                                 # 滑动 0 距离，不松手，不执行该动作无法获取图形滑块的 left 值
10 action.move_by_offset(0,0).perform()
11                                                                 # 获取图形滑块样式
12 verify_style = driver.find_element_by_xpath(
13     '/html/body/div/div[2]/div[1]/div[1]').get_attribute('style')
14                                                                 # 获取空缺滑块样式
15 verified_style = driver.find_element_by_xpath(
16     '/html/body/div/div[2]/div[1]/div[2]').get_attribute('style')
17                                                                 # 获取空缺滑块的 left 值
18 verified_left =float(re.findall('left: (.*?)px;',verified_style)[0])
19                                                                 # 获取图形滑块的 left 值
20 verify_left =float(re.findall('left: (.*?)px;',verify_style)[0])
21 action.move_by_offset(verified_left-verify_left,0)              # 滑动指定距离
22 action.release().perform()                                      # 松开鼠标
```

程序运行后将显示如图 14.17 所示的验证成功提示对话框。

14.4　综合案例——识别随机生成的验证码

图 14.17　验证成功提示对话框

在浏览器中打开地址"https://my.cnki.net/Register/CheckCode.aspx"，将自动生成一个随机验证码，如图 14.18 所示。

创建一个 case.py 文件，然后在该文件中首先导入 tesserocr、PIL 模块及 HTMLSession 类，分别用于实现本地验证码的识别与网络请求。代码如下。

```python
01 import tesserocr                           # 导入 tesserocr 模块
02 from PIL import Image                      # 导入图像处理模块
03 from requests_html import HTMLSession
```

图 14.18　随机验证码

创建 download_code() 方法，在该方法中首先创建会话对象，然后对验证码地址发送网络请求，如果请求成功就通过 open() 函数将验证码下载到本地。代码如下。

```python
04 def download_code(url):                    # 下载验证码
05     session = HTMLSession()                # 创建会话对象
```

```
06      response = session.get(url=url)                 # 发送网络请求
07      if response.status_code==200:                   # 判断是否请求成功
08          f = open('code.jpg','wb')                   # 创建 open 对象
09          f.write(response.content)                   # 写入
```

创建 distinguish_code() 方法，在该方法中首先打开已经下载的验证码图片，然后将彩色图片转换为灰度图片，接着对图片进行二值化（彩色图片变为黑白图片）处理，最后通过 tesserocr.image_to_text() 方法将识别后的验证码转换为文本。代码如下。

```
10  def distinguish_code():
11      img =Image.open('code.jpg')                     # 打开验证码图片
12      img = img.convert('L')                          # 将彩色图片转换为灰度图片
13      t = 146                                         # 设置阈值
14      table = []                                      # 二值化数据的列表
15      for i in range(256):                            # 循环遍历
16          if i <t:
17              table.append(0)
18          else:
19              table.append(1)
20      img = img.point(table,'1')                      # 对图片进行二值化处理
21      img.show()                                      # 显示处理后的图片
22      code = tesserocr.image_to_text(img)             # 将图片中的验证码转换为文本
23      print(' 验证码为: ',code)                        # 打印验证码
```

创建程序入口，定义验证码请求地址，然后依次调用 download_code() 与 distinguish_code() 方法，代码如下。

```
24  if __name__ == '__main__':
25      url = 'https://my.cnki.net/Register/CheckCode.aspx'  # 随机生成验证码的地址
26      download_code(url=url)                              # 下载验证码
27      distinguish_code()                                  # 本地识别验证码
```

程序启动后将自动下载如图 14.19 所示的验证码，识别结果如图 14.20 所示。

图 14.19　下载验证码　　　　　　　　　　　　图 14.20　识别结果

14.5　实战练习

在本章案例中，下载的随机验证码是通过本地 OCR 识别的，试着使用第三方验证平台识别随机下载的验证码。

小结

本章主要介绍如何识别网页中的验证码，首先介绍了字符验证码，破解此类验证码需要先配置 OCR 环境，然后将验证码图片下载到本地，再通过 ORC 图片识别技术将图片中的验证码识别出来。OCR 图片识别技术的识别率不是很高，所以可以使用第三方验证码识别的方式，进行验证码的识别。接着介绍了如何破解滑动拼图验证码，此类验证码只需要先计算出滑动距离，然后通过 selenium 模块实现自动操作即可。最后通过所学知识实现了综合案例（识别随机生成的验证码）与实战练习。在实际开发中，第三方验证码识别是比较常用的一种方式，也可以自行查找其他第三方验证码识别的平台。

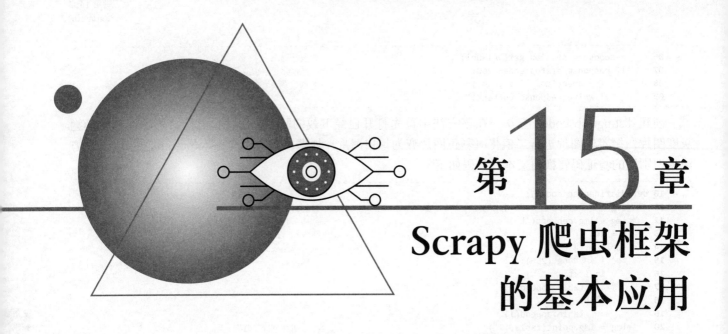

第15章 Scrapy 爬虫框架的基本应用

使用 requests 与其他 HTML 解析库所实现的爬虫程序，只是满足了爬取数据的需求。如果想要更加规范地爬取数据，则需要使用爬虫框架。爬虫框架有很多种，如 PySpider、Scrapy、Crawley 等。其中，Scrapy 爬虫框架是一款爬取效率高、相关扩展组件多，可以让程序员将精力全部投入到抓取规则及数据处理上的优秀框架。本章将介绍 Scrapy 爬虫框架的基本应用。

15.1 了解 Scrapy 爬虫框架

Scrapy 是一个为爬取网站数据和提取结构性数据而编写的开源框架。Scrapy 的用途非常广泛，不仅可以应用到网络爬虫，还可以用于数据挖掘、数据监测及自动化测试等。Scrapy 是基于 Twisted 的异步处理框架，架构清晰、可扩展性强，可以灵活地完成各种需求。Scrapy 的整体架构如图 15.1 所示。

在 Scrapy 的工作流程中主要包含以下几个部分。

- Scrapy Engine（引擎）：用于处理整个系统的数据流，触发各种事件，是整个框架的核心。
- Scheduler（调度器）：用于接收引擎发过来的请求，添加至列队中，在引擎再次请求时将请求返回给引擎。可以理解为从 URL 列队中取出一个请求地址，同时去除重复的请求地址。
- Downloader（下载器）：用于从网络下载 Web 资源。
- Spiders（网络爬虫）：从指定网页中爬取需要的信息。
- Item Pipeline（项目管道）：用于处理爬取后的数据，如数据的清洗、验证及保存。

- Downloader Middlewares（下载器中间件）：位于 Scrapy 引擎和下载器之间，主要用于处理引擎与下载器之间的网络请求与响应。
- Spider Middlewares（爬虫中间件）：位于网络爬虫与引擎之间，主要用于处理爬虫的响应输入和请求输出。
- Scheduler Middlewares（调度中间件）：位于引擎和调度之间，主要用于处理从引擎发送到调度的请求和响应。

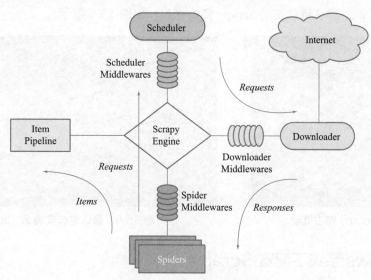

图 15.1　Scrapy 的整体架构

15.2　配置 Scrapy 爬虫框架

15.2.1　使用 Anaconda 安装 Scrapy

如果已经安装了 Anaconda，那么便可以在 Anaconda Prompt（Anaconda）窗口中输入"conda install scrapy"命令进行 Scrapy 爬虫框架的安装工作。不过在安装的过程中可能会出现如图 15.2 所示的 404 错误。

如果出现如图 15.2 所示的 404 错误时，首先需要通过"conda config --show-sources"命令查看是否存在镜像地址，如图 15.3 所示。

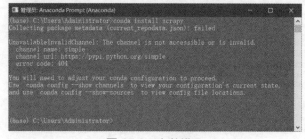

图 15.2　安装错误

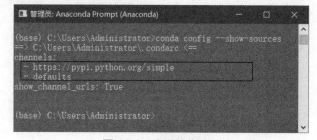

图 15.3　查看镜像地址

> 💡 注意
>
> 图 15.3 中框内的镜像地址为笔者计算机中的镜像地址，实际操作中的镜像地址不一定和图中地址相同。

经过查询发现存在镜像地址时，可以先通过"conda config --remove-key channels"命令清空所有镜像地址，然后再次通过"conda config --show-sources"命令进行查看，如图 15.4 所示。

镜像地址被清空以后，再次输入"conda install scrapy"命令安装 Scrapy 爬虫框架，如图 15.5 所示。

图 15.4　清空所有镜像地址

在命令行中输入"y"，确认继续安装 Scrapy 爬虫框架，如图 15.6 所示。

图 15.5　安装 Scrapy 爬虫框架

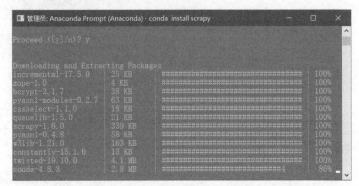

图 15.6　确认继续安装 Scrapy 爬虫框架

15.2.2　Windows 系统下配置 Scrapy

由于 Scrapy 爬虫框架依赖的库比较多，尤其是 Windows 系统下，至少需要依赖的库有 Twisted、lxml、pyOpenSSL 及 pywin32。搭建 Scrapy 爬虫框架的具体步骤如下。

（1）安装 Twisted 模块

① 打开 Python 扩展包的非官方 Windows 二进制文件网站（https://www.lfd.uci.edu/~gohlke/pythonlibs/），按快捷键 Ctrl+F 搜索"twisted"模块，然后单击对应的索引，如图 15.7 所示。

② 单击"twisted"索引以后，网页将自动定位到"twisted"扩展包二进制文件下载的位置，然后根据自己的 Python 版本进行下载即可。如果使用的是 Python3.8，这里单击"Twisted-20.3.0-cp38-cp38-win_amd64.whl"进行下载。其中，"cp38"表示对应 Python3.8 版本，"win_amd64"表示 Windows64 位系统。如图 15.8 所示。

图 15.7　单击"twisted"索引

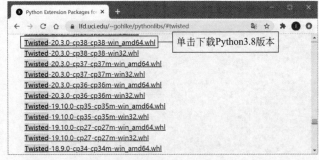

图 15.8　下载"Twisted-20.3.0-cp38-cp38-win_amd64.whl"二进制文件

③ "Twisted-20.3.0-cp38-cp38-win_amd64.whl"二进制文件下载完成后，以管理员身份运行命令提示符窗口，然后使用 cd 命令打开"Twisted-20.3.0-cp38-cp38-win_amd64.whl"二进制文件所在的路径，最后在窗口中输入"pip install Twisted-20.3.0-cp38-cp38-win_amd64.whl"，即可安装 Twisted 模块，如

图 15.9 所示。

(2) 安装 Scrapy

打开命令提示符窗口,然后输入"pip install Scrapy"命令,安装 Scrapy 爬虫框架,如图 15.10 所示。如果没有出现异常或错误信息,则表示 Scrapy 爬虫框架安装成功。

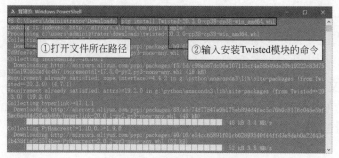

图 15.9 安装 Twisted 模块

图 15.10 Windows 下安装 Scrapy 爬虫框架

 说明

> Scrapy 爬虫框架在安装的过程中,同时会将 lxml 与 pyOpenSSL 模块也安装在 Python 环境当中。

(3) 安装 pywin32

打开命令提示符窗口,然后输入"pip install pywin32"命令,安装 pywin32 模块。安装完成以后,在 Python 命令行下输入"import pywin32_system32"命令,如果没有提示错误信息,则表示安装成功。

15.3 Scrapy 的基本用法

15.3.1 创建项目

在任意路径下创建一个保存项目的文件夹。例如,在 F:\PycharmProjects 文件夹内运行命令提示符窗口,然后输入"scrapy startproject scrapyDemo"命令,即可创建一个名称为"scrapyDemo"的项目,如图 15.11 所示。

为了提升开发效率,此处使用 PyCharm 第三方开发工具,打开刚刚创建的 scrapyDemo 项目,在左侧项目的目录结构中可以看到如图 15.12 所示的目录结构。

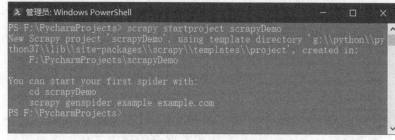

图 15.11 创建 Scrapy 项目

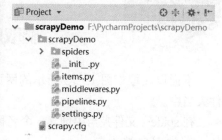

图 15.12 scrapyDemo 项目的目录结构

目录结构中的文件说明如下。

- spiders(文件夹):用于创建爬虫文件、编写爬虫规则。
- __init__.py 文件:初始化文件。
- items.py 文件:用于数据的定义,可以寄存处理后的数据。

- middlewares.py 文件：定义爬取时的中间件，其中包括 SpiderMiddlewares（爬虫中间件）、Downloader Middlewares（下载中间件）。
- pipelines.py 文件：用于实现清洗数据、验证数据、保存数据。
- settings.py 文件：整个框架的配置文件，主要包含配置爬虫信息、请求头、中间件等。
- scrapy.cfg 文件：项目部署文件，其中定义了项目的配置文件路径等相关信息。

15.3.2 创建爬虫

在创建爬虫时，首先需要创建一个爬虫模块文件，该文件需要放置在 spiders 文件夹当中。爬虫模块是用于从一个网站或多个网站中爬取数据的类，它需要继承 scrapy.Spider 类。scrapy.Spider 类中提供了 start_requests() 方法实现初始化网络请求，然后通过 parse() 方法解析返回的结果。scrapy.Spider 类中的常用属性与方法的含义如下。

- name：用于定义一个爬虫名称的字符串。Scrapy 通过这个爬虫名称进行爬虫的查找，所以这个名称必须是唯一的，不过可以生成多个相同的爬虫实例。如果爬取单个网站，一般会用这个网站的名称作为爬虫的名称。
- allowed_domains：包含了爬虫允许爬取的域名列表，当 OffsiteMiddleware 启用时，域名不在列表中的 URL 不会被爬取。
- start_urls：URL 的初始列表，如果没有指定特定的 URL，爬虫将从该列表中进行爬取。
- custom_settings：这是一个专属于当前爬虫的配置，是一个字典类型的数据，设置该属性会覆盖整个项目的全局，所以在设置该属性时必须在实例化前更新，且必须定义为类变量。
- settings：这是一个 settings 对象，通过它可以获取项目的全局设置变量。
- logger：使用 Spider 创建的 Python 日志器。
- start_requests()：该方法用于生成网络请求，它必须返回一个可迭代对象。该方法默认使用 start_urls 中的 URL 来生成 Request，而 Request 的请求方式为 GET。如果想通过 POST 方式请求网页时，可以使用 FormRequest() 重写该方法。
- parse()：如果 response 没有指定回调函数时，该方法是 Scrapy 处理 response 的默认方法。该方法负责处理 response 并返回处理的数据和下一步请求，然后返回一个包含 Request 或 Item 的可迭代对象。
- closed()：当爬虫关闭时，该函数会被调用。该方法用于代替监听工作，可以定义释放资源或是收尾操作。

实例 15.1　爬取网页代码并保存 HTML 文件　　　　　　　　　　　　　实例位置：资源包 \Code\15\01

下面以爬取如图 15.13 所示的网页为例，实现爬取网页后将网页的代码以 HTML 文件保存至项目文件夹当中。

在 spiders 文件夹当中创建一个名称为 "crawl.py" 的爬虫文件，然后在该文件中，首先创建 QuotesSpider 类，该类需要继承自 scrapy.Spider 类，然后重写 start_requests() 方法实现网络的请求工作，接着重写 parse() 方法实现向文件中写入获取的 HTML 代码。实例代码如下：

```
01  import scrapy                                          # 导入框架
02  class QuotesSpider(scrapy.Spider):
03      name = "quotes"                                    # 定义爬虫名称
04      def start_requests(self):
05                                                         # 设置爬取目标的地址
```

```
06          urls = [
07              'http://quotes.toscrape.com/page/1/',
08              'http://quotes.toscrape.com/page/2/',
09          ]
10                                                          # 获取所有地址，有几个地址发送几次请求
11          for url in urls:
12                                                          # 发送网络请求
13              yield scrapy.Request(url=url, callback=self.parse)
14      def parse(self, response):
15                                                          # 获取页数
16          page = response.url.split("/")[-2]
17                                                          # 根据页数设置文件名称
18          filename = 'quotes-%s.html' % page
19                                                          # 以写入文件模式打开文件，如果没有该文件将创建该文件
20          with open(filename, 'wb') as f:
21                                                          # 向文件中写入获取的 HTML 代码
22              f.write(response.body)
23                                                          # 输出保存文件的名称
24          self.log('Saved file %s' % filename)
```

在运行 Scrapy 所创建的爬虫项目时，需要在命令提示符窗口中输入"scrapy crawl quotes"命令。其中，"quotes"是自己定义的爬虫名称。由于此处使用了 PyCharm 第三方开发工具，所以需要在底部的 Terminal 窗口中输入运行爬虫的命令行，运行完成以后将显示如图 15.14 所示的信息。

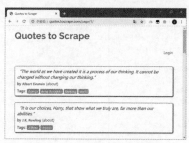

图 15.13　爬取的目标网页

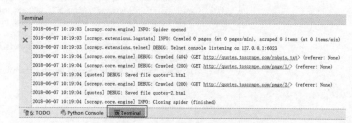

图 15.14　显示启动爬虫后的信息

如果要实现一个 POST 请求，可以使用 FormRequest() 函数来实现。示例代码如下。

```
01  import scrapy                                           # 导入框架
02  import json                                             # 导入json模块
03  class QuotesSpider(scrapy.Spider):
04      name = "quotes"                                     # 定义爬虫名称
05                                                          # 字典类型的表单参数
06      data = {'1': '能力是有限的，而努力是无限的。',
07              '2': '星光不问赶路人，时光不负有心人。'}
08      def start_requests(self):
09          return [scrapy.FormRequest('http://httpbin.org/post',
10                              formdata=self.data,callback=self.parse)]
11                                                          # 响应信息
12      def parse(self, response):
13          response_dict = json.loads(response.text)       # 将响应数据转换为字典类型
14          print(response_dict)                            # 打印转换后的响应数据
```

📖 说明

除了使用在命令提示符窗口中输入命令"scrapy crawl quotes"启动爬虫程序以外，Scrapy 还提供了可以在程序中启动爬虫的 API，也就是 CrawlerProcess 类。首先需要在 CrawlerProcess 初始化时传入项目的 settings 信息，然后在 crawl() 方法中传入爬虫的名称，最后通过 start() 方法启动爬虫。代码如下。

```
# 导入CrawlerProcess类
from scrapy.crawler import CrawlerProcess
# 导入获取项目设置信息
from scrapy.utils.project import get_project_settings
# 程序入口
if __name__=='__main__':
    # 创建CrawlerProcess类对象并传入项目设置信息参数
    process = CrawlerProcess(get_project_settings())
    # 设置需要启动的爬虫名称
    process.crawl('quotes')
    # 启动爬虫
    process.start()
```

注意

如果在运行 Scrapy 所创建的爬虫项目时，出现 SyntaxError:invalid syntax 的错误信息，如图 15.15 所示，说明 Python3.7 这个版本将"async"识别成了关键字。解决此类错误，首先需要打开 Python37\lib\site-packages\twisted\conch\manhole.py 文件，然后将该文件中的所有"async"关键字修改成与关键字无关的标识符，如"async_"。

```
  File "<frozen importlib._bootstrap>", line 1006, in _gcd_import
  File "<frozen importlib._bootstrap>", line 983, in _find_and_load
  File "<frozen importlib._bootstrap>", line 967, in _find_and_load_unlocked
  File "<frozen importlib._bootstrap>", line 677, in _load_unlocked
  File "<frozen importlib._bootstrap_external>", line 728, in exec_module
  File "<frozen importlib._bootstrap>", line 219, in _call_with_frames_removed
  File "G:\Python\Python37\lib\site-packages\scrapy\extensions\telnet.py", line 12, in <module>
    from twisted.conch import manhole, telnet
  File "G:\Python\Python37\lib\site-packages\twisted\conch\manhole.py", line 154
    def write(self, data, async=False):
                              ^

SyntaxError: invalid syntax

Process finished with exit code 1
```

图 15.15　Scrapy 爬虫框架常见错误信息

15.3.3　提取数据

Scrapy 爬虫框架可以通过特定的 CSS 或者 XPath 表达式来选择 HTML 文件中的某一处，并且提取出相应的数据。

(1) 利用 CSS 提取数据

使用 CSS 提取 HTML 文件中的某一处数据时，可以指定 HTML 文件中的标签名称。例如，获取 15.3.2 节示例中网页的 title 标签数据时，可以使用如下代码。

```
response.css('title').extract()
```

获取结果如图 15.16 所示。

```
2018-06-07 11:22:09 [scrapy.core.engine] DEBUG: Crawled (200) <GET http://quotes.toscrape.com/page/1/> (referer: None)
['<title>Quotes to Scrape</title>']
2018-06-07 11:22:09 [scrapy.core.engine] DEBUG: Crawled (200) <GET http://quotes.toscrape.com/page/2/> (referer: None)
['<title>Quotes to Scrape</title>']
```

图 15.16　使用 CSS 提取 title 标签

> **说明**
>
> 返回的内容为 CSS 表达式所对应节点的 list 列表,所以在提取标签中的数据时,可以使用以下的代码。
>
> ```
> response.css('title::text').extract_first()
> ```
>
> 或者是
>
> ```
> response.css('title::text')[0].extract()
> ```

(2)利用 XPath 提取数据

使用 XPath 表达式提取 HTML 文件中的某一处数据时,需要根据 XPath 表达式的语法规定来获取指定的数据信息。例如,同样获取 title 标签内的信息时,可以使用如下代码。

```
response.xpath('//title/text()').extract_first()
```

实例 15.2　使用 XPath 表达式获取多条信息

实例位置:资源包 \Code\15\02

下面通过一个示例,实现使用 XPath 表达式获取 15.3.2 节示例中的多条信息,代码如下。

```
01                                                                  # 响应信息
02 def parse(self, response):
03                                                                  # 获取所有信息
04     for quote in response.xpath(".//*[@class='quote']"):
05                                                              # 获取名人名言文字信息
06         text = quote.xpath(".//*[@class='text']/text()").extract_first()
07                                                                  # 获取作者
08         author = quote.xpath(".//*[@class='author']/text()").extract_first()
09                                                                  # 获取标签
10         tags = quote.xpath(".//*[@class='tag']/text()").extract()
11                                                          # 以字典形式输出信息
12         print(dict(text=text, author=author, tags=tags))
```

> **说明**
>
> Scrapy 的选择对象中还提供了 .re() 方法,这是一种可以使用正则表达式提取数据的方法,可以直接通过 response.xpath().re() 方式进行调用,然后在 re() 方法中填入对应的正则表达式即可。

(3)翻页提取数据

实例 15.3　翻页提取数据

实例位置:资源包 \Code\15\03

以上的示例中已经实现了获取网页中的数据,如果需要获取整个网页的所有信息,就需要使用到翻页功能。例如,获取 15.3.2 节示例中整个网站的作者名称,可以使用以下代码。

```
01                                                                  # 响应信息
02 def parse(self, response):
```

```
03                                                              # div.quote
04                                                              # 获取所有信息
05      for quote in response.xpath(".//*[@class='quote']"):
06                                                              # 获取作者
07          author = quote.xpath(".//*[@class='author']/text()").extract_first()
08          print(author)                                        # 输出作者名称
09                                                              # 实现翻页
10      for href in response.css('li.next a::attr(href)'):
11          yield response.follow(href, self.parse)
```

(4) 创建 Items

包装结构化数据

实例位置：资源包 \Code\15\04

爬取网页数据的过程，就是从非结构性的数据源中提取结构性数据。例如，在 QuotesSpider 类的 parse() 方法中已经获取到了 text、author 及 tags 信息，如果需要将这些数据包装成结构化数据，那么就需要 Scrapy 所提供的 Item 类来满足这样的需求。Item 对象是一个简单的容器，用于保存爬取到的数据信息，它提供了一个类似于字典的 API，用于声明其可用字段的便捷语法。Item 使用简单的类定义语法和 Field 对象来声明。在创建 scrapyDemo 项目时，项目的目录结构中就已经自动创建了一个 items.py 文件，用来定义存储数据信息的 Item 类，它需要继承 scrapy.Item。示例代码如下。

```
01  import scrapy
02  class ScrapydemoItem(scrapy.Item):
03                                                              # define the fields for your item here like:
04                                                              # 定义获取名人名言文字信息
05      text = scrapy.Field()
06                                                              # 定义获取的作者
07      author =scrapy.Field()
08                                                              # 定义获取的标签
09      tags = scrapy.Field()
10      pass
```

Item 创建完成以后，回到自己编写的爬虫代码中，在 parse() 方法中创建 Item 对象，然后输出 item 信息，代码如下。

```
01                                                              # 响应信息
02  def parse(self, response):
03                                                              # 获取所有信息
04      for quote in response.xpath(".//*[@class='quote']"):
05                                                              # 获取名人名言文字信息
06          text = quote.xpath(".//*[@class='text']/text()").extract_first()
07                                                              # 获取作者
08          author = quote.xpath(".//*[@class='author']/text()").extract_first()
09                                                              # 获取标签
10          tags = quote.xpath(".//*[@class='tag']/text()").extract()
11                                                              # 创建 Item 对象
12          item = ScrapydemoItem(text=text, author=author, tags=tags)
13          yield item                                           # 输出信息
```

15.4 综合案例——爬取 NBA 得分排名

本章学习了 Scrapy 爬虫框架的基本应用，下面就通过本章所学习的知识实现爬取 NBA 得分排名的综合案例。

15.4.1 分析数据

在浏览器中打开 NBA 得分排名地址（http://data.sports.sohu.com/nba/nba_players_rank.html），然后按 F12 功能键，打开浏览器开发者工具，接着在顶部导航条中选择"Elements"选项，单击导航条左侧的图标，再用鼠标依次选中球员、球员对应的球队及得分，此时将显示对应的 HTML 代码位置。具体操作步骤如图 15.17 所示。

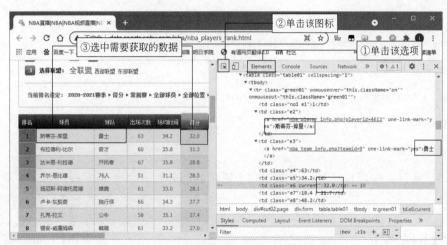

图 15.17　获取数据对应的 HTML 代码

15.4.2 实现爬虫

爬取 NBA 得分排名的具体步骤如下。

① 在任意路径下创建一个保存项目的文件夹，然后在文件夹内运行命令提示符窗口，接着输入"scrapy startproject nbaScore"命令，即可创建一个名称为"nbaScore"的项目。

② 打开创建好的 nbaScore 项目文件夹，然后在 spiders 文件夹当中创建一个名称为"crawl.py"的爬虫文件。在该文件中，首先创建 ScoreSpider 类，该类需要继承自 scrapy.Spider 类，然后重写 start_requests() 方法实现网络的请求工作。代码如下。

```
01  import scrapy                                              # 导入框架
02  class ScoreSpider(scrapy.Spider):
03      name = "score"                                         # 定义爬虫名称
04      def start_requests(self):
05                                                             # 设置爬取目标的地址
06          urls = [
07              'http://data.sports.sohu.com/nba/nba_players_rank.html',
08          ]
09                                                             # 获取所有地址，有几个地址发送几次请求
10          for url in urls:
11                                                             # 发送网络请求
12              yield scrapy.Request(url=url, callback=self.parse)
```

③ 重写 parse() 方法，在该方法中首先通过 XPath 提取球员、球队及得分数据，然后通过 for 循环遍历数据并通过字典的方式打印数据。代码如下。

```
13  def parse(self,response):
14                                                             # 获取所有球员
```

```
15    player_all = response.xpath('//td[@class="e2"]/a/text()').extract()
16                                                                              # 获取所有球队
17    team_all = response.xpath('//td[@class="e3"]/a/text()').extract()
18                                                                              # 获取所有得分
19    score_all = response.xpath('//td[@class="e6 current"]/text()').extract()
20    for p,t,s in zip(player_all,team_all,score_all):    # 循环遍历数据
21        print(dict(player=p,team=t,score=s))            # 通过字典的方式打印数据
```

④ 导入 CrawlerProcess 类与获取项目信息的方法，然后创建程序入口，启动爬虫。代码如下。

```
22
23  from scrapy.crawler import CrawlerProcess             # 导入 CrawlerProcess 类
24
25  from scrapy.utils.project import get_project_settings # 导入获取项目设置信息
26
27  if __name__=='__main__':                              # 程序入口
28
29      process = CrawlerProcess(get_project_settings())  # 创建 CrawlerProcess 类对象并传入项目设置信息参数
30
31      process.crawl('score')                            # 设置需要启动的爬虫名称
32
33      process.start()                                   # 启动爬虫
```

⑤ 爬虫程序启动后，控制台将显示如图 15.18 所示的部分得分数据。

```
{'player': '斯蒂芬-库里', 'team': '勇士', 'score': '32.0'}
{'player': '布拉德利-比尔', 'team': '奇才', 'score': '31.3'}
{'player': '达米恩-利拉德', 'team': '开拓者', 'score': '28.8'}
{'player': '乔尔-恩比德', 'team': '76人', 'score': '28.5'}
{'player': '扬尼斯-阿德托昆博', 'team': '雄鹿', 'score': '28.1'}
{'player': '卢卡-东契奇', 'team': '独行侠', 'score': '27.7'}
{'player': '扎克-拉文', 'team': '公牛', 'score': '27.4'}
{'player': '锡安-威廉姆森', 'team': '鹈鹕', 'score': '27.0'}
{'player': '凯里-欧文', 'team': '网', 'score': '26.9'}
{'player': '杰森-塔图姆', 'team': '凯尔特人', 'score': '26.4'}
{'player': '多诺万-米切尔', 'team': '爵士', 'score': '26.4'}
{'player': '尼古拉-约基奇', 'team': '掘金', 'score': '26.4'}
{'player': '德文-布克', 'team': '太阳', 'score': '25.6'}
{'player': '特雷-杨', 'team': '老鹰', 'score': '25.3'}
{'player': '德马尔-福克斯', 'team': '国王', 'score': '25.2'}
{'player': '科怀-伦纳德', 'team': '快船', 'score': '24.8'}
{'player': '卡尔-安东尼-唐斯', 'team': '森林狼', 'score': '24.8'}
```

图 15.18　爬取 NBA 得分排名

15.5　实战练习

在本章案例中，数据是通过字典的方式展示在控制台当中的，试着通过创建 Items 的方式将数据结构化，然后再将结构化以后的数据展示在控制台当中。

▽ 小结

本章主要介绍了 Scrapy 爬虫框架的基本使用，首先介绍了 Scrapy 爬虫框架具有哪些优势，然后介绍了如何配置 Scrapy 爬虫框架，接着介绍了如何使用 Scrapy 创建爬虫项目与爬虫程序，以及如何使用 Scrapy 提取数据，最后通过所学知识实现了综合案例（爬取 NBA 得分排名）与实战练习。虽然学习了发送网络请求与 HTML 代码解析就可以实现很多爬虫程序，但如果想要编写一个相对规范、爬取效率高、相关扩展组件多的爬虫，就需要使用 Scrapy 爬虫框架。

扫码领取
- 视频讲解
- 源码下载
- 配套答案
- 拓展资料
- ……

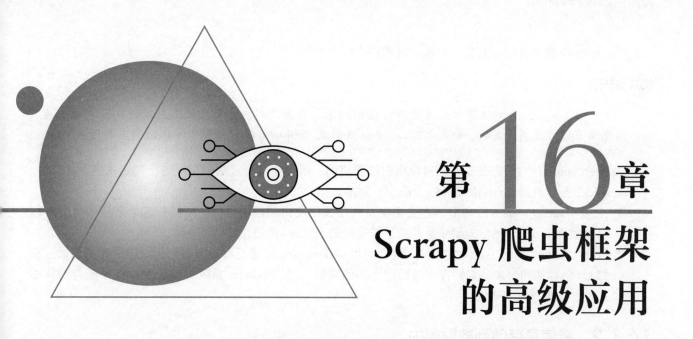

第16章 Scrapy 爬虫框架的高级应用

当数据爬取完成以后,需要创建项目管道来进行数据的存储,而且 Scrapy 还提供了多媒体管道用于实现文件及图片的下载。Scrapy 除了可以提升爬虫开发效率外,还具备了很好的扩展功能,可以满足开发人员的不同需求。本章将介绍如何使用 Scrapy 保存爬取的数据、文件的下载及如何自定义中间件。

16.1 编写 Item Pipeline

当爬取的数据已经被存放在 Items 以后,如果爬虫解析完响应结果,Items 就会传递到 Item Pipeline(项目管道)中,然后在 Item Pipeline 中创建用于处理数据的类,这个类就是项目管道组件,通过执行一连串的处理即可实现数据的清洗、存储等工作。

16.1.1 Item Pipeline 的核心方法

Item Pipeline 的典型用途如下。
① 清理 HTML 数据。
② 验证抓取的数据(检查项目是否包含某些字段)。
③ 检查重复项(并将其删除)。
④ 将爬取的结果存储在数据库中。
在编写自定义 Item Pipeline 时,可以实现以下几个方法。

- process_item():该方法是在自定义 Item Pipeline 时,所必须实现的方法。该方法中需要提供两个参数,参数的具体含义如下。

  item 参数为 Item 对象(被处理的 Item)或字典。

spider 参数为 Spider 对象（爬取信息的爬虫）。

> **说明**
>
> process_item() 方法用于处理返回的 Item 对象，在处理时会先处理低优先级的 Item 对象，直到所有的方法调用完毕。如果返回 Deferred 或引发 DropItem 异常，那么该 Item 将不再进行处理。

- open_spider()：该方法是在开启爬虫时被调用的，所以在这个方法中可以进行初始化操作。其中，spider 参数就是被开启的 Spider（爬虫）对象。
- close_spider()：该方法与上一方法相反，是在关闭爬虫时被调用的，所以在这个方法中可以进行一些收尾工作。其中，spider 参数就是被关闭的 Spider（爬虫）对象。
- from_crawler()：该方法为类方法，需要使用 @classmethod 进行标识，在调用该方法时需要通过参数 cls 创建实例对象，最后需要返回这个实例对象。通过 crawler 参数可以获取 Scrapy 所有的核心组件，如配置信息等。

16.1.2　将信息存储到数据库中

实例 16.1　将京东数据存储至数据库　　　　实例位置：资源包 \Code\16\01

了解了 Item Pipeline 的作用，接下来便可以将爬取的数据信息，通过 Item Pipeline 存储到数据库当中了。这里以爬取京东图书排行榜信息为例，将爬取的数据信息存储至 MySQL 数据库当中。实现的具体步骤如下：

① 安装并调试 MySQL 数据库，然后通过 Navicat for MySQL 创建数据库，名称为"jd_data"，如图 16.1 所示。

② 在"jd_data"数据库当中创建名称为"ranking"的数据表，如图 16.2 所示。

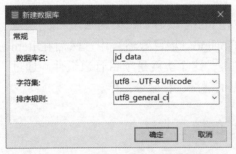

图 16.1　创建"jd_data"数据库

图 16.2　创建"ranking"数据表

③ 通过谷歌浏览器打开京东图书排行榜网页地址（https://book.jd.com/booktop/0-0-0.html?category=3287-0-0-0-10001-1），按 F12 功能键打开浏览器的开发者工具，选择"Elements"选项，然后单击左上角的 图标，选择网页中需要提取的数据，定位数据位置。如图 16.3 所示。

> **说明**
>
> 根据以上定位数据的步骤依次获取"作者"和"出版社"所对应的数据。

④ 确定了数据在 HTML 代码中的位置，接下来在命令提示符窗口中通过"scrapy startproject jd"命

令创建名称为"jd"的项目结构,然后通过"cd jd"命令打开项目文件夹,最后通过"scrapy genspider jdSpider book.jd.com"命令创建一个jdSpider.py爬虫文件。完整的项目结构如图16.4所示。

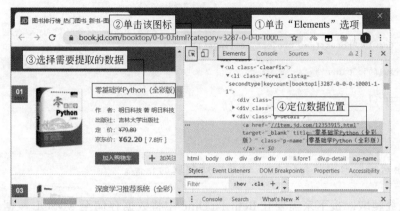

图16.3 定位数据位置

⑤ 打开项目文件结构中的 items.py 文件,在该文件中定义 Item,代码如下。

```
01  import scrapy
02  class JdItem(scrapy.Item):
03          # define the fields for your item here like:
04      book_name = scrapy.Field()      # 保存图书名称
05      author = scrapy.Field()         # 保存作者
06      press = scrapy.Field()          # 保存出版社
07      pass
```

图16.4 完整的jd项目结构

⑥ 打开jdSpider.py爬虫文件,在该文件中重写start_requests()方法,用于实现对京东图书排行榜的网络请求。代码如下。

```
01  def start_requests(self):
02                                                                    # 需要访问的地址
03      url = 'https://book.jd.com/booktop/0-0-0.html?category=3287-0-0-0-10001-1'
04      yield scrapy.Request(url=url, callback=self.parse)            # 发送网络请求
```

⑦ 在start_requests()方法的下面,重写parse()方法,用于实现网页数据的爬取,然后将爬取的数据添加至Item对象中。代码如下。

```
01  def parse(self, response):
02      all=response.xpath(".//*[@class='p-detail']")                 # 获取所有信息
03      book_name = all.xpath("./a[@class='p-name']/text()").extract()    # 获取所有图书名称
04      author = all.xpath("./dl[1]/dd/a[1]/text()").extract()        # 获取所有作者名称
05      press = all.xpath("./dl[2]/dd/a/text()").extract()            # 获取所有出版社名称
06      item = JdItem()                                                # 创建Item对象
07                                                                    # 将数据添加至Item对象
08      item['book_name'] = book_name
09      item['author'] = author
10      item['press'] = press
11      yield item                                                    # 打印Item信息
12      pass
```

⑧ 使用PyCharm运行当前爬虫,首先导入CrawlerProcess类与get_project_settings函数,接着创建程序入口启动爬虫。代码如下。

```
01                                                                    # 导入CrawlerProcess类
02  from scrapy.crawler import CrawlerProcess
```

```
03                                                          # 导入获取项目设置信息
04 from scrapy.utils.project import get_project_settings
05                                                          # 程序入口
06 if __name__=='__main__':
07                                                          # 创建 CrawlerProcess 类对象并传入项目设置信息参数
08     process = CrawlerProcess(get_project_settings())
09                                                          # 设置需要启动的爬虫名称
10     process.crawl('jdSpider')
11                                                          # 启动爬虫
12     process.start()
```

> **说明**
>
> 启动爬虫后控制台中将打印 Item 对象内所爬取的信息。

⑨ 确认数据已经爬取，接下来需要在 Item Pipeline 中将数据存储至 MySQL 数据库当中。首先打开 pipelines.py 文件，在该文件中首先导入 pymysql 数据库操作模块，然后通过 init() 方法初始化数据库连接参数。代码如下。

```
01 import pymysql                                           # 导入数据库连接 pymysql 模块
02 class JdPipeline(object):
03                                                          # 初始化数据库参数
04     def __init__(self,host,database,user,password,port):
05         self.host = host
06         self.database = database
07         self.user = user
08         self.password = password
09         self.port = port
```

> **注意**
>
> 如果没有 pymysql 模块需要单独安装。

⑩ 重写 from_crawler() 方法，在该方法中返回通过 crawler 获取的配置文件中的数据库参数的 cls() 实例对象。代码如下。

```
01 @classmethod
02 def from_crawler(cls,crawler):
03                          # 返回 cls() 实例对象，其中包含通过 crawler 获取的配置文件中的数据库参数
04     return cls(
05         host=crawler.settings.get('SQL_HOST'),
06         user=crawler.settings.get('SQL_USER'),
07         password=crawler.settings.get('SQL_PASSWORD'),
08         database = crawler.settings.get('SQL_DATABASE'),
09         port = crawler.settings.get('SQL_PORT')
10     )
```

⑪ 重写 open_spider() 方法，在该方法中实现启动爬虫时进行数据库的连接，以及创建数据库操作游标。代码如下。

```
01                                                          # 打开爬虫时调用
02 def open_spider(self, spider):
03                                                          # 数据库连接
04     self.db = pymysql.connect(self.host,self.user,self.password,self.database,self.port,charset='utf8')
05     self.cursor = self.db.cursor()                       # 创建游标
```

⑫ 重写 close_spider() 方法，在该方法中实现关闭爬虫时关闭数据库的连接。代码如下。

```
01                                          # 关闭爬虫时调用
02 def close_spider(self, spider):
03     self.db.close()
```

⑬ 重写 process_item() 方法，在该方法中首先将 Item 对象转换为字典类型的数据，然后将三列数据通过 zip() 函数转换成每条数据为 [('book_name',' press',' author')] 类型的数据，接着提交并返回 Item。代码如下。

```
01 def process_item(self, item, spider):
02     data = dict(item)                                    # 将 Item 转换成字典类型
03                                                          # SQL 语句
04     sql = 'insert into ranking (book_name,press,author) values(%s,%s,%s)'
05                                                          # 执行插入多条数据
06     self.cursor.executemany(sql, list(zip(data['book_name'], data['press'], data['author'])))
07     self.db.commit()                                     # 提交
08     return item                                          # 返回 Item
```

⑭ 打开 settings.py 文件，在该文件中找到激活 Item Pipeline 的代码并解除注释状态，然后设置数据库信息的变量。代码如下。

```
01                                          # Configure item pipelines
02                                          # See https://doc.scrapy.org/en/latest/topics/item-pipeline.html
03                                          # 配置数据库连接信息
04 SQL_HOST = 'localhost'                   # 数据库地址
05 SQL_USER = 'root'                        # 用户名
06 SQL_PASSWORD='root'                      # 密码
07 SQL_DATABASE = 'jd_data'                 # 数据库名称
08 SQL_PORT = 3306                          # 端口
09                                          # 开启 jd Item Pipeline
10 ITEM_PIPELINES = {
11     'jd.pipelines.JdPipeline': 300,
12 }
```

⑮ 打开 jdSpider.py 文件，在该文件中再次启动爬虫，爬虫程序执行完毕以后，打开 ranking 数据表，将显示如图 16.5 所示的数据信息。

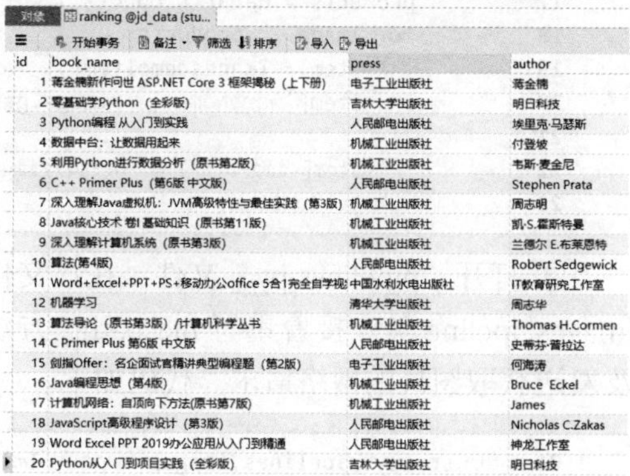

16.2 文件下载

Scrapy 提供了可以专门处理下载的 Pipeline，其中包括 Files Pipeline（文件管道）以及 Images Pipeline（图像管理）。两种项目管道的使用方式相同，只是在使用 Images Pipeline 时可以将所有下载的图片格式转换为 JPEG、RGB 格式及设置缩略图。

图 16.5 插入数据库中的排行数据

以继承 ImagesPipeline 类为例，可以重写以下三个方法。

- file_path()：该方法用于返回指定文件名的下载路径，第一个 request 参数是当前下载对应的 Request 对象。
- get_media_requests()：该方法中的第一个参数为 Item 对象，这里可以通过 Item 获取 URL，然后将 URL 加入请求列队，等待请求。
- item_completed()：当单个 Item 完成下载后的处理方法，通过该方法可以实现筛选下载失败的图片。该方法中的第一个参数 results 就是当前 Item 对应的下载结果，其中包含下载成功或失败的信息。

实例 16.2 下载京东外设商品图片

> 实例位置：资源包 \Code\16\02

以下载京东外设商品图片为例，使用 ImagesPipeline 下载图片的具体步骤如下。

① 在命令提示符窗口中通过命令创建名称为"imagesDemo"的 Scrapy 项目，然后在该项目中的 spiders 文件夹内创建"imgesSpider.py"爬虫文件，接着打开"items.py"文件，在该文件中创建存储商品名称与图片地址的 Field() 对象。代码如下。

```python
01  import scrapy                                        # 导入 scrapy 模块
02  class ImagesdemoItem(scrapy.Item):
03      wareName = scrapy.Field()                        # 存储商品名称
04      imgPath = scrapy.Field()                         # 存储商品图片地址
```

② 打开"imgesSpider.py"文件，在该文件中首先导入 json 模块，然后重写 start_requests() 方法实现获取 JSON 信息的网络请求，最后重写 parse() 方法，在该方法中实现商品名称与图片地址的提取。代码如下。

```python
01                                                       # -*- coding: utf-8 -*-
02  import scrapy                                        # 导入 scrapy 模块
03  import json                                          # 导入 json 模块
04                                                       # 导入 ImagesdemoItem 类
05  from imagesDemo.items import ImagesdemoItem
06  class ImgesspiderSpider(scrapy.Spider):
07      name = 'imgesSpider'                             # 爬虫名称
08      allowed_domains = ['ch.jd.com']                  # 域名列表
09      start_urls = ['http://ch.jd.com/']               # 网络请求初始列表
10
11      def start_requests(self):
12          url = 'http://ch.jd.com/hotsale2?cateid=686' # 获取 JSON 信息的请求地址
13          yield scrapy.Request(url, self.parse)        # 发送网络请求
14
15      def parse(self, response):
16          data = json.loads(response.text)             # 将返回的 JSON 信息转换为字典
17          products = data['products']                  # 获取所有数据信息
18          for image in products:                       # 循环遍历信息
19              item = ImagesdemoItem()                  # 创建 Item 对象
20              item['wareName'] = image.get('wareName').replace('/','')  # 存储商品名称
21                                                       # 存储商品对应的图片地址
22              item['imgPath'] = 'http://img12.360buyimg.com/n1/s320x320_' + image.get('imgPath')
23              yield item
```

③ 打开"pipelines.py"文件，在该文件中首先要导入 ImagesPipeline 类，然后让自己定义的类继承自 ImagesPipeline 类。接着重写 file_path() 方法与 get_media_requests() 方法，分别用于设置图片文件的名称及发送获取图片的网络请求。代码如下。

```python
01  from scrapy.pipelines.images import ImagesPipeline   # 导入 ImagesPipeline 类
02  import scrapy                                        # 导入 scrapy
03  class ImagesdemoPipeline(ImagesPipeline):            # 继承 ImagesPipeline 类
04                                                       # 设置文件保存的名称
05      def file_path(self, request, response=None, info=None):
06          file_name = request.meta['name']+'.jpg'      # 将商品名称设置为图片名称
07          return file_name                             # 返回文件名称
08                                                       # 发送获取图片的网络请求
09      def get_media_requests(self, item, info):
10                                                       # 发送网络请求并传递商品名称
11          yield scrapy.Request(item['imgPath'],meta={'name':item['wareName']})
```

④ 在"settings.py"文件中激活 ITEM_PIPELINES 配置信息，然后在下面定义 IMAGES_STORE 变量并指定图片下载后所保存的位置。代码如下。

```
01  ITEM_PIPELINES = {
02                                                            # 激活下载京东商品图片的管道
03      'imagesDemo.pipelines.ImagesdemoPipeline': 300,
04  }
05  IMAGES_STORE = './images'                                 # 此处的路径变量名称必须是固定的 IMAGES_STORE
```

启动"imgesSpider"爬虫，下载完成后，打开项目结构中的 images 文件夹将显示如图 16.6 所示的商品图片。

16.3 自定义中间件

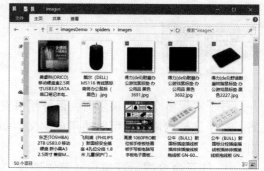

图 16.6 京东商品图片

Scrapy 中内置了多个中间件，不过在多数情况下开发者都会选择创建一个属于自己的中间件，这样既可以满足自己的开发需求，还可以节省很多开发时间。在实现自定义中间件时，需要重写部分方法，因为 Scrapy 引擎需要根据这些方法名来执行并处理。如果没有重写这些方法，Scrapy 的引擎将会按照原有的方法而执行，从而失去自定义中间件的意义。

16.3.1 设置随机请求头

设置随机请求头是爬虫程序中必不可少的一项设置，多数网站都会根据请求头内容制定一些反爬策略。在 Scrapy 爬虫框架中如果只是简单地设置一个请求头的话，可以在当前的爬虫文件中以参数的形式添加在网络请求当中。示例代码如下。

```
01  import scrapy                                                          # 导入框架
02  class HeaderSpider(scrapy.Spider):
03      name = "header"                                                    # 定义爬虫名称
04
05      def start_requests(self):
06                                                                         # 设置固定的请求头
07          self.headers = {'User-Agent':'Mozilla/5.0 (Windows NT 10.0; ''Win64; x64; rv:74.0)
08              Gecko/20100101 Firefox/74.0'}
09          return [scrapy.Request('http://httpbin.org/get', headers=self.headers,callback=
10              self.parse)]
11                                                                         # 响应信息
12      def parse(self, response):
13          print(response.text)                                           # 打印返回的响应信息
```

◎ 程序运行结果如图 16.7 所示。

```
{
    "args": {},
    "headers": {
        "Accept": "text/html,application/xhtml+xml,application/xml;q=0.9,*/*;q=0.8",
        "Accept-Encoding": "gzip, deflate",
        "Accept-Language": "en",
        "Host": "httpbin.org",
        "User-Agent": "Mozilla/5.0 (Windows NT 10.0; Win64; x64; rv:74.0) Gecko/20100101 Firefox/74.0",
        "X-Amzn-Trace-Id": "Root=1-5e859572-9d0333506e51afd083a57ca8"
    },
    "origin": "175.19.143.94",
    "url": "http://httpbin.org/get"
}
```

图 16.7 添加请求头后的运行结果

> **注意**
>
> 在没有使用指定的请求头时，发送网络请求将使用 Scrapy 默认的请求头信息，信息内容为 "User-Agent"："Scrapy/1.6.0 (+https://scrapy.org)"。

实例 16.3 设置随机请求头

实例位置：资源包 \Code\16\03

对于实现多个网络请求时，最好是每发送一次请求更换一个请求头，这样可以避免请求头的反爬策略。对于这样的需求，可以使用自定义中间件的方式实现一个设置随机请求头的中间件。具体实现步骤如下。

① 打开命令提示符窗口，首先通过 "scrapy startproject header" 命令创建一个名称为 "header" 的项目，然后通过 "cd header" 命令打开项目最外层的文件夹，最后通过 "scrapy genspider headerSpider quotes.toscrape.com" 命令创建名称为 "headerSpider" 的爬虫文件。命令行操作如图 16.8 所示。

图 16.8 命令行操作

② 打开 headerSpider.py 文件，配置测试网络请求的爬虫代码。代码如下。

```
01 def start_requests(self):
02                                                    # 设置爬取目标的地址
03     urls = [
04         'http://quotes.toscrape.com/page/1/',
05         'http://quotes.toscrape.com/page/2/',
06     ]
07
08                                                    # 获取所有地址，有几个地址发送几次请求
09     for url in urls:
10                                                    # 发送网络请求
11         yield scrapy.Request(url=url,callback=self.parse)
12 def parse(self, response):
13                                                    # 打印每次网络请求的请求头信息
14     print('请求信息为: ',response.request.headers.get('User-Agent'))
15     pass
```

③ 安装 fake-useragent 模块，然后打开 middlewares.py 文件，在该文件中首先导入 fake-useragent 模块中的 UserAgent 类，然后创建 RandomHeaderMiddleware 类并通过 init() 函数进行类的初始化工作。代码如下。

```
16 from fake_useragent import UserAgent           # 导入请求头类
17                                                 # 自定义随机请求头的中间件
18 class RandomHeaderMiddleware(object):
19     def __init__(self, crawler):
20         self.ua = UserAgent()                   # 随机请求头对象
21                                                 # 如果配置文件中不存在就使用默认的 Google Chrome 请求头
22         self.type = crawler.settings.get("RANDOM_UA_TYPE", "chrome")
```

④ 重写 from_crawler() 方法，在该方法中返回 cls() 实例对象。代码如下。

```
23 @classmethod
24 def from_crawler(cls, crawler):
```

```
25                                                          # 返回 cls() 实例对象
26          return cls(crawler)
```

⑤ 重写 process_request() 方法，在该方法中实现设置随机生成的请求头信息。代码如下。

```
27                                                          # 发送网络请求时调用该方法
28      def process_request(self, request, spider):
29                                                          # 设置随机生成的请求头
30          request.headers.setdefault('User-Agent',getattr(self.ua, self.type))
```

⑥ 打开 settings.py 文件，在该文件中找到 DOWNLOADER_MIDDLEWARES 配置信息，然后配置自定义的请求头中间件，并把默认生成的下载中间件禁用，最后在配置信息的下面添加请求头类型。代码如下。

```
31      DOWNLOADER_MIDDLEWARES = {
32                                                          # 启动自定义随机请求头中间件
33          'header.middlewares.RandomHeaderMiddleware':400,
34                                                          # 设为 None，禁用默认创建的下载中间件
35          'header.middlewares.HeaderDownloaderMiddleware': None,
36      }
37                                                          # 配置请求头类型为随机，此处还可以设置为 IE、Firefox 及 Chrome
38      RANDOM_UA_TYPE = "random"
```

⑦ 启动"headerSpider"爬虫，控制台将输出两次请求，并分别使用不同的请求头信息，如图 16.9 所示。

```
2020-04-03 13:52:33 [scrapy.core.engine] DEBUG: Crawled (200) <GET http://quotes.toscrape.com/page/1/> (referer: None)
请求信息为： b'Mozilla/5.0 (X11; OpenBSD i386) AppleWebKit/537.36 (KHTML, like Gecko) Chrome/36.0.1985.125 Safari/537.36'
2020-04-03 13:52:33 [scrapy.core.engine] DEBUG: Crawled (200) <GET http://quotes.toscrape.com/page/2/> (referer: None)
请求信息为： b'Mozilla/5.0 (X11; Ubuntu; Linux x86_64; rv:21.0) Gecko/20100101 Firefox/21.0'
```

图 16.9　输出请求头信息

说明

本次自定义中间件的重点是需要重写 process_request() 方法，该方法是 Scrapy 发送网络请求时所调用的。参数 request 表示当前的请求对象，如请求头、请求方式及请求地址等信息。参数 spider 表示爬虫程序。该方法返回值的具体说明如下。

- None：最常见的返回值，表示该方法已经执行完成并向下执行爬虫程序。
- response：停止该方法的执行，开始执行 process_response() 方法。
- request：停止当前的中间件，将当前的请求交给 Scrapy 引擎重新执行。
- IgnoreRequest：抛出异常对象，再通过 process_exception() 方法处理异常，结束当前的网络请求。

16.3.2　设置 Cookies

熟练地使用 Cookies 在编写爬虫程序时是非常重要的，Cookies 代表着用户信息，如果需要爬取登录后的网页信息时，就可以将 Cookies 信息保存，然后在第二次获取登录后的网页信息时就不需要再次登录了，直接使用 Cookies 进行登录即可。在 Scrapy 中，如果想在 Spider（爬虫）文件中直接定义并设置 Cookies 参数时，可以参考以下示例代码。

```
01                                                          # -*- coding: utf-8 -*-
02      import scrapy
```

```
03 class CookiespiderSpider(scrapy.Spider):
04     name = 'cookieSpider'                              # 爬虫名称
05     allowed_domains = ['httpbin.org/get']              # 域名列表
06     start_urls = ['http://httpbin.org/get']            # 请求初始化列表
07     cookies = {'CookiesDemo':'python'}                 # 模拟Cookies信息
08
09     def start_requests(self):
10                                                        # 发送网络请求，请求地址为start_urls列表中的第一个地址
11         yield scrapy.Request(url=self.start_urls[0],cookies=self.cookies,callback=self.parse)
12
13                                                        # 响应信息
14     def parse(self, response):
15                                                        # 打印响应结果
16         print(response.text)
17         pass
```

程序运行结果如图 16.10 所示。

注意

以上示例代码中的 Cookies 是一个模拟测试所使用的信息，并不是一个真实有效的 Cookies 信息，所以在使用时需要将 Cookies 信息设置为爬取网站对应的真实 Cookies。

```
"args": {},
"headers": {
  "Accept": "text/html,application/xhtml+xml,application/xml;q=0.9,*/*;q=0.8",
  "Accept-Encoding": "gzip,deflate",
  "Accept-Language": "en",
  "Cookie": "CookiesDemo=python",
  "Host": "httpbin.org",
  "User-Agent": "Scrapy/1.5.2 (+https://scrapy.org)",
  "X-Amzn-Trace-Id": "Root=1-5e8bda2e-0f3126c44bdc09e936468be4"
},
"origin": "175.19.143.94",
"url": "http://httpbin.org/get"
```

图 16.10　打印测试的 Cookies 信息

实例 16.4　通过 Cookies 模拟自动登录

实例位置：资源包 \Code\16\04

在 Scrapy 中，除了使用以上示例代码中的方法设置 Cookies 外，也可以使用自定义中间件的方式设置 Cookies。以爬取某网站登录后的用户名信息为例，具体实现步骤如下。

① 在 cookieSpider.py 文件中编写爬虫代码。代码如下。

```
01                                                       # -*- coding: utf-8 -*-
02 import scrapy
03 class CookiespiderSpider(scrapy.Spider):
04     name = 'cookieSpider'                             # 爬虫名称
05     allowed_domains = ['douban.com']                  # 域名列表
06     start_urls = ['http://www.douban.com']            # 请求初始化列表
07
08     def start_requests(self):
09                                                       # 发送网络请求，请求地址为start_urls列表中的第一个地址
10         yield scrapy.Request(url=self.start_urls[0],callback=self.parse)
11
12                                                       # 响应信息
13     def parse(self, response):
14                                                       # 打印登录后的用户名信息
15         print(response.xpath('//*[@id="db-global-nav"]/div/div[1]/ul/li[2]/a/span[1]/text()').extract_first())
16         pass
```

② 在 middlewares.py 文件中，定义用于格式化与设置 Cookies 的中间件，代码如下。

```
17                                                       # 自定义Cookies中间件
18 class CookiesdemoMiddleware(object):
19                                                       # 初始化
```

```
20    def __init__(self,cookies_str):
21        self.cookies_str = cookies_str
22    @classmethod
23    def from_crawler(cls, crawler):
24        return cls(
25                                                          # 获取配置文件中的 Cookies 信息
26            cookies_str = crawler.settings.get('COOKIES_DEMO')
27        )
28    cookies = {}                                          # 保存格式化以后的 Cookies
29    def process_request(self, request, spider):
30        for cookie in self.cookies_str.split(';'):        # 通过 ";" 分隔 Cookies 字符串
31            key, value = cookie.split('=', 1)             # 将 key 与值进行分割
32            self.cookies.__setitem__(key,value)           # 将分割后的数据保存至字典中
33        request.cookies = self.cookies                    # 设置格式化以后的 Cookies
```

③ 在 middlewares.py 文件中，定义随机设置请求头的中间件。代码如下。

```
34 from fake_useragent import UserAgent                    # 导入请求头类
35
36 class RandomHeaderMiddleware(object):                   # 自定义随机请求头的中间件
37     def __init__(self, crawler):
38         self.ua = UserAgent()                           # 随机请求头对象
39                                                         # 如果配置文件中不存在就使用默认的 Google Chrome 请求头
40         self.type = crawler.settings.get("RANDOM_UA_TYPE", "chrome")
41     @classmethod
42     def from_crawler(cls, crawler):
43                                                         # 返回 cls() 实例对象
44         return cls(crawler)
45                                                         # 发送网络请求时调用该方法
46     def process_request(self, request, spider):
47                                                         # 设置随机生成的请求头
48         request.headers.setdefault('User-Agent', getattr(self.ua, self.type))
```

④ 打开 settings.py 文件，在该文件中首先将 DOWNLOADER_MIDDLEWARES 配置信息中的默认配置信息禁用，然后添加用于处理 Cookies 与随机请求头的配置信息并激活，最后定义从浏览器中获取的 Cookies 信息。代码如下。

```
49 DOWNLOADER_MIDDLEWARES = {
50
51     'cookiesDemo.middlewares.CookiesdemoMiddleware': 201,    # 启动自定义 Cookies 中间件
52
53     'cookiesDemo.middlewares.RandomHeaderMiddleware':202,    # 启动自定义随机请求头中间件
54                                                              # 禁用默认生成的配置信息
55     'cookiesDemo.middlewares.CookiesdemoDownloaderMiddleware': None,
56 }
57                                                              # 定义从浏览器中获取的 Cookies
58 COOKIES_DEMO = '此处填写登录后网页中的 Cookie 信息'
```

◎ 程序运行结果如下。

阿四 sir 的账号

16.3.3 设置代理 IP

使用代理 IP 实现网络爬虫是一种有效解决反爬虫的方法，如果只是想在 Scrapy 中简单地应用一次代理 IP，可以使用以下代码。

```
01                                                          # 发送网络请求
02 def start_requests(self):
```

```
03        return [scrapy.Request('http://httpbin.org/get',callback = self.parse,
04                    meta={'proxy':'http://117.88.177.0:3000'})]
05                                                    # 响应信息
06 def parse(self, response):
07     print(response.text)                           # 打印返回的响应信息
08     pass
```

⟳ **程序运行结果如图 16.11 所示。**

💡 **注意**

在使用代理 IP 发送网络请求时，需要确保代理 IP 是一个有效的 IP，否则会出现错误。

```
{
  "args": {},
  "headers": {
    "Accept": "text/html,application/xhtml+xml,application/xml;q=0.9,*/*;q=0.8",
    "Accept-Encoding": "gzip,deflate",
    "Accept-Language": "en",
    "Cache-Control": "max-age=259200",
    "Host": "httpbin.org",
    "User-Agent": "Scrapy/1.6.0 (+https://scrapy.org)",
    "X-Amzn-Trace-Id": "Root=1-5e86e2d7-d982d9be2f8b7227b34cb2a2"
  },
  "origin": "117.88.177.0",
  "url": "http://httpbin.org/get"
}
```

图 16.11　显示设置代理 IP

实例 16.5　随机代理中间件

实例位置：资源包 \Code\16\05

如果需要发送多个网络请求时，可以自定义一个代理 IP 的中间件，在这个中间件中使用随机的方式从代理 IP 列表内随机抽取一个有效的代理 IP，并通过这个有效的代理 IP 实现网络请求。实现的具体步骤如下。

① 在"ipSpider.py"文件中编写爬虫代码。代码如下。

```
01                                                    # 发送网络请求
02 def start_requests(self):
03     return [scrapy.Request('http://httpbin.org/get',callback = self.parse)]
04                                                    # 响应信息
05 def parse(self, response):
06     print(response.text)                           # 打印返回的响应信息
07     pass
```

② 打开"middlewares.py"文件，在该文件中创建"IpdemoProxyMiddleware"类，然后定义保存代理 IP 的列表，最后重写 process_request() 方法，在该方法中实现发送网络请求时随机抽取有效的代理 IP。代码如下。

```
08 import random                                      # 导入随机模块
09 class IpRandomProxyMiddleware(object):
10                                                    # 定义有效的代理 IP 列表
11     PROXIES = [
12         '117.88.177.0:3000',
13         '117.45.139.179:9006',
14         '202.115.142.147:9200',
15         '117.87.50.89:8118']
16                                                    # 发送网络请求时调用
17     def process_request(self, request, spider):
18         proxy = random.choice(self.PROXIES)        # 随机抽取代理 IP
19         request.meta['proxy'] = 'http://'+proxy    # 设置网络请求所使用的代理 IP
```

③ 在"settings.py"文件中修改 DOWNLOADER_MIDDLEWARES 配置信息，先将默认生成的配置信息禁用，然后激活自定义随机获取代理 IP 的中间件。代码如下。

```
20 DOWNLOADER_MIDDLEWARES = {
21                                                    # 激活自定义随机获取代理 IP 的中间件
```

```
22      'ipDemo.middlewares.IpRandomProxyMiddleware':200,
23                                                              # 禁用默认生成的配置信息
24      'ipDemo.middlewares.IpdemoDownloaderMiddleware': None
25  }
```

⚪ 程序运行结果如图 16.12 所示。

📖 说明

由于上面示例中的代理 IP 均为免费的代理 IP，所以在运行示例代码时需要将其替换为最新可用的代理 IP。

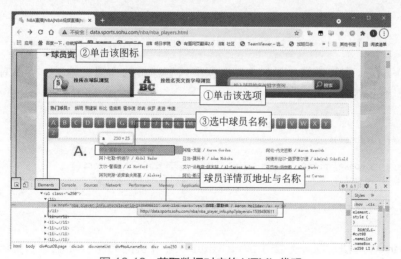

图 16.12　显示随机抽取的代理 IP

16.4　综合案例——爬取 NBA 球员资料

本章学习了 Scrapy 爬虫框架的高级应用，下面就通过本章所学习的知识实现爬取 NBA 球员资料的综合案例。

16.4.1　分析数据

爬取 NBA 球员资料时需要进行两个步骤的分析，首选需要获取每个球员的详情页地址，然后在球员的详情页地址中获取球员的详细信息。具体分析步骤如下。

① 在浏览器中打开 NBA 球员资料的首页地址（http://data.sports.sohu.com/nba/nba_players.html），然后按 F12 功能键，打开浏览器开发者工具，接着在顶部导航条中选择"Elements"选项，单击导航条左侧的图标，再用鼠标选中某个球员的名称，此时将显示对应的 HTML 代码位置。具体操作步骤如图 16.13 所示。

图 16.13　获取数据对应的 HTML 代码

📖 说明

HTML 代码中的详情页地址不完整，所以将鼠标移动至地址上方，此时鼠标下方将出现完整的详情页地址，参考完整地址补全缺失的部分。

② 打开任意球员资料的详情页地址，然后打开浏览器开发者工具依次获取球员名称、所在球队、出生城市、出生日期、位置、身高、体重及球衣号码所对应的 HTML 代码位置。如图 16.14 所示。

16.4.2 实现爬虫

爬取 NBA 球员资料的具体步骤如下。

① 安装并调试 MySQL 数据库，然后通过 Navicat for MySQL 创建数据库，名称为"player_data"，如图 16.15 所示。

图 16.14　确认球员数据所在位置

② 在任意路径下创建一个保存项目的文件夹，然后在文件夹内运行命令行窗口，接着输入"scrapy startproject nbaPlayer"命令，即可创建一个名称为"nbaPlayer"的项目。

③ 在命令行窗口中输入"cs nbaPlayer"命令，打开刚刚创建的项目文件夹，然后输入"scrapy genspider player Spider data.sports.sohu.com/nba"命令，创建爬虫文件。

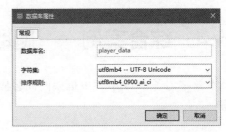

④ 打开 spiders 文件夹中的 playerSpider.py 文件，在该文件中首先导入 NbaplayerItem 类，然后重写 start_requests() 方法，在该方法中实现对球员资料首页的网络请求。代码如下。

图 16.15　创建"player_data"数据库

```
01  import scrapy                                              # 导入 scrapy 模块
02  from nbaPlayer.items import NbaplayerItem                  # 导入 Item 对象
03  class PlayerspiderSpider(scrapy.Spider):
04      name = 'playerSpider'                                  # 爬虫名称
05      allowed_domains = ['data.sports.sohu.com/nba']
06      start_urls = ['http://data.sports.sohu.com/nba/']      # 起始地址
07                                                             # 执行发送网络请求
08      def start_requests(self):
09                                                             # 发送网络请求
10          yield scrapy.Request(url=self.start_urls[0]+'nba_players.html',callback=self.parse)
```

⑤ 重写 parse() 方法，在该方法中通过 XPath 获取所有球员的详情页地址，然后对每个球员的详情页地址发送网络请求。代码如下。

```
11                                                             # 执行解析数据
12  def parse(self, response):
13                                                             # 获取所有球员的详情页地址
14      info_urls = response.xpath('//ul[@class="w250"]/li/a/@href').extract()
15      for url in info_urls:                                  # 遍历球员的详情页地址
16                                                             # 对每个球员的详情页发送网络请求,dont_filter 表示不进行过滤
17          yield scrapy.Request(url=self.start_urls[0]+url,callback=self.info_parse,dont_filter=True)
18      pass
```

⑥ 创建 info_parse() 方法，在该方法中通过 XPath 获取球员的名字、球队、出生城市、出生日期等相关信息。代码如下。

```
19                                                             # 解析球员的信息
20  def info_parse(self,response):
21                                                             # 获取球员名字
22      name = response.xpath('//div[@class="blockA"]/h2/span/text()').extract_first()
23                                                             # 获取球队名称
```

```
24    team = response.xpath('//div[@class="pt"]/ul/li/a/text()').extract_first()
25                                                    # 获取出生城市
26    city = response.xpath('//div[@class="pt"]/ul/li[2]/text()').extract_first()
27                                                    # 获取出生日期
28    date = response.xpath('//div[@class="pt"]/ul/li[3]/text()').extract_first()
29                                                    # 获取位置
30    position = response.xpath('//div[@class="pt"]/ul/li[4]/text()').extract_first()
31                                                    # 获取身高
32    height= response.xpath('//div[@class="pt"]/ul/li[5]/text()').extract_first()
33                                                    # 获取体重
34    weight= response.xpath('//div[@class="pt"]/ul/li[6]/text()').extract_first()
35                                                    # 获取球衣号码
36    number = response.xpath('//div[@class="pt"]/ul/li[7]/text()').extract_first()
37                                                    # 数据结构化
38    item = NbaplayerItem(name=name,team=team,city=city,date=date,
39          position=position,height=height,weight=weight,number=number)
40    yield item
```

⑦ 创建程序入口，用于启动爬虫。代码如下。

```
41                                                    # 导入 CrawlerProcess 类
42 from scrapy.crawler import CrawlerProcess
43                                                    # 导入获取项目设置信息
44 from scrapy.utils.project import get_project_settings
45                                                    # 程序入口
46 if __name__=='__main__':
47                                                    # 创建 CrawlerProcess 类对象并传入项目设置信息参数
48    process = CrawlerProcess(get_project_settings())
49                                                    # 设置需要启动的爬虫名称
50    process.crawl('playerSpider')
51                                                    # 启动爬虫
52    process.start()
```

⑧ 打开项目文件结构中的 items.py 文件，在该文件中定义 Item，代码如下。

```
53 import scrapy
54 class NbaplayerItem(scrapy.Item):
55                                                    # define the fields for your item here like:
56                                                    # 球员名字
57    name = scrapy.Field()
58                                                    # 球队
59    team = scrapy.Field()
60                                                    # 出生城市
61    city = scrapy.Field()
62                                                    # 出生日期
63    date = scrapy.Field()
64                                                    # 位置
65    position = scrapy.Field()
66                                                    # 身高
67    height = scrapy.Field()
68                                                    # 体重
69    weight = scrapy.Field()
70                                                    # 球衣号码
71    number = scrapy.Field()
72    pass
```

⑨ 打开 pipelines.py 文件，在该文件中首先导入 pymysql 数据库操作模块，然后通过 init() 方法初始化数据库连接参数。代码如下。

```
73 import pymysql
74
```

```python
75  class NbaplayerPipeline:
76                                              # 初始化数据库参数
77      def __init__(self,host,database,user,password,port):
78          self.host = host
79          self.database = database
80          self.user = user
81          self.password = password
82          self.port = port
```

⑩ 重写 from_crawler() 方法，在该方法中返回通过 crawler 获取的配置文件中的数据库参数的 cls() 实例对象。代码如下。

```python
83  @classmethod
84  def from_crawler(cls, crawler):
85                                  # 返回 cls() 实例对象，其中包含通过 crawler 获取的配置文件中的数据库参数
86      return cls(
87          host=crawler.settings.get('SQL_HOST'),
88          user=crawler.settings.get('SQL_USER'),
89          password=crawler.settings.get('SQL_PASSWORD'),
90          database=crawler.settings.get('SQL_DATABASE'),
91          port=crawler.settings.get('SQL_PORT')
92      )
```

⑪ 重写 open_spider() 方法，在该方法中实现启动爬虫时进行连接数据库、创建数据库操作游标、创建数据表操作。代码如下。

```python
93                                                                          # 打开爬虫时调用
94  def open_spider(self, spider):
95                                                                          # 数据库连接
96      self.db = pymysql.connect(host=self.host,user=self.user,password= self.password,database=self.database,
            port=self.port, charset='utf8mb4')
97      self.cursor = self.db.cursor()                                      # 创建游标
98                                                                          # 创建数据表
99      self.cursor.execute('create table if not exists player_info (id int(10) primary key,name varchar(20),'
        'team varchar(20),city varchar(20),date varchar(20),position varchar(20),height varchar(20)'
        ',weight varchar(20),number varchar(20))')
```

⑫ 重写 close_spider() 方法，在该方法中实现关闭爬虫时关闭数据库的连接。代码如下。

```python
100                                                                          # 关闭爬虫时调用
101 def close_spider(self, spider):
102     self.db.close()
```

⑬ 重写 process_item() 方法，在该方法中首先判断球员出生城市是否为 None，如果是 None 需要将其修改为无，然后通过 SQL 语句执行数据的插入，最后提交并返回 Item。代码如下。

```python
103                                                                          # 将爬取的数据插入数据库当中
104 i=0
105 def process_item(self, item, spider):
106     self.i+=1                                                            # 自增 id
107     if item['city'] is None:                                             # 如果出生城市为 None
108         city = ' 无 '                                                    # 修改为字符串 " 无 "
109     else:
110         city = item['city']
111
112                                                                          # sql 语句
113     sql = 'insert into player_info (id,name,team,city,date,position,height,weight,number) values {}'\
114         .format((self.i,item['name'],item['team'],city,
115         item['date'],item['position'],item['height'],
```

```
116                 item['weight'],item['number']))
117                                                        # 执行插入多条数据
118         self.cursor.execute(sql)
119         self.db.commit()                               # 提交
120         return item                                    # 返回 item
```

⑭ 打开 settings.py 文件,在该文件中找到激活项目管道的代码并解除注释状态,然后设置数据库信息的变量。代码如下。

```
121
122  SQL_HOST = 'localhost'                           # 配置数据库连接信息
123  SQL_USER = 'root'                                # 数据库地址
124  SQL_PASSWORD='root'                              # 用户名
125  SQL_DATABASE = 'player_data'                     # 密码
126  SQL_PORT = 3306                                  # 数据库名称
127  ITEM_PIPELINES = {                               # 端口
128      'nbaPlayer.pipelines.NbaplayerPipeline': 300,
129  }
```

⑮ 打开 playerSpider.py 文件,在该文件中启动爬虫,爬虫程序执行完毕以后,打开 player_data 数据表,将显示如图 16.16 所示的数据信息。

16.5 实战练习

在本章案例中,首先在 NBA 球员的首页中获取了所有球员的详情页地址,然后频繁发送了 519 个网络请求,为了避免服务器实行请求头反爬策略,试着为该案例的爬虫程序设置随机请求头。

图 16.16 插入数据库中的 NBA 球员数据

小结

本章主要介绍了 Scrapy 爬虫框架的一些高级应用,首先介绍了当爬取的数据存放在 Items 之后,会触发 Item Pipeline 对 Items 的操作。Item Pipeline 被存放在 pipelines.py 文件中,该文件用于实现数据的存储。除了爬取数据以外,Scrapy 还提供了一个 Media Pipeline,其中分为 Files Pipeline 和 Images Pipeline,用于实现文件的下载。最后通过所学知识实现了综合案例(爬取 NBA 球员资料)与实战练习。Scrapy 爬虫框架不仅实现了爬虫的规范化与效率化,还具备很好的扩展性(自定义开发),可以满足开发人员实现不同的开发需求。

第 2 篇 实战篇

- 第 17 章 基于正则表达式爬取编程 e 学网视频
- 第 18 章 基于正则表达式爬取免费代理 IP
- 第 19 章 基于 beautifulsoup4 爬取酷狗 TOP500 音乐榜单
- 第 20 章 基于 beautifulsoup4 爬取段子网
- 第 21 章 基于 beautifulsoup4 爬取汽车之家图片
- 第 22 章 使用多进程爬取电影资源
- 第 23 章 基于多进程实现二手房数据查询
- 第 24 章 基于动态渲染页面爬取京东图书销量排行榜
- 第 25 章 爬取中关村在线中的手机数据
- 第 26 章 基于异步请求爬取北、上、广、深租房信息
- 第 27 章 基于 XPath 爬取豆瓣电影 Top250
- 第 28 章 分布式爬取新闻数据
- 第 29 章 微信智能机器人

第17章 基于正则表达式爬取编程e学网视频 (requests+re)

视频是指将一系列静态影像以电信号的方式进行捕捉、记录、处理、存储、传送与重现等的技术。连续的图像变化每秒超过24帧画面以上时，根据视觉暂留原理，人眼无法辨别单幅的静态画面，看上去是平滑、连续的视觉效果，这样连续的画面就叫作视频。本章将使用requests模块与正则表达式爬取编程e学网视频。

17.1 案例效果预览

编程e学网中的视频页面如图17.1所示，运行爬虫程序以后将自动下载如图17.2所示的Java视频.mp4文件。

图17.1 网页中的视频

图17.2 下载的Java视频.mp4文件

17.2 案例准备

本案例的软件开发及运行环境具体如下。
- 操作系统：Windows 10。
- 语言：Python 3.8。
- 开发环境：PyCharm。
- 模块：requests、re。

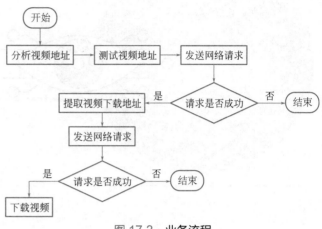

17.3 业务流程

在编写爬取编程 e 学网视频的爬虫程序前，需要先了解实现该爬虫程序的业务流程。根据爬虫程序的业务需求，设计如图 17.3 所示的业务流程图。

图 17.3　业务流程

17.4 实现过程

17.4.1 查找视频页面

既然是爬取视频，那么爬虫的第一步就是找到视频的指定页面，具体步骤如下。

① 在浏览器中打开编程 e 学网地址（http://site2.rjkflm.com:666/），然后将页面滑动至下面的"精彩课程"区域，单击"第一课 初识 Java"，如图 17.4 所示。

② 在视频列表中找到"第 1 节什么是 Java"，然后单击"什么是 Java"，查看对应课程视频，如图 17.5 所示。

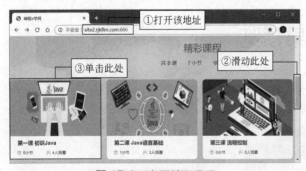

图 17.4　查看精彩课程

图 17.5　查看课程视频

③ 单击"什么是 Java"以后，将自动打开当前课程的视频页面，如图 17.6 所示。

> 📄 **说明**
>
> 此处需要保留当前页面的网络地址（http://site2.rjkflm.com:666/index/index/view/id/1.html），用于爬虫程序的请求地址。

指点迷津

因为在下载视频前需要先确定下载哪一个视频，所以实现爬虫的第一步就是查找需要下载的视频页面。

17.4.2 分析视频地址

在 17.4.1 节中已经成功地找到了视频播放页面，那么接下来只需要在当前页面的 HTML 代码中找到视频地址即可。

图 17.6 视频播放页面

① 按 F12 功能键，打开浏览器开发者工具（这里使用谷歌浏览器），然后在顶部导航条中选择"Elements"选项，接着单击导航条左侧的图标，再用鼠标选中播放视频的窗口，此时将显示视频窗口所对应的 HTML 代码位置。具体操作步骤如图 17.7 所示。

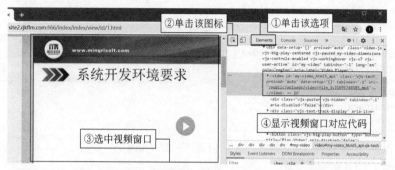

图 17.7 获取视频窗口对应的 HTML 代码位置

② 在视频窗口对应的 HTML 代码中，找到以 .mp4 结尾的链接地址，如图 17.8 所示。

图 17.8 找到视频链接

③ 由于 HTML 代码中的链接地址并不完整，所以需要将网站首页地址与视频链接地址进行拼接，然后在浏览器中打开拼接后的完整地址，测试是否可以正常观看视频，如图 17.9 所示。

图 17.9 测试拼接后的视频地址

指点迷津

因为下载视频时需要视频的下载地址，所以要在网页的 HTML 代码中找到视频的下载地址。如果 HTML 代码中的视频地址不完整，此时需要根据地址规律拼接视频地址并进行测试。

17.4.3 实现视频下载

视频地址分析完成以后，接下来则需要编写爬虫代码。首先需要定义视频播放页面的 url 与请求头信息，然后通过 requests.get() 方法发送网络请求，接着在返回的 HTML 代码中，通过正则表达式匹配视频地址的数据并将视频地址拼接完整，最后再次对拼接后的视频地址发送网络请求，再通过 open() 函数将返回的视频二进制数据写成视频文件。代码如下。

源码位置　　资源包 \Code\17\demo.py

```python
01  import requests                                                              # 导入 requests 模块
02  import re                                                                    # 导入 re 模块
03                                                                               # 定义视频播放页面的 url
04  url = 'http://site2.rjkflm.com:666/index/index/view/id/1.html'
05                                                                               # 定义请求头信息
06  headers = {'User-Agent':'Mozilla/5.0 (Windows NT 10.0; WOW64) AppleWebKit/537.36 (KHTML, like Gecko) Chrome/83.0.4103.61 Safari/537.36'}
07  response = requests.get(url=url,headers=headers)                             # 发送网络请求
08  if response.status_code==200:                                                # 判断请求成功后
09                                                                               # 通过正则表达式匹配视频地址
10      video_url = re.findall('<source src="(.*?)" type="video/mp4">',response.text)[0]
11      video_url='http://site2.rjkflm.com:666/'+video_url                       # 将视频地址拼接完整
12                                                                               # 发送下载视频的网络请求
13      video_response = requests.get(url=video_url,headers=headers)
14      if video_response.status_code==200:                                      # 如果请求成功
15          data = video_response.content                                        # 获取返回的视频二进制数据
16          file =open('Java 视频 .mp4','wb')                                    # 创建 open 对象
17          file.write(data)                                                     # 写入数据
18          file.close()                                                         # 关闭
```

程序执行完成以后，将在项目文件目录下自动生成"Java 视频 .mp4"文件，如图 17.10 所示。

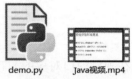

图 17.10　下载的 Java 视频 .mp4 文件

小结

本章主要介绍了如何爬取编程 e 学网视频，该爬虫程序主要使用了 requests 与 re 模块，首先需要使用 requests 模块发送网络请求，然后通过 re. findall() 方法提取了网页中下载视频的 URL 地址，接着再次向视频的 URL 地址发送网络请求，接收服务器响应的二进制视频数据，最后通过 open() 函数将视频保存至本地磁盘中即可。

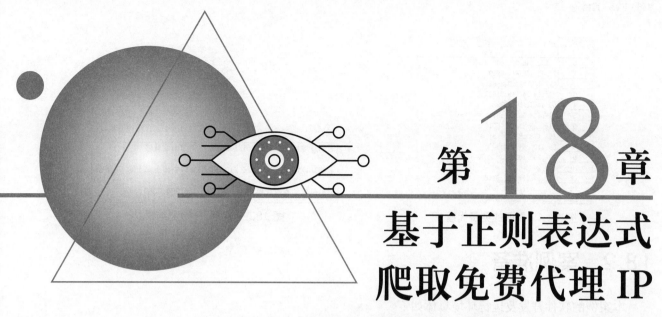

第 18 章
基于正则表达式爬取免费代理 IP
(requests+pandas+re+random)

代理 IP 一般是指代理服务器。代理服务器（proxy server）的功能是代理网络用户去取得网络信息。形象地说，它是网络信息的中转站，是个人网络和 Internet 服务商之间的中间代理机构，负责转发合法的网络信息，对转发进行控制和登记。

在爬取网页的过程中，经常会出现不久前可以爬取的网页现在无法爬取了，这是因为 IP 被爬取网站的服务器所屏蔽了。为了避免目标网页的后台服务器对我们实施封锁 IP 的操作，我们可以每发送一次网络请求更换一个 IP，从而降低被发现的风险。其实在获取免费的代理 IP 之前，需要先找到提供免费代理 IP 的网页，然后通过爬虫技术将大量的代理 IP 提取并保存至文件当中。然后需要对保存在文件中的代理 IP 进行检测，当再次启动爬虫时，可以每发送一次网络请求就随机抽取一个有效的（免费）代理 IP，从而避免目标网页后台服务器的封锁。本章将通过爬取免费代理 IP 的案例，学习免费代理 IP 的获取、筛选、检测等技术。

18.1 案例效果预览

运行爬取免费代理 IP 的爬虫程序，代理 IP 与端口号将自动保存至 Excel 文件当中，如图 18.1 所示。启动检测代理 IP 的爬虫程序将显示如图 18.2 所示的检测结果。

A	B
	ip
0	121.8.146.99:8060
1	27.42.168.46:48919
2	123.185.222.248:8118
3	27.154.34.146:31527
4	59.44.78.30:42335
5	118.114.96.251:8118
6	115.223.77.101:8010
7	182.138.182.133:8118
8	59.110.154.102:8080
9	221.206.100.133:34073
10	118.24.246.249:80
11	117.94.213.165:8118
12	121.237.148.78:3000
13	222.95.144.246:3000

图 18.1　爬取的免费代理 IP

您的IP地址是：1.70.64.140来自：中国山西晋城 电信

您的IP地址是：139.224.210.204来自：中国上海上海 阿里云

随机抽取的有效代理IP： 139.224.210.204:8080

图 18.2　代理 IP 检测结果

18.2　案例准备

本案例的软件开发及运行环境具体如下。

- 操作系统：Windows 10。
- 语言：Python 3.8。
- 开发环境：PyCharm。
- 第三方模块：requests、pandas（1.0.3）、re、random。

18.3　业务流程

在编写爬取免费代理 IP 的爬虫程序前，需要先了解实现该爬虫程序的业务流程。根据爬虫程序的业务需求，设计如图 18.3 所示的业务流程图。

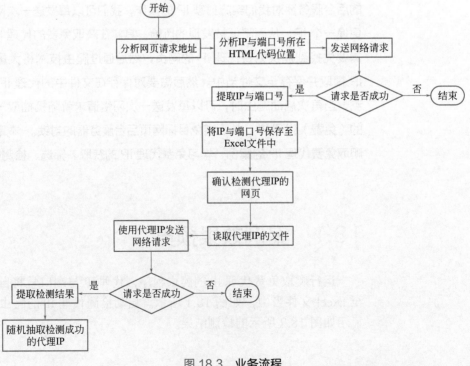

图 18.3　业务流程

18.4 实现过程

18.4.1 分析请求地址

需要先找到一个提供免费代理 IP 的网站，如"https://www.dieniao.com/FreeProxy/1.html"，如图 18.4 所示。分析每页的请求地址，具体操作步骤如下。

① 打开免费代理 IP 网站的首页，查看网页地址，如图 18.5 所示。

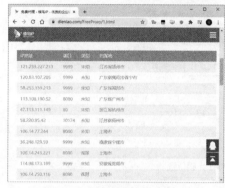

图 18.4 免费代理 IP 的网站

图 18.5 免费代理 IP 的网页地址

② 在网页左上角选择数字②，将页面切换至第二页。如图 18.6 所示。

③ 对比两页地址可以发现，第二页地址尾部出现数字 2。此时可以将首页地址修改为"https://www.dieniao.com/FreeProxy/1.html"，并确认是否可以正常访问首页。如图 18.7 所示。

图 18.6 免费代理 IP 的第二页地址

图 18.7 确认根据规律修改后的首页地址

④ 根据以上测试的规律，依次检测如下地址，并确认是否可以正常打开指定页数所对应的页面。

    https://www.dieniao.com/freeProxy/1.html 第一页
    https://www.dieniao.com/freeProxy/2.html 第二页
    https://www.dieniao.com/freeProxy/3.html 第三页
    https://www.dieniao.com/freeProxy/4.html 第四页

📖 **指点迷津**

> 因为代理 IP 的网页中含有多个页面，所以需要分析每一页的请求地址与请求地址切换页面的规律。

18.4.2 确认数据所在位置

在浏览器中按 F12 功能键，打开开发者工具，然后在开发者工具顶部选择"Elements"选项，然后选

中左侧 图标，接着将鼠标移动至网页中 IP 地址上，单击即可确认所选 IP 对应的 HTML 代码位置，如图 18.8 所示。

> **指点迷津**
>
> 因为需要在网页的 HTML 代码中提取代理 IP 与端口号，所以第二步就需要确定代理 IP 与端口号在 HTML 代码中的位置。

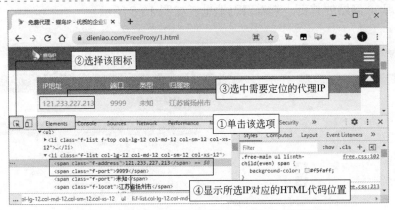

图 18.8　确认代理 IP 所在网页的 HTML 代码位置

18.4.3　爬取代理 IP 并保存

编写爬虫的代码，首先需要导入程序所需要的模块与包，代码如下。

源码位置　　　资源包 \Code\18\demo.py

```
01  from requests import packages              # 导入模块中的包
02  import requests                            # 导入网络请求模块
03  import re                                  # 导入 re 模块
04  import pandas as pd                        # 导入 pandas 模块
```

创建保存 IP 地址的列表，然后自定义一个 get_ip() 方法，在该方法中实现发送网络请求及响应数据的提取，代码如下。

源码位置　　　资源包 \Code\18\demo.py

```
05  ip_list = []                                                       # 创建保存 IP 地址的列表
06
07  def get_ip(url,headers):
08      packages.urllib3.disable_warnings()                            # 关闭 SSL 警告
09                                                                     # 发送网络请求
10      response = requests.get(url,headers=headers,verify=False)
11      response.encoding = 'utf-8'                                    # 设置编码方式
12      if response.status_code == 200:                                # 判断请求是否成功
13                                                                     # 提取所有 IP 对应的标签
14          ip_all = re.findall("<span class='f-address'>(.*?)</span>",response.text)
15                                                                     # 提取所有端口号对应的标签
16          port_all = re.findall("<span class='f-port'>(.*?)</span>",response.text)
17          port_list = list(filter(lambda x:x.isdigit(),port_all))    # 将端口号筛选出来
18          for ip,port in zip(ip_all[1:],port_list):                  # 遍历 IP 与端口号
19              ip_list.append(ip + ':' + port)                        # 将 IP 与端口号组合并添加至列表当中
20              print('代理 ip 为：', ip, '对应端口为：', port)
```

创建请求头信息，然后在程序入口循环调用获取免费代理 IP 的自定义方法 get_ip()，最后将爬取的 IP

数据保存至 Excel 文件当中。代码如下。

源码位置 资源包 \Code\18\demo.py

```
                                                                   # 头部信息
headers = {'User-Agent': 'Mozilla/5.0 (Windows NT 10.0; Win64; x64) '
                         'AppleWebKit/537.36 (KHTML, like Gecko) '
                         'Chrome/72.0.3626.121 Safari/537.36'}
if __name__ == '__main__':
    ip_table = pd.DataFrame(columns=['ip'])                         # 创建临时表格数据
    for i in range(1,5):
                                                                   # 获取免费代理 IP 的请求地址
        url = 'https://www.dieniao.com/FreeProxy/{page}.html'.format(page=i)
        get_ip(url,headers)
    ip_table['ip'] = ip_list                                       # 将提取的 ip 保存至 excel 文件中的 ip 列
                                                                   # 生成 xlsx 文件
    ip_table.to_excel('ip.xlsx', sheet_name='data')
```

程序代码运行后控制台将显示如图 18.9 所示的代理 IP 与对应端口号，项目文件中将自动生成“ip.xlsx”文件，文件内容如图 18.10 所示。

```
代理ip为： 121.8.146.99 对应端口为： 8060
代理ip为： 27.42.168.46 对应端口为： 48919
代理ip为： 123.185.222.248 对应端口为： 8118
代理ip为： 27.154.34.146 对应端口为： 31527
代理ip为： 59.44.78.30 对应端口为： 42335
代理ip为： 118.114.96.251 对应端口为： 8118
代理ip为： 115.223.77.101 对应端口为： 8010
代理ip为： 182.138.182.133 对应端口为： 8118
代理ip为： 59.110.154.102 对应端口为： 8080
代理ip为： 221.206.100.133 对应端口为： 34073
代理ip为： 118.24.246.249 对应端口为： 80
代理ip为： 117.94.213.165 对应端口为： 8118
代理ip为： 121.237.148.78 对应端口为： 3000
代理ip为： 222.95.144.246 对应端口为： 3000
代理ip为： 113.12.202.50 对应端口为： 40498
代理ip为： 117.88.4.35 对应端口为： 3000
```

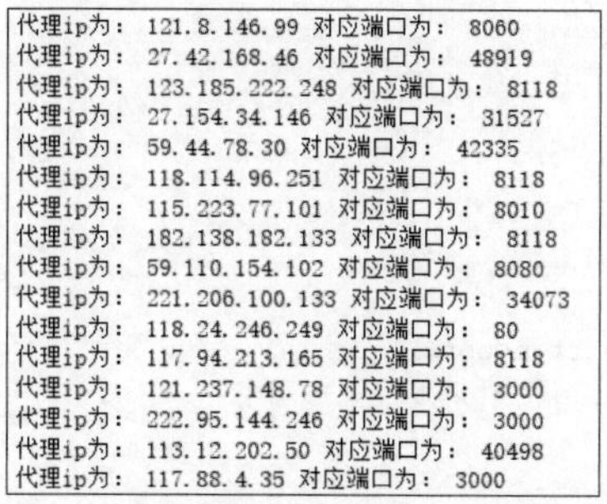

图 18.9　控制台显示代理 IP 与对应端口号

A	B
	ip
0	121.8.146.99:8060
1	27.42.168.46:48919
2	123.185.222.248:8118
3	27.154.34.146:31527
4	59.44.78.30:42335
5	118.114.96.251:8118
6	115.223.77.101:8010
7	182.138.182.133:8118
8	59.110.154.102:8080
9	221.206.100.133:34073
10	118.24.246.249:80
11	117.94.213.165:8118
12	121.237.148.78:3000
13	222.95.144.246:3000

图 18.10　ip.xlsx 文件内容

18.4.4　检测代理 IP

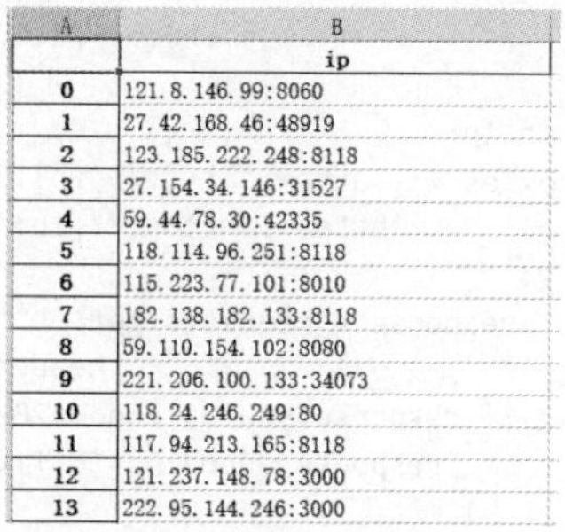

提供免费代理 IP 的网站有很多，但是经过测试会发现并不是所有的免费代理 IP 都是有效的，甚至更不是匿名 IP（即获取远程访问用户的 IP 地址是代理服务器的 IP 地址，不是用户本地真实的 IP 地址）。所以要使用爬取下来的免费代理 IP，就需要对这个 IP 进行检测。

在实现代理 IP 的检测时，首先需要找到一个可以查询 IP 位置的网页，然后再获取网页的请求地址，如图 18.11 所示。

确认代理 IP 匿名地址在网页中的标签位置。首先需要在浏览器中按下 F12 功能键，打开开发者工具，然后在开发者工具顶部选择“Elements”选项，然后选中左侧图标，接着将鼠标移动至网页中代理 IP 匿名地址上，单击即可确认所选代理 IP 匿名地址对应的 HTML 代码的位置，如图 18.12 所示。

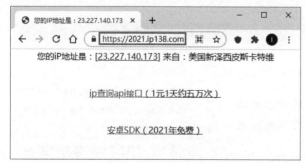

图 18.11　查询 IP 位置的网页

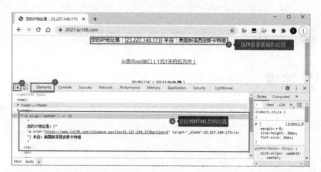

图 18.12　确认所选代理 IP 匿名地址对应的 HTML 代码位置

编写爬虫程序。首先导入程序所使用的模块，然后读取代理IP文件中的所有代理IP数据。代码如下。

源码位置　　　　　　　　　　　　　　　　　　　　　　　　资源包 \Code\18\demo2.py

```python
01 import requests                              # 导入网络请求模块
02 import pandas                                # 导入pandas模块
03 import re                                    # 导入re模块
04 import random                                # 导入随机模块
05 ip_table = pandas.read_excel('ip.xlsx')      # 读取代理IP文件内容
06 ip = ip_table['ip']                          # 获取代理IP列信息
07 effective_ip = []                            # 保存验证后的IP，然后可以从这个列表中随机抽取一个有效的代理IP
```

创建一个请求头信息，然后通过for循环遍历读取的代理IP，并通过遍历出来的代理IP发送网络请求，最后将提取的IP匿名信息打印出来。代码如下。

源码位置　　　　　　　　　　　　　　　　　　　　　　　　资源包 \Code\18\demo2.py

```python
08                                                              # 头部信息
09 headers = {'User-Agent': 'Mozilla/5.0 (Windows NT 10.0; Win64; x64) '
10                          'AppleWebKit/537.36 (KHTML, like Gecko) '
11                          'Chrome/72.0.3626.121 Safari/537.36'}
12                                                              # 循环遍历代理IP并通过代理发送网络请求
13 for i in ip:
14     proxies = {'http':'http://{ip}'.format(ip=i),
15                'https':'https://{ip}'.format(ip=i)}
16     try:
17         response = requests.get('https://2021.ip138.com/',
18                         headers=headers,proxies=proxies,timeout=2)
19         if response.status_code==200:       # 判断请求是否成功，请求成功说明代理IP可用
20             response.encoding='utf-8'       # 进行编码
21                                             # 获取IP地址
22             ip = re.findall('<title>(.*?)</title>',response.text)[0]
23                                             # 获取位置
24             position = re.findall('] (.*?)</p>',response.text,re.S)[0]
25             info = ip+position              # 组合匿名IP的信息
26             print(info)                     # 输出当前IP匿名信息
27             effective_ip.append(i)          # 将有效的代理IP保存在列表中
28     except Exception as e:
29         pass
30         print('错误异常信息为：',e)           # 打印异常信息
```

使用 random 模块中的 choice() 方法，在有效代理 IP 的列表中随机抽取一个代理 IP，然后将这个 IP 打印出来。代码如下。

源码位置　　　　　　　　　　　　　　　　　　　　　　　　资源包 \Code\18\demo2.py

```python
31 random_ip = random.choice(effective_ip)     # 在有效代理IP的列表中随机抽取一个代理IP
32 print("随机抽取的有效代理IP：",random_ip)    # 打印随机抽取的代理IP
```

程序运行结果如图 18.13 所示。

注意

如果以上示例代码运行出错，可能是查询IP的请求地址出现问题，读者可以根据自己查找的（IP查询）请求地址进行更换。

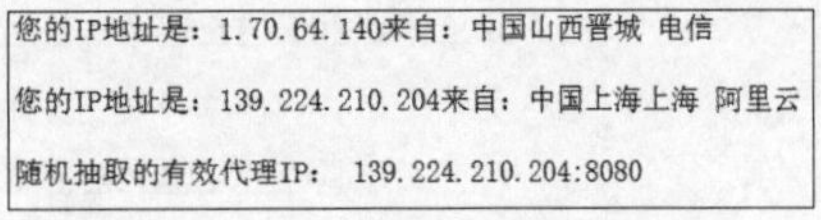

```
您的IP地址是：1.70.64.140来自：中国山西晋城 电信
您的IP地址是：139.224.210.204来自：中国上海上海 阿里云
随机抽取的有效代理IP：139.224.210.204:8080
```

图 18.13　打印可用的匿名代理 IP

指点迷津

在编写检测代理 IP 的爬虫代码时，首先需要找到一个可以检测代理 IP 的网页，然后使用已经爬取的代理 IP 向检测代理 IP 的网页发送网络请求，请求成功后可以提取检测结果，如果没有请求成功则会出现代理 IP 异常或超时异常等提示信息。

小结

本章主要介绍了代理 IP 的作用，以及如何通过爬虫爬取免费的代理 IP。读者在编写爬虫程序时，需要重视爬虫的爬取思路而不是爬虫的源代码。首先需要确认在哪个网页中爬取免费的代理 IP，然后分析网页的请求地址，接着确认数据在网页标签中的哪些位置，最后开始编写爬虫程序，主要分为三步：获取请求地址、确认数据位置、爬取 IP 并保存。

扫码领取
- 视频讲解
- 源码下载
- 配套答案
- 拓展资料
- ……

第19章 基于 beautifulsoup4 爬取酷狗 TOP500 音乐榜单 (requests+bs4+time+random)

音乐是一种艺术形式和文化活动，听音乐可以舒缓人的心情，还可以起到放松、享受、宣泄等作用。音乐榜单是电视、电台、网络等媒体为满足广大歌迷对流行乐坛新歌的期待而推出的一种活动。类似于古代的科举揭榜，即按照观众的喜爱及关注的程度设立的一种等级。媒体往往与全国各大唱片公司及歌手建立长期密切的联系，伴随着市场的不断开拓和流行乐坛的迅猛发展，很多媒体都设立了这样一种排行榜。本章将制作一个可以爬取酷狗 TOP500 音乐榜单的爬虫程序。

19.1 案例效果预览

爬虫程序启动后将自动爬取酷狗 TOP500 音乐榜单中的音乐信息，爬取结果如图 19.1 所示。

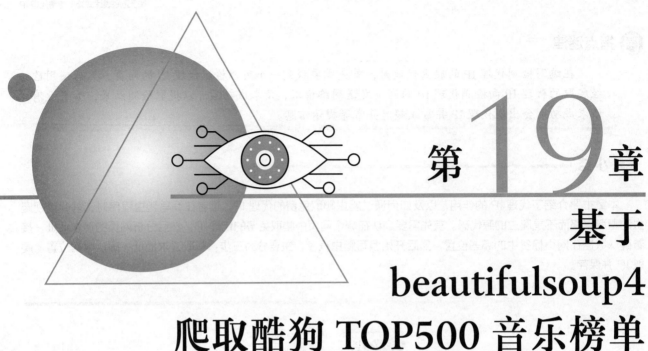

图 19.1 爬取的酷狗 TOP500 音乐榜单中的音乐信息

19.2 案例准备

本案例的软件开发及运行环境具体如下。
- 操作系统：Windows 10。
- 语言：Python 3.8。
- 开发环境：PyCharm。
- 模块：requests、bs4、time、random。

19.3 业务流程

在编写爬取酷狗 TOP500 音乐榜单的爬虫程序前，需要先了解实现该爬虫程序的业务流程。根据爬虫程序的业务需求，设计如图 19.2 所示的业务流程图。

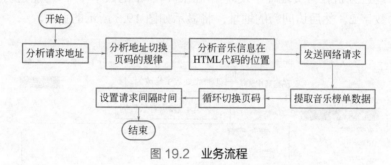

图 19.2　业务流程

19.4 实现过程

19.4.1 分析每页的请求地址

分析每页的请求地址，打开酷狗 TOP500 音乐榜单首页（https://www.kugou.com/yy/rank/home/1-8888.html?from=rank），如图 19.3 所示。

图 19.3　酷狗 TOP500 音乐榜单首页

将网页拖曳至底部，如图 19.4 所示，首先可以确认每页有 22 条音乐信息但并没有切换页面的按钮。

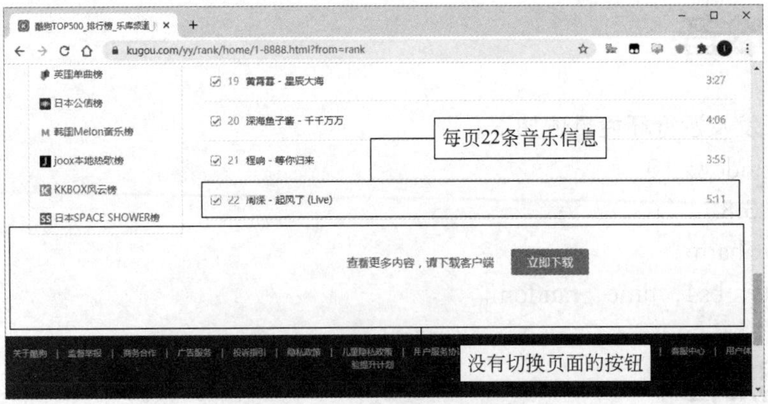

图 19.4　确认每页信息数量

如果在首页中没有找到切换页面的相关线索，可以试着从首页的网络地址中查找，看是否含有类似于页面对应的数字。经过分析在首页地址中发现"home/1"（中的数字 1），可能是切换页面的关键数字，试着将数字 1 修改为数字 2，然后访问新的地址，将显示如图 19.5 所示的页面。

图 19.5　测试第 2 页网络地址

根据以上测试的规则进行计算，每页有 22 条音乐信息，整个排行榜有 500 条信息，可以计算出末尾页应该是第 23 页。将网页地址中"home/2"的数字修改为"23"，测试结果如图 19.6 所示。

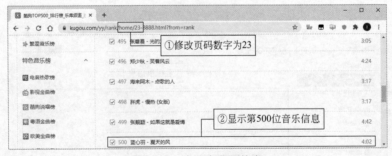

图 19.6　确认末尾页信息

根据以上页面网络地址的分析，发现每页的 URL 地址的规律如图 19.7 所示。

19.4.2　分析信息所在标签位置

分析音乐信息在网页的 HTML 代码的位置。首先打开浏览器开发者工具，然后在顶部选择"Elements"

选项，并单击 图标，接着选中网页中排名编号、音乐名称与歌手姓名及歌曲时长等信息，查看所在 HTML 代码的位置，如图 19.8 所示。

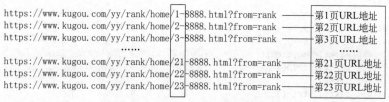

图 19.7　每页的 URL 地址的规律

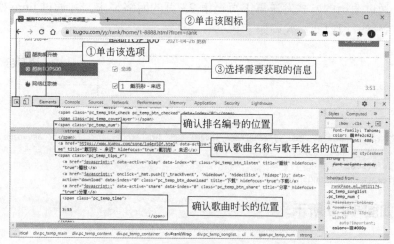

图 19.8　确认音乐信息在 HTML 代码的位置

📖 指点迷津

> 在编写爬虫代码前，需要先确认音乐信息在网页 HTML 代码中的位置，否则无法实现数据的提取工作。

19.4.3　编写爬虫代码

导入需要使用的模块，自定义发送网络请求的方法，主要用于实现发送网络请求与 HTML 代码的解析工作。代码如下。

源码位置　资源包\Code\19\demo.py

自定义提取与处理音乐信息的方法，主要通过 CSS 方式提取排名编号、歌名与歌手、歌曲时长及歌曲信息。代码如下。

源码位置　　　　　　　　　　　　　　　　　　　　　　资源包 \Code\19\demo.py

```python
12  def music_info(s):
13      ranks=s.select('span.pc_temp_num')          # 获取所有排名编号对应的标签
14      name=s.select('div.pc_temp_songlist >ul > li>a')  # 获取所有歌曲与歌手名称对应的标签
15      time = s.select('span.pc_temp_time')        # 获取所有歌曲时间对应的标签
16      for r,n,t in zip(ranks,name,time):          # 循环遍历所有数据
17          rank = r.get_text().strip()             # 获取排名信息
18          name = n.get_text()                     # 获取歌曲名称和歌手姓名
19          time = t.get_text().strip()             # 获取歌曲时长
20          print(rank,name,time)                   # 打印歌曲信息
```

创建程序入口，通过遍历的方式发送第 1 页至第 23 页的网络请求，并通过 time 模块与 random 模块实现每请求一次随机等待一段时间。代码如下。

源码位置　　　　　　　　　　　　　　　　　　　　　　资源包 \Code\19\demo.py

```python
21  if __name__ == '__main__':                      # 创建程序入口
22      for page in range(1,24):                    # 循环发送每页的网络请求
23                                                  # 循环切换每页的请求地址
24          url = 'https://www.kugou.com/yy/rank/home/{page}-8888.html?from=rank'.format(page=page)
25          soup=network_request(url)               # 发送网络请求并获取解析后的 soup 对象
26          music_info(soup)                        # 提取数据
27          time.sleep(random.randint(2,4))         # 等待随机时间
```

程序运行结果如图 19.9 所示。

```
Run:    demo ×
        H:\Python\Python38\python38.exe C:/Users/Administrator/Desktop/demo/demo.py
        1 戴羽彤 - 来迟 3:53
        2 CORSAK胡梦周、马吟吟 - 溯 (Live) 4:04
        3 白小白 - 爱不得忘不舍 (DJ版) 3:59
        4 刘惜君、王赫野 - 大风吹 (Live) 3:42
        5 尹昔眠 - 奔赴星空 3:23
        6 王赫野 - 大风吹 2:44
        7 金池 - 谁不是 4:02
        8 王靖雯不胖 - 沦陷 3:54
        9 陈雅森 - 下辈子不一定还能遇见你 3:58
        10 林俊杰 - 爱不会绝迹 4:00
```

图 19.9　爬取的酷狗音乐信息

小结

本章主要介绍了如何爬取酷狗 TOP500 音乐榜单，该爬虫程序主要使用了 requests、bs4、time、random 多个模块。首先使用 requests.get() 方法实现发送网络请求；接着利用 bs4 模块中的 BeautifulSoup 对象解析 HTML 代码，利用 select() 方法获取网页标签中的音乐信息；最后通过 time.sleep() 与 random.randint() 方法实现随机等待指定秒数再次发送网络请求，避免网络请求速度过快。

编写本章的爬虫程序需要注意，在提取数据时，需要使用 Python 字符串中的 strip() 方法去除字符串头尾指定的字符（默认去除空格）。

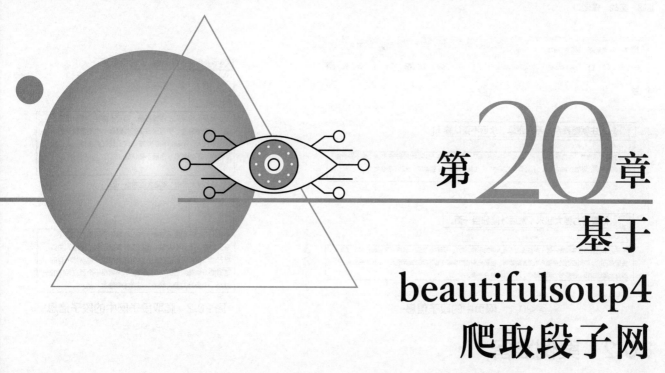

第20章 基于beautifulsoup4爬取段子网
(requests+beautifulsoup4+time+random)

"段子"本是相声中的一个艺术术语,指的是相声作品中一节或一段艺术内容,而随着人们对"段子"一词的频繁使用,其内涵也悄悄地发生了变化,人们在不知不觉中主观地将其融入了一些独特的内涵,练习各种幽默的段子是提高个人口才、加强人际关系的一个非常好的方法。段子的种类有很多,如内涵段子、搞笑段子等。本章将制作一个可以爬取段子网的爬虫程序。

20.1 案例效果预览

图 20.1 为网页中的段子信息,爬虫程序启动后将自动爬取段子网中的段子信息,爬取内容如图 20.2 所示。

图 20.1 网页中的段子信息

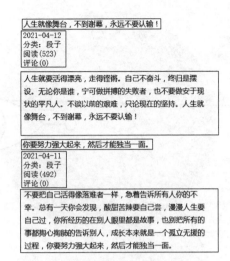

图 20.2 爬取段子网中的段子信息

20.2 案例准备

本案例的软件开发及运行环境具体如下。
- 操作系统：Windows 10。
- 语言：Python 3.8。
- 开发环境：PyCharm。
- 模块：requests（2.24.0）、beautifulsoup4（4.9.3）、time、random。

20.3 业务流程

在编写爬取段子网的爬虫程序前，需要先了解实现该爬虫程序的业务流程。根据爬虫程序的业务需求，设计如图 20.3 所示的业务流程图。

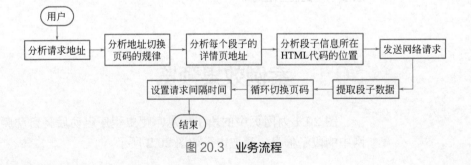

图 20.3 业务流程

20.4 实现过程

20.4.1 分析每页请求地址

打开段子网首页（https://duanzixing.com/page/1/），如图 20.4 所示。
然后将网页滑动至底部，查看是否有切换页面的按钮，如图 20.5 所示。

图20.4 段子网首页

图20.5 确认切换页面的按钮

将段子网首页切换至第2页，查看地址的规律，如图20.6所示。

根据图20.5与图20.6的对比，可以看出在切换网页时只需要将网页后缀"page/"后面的数字修改成对应页面的数字即可。每页的URL地址的规律如图20.7所示。

图20.6 切换至第2页

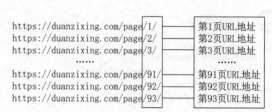
图20.7 每页的URL地址的规律

指点迷津

> 因为段子网首页中有翻页功能的按钮，所以在分析网络请求地址时，需要观察请求地址换页的规律。

20.4.2 分析详情页请求地址

分析段子详情页地址的HTML代码位置。首先打开浏览器开发者工具，然后在顶部选项卡中选择"Elements"选项，然后单击 图标，接着选中网页中任意段子的标题名称，查看对应详情页地址的HTML代码位置，如图20.8所示。

在浏览器中打开段子对应的详情页地址，测试地址是否正确。如图20.9所示。

图20.8 查看对应的详情页地址

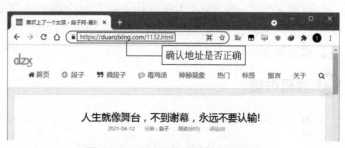
图20.9 确认详情页地址是否正确

指点迷津

因为段子相关信息显示在每个段子的详情页当中，所以想要爬取段子信息就需要先获取到每个段子的详情页地址。

20.4.3 确认段子各种信息的 HTML 代码位置

分析段子详情页中标题、日期、分类、阅读及评论信息等信息所在的 HTML 代码的位置，如图 20.10 所示。

指点迷津

在编写爬虫代码前，需要先确认段子信息在网页 HTML 代码中的位置，否则没有办法提取段子信息。

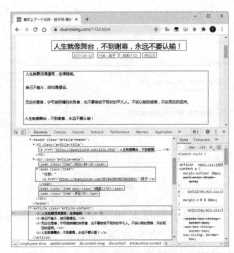

图 20.10 查看段子详情信息所在的 HTML 代码的位置

20.4.4 编写爬虫代码

编程爬虫代码，导入需要使用的模块，代码如下。

源码位置　　　　　　　　　　　　　　　　资源包 \Code\20\demo.py

```
01  import requests                          # 网络请求模块
02  from bs4 import BeautifulSoup            # 导入 BeautifulSoup 库
03  import time                              # 导入时间模块
04  import random                            # 导入随机数模块
```

自定义一个 get_urls() 方法，用于获取每页段子所有详情页的 URL，在该方法中首先需要向每个页面发送网络请求，然后通过 find_all() 方法获取所有的 h2 标签，最后遍历 h2 标签中的 a 标签，并将 a 标签中的 URL 地址添加至对应的列表中。代码如下。

源码位置　　　　　　　　　　　　　　　　资源包 \Code\20\demo.py

```
01  def get_urls(url):                                # 获取每页段子所有详情页的 URL
02      urls = []
03                                                    # 发送网络请求
04      response = requests.get(url=url)
05                                                    # 创建一个 BeautifulSoup 对象，解析 HTML 代码
06      soup = BeautifulSoup(response.text, features="lxml")
07      h2_all=soup.find_all(name='h2')               # 获取每页所有的 <h2> 标签
08      for h in h2_all:                              # 遍历 <h2> 标签
09                                                    # 获取每个 h2 标签中的详情页 URL，并添加至列表中
10          urls.append(h.find('a')['href'])
11      return urls                                   # 返回每页的所有详情页 URL
```

自定义一个 get_info() 方法，用于获取每个段子的详情信息，在该方法中首先需要向每个段子的详情页发送网络请求，然后通过 find() 与 find_all() 方法先后获取段子标题、日期、分类、阅读、评论及段子内容。代码如下。

源码位置　　　　　　　　　　　　　　　　资源包 \Code\20\demo.py

```
01  def get_info(url):                                # 获取每个段子的详情信息
02                                                    # 发送网络请求
```

```
03      response = requests.get(url=url)
04                                                              # 创建一个BeautifulSoup对象，解析HTML代码
05      soup = BeautifulSoup(response.text, features="lxml")
06                                                              # 获取段子标题
07      title = soup.find(class_='article-title').find('a').get_text()
08                                                              # 获取日期、分类、阅读、评论所对应的标签
09      spans = soup.find(class_='article-meta').find_all(name='span')
10      date = spans[0].get_text()                              # 获取日期信息
11      type = spans[1].get_text()                              # 获取分类信息
12      read = spans[2].get_text()                              # 获取阅读信息
13      comment = spans[3].get_text()                           # 获取评论信息
14                                                              # 获取段子内容
15      content = soup.find(class_='article-content').get_text()
16      print(title)                                            # 打印段子标题
17      print(date)                                             # 打印日期
18      print(type)                                             # 打印分类
19      print(read)                                             # 打印阅读
20      print(comment)                                          # 打印评论
21      print(content)                                          # 打印段子
22      print()                                                 # 打印空行，作为每个段子的分隔符
```

创建程序入口，循环遍历从 1～91 页并发送不同页面的网络请求，然后调用 get_urls() 方法获取详情页的 url，接着调用 get_info() 方法获取每个段子的详情信息。代码如下。

源码位置　　资源包 \Code\20\demo.py

```
01  if __name__ == '__main__':
02      for i in range(1,92):                       # 遍历页数
03                                                  # 替换每页的请求地址
04          url = 'https://duanzixing.com/page/{}/'.format(i)
05          urls=get_urls(url)                      # 对每页发送网络请求获取所有详情页地址
06          for u in urls:                          # 遍历每页的详情页地址
07              get_info(u)                         # 发送网络请求获取每个段子对应的信息
08              time.sleep(random.randint(1,3))     # 随机等待时间
```

程序运行结果如图 20.11 所示。

图 20.11　爬取段子网中的段子信息

小结

本章主要介绍了如何爬取段子网，该爬虫程序主要使用了 requests、beautifulsoup4、time、random 多个模块。其中，requests.get() 方法实现发送网络请求，beautifulsoup4 模块中的 BeautifulSoup 对象用于解析 HTML 代码、find() 与 find_all() 方法用于获取网页标签中的段子信息，最后通过 time.sleep() 与 random.randint() 方法实现随机等待指定秒数再次发送网络请求，避免网络请求速度过快。

编写本章的爬虫程序时需要注意，在使用 find_all() 方法提取数据时，返回的数据类型为 bs4.element.ResultSet，该类型与 Python 中的可迭代类型数据相似，直接通过索引的方式即可获取每一个子元素。

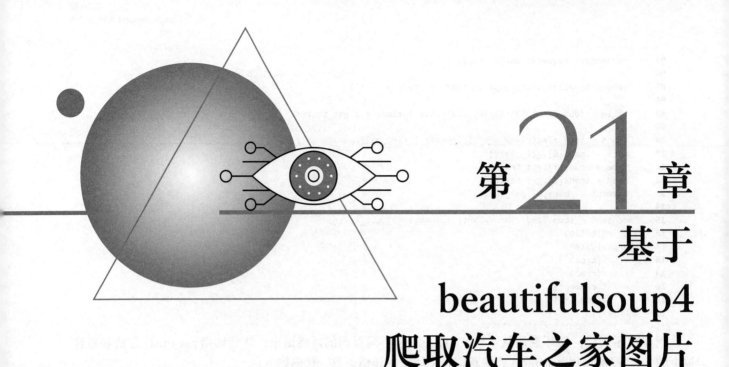

第 21 章
基于 beautifulsoup4 爬取汽车之家图片
(beautifulsoup4+Pillow+PyQt5+urllib)

玩具汽车,是大多数男孩子小时候最爱的玩具,而豪车,则是大多数成年男人最爱的"大玩具"。随着社会的发展,生活水平的提高,越来越多人成为有车一族。本章将带着大家爬取一辆豪华汽车"阿斯顿·马丁"的汽车图片。

21.1 案例效果预览

登录窗体显示效果如图 21.1 所示。

主窗口(汽车图片下载工具)默认显示效果如图 21.2 所示。

单击"阿斯顿·马丁汽车图片"按钮,工具开始爬取图片并下载,搜索完成后左侧树形结构控件出现下拉按钮,如图 21.3 所示。

图 21.1 登录窗体显示效果

单击树形结构,右侧显示图片列表,如图 21.4 所示。

如果想要查看图片的大图,可以单击图片左上角的按键,会打开系统浏览图片工具查看图片,如图 21.5 所示。

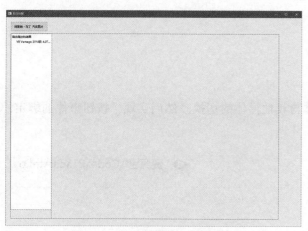
图 21.2 主窗体默认显示效果

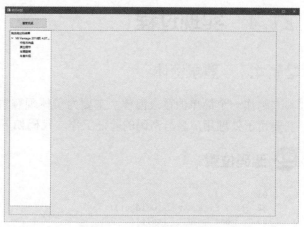
图 21.3 类别选择显示

图 21.4 显示选择图片弹窗

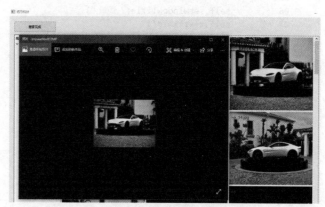
图 21.5 查看大图

21.2 案例准备

本案例的软件开发及运行环境具体如下。
- 操作系统：Windows 10。
- 语言：Python 3.8。
- 开发环境：PyCharm、Qt。
- 模块：bs4、Pillow、PyQt5、urlib。

21.3 业务流程

在编写爬取汽车之家图片的爬虫程序前，需要先了解实现该爬虫程序的业务流程。根据爬虫程序的业务需求，设计如图 21.6 所示的业务流程图。

图 21.6 业务流程

21.4 实现过程

21.4.1 登录窗体

制作一个简单的登录窗体,主要为了体现登录窗体与其他窗体的切换,然后实现了按钮事件的绑定,主要用于处理用户名与密码的验证工作。代码如下。

源码位置　　资源包 \Code\21\car\tnl.py

```
01                                                          # 第一个页面
02  class FirstWindow(QWidget):
03      def __init__(self):
04          super().__init__()
05                                                          # 设置标题
06          self.setWindowTitle(" 登录 ")
07          self.textfield()
08          self.center()
09
10                                                          # 初始化位置
11      def center(self):
12          qr = self.frameGeometry()
13          cp = QDesktopWidget().availableGeometry().center()
14          qr.moveCenter(cp)
15          self.move(qr.topLeft())
16
17                                                          # 初始化页面
18      def textfield(self):
19          QToolTip.setFont(QFont('SansSerif', 12))
20          user = QLabel(" 用户名 (mingri):")
21          self.userEdit = QLineEdit()
22          self.userEdit.setToolTip(" 请输入你的账号 ")
23
24          passWord = QLabel(" 密码 (666666):")
25          self.passWordEdit = QLineEdit()
26          self.passWordEdit.setToolTip(" 请输入你的密码 ")
27
28          grid = QGridLayout()
29          grid.setSpacing(0)
30
31          grid.addWidget(user, 0, 0)
32          grid.addWidget(self.userEdit, 1, 0)
33          grid.addWidget(passWord, 2, 0)
34          grid.addWidget(self.passWordEdit, 3, 0)
35          empty = QLabel()
36          grid.addWidget(empty, 4, 0)
37
38          btn_logon = QPushButton(" 登录 ")
39          btn_quit = QPushButton(" 退出 ")
40          grid.addWidget(btn_logon, 5, 0, 1, 2)
41          grid.addWidget(btn_quit, 6, 0, 1, 2)
42                                                          # 为 " 登录 " 按钮绑定单击事件
43          btn_logon.clicked.connect(self.onclick)
44                                                          # " 退出 " 按钮
45          btn_quit.clicked.connect(quit)
46          self.setLayout(grid)
47                                                          # " 登录 " 按钮的单击事件
48      def onclick(self):
49          if self.userEdit.text()=="mingri":
50              if self.passWordEdit.text()=='666666':
51                  ex.close()
```

```
52                MainWindow.show()
53            else:
54                self.passWordEdit.setText('密码错误请重新输入')
55        else:
56            self.userEdit.setText('账号错误请重新输入')
```

21.4.2 设计主窗体

根据窗体进行设计，设计完成后保存文件并生成 Python 文件，文件中会自动生成 Python 代码，在 UI 设置方法中对 UI 进行一些基础设置，包括绑定单击事件、修改按钮显示内容等。代码如下。

源码位置 资源包 \Code\21\car\tnl.py

```
01                                                 # UI 设置方法 设置 ui 属性
02  def retranslateUi(self, Form):
03      _translate = QtCore.QCoreApplication.translate
04                                                 # 设置窗体名称
05      Form.setWindowTitle(_translate("Form", "明日科技"))
06                                                 # 设置按钮显示文字
07      self.pushButton.setText(_translate("Form", "阿斯顿·马丁 汽车图片"))
08                                                 # 设置按钮显示文字
09      self.pushButton1.setText(_translate("Form", "搜索完成"))
10                                                 # 为按钮添加单击事件
11      self.pushButton.clicked.connect(self.btnstate)
12                                                 # 获取树形结构根节点
13      self.root = QTreeWidgetItem(self.treeView)
14                                                 # 在根节点中添加数据
15      self.root.setText(0, 'V8 Vantage 2018 款 4.0T V8')
```

21.4.3 编写爬虫

在编写爬虫代码之前，首先打开汽车之家中的阿斯顿·马丁 -V8 Vantage 的网页（https://www.autohome.com.cn/spec/32890/?pvareaid=2023562），如图 21.7 所示。

将网页滑动至底部，然后在"车型图片"栏目中选中"外观"，如图 21.8 所示，打开车身外观图片页面。

因为在下载汽车图片时，需要先确认汽车图片地址在网页中的代码位置，这里以汽车的"车身外观"为例，图片在网页中的代码位置如图 21.9 所示。

图 21.7 阿斯顿·马丁 –V8 Vantage 的网页

> **说明**
>
> 根据如图 21.9 所示的查找方式，查找如汽车中控方向盘、车厢座椅、其他细节等图片的下载地址。

新建爬虫类首先需要定义图片分类的请求地址（车身外观、中控方向盘、车厢座椅、其他细节），然后发送网络请求获取图片的下载地址，接着需要创建一个保存图片的文件夹目录，最后再次对图片地址发送网络请求，并将图片保存至指定的文件夹当中。代码如下。

图 21.8 打开车身外观图片页面

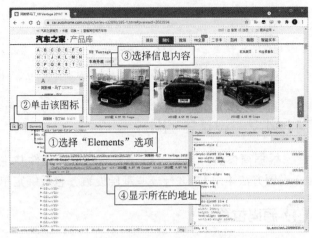

图 21.9 确认车身外观图片在网页中的代码位置

源码位置　　资源包 \Code\21\car\tn1.py

```
01                          # 获取汽车图片方法类
02  class ReTbmm():
03      def Retbmm(self):
04                          # 爬虫开始时间
05          start = time.time()
06                          # 用于返回当前工作目录
07          self.cdir = os.getcwd()
08                          # 爬取的网址: https://www.autohome.com.cn/spec/32890/?pvareaid=2023562
09                          # 车身外观
10          url1 = 'https://car.autohome.com.cn/pic/series-s32890/385-1.html#pvareaid=2023594'
11                          # 中控方向盘
12          url2 = 'https://car.autohome.com.cn/pic/series-s32890/385-10.html#pvareaid=2023594'
13                          # 车厢座椅
14          url3 = 'https://car.autohome.com.cn/pic/series-s32890/385-3.html#pvareaid=2023594'
15                          # 其他细节
16          url4 = 'https://car.autohome.com.cn/pic/series-s32890/385-12.html#pvareaid=2023594'
17          self.getImg(' 车身外观 ', url1)
18          self.getImg(' 中控方向盘 ', url2)
19          self.getImg(' 车厢座椅 ', url3)
20          self.getImg(' 其他细节 ', url4)
21          end = time.time()
22                          # 输出运行时间
23          print("run time:" + str(end - start))
24                          # 下载图片方法
25      def getImg(self, name, urls):
26          user_agent = 'Mozilla/5.0 (Windows NT 10.0; Win64; x64) AppleWebKit/537.36 (KHTML, like Gecko) Chrome/42.0.2311.135 Safari/537.36 Edge/12.10240'
27          headers = {'User-Agent': user_agent}
28                          # 访问链接
29          request = urllib.request.Request(urls, headers=headers)
30                          # 获取数据
31          response = urllib.request.urlopen(request)
32                          # 解析数据
33          bsObj = BeautifulSoup(response, 'html.parser')
34                          # 查找所有 img 标记
35          t1 = bsObj.find_all('img')
36          for t2 in t1:
37              t3 = t2.get('src')
38              print(t3)
39                          # 创建图片路径
40          path = self.cdir + '/mrsoft/' + str(name)
41                          # 读取路径
42          if not os.path.exists(path):
```

```
43                              # 根据路径建立图片文件夹
44            os.makedirs(path)
45                              # 每次调用初始化图片序号
46            n = 0
47                              # 循环图片集合
48            for img in t1:
49                              # 每次图片顺序加1
50                n = n + 1
51                              # 获取图片路径
52                link = img.get('src')
53                              # 判断图片路径是否存在
54                if link:
55                              # 拼接图片链接
56                    s = "http:" + str(link)
57                              # 分离文件扩展名
58                    i = link[link.rfind('.'):]
59                    try:
60                              # 访问图片链接
61                        request = urllib.request.Request(s)
62                              # 获取返回事件
63                        response = urllib.request.urlopen(request)
64                              # 读取返回内容
65                        imgData = response.read()
66                              # 创建文件
67                        pathfile = path + r'/' + str(n) + i
68                              # 打开文件
69                        with open(pathfile, 'wb') as f:
70                              # 将图片写入文件
71                            f.write(imgData)
72                              # 图片写入完成关闭文件
73                            f.close()
74                        print("thread " + name + " write:" + pathfile)
75                    except:
76                        print(str(name) + " thread write false:" + s)
```

指点迷津

在编写爬虫代码时，首先需要获取图片的下载地址，所以就需要先分析图片地址所在的位置，然后发送网络请求提取每个图片分类对应图片的下载地址，接着需要对图片地址发送网络请求，也就是下载这些图片，但是在创建保存图片的文件夹时，需要先判断文件夹是否存在，如果不存在就创建对应的文件夹，否则就不需要创建，直接将图片下载到对应的文件夹即可。

21.4.4 启动爬虫

在搜索按钮的事件中启动爬虫，进行汽车图片的下载，并对树形控件进行处理，添加文件夹名称到树形结构。

① 开始爬虫事件，并添加文件夹名称到树形结构充当二级栏目，代码如下。

源码位置　　资源包 \Code\21\car\tnl.py

```
01                                          # 搜索方法
02   def btnstate(self):
03                                          # 开始搜索，隐藏按钮
04       self.pushButton.setVisible(False)
05                                          # 实例化爬虫类
06       ui = ReTbmm()
07                                          # 开启爬虫方法
08       ui.Retbmm()
```

```
09                                                   # 显示已完成按钮
10      self.pushButton1.setVisible(True)
11                                                   # 设置文件夹路径，为了树形结构做准备
12      self.path = cdir + '/mrsoft'
13                                                   # 查找路径下的所有文件名称
14      dirs = os.listdir(self.path)
15                                                   # 循环文件名称
16      for dir in dirs:
17                                                   # 添加文件名称到树形结构
18          QTreeWidgetItem(self.root).setText(0, dir)
19      self.treeView.clicked.connect(self.onTreeClicked)
```

② 处理树形结构单击事件后，单击每个子栏目，在右侧显示子栏目文件的图片，代码如下。

源码位置　　　　　　　　　　　　　　　　　　　　　　资源包 \Code\21\car\tnl.py

```
01                                                   # 树形结构单击后在这里处理
02  def onTreeClicked(self, Qmodelidx):
03                                                   # 获取单击的树形结构
04      items = self.treeView.currentItem()
05                                                   # 判断单击的节点
06      if items.text(0) == 'V8 Vantage 2018 款 4.0T V8':
07                                                   # 单击的主节点在这里出来
08                                                   # 删除节点 root 下的子节点
09          self.root.takeChildren()
10                                                   # 获取路径下的所有文件
11          dirs = os.listdir(self.path)
12                                                   # 循环文件
13          for dir in dirs:
14                                                   # 设置子节点
15              QTreeWidgetItem(self.root).setText(0, dir)
16                                                   # 注册单击事件
17          self.treeView.clicked.connect(self.onTreeClicked)
18          pass
19      else:
20                                                   # 每次单击，循环删除管理器的组件
21          while self.gridLayout.count():
22                                                   # 获取第一个组件
23              item = self.gridLayout.takeAt(0)
24                                                   # 删除组件
25              widget = item.widget()
26              widget.deleteLater()
27                                                   # 每次单击，树形结构把图片集合清空
28          filenames = []
29                                                   # 根据路径查找文件夹下所有文件，循环文件夹下文件名称
30                                                   # listdir 的参数是文件夹的路径
31          for filename in os.listdir(cdir + '/mrsoft/' + items.text(0)):
32                                                   # 把名称添加到集合中
33              filenames.append(filename)
34                                                   # 行数标记
35          i = -1
36                                                   # 根据图片的数量进行循环
37          for n in range(len(filenames)):
38                                                   # x 确定每行显示的个数 0，1，2，每行 3 个
39              x = n % 3
40                                                   # 当 x 为 0 的时候设置换行，行数 +1
41              if x == 0:
42                  i += 1
43                                                   # 创建布局
44              self.widget = QWidget()
45                                                   # 设置布局大小
46              self.widget.setGeometry(QtCore.QRect(110, 40, 350, 300))
47                                                   # 给布局命名
```

```
48        self.widget.setObjectName("widget" + str(n))
49                            # 创建一个 Qlabel 控件，用于显示图片，设置控件在 QWidget 中
50        self.label = QLabel(self.widget)
51                            # 设置大小
52        self.label.setGeometry(QtCore.QRect(0, 0, 350, 300))
53                            # 设置要显示的图片
54        self.label.setPixmap(QPixmap(self.path + '/' + items.text(0) + '/' + filenames[n]))
55                            # 图片显示方式，让图片适应 QLabel 控件的大小
56        self.label.setScaledContents(True)
57        # 给图片控件命名
58        self.label.setObjectName("label" + str(n))
59        # 创建按钮，用于单击后放大图，设置按钮在 QWidget 中
60        self.commandLinkButton = QCommandLinkButton(self.widget)
61        # 设置按钮位置
62        self.commandLinkButton.setGeometry(QtCore.QRect(0, 0, 111, 41))
63        # 给按钮命名
64        self.commandLinkButton.setObjectName("label" + str(n))
65        # 设置按钮上显示的文字
66        self.commandLinkButton.setText(filenames[n])
67        # 注册信号槽，使用 lambda 传递参数给方法
68        self.commandLinkButton.clicked.connect(lambda: self.wichbtn(self.path + '/' + items.text(0) + '/'))
69        # 把动态添加的 widegt 布局添加到 gridLayout 中，i 和 x 分别代表行数和每行的个数
70        self.gridLayout.addWidget(self.widget, i, x)
71        # 设置上下滑动控件可以滑动，把 scrollAreaWidgetContents_2 添加到 scrollArea 中
72        self.scrollArea_2.setWidget(self.scrollAreaWidgetContents_2)
73        self.verticalLayout.addWidget(self.scrollArea_2)
74        # 设置 scrollAreaWidgetContents_2 的最大宽度为 scrollArea_2，宽度可以都显示下来不用左右滑动
75        self.scrollAreaWidgetContents_2.setMinimumWidth(800)
76        # 设置高度为动态高度，根据行数确定，高度为每行 500
77        self.scrollAreaWidgetContents_2.setMinimumHeight(i * 300)
```

21.4.5 查看原图

实现查看大图功能时，只需要通过 PIL 模块中的 Image 实现打开并显示对应的图片即可，代码如下。

源码位置　　　　　　　　　　　　　　　　　　　　　　资源包\Code\21\car\tnl.py

```
01                            # 信号槽 单击按钮显示大图功能
02  def wichbtn(self, tppath):
03                            # 获取信号源 单击的按钮
04      sender = self.gridLayout.sender()
05                            # 使用计算机中的看图工具打开图片
06      img = Image.open(tppath + sender.text())
07      img.show()
```

小结

本章主要介绍了如何爬取汽车之家图片，该爬虫程序主要使用了 bs4、Pillow、PyQt5、urllib 多个模块。其中，urllib 模块中的 urlopen() 方法用于实现发送网络请求，bs4 模块中的 find_all() 方法用于提取图片地址，PyQt5 模块用于实现整个程序的窗口、Pillow 模块中的 open() 方法用于打开已经下载的图片。

编写本章的爬虫程序时，读者需要注意，在提取图片地址时，HTML 代码中的图片地址可能是一个不完整的地址，需要观察规律将图片地址拼接完整。

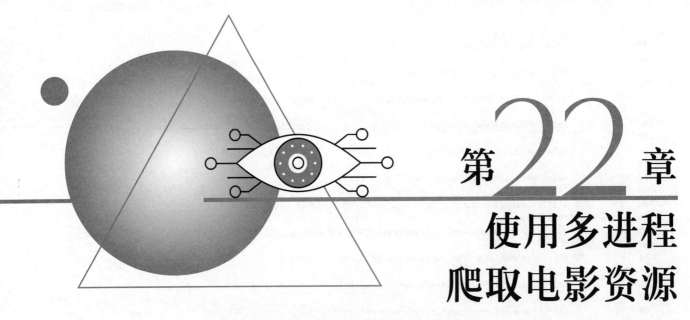

第22章 使用多进程爬取电影资源
(requests+bs4+multiprocessing +re+time)

尽管多线程可以实现并发执行程序，但是多个线程之间只能共享当前进程的内存，所以线程所申请到的资源是有限的。要想更好地发挥爬虫的并发执行，可以考虑使用 multiprocessing 模块和 Pool 进程池实现一个多进程爬虫，这样可以更好地提高爬虫工作效率。本章将以爬取某网站电影资源为例，实现一个多进程爬虫与串行爬虫的耗时对比。

22.1 案例效果预览

启动爬虫程序后，将先分别使用串行与 4 进程方式爬取电影详情页地址，然后根据详情页地址再次通过串行与 4 进程方式爬取电影的详情信息（如电影名称、上映日期及下载地址等）。串行爬取与 4 进程爬取信息的时间对比如图 22.1 所示。

```
串行爬取电影详情页地址耗时： 13.538863897323608
4进程爬取电影详情页地址耗时： 5.3416428565979
串行爬取电影详情信息耗时： 312.63120460510254
4进程爬取电影详情信息耗时： 83.27306747436523
```

图 22.1 耗时信息

22.2 案例准备

本案例的软件开发及运行环境具体如下。
- 操作系统：Windows 10。
- 语言：Python 3.8。
- 开发环境：PyCharm。
- 模块：requests、bs4、fake_useragent、multiprocessing、re、time。

22.3 业务流程

在编写使用多进程爬取电影资源的爬虫程序前,需要先了解实现该爬虫程序的业务流程。根据爬虫程序的业务需求,设计如图 22.2 所示的业务流程图。

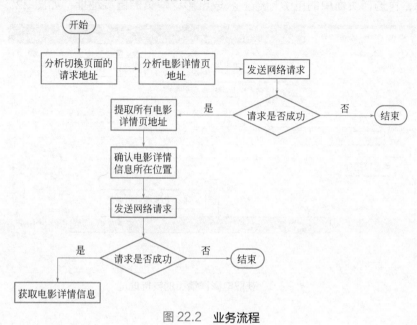

图 22.2 业务流程

22.4 实现过程

22.4.1 分析请求地址

① 打开电影网站的主页地址(https://www.ygdy8.net/html/gndy/dyzz/index.html),然后在当前网页的底部切换下一页,对比两个页面地址的翻页规律。如图 22.3 与图 22.4 所示。

图 22.3 页面 1 的地址　　　　　　　　图 22.4 页面 2 的地址

说明

> 根据以上方式将页面切换至第 3 页,此时可以确定页面地址的翻页规律如下。
> https://www.ygdy8.net/html/gndy/dyzz/index.html　　# 页面 1 的地址
> https://www.ygdy8.net/html/gndy/dyzz/list_23_2.html　　# 页面 2 的地址
> https://www.ygdy8.net/html/gndy/dyzz/list_23_3.html　　# 页面 3 的地址

② 将页面 1 的地址修改为 "https://www.ygdy8.net/html/gndy/dyzz/list_23_1.html"，测试页面 1 是否正常显示与图 22.3 相同的内容。如果网页内容相同，即可通过修改网页地址后面的 list_23_1（页码数字）实现页面的翻页功能。

③ 在任何一个页面中，按 F12 功能键打开浏览器开发者工具，然后选择 "Elementts" 选项，接着单击左上角的图标，再选择页面中的电影标题，获取电影详情页的链接地址，如图 22.5 所示。

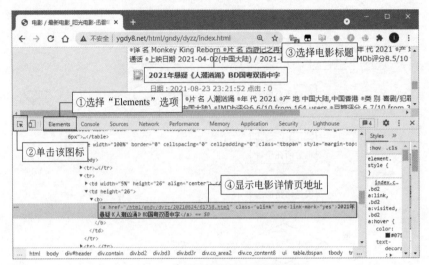

图 22.5　获取电影详情页的链接地址

22.4.2　爬取电影详情页地址

在 22.4.1 节中已经分析出电影网站中页面地址翻页规律，然后找到了电影详情页的链接地址，接下来需要实现爬取电影详情页的地址，具体步骤如下。

① 创建 pool_spider.py 文件，然后在该文件中首先导入当前爬虫程序所需要的所有模块，代码如下。

源码位置　　　　　　　　　　　　　　　　　　　　　　　　资源包 \Code\22\demo.py

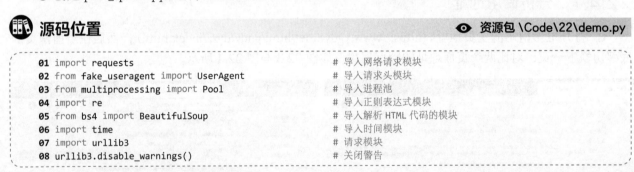

② 创建 Spider 类，在该类中首先在 init() 方法中分别初始化保存电影详情页请求地址的列表。代码如下。

源码位置　　　　　　　　　　　　　　　　　　　　　　　　资源包 \Code\22\demo.py

③ 创建 get_home() 方法，在该方法中首先创建随机请求头，然后发送网络请求，当请求成功后爬取电影详情页的网络地址，最后将爬取的链接地址添加至对应的列表当中。代码如下。

源码位置　　　　　　　　　　　　　　　　　　　　　　　　　　　资源包 \Code\22\demo.py

```
12                                                              # 获取主页信息
13  def get_home(self, home_url):
14      header = UserAgent().random                             # 创建随机请求头
15      home_response = requests.get(home_url, header,verify=False)  # 发送主页网络请求
16      if home_response.status_code == 200:                    # 判断请求是否成功
17          home_response.encoding = 'gb2312'                   # 设置编码方式
18          html = home_response.text                           # 获取返回的 HTML 代码
19                                                              # 获取所有电影详情页地址
20          details_urls = re.findall('<a href="(.*?)" class="ulink">', html)
21          self.info_urls.extend(details_urls)                 # 添加请求地址列表
```

④ 创建程序入口，然后创建主页请求地址的列表，接着创建自定义爬虫类的对象，最后分别通过串行和 4 进程的方式爬取电影详情页地址，并统计两组爬虫所使用的时间。代码如下。

源码位置　　　　　　　　　　　　　　　　　　　　　　　　　　　资源包 \Code\22\demo.py

```
22  if __name__ == '__main__':                                  # 创建程序入口
23                                                              # 创建页面请求地址的列表
24      home_url = ['https://www.ygdy8.net/html/gndy/dyzz/list_23_{}.html'
25                  .format(str(i))for i in range(1,11)]
26      s = Spider()                                            # 创建自定义爬虫类对象
27      start_time = time.time()                                # 记录串行爬取电影详情页地址的起始时间
28      for i in home_url:                                      # 循环遍历页面请求地址
29          s.get_home(i)                                       # 发送网络请求，获取每个电影详情页地址
30      end_time = time.time()                                  # 记录串行爬取电影详情页地址的结束时间
31      print('串行爬取电影详情页地址耗时：',end_time-start_time)
32
33      start_time_4 = time.time()                              # 记录 4 进程爬取电影详情页地址的起始时间
34      pool = Pool(processes=4)                                # 创建 4 进程对象
35      pool.map(s.get_home,home_url)                           # 通过进程获取每个电影详情页地址
36      end_time_4 = time.time()                                # 记录 4 进程爬取电影详情页地址的结束时间
37      print('4 进程爬取电影详情页地址耗时：', end_time_4 - start_time_4)
```

程序运行结果如下。

串行爬取电影详情页地址耗时：12.16099762916565

4 进程爬取电影详情页地址耗时：4.924025297164917

注意

根据个人计算机配置的不同，以上的程序运行结果也会有所不同。

指点迷津

因为想要爬取电影详情信息（如电影名称、上映日期、下载地址等信息）时，需要先提取每个电影的详情页地址，然后才能进行下一步爬取电影详情页中的信息，所以提取电影详情页地址是一个非常重要的步骤。

22.4.3 爬取电影信息与下载地址

完成了以上的准备工作，接下来需要实现电影信息与下载地址的爬取，不过在爬取这些信息时同样需要通过浏览器开发者工具，获取电影信息与下载地址所在的 HTML 代码地址，电影信息所在的 HTML

代码地址如图 22.6 所示。

通过电影详情页面右侧的滚动条，将网页滚动到底部，然后通过浏览器开发者工具找到电影下载地址所在的 HTML 代码地址。如图 22.7 所示。

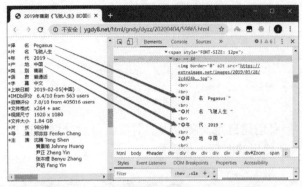

图 22.6　电影信息所在的 HTML 代码地址

图 22.7　电影下载地址所在的 HTML 代码地址

确定需要爬取的内容在 HTML 代码地址中的位置，接下来就需要编写爬取信息的代码了。首先在 Spider 类中创建 get_info() 方法，在该方法中先通过随机请求头发送电影详情页的网络请求，接着在解析后的 HTML 代码中获取需要的电影信息。代码如下。

源码位置　　资源包 \Code\22\demo.py

```python
38  def get_info(self, url):
39      header = UserAgent().random              # 创建随机请求头
40                                                # 发送获取每条电影信息的网络请求
41      info_response = requests.get(url, header, verify=False)
42      if info_response.status_code == 200:     # 判断请求是否成功
43          info_response.encoding = 'gb2312'
44                                                # 获取返回的 HTML 代码
45          html = BeautifulSoup(info_response.text, "html.parser")
46          try:
47                                                # 获取迅雷下载地址
48              download_url = re.findall('<a href=".*?">(.*?)</a></td>',
49                                         info_response.text)[0]
50                                                # 获取电影名称
51              name = html.select('div[class="title_all"]')[0].text
52                                                # 将电影的详细信息进行处理，先去除所有 HTML 中的空格 (\u3000),
                                                     然后用◎将数据进行分隔
53              info_all = (html.select('div[id="Zoom"]')[0]).p.text.replace('\u3000', '').split('◎')
54              date = info_all[8]               # 获取上映时间
55              imdb = info_all[9]               # 获取 IMDb 评分
56              douban = info_all[10]            # 获取豆瓣评分
57              length = info_all[14]            # 获取片长
58                                                # 电影信息
59              info = {'name': name, 'date': date, 'imdb': imdb,
60                      'douban': douban, 'length': length, 'download_url': download_url}
61                                                # print(info)    # 打印电影信息
62          except:
63                                                # 出现异常不再爬取，直接爬取下一个电影的信息
64              return
```

在程序入口处添加代码，首先需要组合每个电影详情页的请求地址，然后分别通过串行与 4 进程的方式爬取电影详情信息。代码如下。

源码位置

资源包 \Code\22\demo.py

```
65                                          # 以下代码用于爬取电影详情信息
66                                          # 组合每个电影详情页的请求地址
67  info_urls = ['https://www.ygdy8.net' + i for i in s.info_urls]
68  info_start_time = time.time()           # 记录以串行方式爬取电影详情信息的起始时间
69  for i in info_urls:                     # 循环遍历电影详情页请求地址
70      s.get_info(i)                       # 发送网络请求,获取每个电影详情信息
71  info_end_time = time.time()             # 记录以串行方式爬取电影详细信息的结束时间
72  print('串行爬取电影详情信息耗时:', info_end_time - info_start_time)
73
74  info_start_time_4 = time.time()         # 记录4进程爬取电影详情信息的起始时间
75  pool = Pool(processes=4)                # 创建4进程对象
76  pool.map(s.get_info, info_urls)         # 通过进程获取每个电影详情信息
77  info_end_time_4 = time.time()           # 记录4进程爬取电影详情信息的结束时间
78  print('4进程爬取电影详情信息耗时:', info_end_time_4 - info_start_time_4)
```

程序运行后,控制台中将显示如图 22.8 所示的信息。

```
串行爬取电影详情页地址耗时: 13.538863897323608
4进程爬取电影详情页地址耗时: 5.3416428565979
串行爬取电影详情信息耗时: 312.63120460510254
4进程爬取电影详情信息耗时: 83.27306747436523
```

图 22.8 耗时信息

小结

本章主要介绍了如何使用串行和多进程爬取电影资源,该爬虫程序主要使用了 requests、bs4、multiprocessing、re、time 多个模块。其中,requests.get() 方法实现发送网络请求;模块中的 UserAgent().random 属性用于获取随机请求头信息;bs4 模块中的 BeautifulSoup() 对象用于解析 HTML 代码,re.findall() 与 BeautifulSoup 中的 select() 主要用于获取电影信息;urllib3.disable_warnings() 方法用于关闭 SSL 警告;multiprocessing 模块中的 Pool() 对象用于创建进程池;time.time() 方法用于记录程序执行的时间。

编写本章的爬虫程序时读者需要注意,在提取多个网页中的信息时,可能出现个别页面信息标签位置不统一的现象,如果当前信息可以忽略,则可以使用 try...except 捕获异常并使用 return 跳过当前页面继续爬取下页内容。

扫码领取
· 视频讲解
· 源码下载
· 配套答案
· 拓展资料
· ……

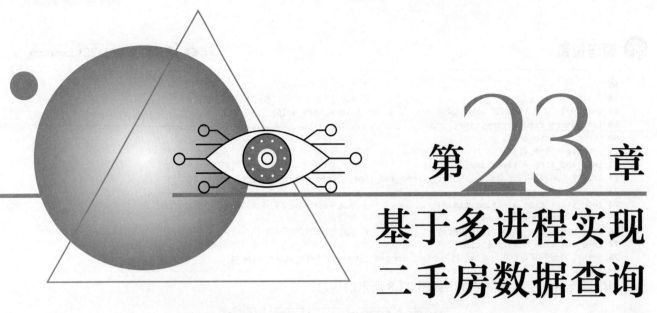

第23章
基于多进程实现二手房数据查询
(requests_html+pandas+matplotlib+multiprocessing)

由于城市发展迅速，住房需求日益扩大，因此二手房交易平台变得相当火热。本章将制作一个具备爬虫、数据分析、数据可视化等众多功能的二手房数据查询系统。

23.1 案例效果预览

启动爬虫程序后将在控制台自动显示如图 23.1 所示的系统首页，然后在控制台中输入"1"，系统将自动爬取最新的二手房数据。

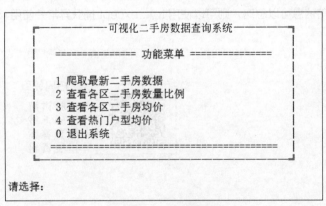

图 23.1 系统首页

二手房数据爬取完成以后，在控制台中输入"2"，将显示各区二手房数量比例饼图，如图 23.2 所示。

在控制台中输入"3"，将显示各区二手房均价的垂直柱形图，如图 23.3 所示。

在控制台中输入"4"，将显示热门户型均价的水平柱形图，如图 23.4 所示。

23.2 案例准备

本案例的软件开发及运行环境具体如下。
- 操作系统：Windows 10。
- 语言：Python 3.8。
- 开发环境：PyCharm。
- 模块：requests_html、pandas、matplotlib、multiprocessing。

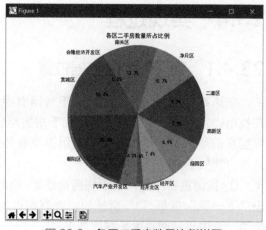

图 23.2 各区二手房数量比例饼图

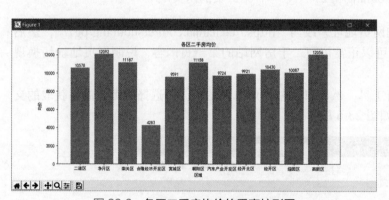

图 23.3 各区二手房均价的垂直柱形图

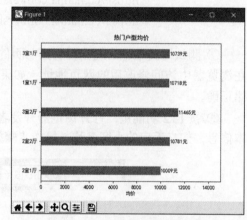

图 23.4 热门户型均价的水平柱形图

23.3 业务流程

在编写二手房数据查询工具的爬虫程序前，需要先了解实现该爬虫程序的业务流程。根据爬虫程序的业务需求，设计如图 23.5 所示的业务流程图。

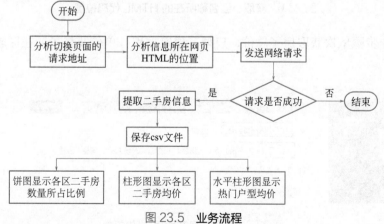

图 23.5 业务流程

23.4 实现过程

23.4.1 确认二手房数据位置

在该案例中首先需要确认二手房网页中共有多少页，然后确认每次切换网页时所对应的网络地址，并找出固定规律；接着需要获取二手房的小区名称、房子总价、户型、建筑面积、单价及房子所在区域。根据之前所学习的知识，可以使用浏览器开发者工具，获取网页中每个信息所对应的HTML代码位置。具体步骤如下。

① 在浏览器中打开二手房网页地址（https://cc.lianjia.com/ershoufang/），然后将网页拖动至底部，单击"下一页"或第"2"页按钮，观察网页地址的变化。经过对比可以确认网页地址中的"pg2"用于切换第二页内容。网页地址对比如下。

    https://cc.lianjia.com/ershoufang/   # 第一页的网页地址
    https://cc.lianjia.com/ershoufang/pg2/   # 第二页的网页地址

② 测试网页地址的规律，将第一页的网页地址修改为"https://cc.lianjia.com/ershoufang/pg1/"，然后在浏览器中访问修改后的网页地址，如果可以正常访问二手房网站的第一页内容，说明网页地址切换规律正确。

③ 按F12功能键，打开浏览器开发者工具，然后单击左上角的图标，再选择网页中需要获取的文本信息，如二手房的小区名称，操作步骤如图23.6所示。

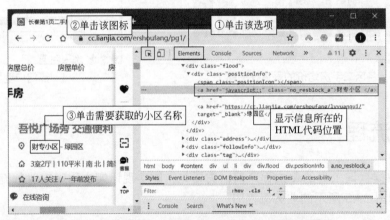

图 23.6 获取小区名称所在的 HTML 代码位置

④ 根据以上操作步骤依次获取房子总价、户型、建筑面积、单价及房子所在区域，信息在网页中的位置如图 23.7 所示。

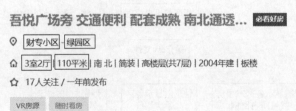

图 23.7 房子信息在网页中的位置

23.4.2 二手房数据的爬取

① 导入系统所需的必备模块以及类。代码如下。

源码位置　　　　　　　　　　　　　　　　　　　　　　**资源包 \Code\23\demo.py**

```
01  from requests_html import HTMLSession        # 导入 HTMLSession 类
02  from requests_html import UserAgent          # 导入 UserAgent 类
03  from requests_html import HTML               # 导入 HTML 类
04  import pandas as pd                          # 导入 pandas 模块
05  import matplotlib                            # 导入图表模块
06  import matplotlib.pyplot as plt              # 导入绘图模块
07
08  matplotlib.rcParams['font.sans-serif'] = ['SimHei']   # 避免中文乱码
09  matplotlib.rcParams['axes.unicode_minus'] = False
10  from multiprocessing import Pool             # 导入进程池
11                                               # 分类列表，作为数据表中的列名
12  class_name_list = ['小区名字', '总价', '户型', '建筑面积', '单价', '区域']
13                                               # 创建 DataFrame 临时表格
14  df = pd.DataFrame(columns=class_name_list)
```

② 创建控制台菜单 menu() 方法，在该方法中使用 print() 函数打印一个有规律的菜单选项。代码如下。

源码位置　　　　　　　　　　　　　　　　　　　　　　**资源包 \Code\23\demo.py**

```
15  def menu():
16                                               # 输出菜单
17      print('''
18      ┌─────────── 可视化二手房数据查询系统 ───────────┐
19      │                                                │
20      │  =============== 功能菜单 ===============      │
21      │                                                │
22      │    1 爬取最新二手房数据                        │
23      │    2 查看各区二手房数量比例                    │
24      │    3 查看各区二手房均价                        │
25      │    4 查看热门户型均价                          │
26      │    0 退出系统                                  │
27      │  ========================================      │
28      └────────────────────────────────────────────────┘
29      ''')
```

③ 创建 main() 方法，在该方法中根据用户在控制台中所输入的选项来启动对应功能的方法。代码如下。

源码位置　　　　　　　　　　　　　　　　　　　　　　**资源包 \Code\23\demo.py**

```
30  def main():
31      ctrl = True                              # 标记是否退出系统
32      while (ctrl):
33          menu()                               # 显示菜单
34          option = input("请选择: ")           # 选择菜单项
35          if option in ['0', '1', '2', '3', '4']:
36              option_int = int(option)
37              if option_int == 0:              # 退出系统
38                  print('退出可视化二手房数据查询系统！')
39                  ctrl = False
40              elif option_int == 1:            # 爬取最新二手房数据
41                  print('爬取最新二手房数据')
42                  start_crawler()              # 启动多进程爬虫
```

```
43              print('二手房数据爬取完毕!')
44          elif option_int == 2:                       # 查看各区二手房数量比例
45              print('查看各区二手房数量比例')
46          elif option_int == 3:                       # 查看各区二手房均价
47              print('查看各区二手房均价')
48          elif option_int == 4:                       # 查看热门户型均价
49              print('查看热门户型均价')
50          else:
51              print('请输入正确的功能选项!')
```

④ 创建 start_crawler() 方法,在该方法中创建 4 进程对象,然后通过进程对象启动爬虫。代码如下。

源码位置　　　　　　　　　　　　　　　　　　　　　　　　　　　　资源包 \Code\23\demo.py

```
52                                                      # 启动爬虫
53  def start_crawler():
54      df.to_csv("二手房数据.csv", encoding='utf_8_sig')  # 第一次生成带表头的空文件
55      url = 'https://cc.lianjia.com/ershoufang/pg{}/'
56      urls = [url.format(str(i)) for i in range(1, 101)]
57      pool = Pool(processes=4)                        # 创建 4 进程对象
58      pool.map(get_house_info, urls)
59      pool.close()                                    # 关闭进程池
```

⑤ 创建 get_house_info() 方法,在该方法中需要获取每页中所有的房子信息,然后再依次获取小区名称、房子总价、房子区域、房子单价、户型以及单价信息,再将获取到的信息添加至 DataFrame 临时表格中,最后将所有信息写入 csv 文件当中。代码如下。

源码位置　　　　　　　　　　　　　　　　　　　　　　　　　　　　资源包 \Code\23\demo.py

```
60  def get_house_info(url):
61      session = HTMLSession()                         # 创建 HTML 会话对象
62      ua = UserAgent().random                         # 创建随机请求头
63      response = session.get(url, headers={'user-agent': ua})  # 发送网络请求
64      if response.status_code == 200:                 # 判断请求是否成功
65          html = HTML(html=response.text)             # 解析 HTML
66          li_all = html.find('.sellListContent li')   # 获取每页所有的房子信息
67          for li in li_all:
68                                                      # 获取小区名称
69              name = li.xpath('//div[1]/div[2]/div/a[1]/text()')[0].strip()
70                                                      # 获取房子总价
71              total_price = li.xpath('//div[1]/div[6]/div[1]/span/text()')[0] + '万'
72                                                      # 获取房子区域
73              region = li.xpath('//div[1]/div[2]/div/a[2]/text()')[0]
74                                                      # 获取房子单价
75              unit_price = li.xpath('//div[1]/div[6]/div[2]/span/text()')[0]
76                                                      # 获取房子详细信息
77              house_info = li.xpath('//div[1]/div[3]/div/text()')[0]
78              house_list = house_info.split('|')      # 使用 "|" 分隔房子详细信息
79              type = house_list[0].strip()            # 获取房子户型
80              dimensions = house_list[1].strip()      # 获取房子面积
81                                                      # '小区名字','总价','户型','建筑面积',
                                                        # '单价','区域'
82              print(name,total_price,type,dimensions,unit_price,region)
83                                                      # 将数据信息添加至 DataFrame 临时表格中
84              df.loc[len(df) + 1] = {'小区名字': name, '总价': total_price, '户型': type,
                    '建筑面积': dimensions, '单价': unit_price, '区域': region}
85                                                      # 将数据以添加模式写入 csv 文件当中,不再添加头部列
86              df.to_csv("二手房数据.csv", mode='a', header=False)
87      else:
88          print(response.status_code)
```

⑥ 创建程序入口并调用自定义的 main() 方法。代码如下。

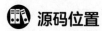 源码位置　　　　　　　　　　　　　　　　　　　　　　　　　资源包 \Code\23\demo.py

```
89  if __name__ == '__main__':                    # 创建程序入口
90      main()                                    # 调用自定义的 main() 方法
```

运行程序，在控制台菜单中输入"1"，此时控制台中将显示已经爬取的二手房信息，如图 23.8 所示。爬虫程序执行完成以后，退出系统，项目文件夹当中将自动生成"二手房数据 .csv"文件，文件内容如图 23.9 所示。

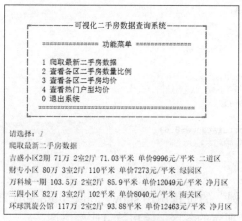

图 23.8　爬取二手房信息

图 23.9　查看"二手房数据 .csv"文件中的数据

指点迷津

> 因为想要实现数据的图表可视化，就要先获取数据，所以需要先分析二手房网页的请求地址，然后分析网页中的数据位置，最后爬取二手房数据。

23.4.3　数据可视化显示

在实现数据可视化功能时，首先需要读取"二手房数据 .csv"文件的内容，然后进行数据的清洗工作，如删除数据中的无效数据及重复数据。

（1）饼图显示各区二手房数量所占比例

① 创建 cleaning_data() 方法，在该方法中首先读取刚刚爬取的"二手房数据 .csv"文件并创建 DataFrame 临时表格，然后将数据中的索引列、空值以及数据中的无效值删除，再将房子单价的数据类型转换为 float 类型，最后返回清洗后的数据。代码如下。

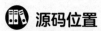 源码位置　　　　　　　　　　　　　　　　　　　　　　　　　资源包 \Code\23\demo.py

```
91
92  def cleaning_data():                                              # 清洗数据
93      data = pd.read_csv('二手房数据.csv')                            # 读取 csv 数据文件
94      del data['Unnamed: 0']                                         # 将索引列删除
95      data.dropna(axis=0, how='any', inplace=True)                   # 删除 data 数据中的所有空值
96      data = data.drop_duplicates()                                  # 删除重复数据
97                                                                    # 将单价"元/平米"去掉
98      data['单价'] = data['单价'].map(lambda d: d.replace('元/平米', ''))
99                                                                    # 将单价"元/平米"去掉
```

```
100    data['单价'] = data['单价'].map(lambda d: d.replace('单价', ''))
101    data['单价'] = data['单价'].astype(float)              # 将房子单价转换为浮点类型
102    return data
```

② 创建 show_house_number() 方法,在该方法中首先需要获取已经清洗后的二手房数据,然后根据房子区域进行分组并获取出每个区域房子的数量,再计算出每个区域房子数量的百分比,最后将计算出的数值通过饼图显示出来。代码如下。

源码位置 资源包 \Code\23\demo.py

```
103                                                         # 显示各区二手房数量所占比例
104  def show_house_number():
105      data = cleaning_data()                              # 获取清洗后的数据
106      group_number = data.groupby('区域').size()           # 房子区域分组数量
107      region = group_number.index                         # 区域
108      numbers = group_number.values                       # 获取每个区域内房子出售的数量
109      percentage = numbers / numbers.sum() * 100          # 计算每个区域房子数量的百分比
110      plt.figure()                                        # 图形画布
111      plt.pie(percentage, labels=region,labeldistance=1.05,
112              autopct="%1.1f%%", shadow=True, startangle=0, pctdistance=0.6)
113      plt.axis("equal")                                   # 设置横轴和纵轴大小相等,这样饼才是圆的
114      plt.title('各区二手房数量所占比例', fontsize=12)
115      plt.show()                                          # 显示饼图
```

③ 在自定义的 main() 方法中"查看各区二手房数量比例"的位置调用 show_house_number() 方法,然后重新运行程序,在控制台中输入"2",将显示如图 23.2 所示的各区二手房数量比例饼图。

指点迷津

因为爬取的二手房数据中,有一些数据是不符合图表显示规则的,所以在通过图表显示数据前,需要先对数据进行一次清洗工作。

(2) 柱形图显示各区二手房均价

创建 show_average_price() 方法,在该方法中首先获取清洗后的数据,然后根据房子区域对信息进行分组并计算出每个区域的均价,最后将计算的数值通过垂直柱形图显示出来。代码如下。

源码位置 资源包 \Code\23\demo.py

```
116                                                         # 显示各区二手房均价图
117  def show_average_price():
118      data = cleaning_data()                              # 获取清洗后的数据
119      group = data.groupby('区域')                         # 将房子区域分组
120      average_price_group = group['单价'].mean()           # 计算每个区域的均价
121      region = average_price_group.index                  # 区域
122      average_price = average_price_group.values.astype(int)  # 区域对应的均价
123      plt.figure()                                        # 图形画布
124      plt.bar(region,average_price, alpha=0.8)            # 绘制柱形图
125      plt.xlabel("区域")                                   # "区域" 文字
126      plt.ylabel("均价")                                   # "均价" 文字
127      plt.title('各区二手房均价')                           # 表标题文字
128                                                          # 为每一个图形加数值标签
129      for x, y in enumerate(average_price):
130          plt.text(x, y + 100, y, ha='center')
131      plt.show()                                          # 显示图表
```

在自定义的 main() 方法中"查看各区二手房均价"的位置调用 show_average_price() 方法,然后重新

运行程序，在控制台中输入"3"，将显示如图 23.3 所示的各区二手房均价的垂直柱形图。

(3) 水平柱形图显示热门户型均价

创建 show_type() 方法，在该方法中首先获取清洗后的数据，然后将数据按照户型进行分组并统计每个分组的数量，接着根据户型分组的数量进行降序排列并提取出前 5 组户型数据，再计算每个户型的均价，最后将计算的数值通过水平柱形图显示出来。代码如下。

源码位置　　　　　　　　　　　　　　　　　　　　　　　　　　　　资源包 \Code\23\demo.py

```
132                                                                 # 显示热门户型均价图
133  def show_type():
134      data = cleaning_data()                                     # 获取清洗后的数据
135      house_type_number = data.groupby('户型').size()             # 房子户型分组数量
136                                                                 # 将户型分组数量进行降序排序
137      sort_values = house_type_number.sort_values(ascending=False)
138      top_five = sort_values.head(5)                             # 提取前 5 组户型数据
139      house_type_mean = data.groupby('户型')['单价'].mean()        # 计算每个户型的均价
140      type = house_type_mean[top_five.index].index               # 户型
141      price = house_type_mean[top_five.index].values             # 户型对应的均价
142      price = price.astype(int)
143      plt.figure()                                               # 图形画布
144                                                                 # 从下往上画水平柱形图
145      plt.barh(type, price, height=0.3, color='r', alpha=0.8)
146      plt.xlim(0, 15000)                                         # X 轴的均价 0 ~ 15000
147      plt.xlabel("均价")                                          # "均价" 文字
148      plt.title("热门户型均价")                                    # 表标题文字
149                                                                 # 为每一个图形加数值标签
150      for y, x in enumerate(price):
151          plt.text(x + 10, y, str(x) + '元', va='center')
152      plt.show()                                                 # 显示图表
```

在自定义的 main() 方法中"查看热门户型均价"的位置调用 show_type() 方法，然后重新运行程序，在控制台中输入"4"，将显示如图 23.4 所示的热门户型均价的水平柱形图。

小结

本章主要介绍了如何通过爬虫、数据分析、数据可视化实现一个二手房数据查询工具，该爬虫程序主要使用了 requests_html、pandas、matplotlib、multiprocessing 多个模块。其中，requests_html 模块中的 get() 方法实现发送网络请求，xpath() 方法实现数据的提取，UserAgent().random 属性实现生成随机请求头信息；pandas 模块中的 to_csv() 方法实现将数据写入 csv 文件中；matplotlib 模块中的 pie() 方法实现饼图，bar() 方法实现柱形图，barh() 方法实现水平柱形图；multiprocessing 模块中的 Pool() 对象实现进程池。

编写本章的爬虫程序时需要注意，在提取数据时，需要使用 split('|') 对爬取到的二手房数据进行分隔，然后再通过索引的方式逐个进行信息的获取。

第 24 章

基于动态渲染页面爬取京东图书销量排行榜
(requests_html+sqlite3+os)

随着现代社会互联网信息业发展得越来越快,大多数商品都可以通过互联网销售到世界各地。而在各大网络平台购买商品时,商品销量是一个必要的参考数据,多数买家都会选择销量较高的商品。本章将通过 Python 爬虫爬取京东图书销量排行榜。

24.1 案例效果预览

启动爬虫程序后,将自动爬取京东图书销量排行榜中的图书信息,并将爬取的信息保存至 SQLite 数据库当中,当数据被保存至数据库以后,会通过数据库查询功能将查询的数据打印在控制台当中,如图 24.1 所示。

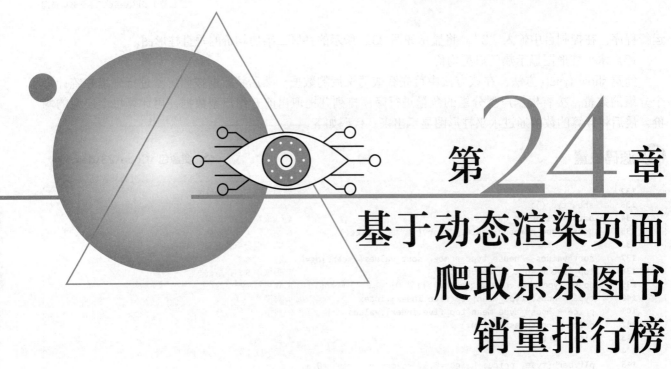

图 24.1 爬取京东图书销量排行榜信息

24.2 案例准备

本案例的软件开发及运行环境具体如下。
- 操作系统：Windows 10。
- 语言：Python 3.8。
- 开发环境：PyCharm。
- 第三方模块：requests_html、SQLite3、os。

24.3 业务流程

在编写爬取京东图书销量排行榜的爬虫程序前，需要先了解实现该爬虫程序的业务流程。根据爬虫程序的业务需求，设计如图 24.2 所示的业务流程图。

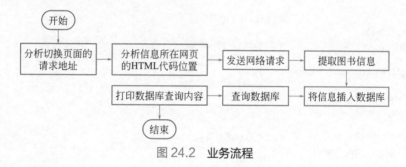

图 24.2　业务流程

24.4 实现过程

24.4.1 分析请求地址

在爬取京东图书销量排行榜时，首先需要确定网页地址及页码位置。如图 24.3 所示。

24.4.2 确认数据在网页 HTML 代码中的位置

确认京东图书销量排行榜信息在网页 HTML 代码中的位置，如图 24.4 所示。

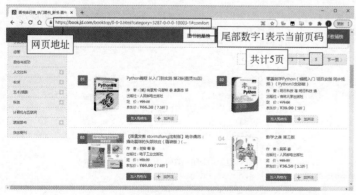

图 24.3　确定网页地址及页码位置

图 24.4　确认信息在 HTML 代码中的位置

24.4.3 编写爬虫程序

编写爬虫程序的代码，首先导入爬虫程序所需要使用的模块，然后创建可以连接并创建 SQLite 数据库的方法，接着创建一个可以关闭数据库与游标的方法。代码如下。

源码位置　　　　　　　　　　　　　　　　　　　　　　　资源包 \Code\24\demo.py

```
01  import requests_html                    # 导入网络请求模块
02  import sqlite3                          # 导入 sqlite3 数据库模块
03  import os                               # 导入系统模块
04
05
06                                          # 执行创建数据库与数据表
07  create_sql = 'create table book (id int(10) ,title varchar(20),author varchar(20),' \
08              'publish varchar(20),d_price varchar(20),j_price varchar(20))'
09                                          # 插入数据
10  insert_sql = 'insert into book (id,title,author,publish,d_price,j_price) values (?,?,?,?,?,?)'
11
12                                          # 连接 SQLite 数据库
13  def connect_sqlite():
14                                          # 连接到 SQLite 数据库
15                                          # 数据库文件是 mrsoft.db，如果文件不存在，会自动在当前目录创建文件
16      conn = sqlite3.connect('jd_book.db')
17                                          # 创建一个 cursor 对象
18      cursor = conn.cursor()
19      return conn, cursor
20
21                                          # 关闭数据库与游标
22  def close_sqlite(cursor, conn):
23                                          # 关闭游标
24      cursor.close()
25                                          # 关闭 Connection
26      conn.close()
```

创建发送网络请求的方法，在该方法中需要使用 render() 方法加载网页中动态渲染的信息，然后通过 XPath 提取网页中的相关信息，再将信息插入到 SQLite 数据库当中。代码如下。

源码位置　　　　　　　　　　　　　　　　　　　　　　　资源包 \Code\24\demo.py

```
27  session = requests_html.HTMLSession()                   # 创建会话对象
28
29                                                          # 发送网络请求
30  def send_request(page,cursor,conn):
31                                                          # 请求地址
32      url = 'https://book.jd.com/booktop/0-0-0.html?category=3287-0-0-0-10003-{page}#comfort'.format(page=page)
33      response = session.get(url)                         # 发送网络请求
34      response.html.render()                              # 加载网页动态渲染的信息
35                                                          # 获取每页所有图书排名
36      id_all = response.html.xpath('//div[@class="p-num"]/text()')
37                                                          # 获取每页所有图书名称
38      title_all = response.html.xpath('//div[@class="p-detail"]/a/text()')
39                                                          # 获取每页所有作者对应的 HTML 代码
40      author_all = response.html.xpath('//div[@class="p-detail"]/dl[1]/dd')
41                                                          # 获取每页所有出版社对应的 HTML 代码
42      publish_all = response.html.xpath('//div[@class="p-detail"]/dl[2]/dd')
43                                                          # 获取每页所有定价对应的 HTML 代码
44      d_price_all = response.html.xpath('//div[@class="p-detail"]/dl[3]/dd')
45                                                          # 获取每页所有京东价对应的 HTML 代码
46      j_price_all = response.html.xpath('//div[@class="p-detail"]/dl[4]/dd')
47
48      for id,title,author,publish,d_price,j_price in zip(id_all,title_all,author_all,publish_all,d_price_all,j_price_all):
```

```
49                                                                  # 执行插入数据的 SQL 语句
50      cursor.execute(insert_sql,(id,title,author.text,publish.text,d_price.text,j_price.text))
51      conn.commit()                                               # 提交数据
```

创建程序入口，先判断数据库文件是否存在，如果不存在就先创建数据库文件再进行数据的爬取，否则直接爬取数据即可。数据爬取完成以后，需要查看数据库，确认数据是否已经插入数据库当中。代码如下。

源码位置   资源包 \Code\24\demo.py

```
52  if __name__ == '__main__':
53      if not os.path.exists('jd_book.db'):              # 如果数据库不存在
54          conn, cursor = connect_sqlite()               # 连接数据库
55          cursor.execute(create_sql)                    # 创建数据表
56          for i in range(1,6):
57              send_request(page=i,cursor=cursor,conn=conn)
58          cursor.execute('select * from book')          # 查询数据表
59          result = cursor.fetchall()                    # 使用 fetchall() 方法查询多条数据
60          print(result)                                 # 打印数据库中的数据
61          close_sqlite(cursor,conn)
62      else:
63          conn, cursor = connect_sqlite()               # 连接数据库
64          for i in range(1,6):
65              send_request(page=i, cursor=cursor, conn=conn)
66          cursor.execute('select * from book')          # 查询数据表
67          result = cursor.fetchall()                    # 使用 fetchall() 方法查询多条数据
68          print(result)                                 # 打印数据库中的数据
69          close_sqlite(cursor, conn)
```

程序运行结果如图 24.5 所示。

指点迷津

因为京东图书销量排行榜中的所有信息都是通过 JS 动态加载的方式加载的数据，所以在正常情况下是无法直接从网页中提取到图书信息的，但是 requests_html 模块中提供了 render() 方法，使用该方法会自动返回 JS 加载后的页面，此时便可以从网页代码中提取到图书信息。

说明

爬虫程序执行完成以后，将在爬虫文件同级目录下自动创建一个 jd_book.db 数据库文件，所有信息将保存至该文件当中。

图 24.5 爬取京东图书销量排行榜信息

小结

本章主要介绍了如何爬取京东图书销量排行榜的信息，该爬虫程序主要使用 requests_html、sqlite3、os 模块。使用 requests_html 模块中的 session.get() 方法发送网络请求、response.html.xpath() 方法提取数据，然后使用 sqlite3 模块中的 connect() 方法实现数据库的连接、execute() 方法实现 SQL 命令的执行、commit() 方法实现提交数据、fetchall() 方法实现查询多条数据，当数据库所有操作执行完成以后，需要通过 close() 方法关闭游标与数据库连接。

在编写本章的爬虫程序时需要注意，在创建数据库文件时，需要使用 os.path.exists() 方法判断数据库文件是否存在，如果不存在则执行数据库文件的创建，当数据库文件已经存在时就不需要再次创建，避免数据库文件多次创建的错误。

全方位沉浸式学习
见此图标 微信扫码

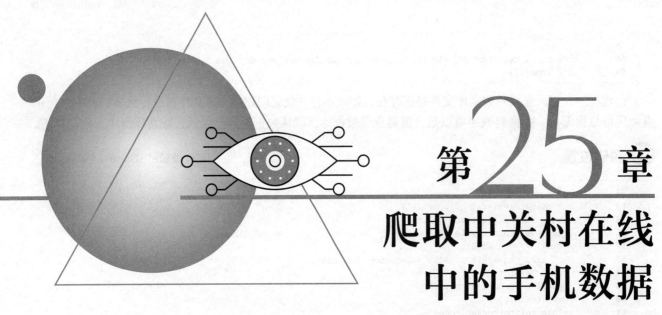

第25章 爬取中关村在线中的手机数据
(requests_html+pymysql+random+time)

MySQL 是一款开源的数据库软件，由于其免费特性得到了全世界用户的喜爱，是目前使用人数最多的数据库之一。不过该数据库并不像 SQLite3 那样轻量级，MySQL 数据库需要单独的下载与安装，如果使用 Python 来控制 MySQL 数据库的一些操作，还需要单独的安装数据库操作模块，如 PyMySQL。本节将使用 MySQL 数据库存储爬取的中关村在线中的手机数据。

25.1　案例效果预览

启动爬虫程序后，将自动爬取中关村在线中的手机数据，数据提取完成以后将自动插入到 MySQL 数据库中，如图 25.1 所示。同时也会自动下载手机封面图片，如图 25.2 所示。

25.2　案例准备

本案例的软件开发及运行环境具体如下。
- 操作系统：Windows 10。
- 语言：Python 3.8。
- 开发环境：PyCharm。
- 模块：requests_html、pymysql、random、time。

图 25.1 爬取中关村在线中的手机数据

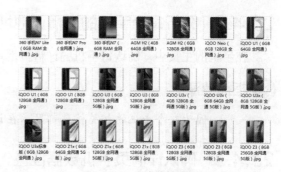

图 25.2 手机封面图片

25.3 业务流程

在编写爬取中关村在线手机数据的爬虫程序前,需要先了解实现该爬虫程序的业务流程。根据爬虫程序的业务需求,设计如图 25.3 所示的业务流程图。

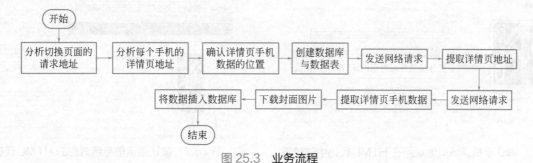

图 25.3 业务流程

25.4 实现过程

25.4.1 分析手机主页中每页地址

在爬取中关村在线的手机数据时,首先需要确认手机主页地址。如图 25.4 所示。
查看当前手机主页所有页码数量,然后切换页码确认请求地址中控制页码数量的关键参数。如图 25.5 所示。

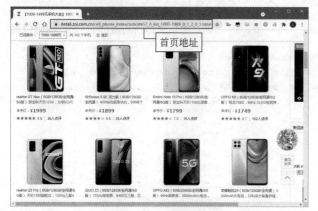

图 25.4 确认手机主页地址

图 25.5 确认总页数与地址中的控制页码的参数

261

25.4.2 分析每个手机的详情页地址

在手机的主页中，确认每手机的详情页地址在 HTML 代码中的位置，如图 25.6 所示。

> **指点迷津**
>
> 因为每个手机的相关信息都显示在详情页当中，所以需要找到每个手机的详情页地址。

25.4.3 确认详情页手机数据位置

在手机主页中，选择一个手机，然后在该手机的详情页中确认手机的主标题、副标题、参考价格以及封面图片所对应的 HTML 代码位置。如图 25.7 所示。

图 25.6　确认手机详情页地址所在 HTML 代码中的位置

图 25.7　确认指定信息所对应的 HTML 代码位置

将手机详情页面向下滑动，然后分别获取 CPU、后置摄像头、前置摄像头、内存、电池、屏幕以及分辨率所对应的 HTML 代码位置。如图 25.8 所示。

25.4.4 创建 MySQL 数据表

根据爬取数据的需求，创建一个名称为 cellphone_data 的 MySQL 数据库，如图 25.9 所示，然后在该数据库中创建名称为 phone 的数据表，数据表结构如图 25.10 所示。

图 25.8　确认手机参数所对应的 HTML 代码位置

图 25.9　创建数据库

图 25.10　创建数据表结构

25.4.5 编写爬虫程序

编写爬虫程序的代码，首先导入爬虫程序所需要使用的模块，然后依次创建请求地址、会话请求对象、MySQL 数据库连接及游标对象。代码如下。

源码位置　　资源包 \Code\25\demo.py

```python
import requests_html                                  # 导入网络请求模块
from pymysql import *                                 # 导入数据库操作模块
import random                                         # 导入随机数模块
import time                                           # 导入时间模块
import os                                             # 导入系统模块
info_url = []                                         # 保存所有详情页请求地址
                                                      # 主页地址
url = 'https://detail.zol.com.cn/cell_phone_index/subcate57_0_list_1000-1999_0_1_2_0_{page}.html'
session = requests_html.HTMLSession()                 # 创建会话对象
                                                      # 创建 connection 连接 MySQL 数据库
conn = connect(host='localhost', port=3306, database='cellphone_data', user='root',
               password='root', charset='utf8')
                                                      # 创建 cursor 对象
cs1 = conn.cursor()
```

创建 get_header() 方法，在该方法中实现获取随机请求头信息。代码如下。

源码位置　　资源包 \Code\25\demo.py

```python
                                                                  # 获取随机请求头信息
def get_header():
    headers = ['Mozilla/5.0 (Windows NT 6.1) AppleWebKit/537.36 (KHTML, like Gecko) Chrome/41.0.2228.0 Safari/537.36',
               'Mozilla/5.0 (Macintosh; Intel Mac OS X 10_10_1) AppleWebKit/537.36 (KHTML, like Gecko) Chrome/41.0.2227.1 Safari/537.36',
               'Mozilla/5.0 (X11; Linux x86_64) AppleWebKit/537.36 (KHTML, like Gecko) Chrome/41.0.2227.0 Safari/537.36',
               'Opera/9.80 (X11; Linux i686; Ubuntu/14.10) Presto/2.12.388 Version/12.16',
               'Mozilla/5.0 (compatible; MSIE 9.0; Windows NT 6.0) Opera 12.14',
               'Mozilla/5.0 (Windows NT 6.1; WOW64; rv:40.0) Gecko/20100101 Firefox/40.1']
    ua = random.choice(headers)                       # 随机抽取一个请求头信息
    header = {'User-Agent':ua}                        # 组合请求头信息
    return header                                     # 返回请求头信息
```

创建 get_info_url() 方法，在该方法中实现获取详情页的请求地址。代码如下。

源码位置　　资源包 \Code\25\demo.py

```python
                                                                  # 获取详情页的请求地址
def get_info_url(url, page):
    header = get_header()                             # 获取随机请求头信息
    url = url.format(page=page)                       # 替换切换页面的 URL
    response = session.get(url=url,headers=header)    # 发送网络请求
    html = requests_html.HTML(html=response.text)     # 解析 HTML
                                                      # 将获取到的详情页请求地址，追加到列表中
    info_url.extend(html.xpath('//a[@class="pic"]/@href'))
```

创建 sql_insert() 方法，在该方法中实现将爬取的数据插入到 MySQL 数据库当中。代码如下。

源码位置　　　资源包 \Code\25\demo.py

```python
01                                    # 向数据库中插入数据
02  def sql_insert(data):
03                                    # 执行 sql 语句
04      query = f'insert into phone (title,price,subtitle,img_url,cpu,rear_camera,front_camera,memory,battery,screen,resolving_power)' \
05             f'values(%s, %s, %s, %s, %s,%s, %s, %s, %s, %s,%s)'
06                                    # 插入的值
07      values = (data[0],data[1],data[2],data[3],data[4],data[5],data[6],data[7],data[8],data[9],data[10])
08      cs1.execute(query, values)    # 执行 SQL 语句
09                                    # 提交之前的操作，如果之前已经执行多次的 execute，那么就都进行提交
10      conn.commit()
```

创建 get_info() 方法，在该方法中先向手机对应的详情页发送网络请求，然后提取每个手机的主标题、副标题、参考价格、封面图片地址等信息。代码如下。

源码位置　　　资源包 \Code\25\demo.py

```python
01                                                              # 获取每个详情页中的信息
02  def get_info(dir_name,infos):
03      for i in infos:                                         # 遍历所有的详情页地址
04          try:
05              header = get_header()                           # 循环一次，获取一个随机请求头信息
06              url = "https://detail.zol.com.cn/" + i           # 拼接 URL 地址
07              print(url)
08              response = session.get(url=url, headers=header) # 发送详情页的网络请求
09                                                              # 获取主标题（手机品牌基本配置）
10              title = response.html.xpath('//h1[@class="product-model__name"]/text()')[0]
11                                                              # 获取参考价格
12              price = response.html.xpath('//b[@class="price-type"]/text()')[0]
13                                                              # 获取副标题（手机特点）
14              subtitle = response.html.xpath('//div[@class="product-model__subtitle"]/text()')[0]
15                                                              # 封面图地址
16              img_url = response.html.xpath('//img[@id="big-pic"]/@src')[0]
17                                                              # 根据属性值获取所有参数对应的标签
18              parameter = response.html.xpath('//*[@class="product-link"]/text()')
19              print(title,price,subtitle,img_url,parameter)
20                                                              # cpu
21              cpu = parameter[0]
22                                                              # 后置摄像头
23              rear_camera =parameter[1]
24                                                              # 前置摄像头
25              front_camera = parameter[2]
26                                                              # 内存
27              memory = parameter[3]
28                                                              # 电池
29              battery = parameter[4]
30                                                              # 屏幕
31              screen = parameter[5]
32                                                              # 分辨率
33              resolving_power = parameter[6]
34              title = title.replace('/',' ')                  # 将标题中特殊符号替换
35              download_img(dir_name,title,img_url)            # 下载图片
36                                                              # 将数据插入数据库当中
37              sql_insert([title,price,subtitle,img_url,cpu,rear_camera,front_camera,memory,battery,screen,resolving_power])
38                                                              # 产生一个 2 ～ 3 的随机数字
39              t = random.randint(2,3)
40              print(" 数据已插入等待 ", t, " 秒! ")
41              time.sleep(t)                                   # 随机等待时间
```

```
42          except Exception as e:
43              print(" 错误 ",e)
44              continue                              # 出现异常跳过当前循环，让爬虫继续爬取下一个页面
```

创建 download_img() 方法，在该方法中使用首先判断一下保存图片的目录是否存在，不存在就创建一个，然后使用 open() 函数将图片保存至本地磁盘中。代码如下。

源码位置　　　　　　　　　　　　　　　　　　　　　　　　　　　　资源包 \Code\25\demo.py

```
01                                                    # 下载图片
02  def download_img(dir_name, img_name, img_url):
03      if os.path.exists(dir_name):                  # 判断文件夹是否存在
04          header = get_header()                     # 获取随机请求头
05                                                    # 向图片地址发送网络请求
06          img_response = session.get(url=img_url,headers=header)
07                                                    # 通过 open 函数，将图片二进制数据写入文件夹当中
08          open(dir_name + "/" + img_name + ".jpg", "wb").write(img_response.content)
09      else:                                         # 没有指定的文件夹就创建一个，然后下载图片到指定文件夹内
10          os.mkdir(dir_name)
11          header = get_header()
12          img_response = session.get(url=img_url, headers=header)
13          open(dir_name + "/" + img_name + ".jpg", "wb").write(img_response.content)
```

创建程序入口，利用 for 循环遍历分类节目网页对应的页码，然后再 for 循环中首先调用获取详情页请求地址的 get_info_url() 方法，当获取所有手机详情页地址以后，调用获取手机详情信息并将信息插入数据库的 get_info() 方法，最后关闭游标对象与数据库连接。代码如下。

源码位置　　　　　　　　　　　　　　　　　　　　　　　　　　　　资源包 \Code\25\demo.py

```
01  if __name__ == '__main__':
02      for i in range(1,9):                          # 根据分类网页的页数，进行循环遍历
03          get_info_url(url=url,page=i)              # 调用自定义函数获取详情页请求地址
04          t = random.randint(1,2)                   # 随机秒数
05          print(" 第 ",i," 页地址已获取，等待 ",t," 秒钟 ")
06          time.sleep(t)                             # 等待随机秒数
07      get_info(" 手机图片 ",info_url)                # 获取详情信息并插入数据库当中
08                                                    # 关闭 cursor 对象
09      cs1.close()
10                                                    # 关闭 connection 对象
11      conn.close()
```

爬虫程序运行完成以后，打开 phone 数据表将显示如图 25.11 所示的数据内容，打开项目文件夹中的"手机图片"文件夹将显示如图 25.12 所示的封面图片。

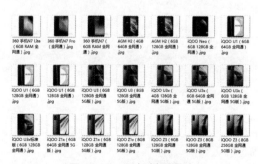

图 25.11　爬取中关村在线中的手机数据内容　　　　　　图 25.12　手机封面图片

小结

本章主要介绍了如何爬取中关村手机数据并将数据存储至 MySQL 数据库当中,该爬虫程序主要使用了 requests_html、pymysql、random、time 多个模块。其中,requests_html 模块中的 session.get() 方法实现发送网络请求、HTML() 对象用于解析 HTML 代码、xpath() 方法用于提取手机数据;pymysql 模块中 connect() 方法用于连接数据库、cursor() 方法用于创建游标对象、execute() 方法用于执行 SQL 语句、commit() 方法用于提交数据、close() 方法用于关闭数据库与游标对象、open() 函数实现手机图片的下载。

编写本章的爬虫程序时需要注意,在创建保存图片目录的时候,先判断目录是否存在,如果不存就进行目录的创建。

扫码领取
- 视频讲解
- 源码下载
- 配套答案
- 拓展资料
- ……

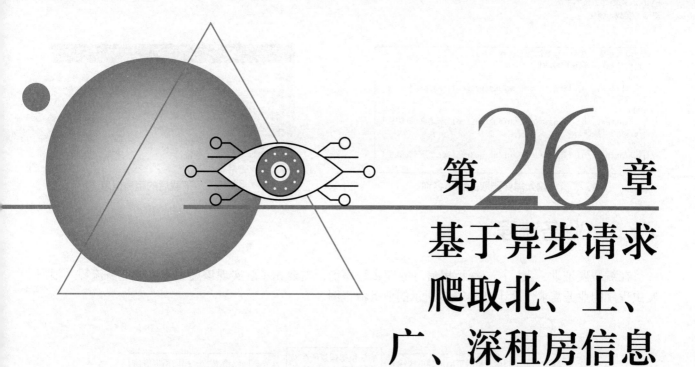

第26章 基于异步请求爬取北、上、广、深租房信息
(requests+lxml+pandas+aiohttp+asyncio)

北、上、广、深指的是北京、上海、广州以及深圳，这4个城市都是一线城市，那么在这些城市中每月租房大概需要多少钱呢？本章将使用python爬取北、上、广、深的租房信息。

26.1 案例效果预览

启动爬虫程序后，在控制台输入需要爬取的城市名称（如北京），然后按Enter键将自动爬取北京每一页的租房信息，如图26.1所示，数据爬取完成后将自动保存至csv文件当中，如图26.2所示。

26.2 案例准备

本案例的软件开发及运行环境具体如下。
- 操作系统：Windows 10。
- 语言：Python 3.8。
- 开发环境：PyCharm。
- 模块：requests、lxml、pandas、aiohttp、fake_useragent、asyncio。

```
请输入需要下载租房信息的城市名称！北京
租房信息总页码获取成功！
200
获取https://bj.lianjia.com/zufang/pg1rco11rs北京/页信息！
写入第1页数据！
200
获取https://bj.lianjia.com/zufang/pg2rco11rs北京/页信息！
写入第2页数据！
200
获取https://bj.lianjia.com/zufang/pg3rco11rs北京/页信息！
写入第3页数据！
```

图 26.1 输入需要爬取的城市名称

图 26.2 下载后的租房信息

26.3 业务流程

在编写爬取北、上、广、深租房信息的爬虫程序前，需要先了解实现该爬虫程序的业务流程。根据爬虫程序的业务需求，设计如图 26.3 所示的业务流程图。

图 26.3 业务流程

26.4 实现过程

实现爬取北、上、广、深租房信息的爬虫程序时，首先需要分析北京、上海、广州、深圳这 4 个城市的租房网页地址，然后获取当前城市租房信息的总页数，再根据总页数循环遍历爬取每页中所需要的租房信息，最后将信息整合并写入文件当中。具体步骤如下。

26.4.1 获取租房信息总页数

打开链家网首页地址（https://bj.lianjia.com），然后在左上角切换城市，在搜索框上方选择"找租房"，直接单击"开始找房"按钮。操作流程如图 26.4 所示。

① 打开租房信息页面后，依次选择"整租"→"链家"条件选项，如图 26.5 所示。

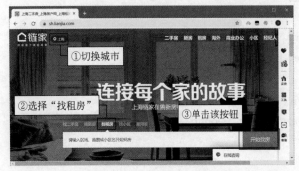

图 26.4 找上海租房操作流程

图 26.5 选择条件选项

> **说明**
>
> 根据测试,北京、上海、广州、深圳的租房信息网页地址中开头的两个字母分别为"北京:bj""上海:sh""广州:gz""深圳:sz",具体地址信息如表26.1所示。

表26.1 各地区租房信息网页地址

地区名称	网络地址
北京	https://bj.lianjia.com/zufang/ab200301001000rt200600000001rs北京/
上海	https://sh.lianjia.com/zufang/ab200301001000rt200600000001rs上海/
广州	https://gz.lianjia.com/zufang/ab200301001000rt200600000001rs广州/
深圳	https://sz.lianjia.com/zufang/ab200301001000rt200600000001rs深圳/

② 单击租房信息网页的"下一页"按钮,观察地址中页码的位置与规律。如图26.6所示。

图26.6 找到地址中页码的位置与规律

③ 有了爬取目标的地址与翻页规律后,创建Python文件,在该文件中首先导入需要使用的模块。代码如下。

源码位置　　　　　　　　　　　　　　　　　　　　　资源包\Code\26\demo.py

```
01  from fake_useragent import UserAgent      # 导入伪造头部信息的模块
02  import asyncio                             # 导入异步io模块
03  import aiohttp                             # 导入异步网络请求模块
04  import requests                            # 导入网络请求模块
05  from lxml import etree                     # 导入lxml解析HTML的模块
06  import pandas                              # 导入pandas模块
```

④ 创建HomeSpider类,在该类中首先创建__init__()方法,在该方法中首先创建一个保存数据的列表,然后再通过UserAgent().random随机生成浏览器头部信息。代码如下。

源码位置　　　　　　　　　　　　　　　　　　　　　资源包\Code\26\demo.py

```
07  class HomeSpider():                                          # 链家爬虫的类
08      def __init__(self):                                      # 初始化
09          self.data = []                                       # 创建数据列表
10                                                               # 随机生成浏览器头部信息
11          self.headers = {"User-Agent": UserAgent().random}
```

⑤ 在HomeSpider类中创建异步网络请求的request()方法,在该方法中首先创建异步网络请求对象,然后通过实例对象中的异步方法get()发送网络请求,最后判断网络请求是否成功,在成功的情况下返回请求结果。代码如下。

源码位置　　　　　　　　　　　　　　　　　　　　　资源包\Code\26\demo.py

```
12  async def request(self, url):                                # 异步网络请求的方法
13      async with aiohttp.ClientSession() as session:           # 创建异步网络请求对象
14          try:
15                                                               # 根据传递的地址发送网络请求
```

```
16              async with session.get(url, headers=self.headers, timeout=3) as response:
17                  print(response.status)
18                  if response.status == 200:                      # 如果请求码为 200，说明请求成功
19                      result = await response.text()              # 获取请求结果中的文本代码
20                      return result
21          except Exception as e:
22              print(e.args)                                        # 打印异常信息
```

⑥ 在 HomeSpider 类中创建 get_page_all() 方法，在该方法中通过 requests.get() 方法先发送一次网络请求，然后解析返回的 HTML 代码，获取当前城市租房信息的总页数。代码如下。

源码位置　　　　　　　　　　　　　　　　　　　　　　　　　　　资源包 \Code\26\demo.py

```
23  def get_page_all(self, city):                                   # 请求一次，获取租房信息的所有页码
24      city_letter = self.get_city_letter(city)                    # 获取城市对应的字母
25      url = 'https://{}.lianjia.com/zufang/ab200301001000rco11rt200600000001rs{}/'\
26          .format(city_letter, city)
27      response = requests.get(url, headers=self.headers)          # 发送网络请求
28      if response.status_code == 200:
29          html = etree.HTML(response.text)                        # 创建一个 XPath 解析对象
30                                                                   # 获取租房信息的所有页码
31          page_all = html.xpath('//*[@id="content"]/div[1]/div[2]/@data-totalpage')[0]
32          print('租房信息总页码获取成功！')
33          return int(page_all) + 1
34      else:
35          print('获取租房信息所有页码的请求未成功！')
```

⑦ 在 HomeSpider 类中创建 get_city_letter() 方法，该方法用于获取北京、上海、广州、深圳所对应的英文字母。代码如下。

源码位置　　　　　　　　　　　　　　　　　　　　　　　　　　　资源包 \Code\26\demo.py

```
36                                                                   # 获取北、上、广、深城市名称对应的字母
37  def get_city_letter(self, city_name):
38      city_dict = {'北京': 'bj', '上海': 'sh', '广州': 'gz', '深圳': 'sz'}
39      return city_dict.get(city_name)                             # 返回城市名称对应的英文字母
```

⑧ 创建程序入口，首先通过 input() 方法获取用户输入的城市名称，然后创建 HomeSpider 爬虫类对象，最后调用 HomeSpider 类中的 get_page_all() 方法获取指定城市租房网页的所有页码。代码如下。

源码位置　　　　　　　　　　　　　　　　　　　　　　　　　　　资源包 \Code\26\demo.py

```
40  if __name__ == '__main__':
41      input_city = input('请输入需要下载租房信息的城市名称！')
42      home_spider = HomeSpider()                                  # 创建爬虫类对象
43      page_all = home_spider.get_page_all(input_city)             # 获取所有页码
44      print(page_all)                                              # 打印所有页码信息
```

运行程序，首先输入需要下载租房信息的城市名称，然后按 Enter 键将显示如下信息。

```
请输入需要下载租房信息的城市名称！上海↵
租房信息总页码获取成功！
101
```

说明

由于在接下来需要循环抓取每一页的租房信息，所以在返回结果中做了 +1 的计算。

指点迷津

> 因为租房信息的页码是不固定的，所以每次爬取信息前先获取总页码，然后根据总页码进行循环请求获取所有页面的租房信息。

26.4.2 确认数据所在的 HTML 代码位置

① 分析租房信息数据的位置，在租房信息的网页中按 F12 功能键，打开浏览器开发者工具，单击"Elements"选项，单击左上角的图标，然后选择网页中需要获取的信息即可。以获取租房信息中的"标题"为例，获取方式如图 26.7 所示。

② 找到信息对应的 HTML 代码位置后，在标签 <a> 处，单击鼠标右键，从弹出的快捷菜单中依次选择"Copy"→"Copy XPath"选项，获取信息代码中对应的 XPath 位置。操作如图 26.8 所示。

图 26.7 获取指定信息对应的 HTML 代码位置

说明

> 获取租房信息标题的 XPath 位置为 "//*[@id="content"]/div[1]/div[1]/div[1]/div/p[1]/a"。

③ 由于需要爬取每页中所有的标题信息，所以需要对标题信息所对应的 XPath 位置进行修改。首先需要删除 XPath 位置中第三个 <div> 所对应的固定索引，删除后表示获取当前页面中所有第三个 <div> 下面的内容，然后需要在 XPath 位置的最后面添加 "/text()"，表示获取标签中的文本信息。租房信息标题的 XPath 位置修改后如下：

```
//*[@id="content"]/div[1]/div[1]/div/div/p[1]/a/text()
```

说明

> 根据以上获取租房信息标题 XPath 位置的提取方式，依次获取区域、价格、面积以及楼层信息的 XPath 位置。位置如图 26.9 所示。

图 26.8 获取信息代码对应的 XPath 位置

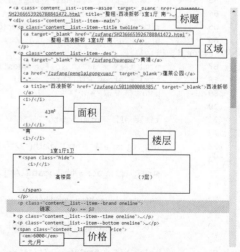

图 26.9 标签位置

26.4.3 编写爬虫提取数据

① 在 HomeSpider 类中创建 remove_spaces() 方法，该方法用于删除字符串中的空格与换行符。代码如下。

源码位置　　　　　　　　　　　　　　　　　　　　　　　资源包 \Code\26\demo.py

```python
45                                                     # 删除字符串中的空格与换行符
46  def remove_spaces(self, info):
47      info_list = []                                 # 保存去除空格和换行符后的字符串
48      for i in info:                                 # 循环遍历包含空格和换行符的信息
49          x=i.replace(' ', '').replace('\n', '')
50          if x =='':
51              pass
52          else:
53              info_list.append(x)                    # 将去除空格和换行符后的字符串添加至列表中
54      return info_list                               # 返回去除空格和换行符后的信息
```

② 在 HomeSpider 类中创建 combined_region() 方法，该方法用于将大区域小区域信息进行合并。代码如下。

源码位置　　　　　　　　　　　　　　　　　　　　　　　资源包 \Code\26\demo.py

```python
55                                                     # 将大区域小区域合并
56  def combined_region(self, big_region, small_region):
57      region_list = []                               # 保存组合后的区域信息
58                                                     # 循环遍历大小区域，并将区域组合
59      for a, b in zip(big_region, small_region):
60          region_list.append(a + '-' + b)
61      return region_list
```

③ 在 HomeSpider 类中创建异步 parse_data_all() 方法，在该方法中根据总页数循环解析页面并抓取租房信息的标题、区域、面积、楼层以及价格信息，最后将获取到的信息创建成 DataFrame 对象，并将每页信息写入到 csv 文件当中。代码如下。

源码位置　　　　　　　　　　　　　　　　　　　　　　　资源包 \Code\26\demo.py

```python
62                                                     # 解析数据
63  async def parse_data_all(self, page_all, city):
64      for i in range(1,page_all):                    # 根据租房信息的总页码，分别对每一页信息发送网络请求
65          city_letter = self.get_city_letter(city)   # 获取城市对应的字母
66          url = 'https://{}.lianjia.com/zufang/ab200301001000pg{}rco11rt200600000001rs{}/'.format(city_letter,i, city)
67          html_text = await self.request(url)        # 发送网络请求，获取 HTML 代码
68          html = etree.HTML(html_text)               # 创建一个 XPath 解析对象
69          print('获取 '+url+' 页信息！')
70                                                     # 获取每页中所有标题
71          title_all = html.xpath('//*[@id="content"]/div[1]/div[1]/div/div/p[1]/a/text()')
72                                                     # 获取每页中所有大区域
73          big_region_all = html.xpath('//*[@id="content"]/div[1]/div[1]/div/div/p[2]/a[1]/text()')
74                                                     # 获取每页中所有小区域
75          small_region_all = html.xpath('//*[@id="content"]/div[1]/div[1]/div/div/p[2]/a[2]/text()')
76                                                     # 获取每页中所有房子的面积
77          square_all = html.xpath('//*[@id="content"]/div[1]/div[1]/div/div/p[2]/text()[5]')
78                                                     # 获取每页中所有房子的楼层
79          floor_all = html.xpath('//*[@id="content"]/div[1]/div[1]/div/div/p[2]/span/text()[2]')
80                                                     # 获取每页中所有房子的价格
81          price_all = html.xpath('//*[@id="content"]/div[1]/div[1]/div/div/span/em/text()')
```

```
82                                                   # 删除标题信息中的空格与换行符
83          title_list = self.remove_spaces(title_all)
84                                                   # 组合后的区域信息
85          region_list = self.combined_region(big_region_all, small_region_all)
86                                                   # 删除面积信息中的空格与换行符
87          square_list = self.remove_spaces(square_all)
88                                                   # 删除楼层信息中的空格与换行符
89          floor_list = self.remove_spaces(floor_all)
90                                                   # 删除价格信息中的空格与换行符
91          price_list = self.remove_spaces(price_all)
92                                                   # 每页数据
93          data_page = {'title': title_list,
94                       'region': region_list,
95                       'price': price_list,
96                       'square': square_list,
97                       'floor': floor_list}
98          print('写入第 '+str(i)+' 页数据！ ')
99          df = pandas.DataFrame(data_page)          # 创建 DataFrame 数据对象
100         df.to_csv('{}租房信息.csv'.format(city),mode='a', encoding='utf_8_sig',index=None)
                                                     # 写入每页数据
```

④ 在 HomeSpider 类中创建 start() 方法，在该方法中首先创建一个 loop 对象，然后调用 run_until_complete() 方法运行 parse_data_all() 方法，执行解析并抓取每页租房的信息。代码如下。

源码位置　　　　　　　　　　　　　　　　　　　　　　　　　　　　　**资源包 \Code\26\demo.py**

```
101                                                  # 启动异步
102  def start(self, page_all, city):
103      loop = asyncio.get_event_loop()             # 创建 loop 对象
104                                                  # 开始运行
105      loop.run_until_complete(self.parse_data_all(page_all, city))
```

⑤ 在程序入口处添加代码，调用 start() 方法启动整个爬虫程序。代码如下。

源码位置　　　　　　　　　　　　　　　　　　　　　　　　　　　　　**资源包 \Code\26\demo.py**

```
home_spider.start(page_all, input_city)              # 启动爬虫程序
```

运行程序后首先需要输入下载租房信息的城市，如图 26.1 所示，然后爬虫程序运行完成后将自动生成对应城市名称的租房信息 csv 文件，文件内容如图 26.2 所示。

小结

本章主要介绍了如何爬取北、上、广、深各个一线城市的租房信息，该爬虫程序主要使用了 requests、lxml、pandas、aiohttp、fake_useragent、asyncio 多个模块。其中，requests.get() 方法用于实现发送获取所有页码的网络请求，lxml 模块中的 xpath() 方法用于提取数据，fake_useragent 模块中的 UserAgent().random 属性用于获取随机请求头信息，aiohttp.ClientSession() 对象中的 get() 方法用于实现异步请求的发送，pandas 模块中的 to_csv() 方法用于将租房信息保存至 csv 文件当中，asyncio 模块中的 run_until_complete() 方法用于启动异步爬虫。

编写本章的爬虫程序时需要注意，在提取数据时，需要使用自定义的 remove_spaces() 方法将字符串中的空格与换行符删除，然后使用自定义的 combined_region() 方法将大区域和小区域的信息合并。

第27章

基于 XPath 爬取豆瓣电影 Top250
(requests+lxml+time+random)

豆瓣用户每天都在对看过的电影进行从"力荐"到"很差"的评价，豆瓣根据每部影片看过的人数以及该影片所得的评价等综合数据，通过算法分析产生豆瓣电影 Top250 排行榜。本章将实现爬取豆瓣电影 Top250 排行榜信息。

27.1 案例效果预览

启动爬虫程序后，将自动爬取豆瓣电影 Top250 榜单中的电影信息，如图 27.1 所示。

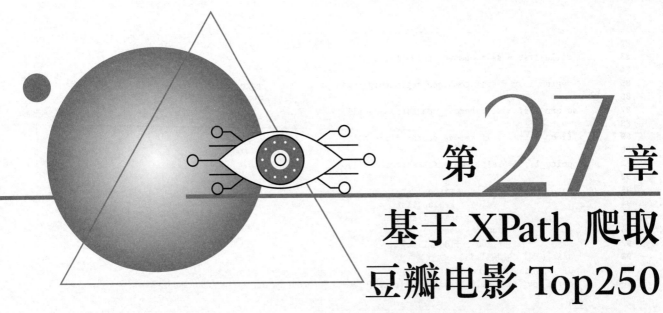

图 27.1 爬取豆瓣电影 Top250 榜单网页中的电影信息

27.2 案例准备

本案例的软件开发及运行环境具体如下。
- 操作系统：Windows 10。
- 语言：Python 3.8。
- 开发环境：PyCharm。
- 第三方模块：requests、lxml、time、random。

27.3 业务流程

在编写爬取豆瓣电影 Top250 的爬虫程序前，需要先了解实现该爬虫程序的业务流程。根据爬虫程序的业务需求，设计如图 27.2 所示的业务流程图。

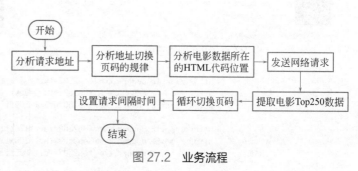

图 27.2　业务流程

27.4 实现过程

27.4.1 分析请求地址

在豆瓣电影 Top250 首页的底部可以确定电影信息一共有 10 页内容，每页有 25 个电影信息，如图 27.3 所示。

将页面切换至第二页，然后观察网页地址有什么变化，如图 27.4 所示。

图 27.3　确定页数与电影信息数量

图 27.4　切换到第二页

将页面切换至第三页，然后观察网页地址有什么变化，如图 27.5 所示。

根据以上第二页与第三页网络地址的规律，修改首页地址，如图 27.6 所示，查看使用修改后的网络地址是否可以正常访问首页。

根据以上页面地址的分析，发现每页的 URL 地址的规律如图 27.7 所示。

图 27.5 切换到第三页　　　　　图 27.6 访问修改后的首页地址

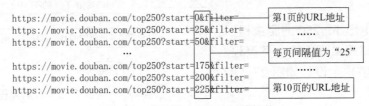

图 27.7 每页的 URL 地址的规律

> **指点迷津**
>
> 豆瓣电影 Top250 网页地址切换规律与大多数网页不同，该网页切换地址的规律为 25，正好对应每个网页有 25 个电影数据。

27.4.2　分析信息位置

打开浏览器开发者工具，然后在顶部选择"Elements"选项，单击 图标，接着选中网页中的电影名称，查看电影名称所在的 HTML 代码位置，如图 27.8 所示。

按照图 27.8 中的操作步骤，确认"导演、主演""电影评分""评价人数"以及"电影总结"信息所对应的 HTML 代码位置，如图 27.9 所示。

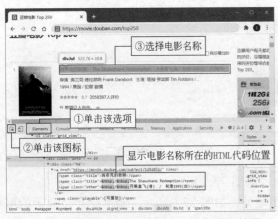 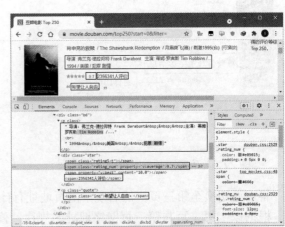

图 27.8 查看电影名称所在的 HTML 代码位置　　　　图 27.9 确认数据所在位置

27.4.3 爬虫代码的实现

爬虫代码实现的具体步骤如下。

① 导入爬虫代码所需要的模块，然后创建一个请求头信息。代码如下。

源码位置　资源包 \Code\27\demo.py

```
01  from lxml import etree                                          # 导入 etree 子模块
02  import time                                                     # 导入时间模块
03  import random                                                   # 导入随机模块
04  import requests                                                 # 导入网络请求模块
05  header = {'User-Agent': 'Mozilla/5.0 (Windows NT 10.0; WOW64) AppleWebKit/537.36 (KHTML,
    like Gecko) Chrome/83.0.4103.61 Safari/537.36'}
```

② 由于 HTML 代码中的信息内存在大量的空格，所以创建一个 processing() 方法，用于处理字符串中的空格。代码如下。

源码位置　资源包 \Code\27\demo.py

```
06                                                                  # 处理字符串中的空格，并拼接字符串
07  def processing(strs):
08      s = ''                                                      # 定义保存内容的字符串
09      for n in strs:
10          n = ''.join(n.split())                                  # 去除空格
11          s = s + n                                               # 拼接字符串
12      return s                                                    # 返回拼接后的字符串
```

③ 创建 get_movie_info() 方法，在该方法中首选通过 requests.get() 方法发送网络请求，然后通过 etree.HTML() 方法解析 HTML 代码，最后通过 XPath 提取电影的相关信息。代码如下。

源码位置　资源包 \Code\27\demo.py

```
13                                                                  # 获取电影信息
14  def get_movie_info(url):
15      response = requests.get(url,headers=header)                 # 发送网络请求
16      html = etree.HTML(response.text)                            # 解析 HTML 字符串
17      div_all = html.xpath('//div[@class="info"]')
18      for div in div_all:
19          names = div.xpath('./div[@class="hd"]/a//span/text()')  # 获取电影名称的相关信息
20          name = processing(names)                                # 处理电影名称信息
21          infos = div.xpath('./div[@class="bd"]/p/text()')        # 获取导演、主演等信息
22          info = processing(infos)                                # 处理导演、主演等信息
23                                                                  # 获取电影评分
24          score = div.xpath('./div[@class="bd"]/div/span[2]/text()')
25                                                                  # 获取评价人数
26          evaluation = div.xpath('./div[@class="bd"]/div/span[4]/text()')
27                                                                  # 获取电影总结文字
28          summary = div.xpath('./div[@class="bd"]/p[@class="quote"]/span/text()')
29          print(' 电影名称：',name)
30          print(' 导演与演员：',info)
31          print(' 电影评分：',score)
32          print(' 评价人数：',evaluation)
33          print(' 电影总结：',summary)
34          print('-------- 分隔线 --------')
```

④ 创建程序入口，然后创建步长为 25 的 for 循环，并在循环中替换每次请求的 URL 地址，再调用 get_movie_info() 方法获取电影信息。代码如下。

源码位置　　　资源包 \Code\27\demo.py

```
35  if __name__ == '__main__':
36      for i in range(0,250,25):                                          # 每页以 25 为间隔，实现循环，共 10 页
37                                                                         # 通过 format 替换切换页码的 URL 地址
38          url = 'https://movie.douban.com/top250?start={page}&filter='.format(page=i)
39          get_movie_info(url)                                            # 调用爬虫方法，获取电影信息
40          time.sleep(random.randint(1,3))                                # 等待 1～3 秒随机时间
```

程序运行结果如图 27.10 所示。

图 27.10　爬取豆瓣电影 Top250 网页中的电影信息

指点迷津

> 因为在提取电影数据时会提取到很多空格符，所以需要单独创建一个方法将这些空格符处理掉。

小结

本章介绍了如何爬取豆瓣电影 Top250 排行榜信息，该爬虫程序主要使用了 requests、lxml、time、random 多个模块。首先需要确认排行榜每页的请求地址，然后使用 requests.get() 方法发送网络请求，接着使用 lxml 模块中的 xpath() 方法将电影相关的数据进行提取，最后将电影数据打印在控制台当中。

编写本章的爬虫程序时需要注意，在提取数据时数据中会存在空格符，所以需要定义一个去除空格符的方法，对数据进行简单的清洗。其次由于需要爬取多个网页的数据，所以建议不要连续发送网络请求，可以通过 time.sleep() 方法与 random.randint() 方法配合实现随机等待几秒，再发送下一个网页的网络请求。避免向服务器频繁发送，造成服务器采取反爬虫机制。

扫码领取
- 视频讲解
- 源码下载
- 配套答案
- 拓展资料
- ……

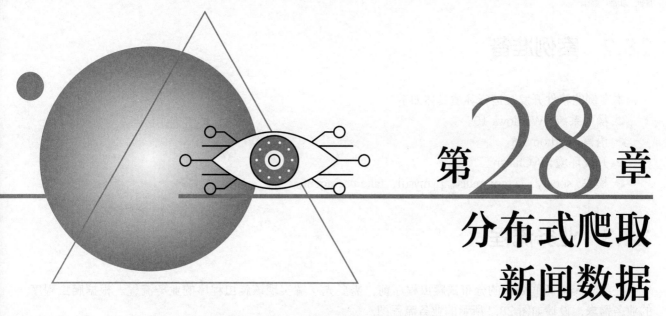

第28章 分布式爬取新闻数据
(scrapy+ pymysql+scrapy-redis 正则表达式)

分布式爬虫和工厂里生产东西一样，一个人生产的效率是有限的，如果多个人同时生产，这样的产能效率会大大提升，完成生产所工作的时间也会相对减少。分布式爬虫将一个爬虫任务分配给多个相同的爬虫程序执行，而每个爬虫程序所爬取的内容不同。本章将介绍如何使用 Scrapy 爬虫框架与 Redis 数据库实现分布式爬虫。

28.1 案例效果预览

新闻数据的信息量是非常大的，在爬取信息量非常大的数据时，使用分布式爬虫既可以满足爬取数据的工作效率，还能满足每条数据的唯一性。本案例通过分布式爬虫，爬取《中文日报》的新闻数据，如图 28.1 所示。

图 28.1 爬取的新闻数据

28.2 案例准备

本案例的软件开发及运行环境具体如下。
- 操作系统：Windows 10。
- 语言：Python 3.8。
- 开发环境：PyCharm。
- 模块：scrapy、scrapy-redis、pymysql、fake-useragent。

28.3 业务流程

在编写爬取新闻数据的分布式爬虫程序前，需要先了解实现该爬虫程序的业务流程。根据爬虫程序的业务需求，设计如图 28.2 所示的业务流程图。

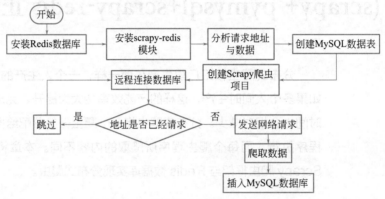

图 28.2　业务流程

28.4 实现过程

28.4.1 Redis 数据库的安装

Redis（remote dictionary server）即远程字典服务，是一个开源的、使用 ANSI C 语言所编写的、支持网络的、可基于内存亦可持久化的日志型 Key-Value 数据库（与 Python 中的字典数据类似），并提供多种语言的 API。它通常被称为数据结构服务器，因为值（value）可以是字符串、哈希、列表、集合和有序集合等类型。

Redis 数据库在分布式爬虫中担任了任务列队的作用，主要负责检测及保存每个爬虫程序所爬取的内容，有效地控制每个爬虫之间的重复爬取问题。

使用 Scrapy 实现分布式爬虫时，需要先安装 Redis 数据库。以 Windows 系统为例，可以在浏览器中打开"https://github.com/microsoftarchive/redis/releases"地址，然后下载"Redis-x64-3.2.100.msi"版本，如图 28.3 所示。

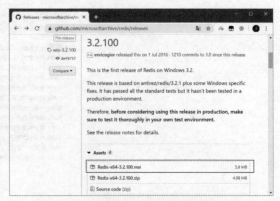

图 28.3　下载 Redis 数据库的安装文件

> **说明**
> Redis 数据库的安装文件下载完成后，根据提示默认安装即可。

Redis 数据库安装完成以后，在 Redis 数据库所在的目录下，打开 "redis-cli.exe" 启动 Redis 命令行窗口。在窗口中输入 "set a demo"，表示向数据库中写入 key 为 a、value 为 demo 的数据，按 Enter 键后显示 ok 表示写入成功。然后输入 "get a"，表示获取 key 为 a 的数据，按 Enter 键后显示对应的数据。如图 28.4 所示。

图 28.4 测试 Redis 数据库

> **说明**
> 关于 Redis 数据库的其他命令可以参考官方地址（https://redis.io/commands）。

在默认情况下，Redis 数据库是没有可视化窗口工具的，如果需要查看 Redis 的数据结构，可以在官方地址（https://redisdesktop.com/pricing）中下载 "Redis Desktop Manager"，下载完成后默认安装即可。安装完成后启动 "Redis Desktop Manager" 可视化窗体，然后单击左上角的 "连接到 Redis 服务器"，并在连接设置中设置连接名字。如果在安装 Redis 数据库时没有修改默认地址（127.0.0.1）与端口号（6379）的情况，直接单击左下角的 "测试连接" 按钮，弹出 "连接 Redis 服务器成功" 提示对话框，最后单击右下角的 "确定" 按钮即可。操作步骤如图 28.5 所示。

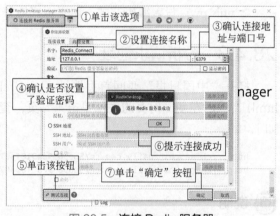

图 28.5 连接 Redis 服务器

Redis 服务器的连接创建完成后，单击左侧的连接名称 "Redis_Connet"，即可查询 Redis 数据库中的数据，如图 28.6 所示。

28.4.2 安装 scrapy-redis 模块

scrapy-redis 模块相当于 Scrapy 爬虫框架与 Redis 数据库的桥梁，该模块是在 Scrapy 的基础上修改和扩展而来的，既保留了 Scrapy 爬虫框架中原有的异步功能，又实现了分布式的功能。scrapy-redis 模块是第三方模块，所以在使用前需要通过 "pip install scrapy-redis" 命令进行模块的安装。

scrapy-redis 模块安装完成后，在模块的安装目录中包含如图 28.7 所示的源码文件。

图 28.6 查看数据

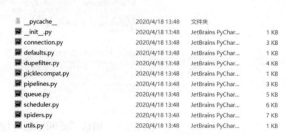

图 28.7 scrapy-redis 模块的源码文件

图 28.7 中的所有文件都是互相调用的关系，每个文件都有自己需要实现的功能，具体的功能说明如下。

- _init_.py：模块中的初始化文件，用于实现与 Redis 数据库的连接，具体的数据库连接函数在

connection.py 文件当中。

- connection.py：用于连接 Redis 数据库，在该文件中，get_redis_from_settings() 函数用于获取 Scrapy 配置文件中的配置信息，get_redis() 函数用于实现与 Redis 数据库的连接。
- defaults.py：模块中的默认配置信息，如果没有在 Scrapy 项目中配置相关信息，则将使用该文件中的配置信息。
- dupefilter.py：用于判断重复数据，该文件中重写了 Scrapy 中的判断重复爬取的功能，将已经爬取的请求地址（URL）按照规则写入 Redis 数据库当中。
- picklecompat.py：将数据转换为序列化格式的数据，解决对 Redis 数据库的写入格式问题。
- pipelines.py：与 Scrapy 中的 pipelines 是同一对象，用于实现数据库的连接以及数据的写入。
- queue.py：用于实现分布式爬虫的任务队列。
- scheduler.py：用于实现分布式爬虫的调度工作。
- spiders.py：重写 Scrapy 中原有的爬取方式。
- utils.py：设置编码方式，用于更好地兼容 Python 的其他版本。

28.4.3 分析请求地址

打开"中国日报"要闻首页地址（http://china.chinadaily.com.cn/5bd5639ca3101a87ca8ff636/page_1.html），然后在新闻网页的底部单击第二页，查看两页地址的切换规律。根据测试，两页的网页地址分别如下。

```
http://china.chinadaily.com.cn/5bd5639ca3101a87ca8ff636/page_1.html
http://china.chinadaily.com.cn/5bd5639ca3101a87ca8ff636/page_2.html
```

📖 说明

> 从两页的网页地址中可以看出，只需要在地址尾部 page_1 进行数字的切换即可。

在新闻列表中按 F12 功能键开启开发者工具，然后依次找到"新闻标题""新闻简介"以及当前新闻的"更新时间"所在的 HTML 代码位置。如图 28.8 所示。

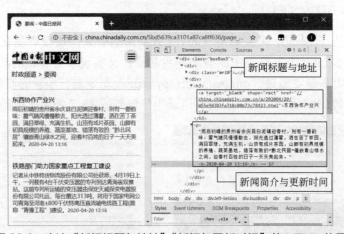

图 28.8　确认"新闻标题与地址""新闻与更新时间"的 HTML 位置

28.4.4　创建数据表（MySQL）

在 MySQL 数据管理工具中，新建名称为"news_data"的数据库，具体参数如图 28.9 所示。

在"news_data"数据库中创建名称为"news"的数据表，数据表的具体结构如图28.10所示。

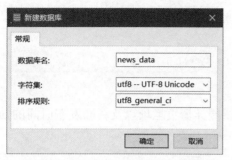

图28.9 新建"news_data"数据库

图28.10 "news"数据表结构

28.4.5 创建Scrapy项目

在指定路径下启动命令行窗口，然后通过"scrapy startproject distributed"命令，创建名称为"distributed"的项目结构，接着通过"cd distributed"命令打开项目文件夹，最后通过"scrapy genspider distributedSpider china.chinadaily.com.cn"命令创建一个distributedSpider.py爬虫文件。具体的执行步骤如图28.11所示。

Scrapy项目创建完成以后，完整的项目结构如图28.12所示。

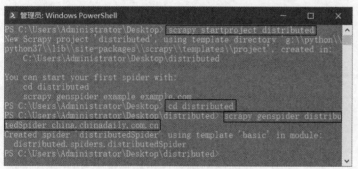

图28.11 命令执行步骤

图28.12 "distributed"项目的完整结构

1. 创建随机请求头

① 打开middlewares.py文件，在该文件中首先导入fake-useragent模块中的UserAgent类，然后创建RandomHeaderMiddleware类，并通过init()函数进行类的初始化工作。代码如下。

```
01  from fake_useragent import UserAgent        # 导入请求头类
02                                              # 自定义随机请求头的中间件
03  class RandomHeaderMiddleware(object):
04      def __init__(self, crawler):
05          self.ua = UserAgent()               # 随机请求头对象
06                                              # 如果配置文件中不存在，就使用默认的Google Chrome请求头
07          self.type = crawler.settings.get("RANDOM_UA_TYPE", "chrome")
```

② 重写from_crawler()方法，在该方法中返回cls实例对象。代码如下。

```
08  @classmethod
09  def from_crawler(cls, crawler):
10                                              # 返回cls()实例对象
11      return cls(crawler)
```

③ 重写 process_request() 方法，在该方法中实现设置随机生成的请求头信息。代码如下。

```
12                                                    # 发送网络请求时调用该方法
13 def process_request(self, request, spider):
14                                                    # 设置随机生成的请求头
15     request.headers.setdefault('User-Agent',getattr(self.ua, self.type))
```

2. 编写 items 文件

打开 items.py 文件，然后编写保存新闻标题、新闻简介、新闻详情页地址以及新闻发布时间的 item 对象。代码如下。

```
01 import scrapy
02
03 class DistributedItem(scrapy.Item):
04     news_title = scrapy.Field()                    # 保存新闻标题
05     news_synopsis = scrapy.Field()                 # 保存新闻简介
06     news_url = scrapy.Field()                      # 保存新闻详情页面的地址
07     news_time = scrapy.Field()                     # 保存新闻发布时间
08     pass
```

3. 编写 pipelines 文件

① 打开 pipelines.py 文件，在该文件中首先导入 pymysql 数据库操作模块，然后通过 init() 方法初始化数据库参数。代码如下。

```
01 import pymysql                                     # 导入数据库连接 pymysql 模块
02
03 class DistributedPipeline(object):
04                                                    # 初始化数据库参数
05     def __init__(self,host,database,user,password,port):
06         self.host = host
07         self.database = database
08         self.user = user
09         self.password = password
10         self.port = port
```

② 重写 from_crawler() 方法，在该方法中返回通过 crawler 获取的配置文件中数据库参数的 cls() 实例对象。代码如下。

```
11 @classmethod
12 def from_crawler(cls,crawler):
13                     # 返回 cls() 实例对象，其中包含通过 crawler 获取的配置文件中的数据库参数
14     return cls(
15         host=crawler.settings.get('SQL_HOST'),
16         user=crawler.settings.get('SQL_USER'),
17         password=crawler.settings.get('SQL_PASSWORD'),
18         database = crawler.settings.get('SQL_DATABASE'),
19         port = crawler.settings.get('SQL_PORT')
20     )
```

③ 重写 open_spider() 方法，在该方法中实现启动爬虫时进行数据库的连接，以及创建数据库操作游标。代码如下。

```
21                                                    # 打开爬虫时调用
22 def open_spider(self, spider):
23                                                    # 数据库连接
24     self.db = pymysql.connect(self.host,self.user,self.password,self.database,self.port,
charset='utf8')
25     self.cursor = self.db.cursor()                 # 创建游标
```

④ 重写 close_spider() 方法，在该方法中实现关闭爬虫时关闭数据库的连接。代码如下。

```
26                                                          # 关闭爬虫时调用
27 def close_spider(self, spider):
28     self.db.close()
```

⑤ 重写 process_item() 方法，在该方法中首先将 item 对象转换为字典类型的数据，然后通过 zip() 函数将三列数据中的每条数据转换成 [('book_name', 'press', 'author')] 类型的数据，最后提交并返回 item。代码如下。

```
29 def process_item(self, item, spider):
30     data = dict(item)                                    # 将 item 转换成字典类型
31                                                          # SQL 语句
32     sql = 'insert into news (title,synopsis,url,time) values(%s,%s,%s,%s)'
33                                                          # 执行插入多条数据
34     self.cursor.executemany(sql, [(data['news_title'], data['news_synopsis'],data['news_url'],data['news_
           time'])])
35     self.db.commit()                                     # 提交
36     return item                                          # 返回 item
```

4．编写 spider 文件

① 打开 distributedSpider.py 文件，首先导入 Item 对象，然后重写 start_requests() 方法，通过 for 循环实现新闻列表前 100 页的网络请求。代码如下。

```
01 import scrapy
02 from distributed.items import DistributedItem            # 导入 Item 对象
03 class DistributedspiderSpider(scrapy.Spider):
04     name = 'distributedSpider'
05     allowed_domains = ['china.chinadaily.com.cn']
06     start_urls = ['http://china.chinadaily.com.cn/']
07                                                          # 发送网络请求
08     def start_requests(self):
09         for i in range(1,101):                           # 由于新闻网页共计 100 页，所以循环执行 100 次
10                                                          # 拼接请求地址
11             url = self.start_urls[0] + '5bd5639ca3101a87ca8ff636/page_{page}.html'.format(page=i)
12                                                          # 执行请求
13             yield scrapy.Request(url=url,callback=self.parse)
```

② 在 parse() 方法中，首先创建 Item 实例对象，然后通过 CSS 选择器获取单页新闻列表中的所有新闻内容，最后使用 for 循环将提取的信息逐个添加至 Item 当中。代码如下。

```
14                                                          # 处理请求结果
15 def parse(self, response):
16     item = DistributedItem()                             # 创建 Item 对象
17     all = response.css('.busBox3')                       # 获取每页所有的新闻内容
18     for i in all:                                        # 循环遍历每页中的每条新闻
19         title = i.css('h3 a::text').get()                # 获取每条新闻的新闻标题
20         synopsis = i.css('p::text').get()                # 获取每条新闻的新闻简介
21                                                          # 获取每条新闻的新闻详情页地址
22         url = 'http:'+i.css('h3 a::attr(href)').get()
23         time_ = i.css('p b::text').get()                 # 获取新闻发布时间
24         item['news_title'] = title                       # 将新闻标题添加至 Item
25         item['news_synopsis'] = synopsis                 # 将新闻简介添加至 Item
26         item['news_url'] = url                           # 将新闻详情页地址添加至 Item
27         item['news_time'] = time_                        # 将新闻发布时间添加至 Item
28         yield item                                       # 打印 Item 信息
29     pass
```

③ 导入 CrawlerProcess 类与获取项目配置信息的函数，创建程序入口实现爬虫的启动。代码如下。

```
30                              # 导入 CrawlerProcess 类
31 from scrapy.crawler import CrawlerProcess
32                              # 导入获取项目配置信息
33 from scrapy.utils.project import get_project_settings
34
35                              # 程序入口
36 if __name__=='__main__':
37                              # 创建 CrawlerProcess 类对象并传入项目设置信息参数
38     process = CrawlerProcess(get_project_settings())
39                              # 设置需要启动的爬虫名称
40     process.crawl('distributedSpider')
41                              # 启动爬虫
42     process.start()
```

5. 编写配置文件

打开 settings.py 文件，在该文件中对整个分布式爬虫项目进行配置。具体的配置代码如下。

```
01 BOT_NAME = 'distributed'
02
03 SPIDER_MODULES = ['distributed.spiders']
04 NEWSPIDER_MODULE = 'distributed.spiders'
05
06                              # Obey robots.txt rules
07 ROBOTSTXT_OBEY = True
08
09                              # 启用 Redis 调度存储请求队列
10 SCHEDULER = 'scrapy_redis.scheduler.Scheduler'
11                              # 确保所有爬虫通过 Redis 共享相同的重复筛选器
12 DUPEFILTER_CLASS = 'scrapy_redis.dupefilter.RFPDupeFilter'
13                              # 不清理 Redis 队列，允许暂停或恢复爬虫
14 SCHEDULER_PERSIST =True
15                              # 使用默认的优先级队列调度请求
16 SCHEDULER_QUEUE_CLASS ='scrapy_redis.queue.PriorityQueue'
17 REDIS_URL ='redis://localhost:6379'# Redis 数据库连接地址
18 DOWNLOADER_MIDDLEWARES = {
19                              # 启动自定义随机请求头中间件
20     'distributed.middlewares.RandomHeaderMiddleware': 200,
21                              # 'distributed.middlewares.DistributedDownloader Middleware': 543,
22 }
23                              # 配置请求头类型为随机，此处还可以设置为 Ie、Firefox 以及 Chrome
24 RANDOM_UA_TYPE = "random"
25 ITEM_PIPELINES = {
26     'distributed.pipelines.DistributedPipeline': 300,
27     'scrapy_redis.pipelines.RedisPipeline':400
28 }
29                              # 配置数据库连接信息
30 SQL_HOST = 'localhost'        # MySQL 数据库地址
31 SQL_USER = 'root'             # 用户名
32 SQL_PASSWORD='root'           # 密码
33 SQL_DATABASE = 'news_data'    # 数据库名称
34 SQL_PORT = 3306               # 端口
```

> **注意**
>
> 以上配置文件中的 Redis 与 MySQL 数据库地址默认设置为本地连接，如果实现多台计算机共同启动分布式爬虫时，需要将默认的 localhost 修改为数据库的服务器地址。

28.4.6 分布式爬虫的启动

在启动分布式爬虫前，需要将 Redis（任务列队）与 MySQL（保存爬取数据）数据库布置好，可以将

数据库配置在服务器上，也可以配置在某台计算机上。然后分别在多台计算机上同时启动写好的爬虫程序，并将每个爬虫程序中的 settings.py 文件内的数据库连接地址设置为数据库所在的（服务器或计算机）固定地址。分布式爬虫的实现方式如图 28.13 所示。

下面以将 Redis 与 MySQL 数据库配置在某台 Windows 系统的计算机中为例，实现分布式爬虫的具体步骤如下。

① 在命令行窗口中通过"ipconfig"命令，获取 Redis 与 MySQL 所在计算机的 IP 地址。如图 28.14 所示。

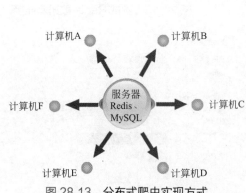

图 28.13　分布式爬虫实现方式

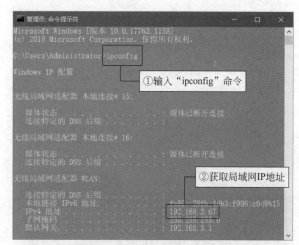

图 28.14　获取局域网 IP 地址

② Redis 数据库在默认的情况下是不允许其他计算机进行访问的，需要在 Redis 安装目录下找到 "redis.windows-service.conf" 文件，文件位置如图 28.15 所示。

③ 将图 28.13 中的 "redis.windows-service.conf" 文件以"记事本"的方式打开，然后将文件中默认绑定的 IP 地址注释掉，并添加为计算机当前的 IP 地址，最后进行文件的保存，如图 28.16 所示。

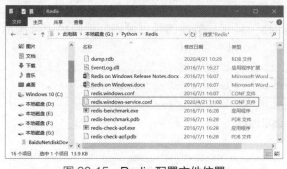

图 28.15　Redis 配置文件位置

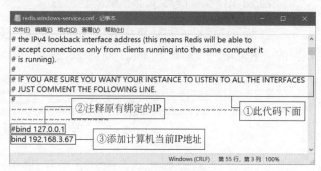

图 28.16　绑定远程连接的 IP 地址

④ 在 Redis 数据库所在的计算机中，重新启动 Redis 服务，如图 28.17 所示。

⑤ 打开"RedisDesktopManager"Redis 数据库管理工具，然后通过"192.168.3.67"（redis.windows-service.conf）文件中所绑定的 IP 地址，测试 Redis 数据库连接是否正常，如图 28.18 所示。

⑥ Redis 数据库实现了远程连接后，接下来需要实现 MySQL 数据库的远程连接。首先打开"MySQL Command Line Client"窗口，然后输入数据库连接密码，接着依次输入"use mysql;"回车、"update user set host = '%' where user = 'root';"回车、"flush privileges;"回车，具体操作步骤如图 28.19 所示。

⑦ 测试"192.168.3.67"是否可以正常连接 MySQL 数据库，如图 28.20 所示。

图 28.17　重新启动 Redis 服务

图 28.18　测试 Redis 数据库连接

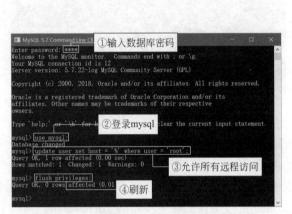
图 28.19　实现 MySQL 数据库的远程连接

图 28.20　测试 MySQL 远程连接的 IP 地址

⑧ 在两台计算机 A 与计算机 B 中，分别运行 "distributed" 分布式爬虫的项目源码，控制台中将显示不同的请求地址，分别如图 28.21 与图 28.22 所示。

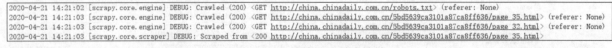
图 28.21　计算机 A 请求地址

图 28.22　计算机 B 请求地址

 说明

> 从图 28.21 与图 28.22 的请求地址中可以看出，两台计算机执行同样的爬虫程序，但发送的网络请求却是不同的，发挥出了分布式爬虫的特点，提高了爬取效率且并不爬取相同数据。

⑨ 两台计算机分布式爬虫任务执行完成以后，打开 "RedisDesktopManager" 可视化工具，其中

dupefilter 中保存了已经判重后的网页 URL 地址，如图 28.23 所示，不过该 URL 数据是经过编码后写入到 Redis 数据库当中的。而 items 中则保存了网页中所爬取的数据，如图 28.24 所示。

图 28.23　判重后的网页 URL 地址　　　　图 28.24　网页中所爬取的数据

⑩ 打开 MySQL 数据库可视化管理工具，打开"news_data"数据库中的"news"数据表，爬取的新闻数据如图 28.25 所示。

图 28.25　爬取的新闻数据

 小结

本章主要介绍了如何创建一个分布式爬虫，分布式爬虫就是将一个爬虫任务分配给多个相同的爬虫程序来执行，而每个爬虫程序所爬取的内容不同，从而减少爬虫爬取数据的时间。在创建分布式爬虫时首先需要安装 Redis 数据库，该数据库在分布式爬虫中担任了任务列队的作用，可以有效地控制每个爬虫之间的重复爬取问题；然后需要安装 scrapy-redis 模块，该模块用于 Scrapy 爬虫框架与 Redis 数据库的连接与操作；最后通过爬取新闻数据的案例实现了一个分布式爬虫程序。

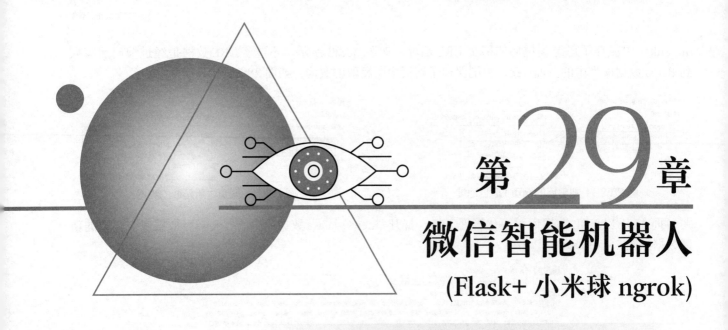

第29章 微信智能机器人
(Flask+ 小米球 ngrok)

微信公众平台是运营者通过公众号为微信用户提供资讯和服务的平台，提供"服务号""订阅号""企业号"和"小程序"4 种类型的账号功能。其中，订阅号为媒体和个人提供一种新的信息传播方式，构建与读者之间更好的沟通与管理模式。由于订阅号申请、审核相对简单，所以使用数量最多，应用范围最广。本章我们将使用 Flask 结合爬虫技术开发一个微信智能机器人。

29.1 案例效果预览

启动微信智能机器人的后台服务，在微信服务号中输入"笑话"，微信智能机器人将自动返回笑话内容，如图 29.1 所示；在微信服务号中输入"城市 + 天气"，微信智能机器人将自动返回城市与对应的天气信息，如图 29.2 所示；向微信服务号中输入其他关键词时，微信智能机器人将自动返回关键词的反说内容，如图 29.3 所示。

图 29.1 讲笑话功能

图 29.2 查天气功能

图 29.3 正话反说功能

29.2 案例准备

本案例的软件开发及运行环境具体如下。
- 操作系统：Windows 10。
- 语言：Python 3.8。
- 开发环境：PyCharm。
- 模块：Flask、requests、lxml、random。
- 内网穿透工具：小米球 ngrok。

29.3 业务流程

在编写微信智能机器人的程序前，需要先了解实现该爬虫程序的业务流程。根据爬虫程序的业务需求，设计如图 29.4 所示的业务流程图。

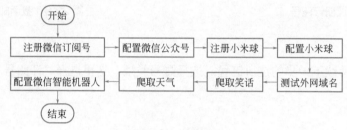

图 29.4　业务流程

29.4 微信公众平台开发必备

29.4.1 注册订阅号

在微信公众平台官网首页（mp.weixin.qq.com）单击右上角的"立即注册"按钮。如图 29.5 所示。注册订阅号的步骤如下。

1. 选择注册的账号类型

选择"订阅号"，如图 29.6 所示。

图 29.5　注册微信订阅号

图 29.6　选择"订阅号"

2. 填写邮箱和密码

填写未注册过公众平台、开放平台、企业号也未绑定个人号的邮箱。如图 29.7 所示。

3. 激活邮箱

登录邮箱，查收激活邮件，单击激活链接。如图 29.8 所示。

图 29.7　注册订阅号

图 29.8　激活邮箱

4. 选择类型

单击激活链接后，继续下一步的注册流程。选择账号类型，这里选择"订阅号"，单击"选择并继续"按钮。如图 29.9 所示。

5. 信息登记

选择类型之后，填写个人信息，包括姓名、身份证号和手机号等。如图 29.10 所示。

图 29.9　选择账号类型

图 29.10　填写个人信息

6. 填写账号信息

填写账号信息，包括公众号名称、功能介绍，并选择运营地区。如图 29.11 所示。
完成以上步骤后，就成功地注册了一个公众号账号。如图 29.12 所示。

29.4.2　公众号基本配置

（1）登录微信公众号管理平台

完成注册后，在微信公众平台官网首页（mp.weixin.qq.com）的登录入口直接登录。如图 29.13 所示。

图 29.11 填写账号信息

图 29.12 注册成功信息

(2) 开启开发者模式

登录微信公众平台官网之后，在左侧菜单中找到"基本配置"菜单栏，单击"修改配置"，需要填写 URL 和 Token 信息，如图 29.14 所示。由于我们没有开启服务器，没有完成代码逻辑，提交肯定是验证 Token 失败，所以，这里的信息先不用填写。

图 29.13 登录管理平台

图 29.14 填写基本配置信息

29.5 内网穿透工具

由于微信服务器需要验证 Token，但考虑到很多用户并没有云服务，而且本地开发每次都把源码上传到服务器上也不方便，所以，这里我们推荐使用内网穿透工具，能够让微信服务器通过外网域名访问本机的 IP 地址。

29.5.1 内网穿透工具简介

内网穿透是在进行网络连接时的一种术语，也叫作 NAT 穿透，简单来说就是将内网与外网通过 natapp 隧道打通，让外网可以访问内网的数据，内网穿透原理如图 29.15 所示。

常用的内网穿透工具有很多，如 ngrok 和 frp 等。出于经济性和易用性方面的考虑，这里选择使用小米球 ngrok 内网穿透工具。

29.5.2 下载安装

小米球 ngrok 的官方网址是"http://ngrok.ciqiuwl.cn"。可根据计算机系统情况选择下载相应的版本。

下载完成后,解压文件,找到"小米球 Ngrok 启动工具 .bat",如图 29.16 所示。

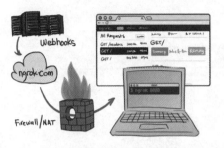

图 29.15　内网穿透原理图
　　　　　　　　　　　　　　　　图 29.16　启动文件 

双击"小米球 Ngrok 启动工具 .bat",弹出控制台面板,输入域名前缀和端口号。域名前缀可任意设置,端口号必须设置为"80"或"443"(微信公众平台要求服务器域名必须以 http:// 或 https:// 开头,分别支持 80 端口和 443 端口)。如图 29.17 所示。

启动成功后,生成一个域名"http://mrsoft.ngrok.xiaomiqiu.cn",当访问这个域名时,就会默认访问本机的"127.0.0.1:80",运行效果如图 29.18 所示。

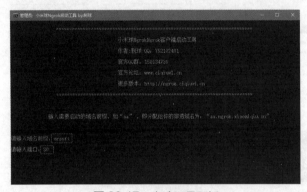

图 29.17　启动工具面板
　　　　　　　　　　　　　　　　图 29.18　显示外网域名

29.5.3　测试外网域名

现在,我们已经有一个外网域名了,下面就使用 flask 编写一个 "Hello World" 程序来测试外网域名能否映射到本地的 "127.0.0.1:80"。代码如下。

源码位置　　　　　　　　　　　　　　　　　　　资源包 \Code\29\wechat_robot\test.py

```
01  from flask import Flask
02  app = Flask(__name__)
03  @app.route('/')
04  def hello():
05      return 'Hello World'
06
07  if __name__ == "__main__":
08      app.run(host='0.0.0.0', port=80, debug=True)
```

上述代码中,host 被设置为 "0.0.0.0" 以确保所有人均可访问。运行以上程序。

在浏览器中访问本地 IP 地址 "127.0.0.1:80",运行结果如图 29.19 所示。访问外网 IP "http://mrsoft.ngrok.xiaomiqiu.cn",运行结果如图 29.20 所示。此时,其他人就可以通过外网 IP 访问我们的本地项目了。

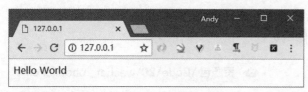
图 29.19　本地域名访问

图 29.20　外网域名访问

> **注意**
>
> 只有在开启了小米球 ngrok 并且启动了 Flask 服务以后，其他人才能够通过外网域名访问到我们的本地项目。

29.6　爬取糗事百科笑话

当用户在微信平台中回复"笑话"，程序将从糗事百科网站中随机爬取一条笑话信息。使用 Python 爬取糗事百科笑话的流程如图 29.21 所示。下面就来介绍一下该功能的实现。

29.6.1　页面分析

我们要爬取的目标是糗事百科网站的文字笑话，其网址为"https://www.qiushibaike.com/text/page/2"，其中的 page 参数表示当前页码，如图 29.22 所示。

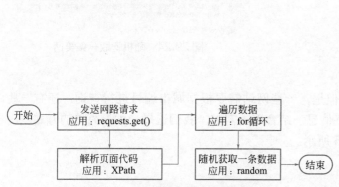

图 29.21　爬取糗事百科笑话的流程

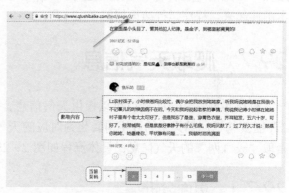

图 29.22　目标网站页面内容

接下来，分析目标网站的页面结构。每一个笑话内容都包裹在 class= "content" 的 div 标签下的 span 标签下。如图 29.23 所示。我们可以使用 lxml 模块解析所需的数据。

图 29.23　解析页面结构

29.6.2　随机爬取一条笑话

分析完页面结构以后，接下来就可以使用 requests 模块来获取目标页面内容，并且使用 lxml 模块来解析数据了。在获取页面内容时，为减小随机生成笑话的重复概率，使用 randint(1,5) 表示从第一页到第四页中随机选择一页，然后再从该页面中的多个笑话中随机选择一个。具体代码如下。

源码位置　　资源包 \Code\29\wechat_robot\joke.py

```python
import requests
from lxml import etree
from random import randint

def get_joke():
    url="http://www.qiushibaike.com/text/page/"+ str(randint(1,5))
    r = requests.get(url)
    tree = etree.HTML(r.text)
    contentlist = tree.xpath('//div[@class="content"]/span')
    jokes = []
    for content in contentlist:
        content = content.xpath('string(.)')   # string() 函数将所有子文本串联起来，
                                               # 必须传递单个节点，而不是节点集。
        jokes.append(content)
    joke = jokes[randint(1, len(jokes))].strip()
    return joke

if __name__ == "__main__":
    content = get_joke()
    print(content)
```

在上述代码中，使用了"xpath('string(.)')"语句，这是因为在一些笑话中包含着 br 换行标签，string(.) 可以将所有子文本串连起来。程序运行结果如图 29.24 所示。

图 29.24　随机爬取一条笑话

29.7　爬取天气信息

有很多网站和 API 接口可以提供天气信息，但是，一些网站需要根据城市编号进行查询，还有一些 API 需要将返回结果中的数字再转化为对应的天气信息。结合以上需求，我们选择一种最简单的方式——爬取"天气网"的天气信息，具体流程如图 29.25 所示。

29.7.1　页面分析

"天气网"的网址是"http://www.tianqi.com"。在该页面中，我们可以在输入框中输入要查询的城市名称，如图 29.26 所示，然后按 Enter 键提交表单，如图 29.27 所示。

图 29.25　爬取天气信息流程图　　　　　　　　图 29.26　查询天气

从图 29.27 中可以看出，当我们目标地址是"http://www.tianqi.com/tianqi/search?keyword=城市名称"，发起一个 GET 请求，就可以获取到天气信息。接下，分析目标地址的页面结构。在目标页面中，所有的天气信息均包裹在一个 class="weather_info" 的 dl 标签下，如图 29.28 所示。我们可以使用 lxml 模块解析所需数据。

图 29.27　天气信息

图 29.28　解析页面结构

29.7.2　爬取天气信息

分析完页面结构以后，接下来就可以使用 requests 模块来获取目标页面内容，并且使用 lxml 模块来解析数据了。由于我们要查询的城市是变化的，需要传递一个城市名称参数；然后在目标页面下，使用 lxml 逐一获取每一条数据信息；最后将其整合为所需要的数据格式。具体代码如下。

源码位置　　资源包 \Code\29\wechat_robot\weather.py

```python
01  import requests
02  from lxml import etree
03
04  def get_weather(keyword):
05      url = 'https://www.tianqi.com/tianqi/search?keyword=' + keyword
06      headers = {
07          'User-Agent': 'Mozilla/5.0 (Windows NT 10.0; Win64; x64) AppleWebKit/537.36 (KHTML, like
08          Gecko) Chrome/68.0.3440.106 Safari/537.36'
09      }
10      response = requests.get(url,headers=headers)
11      tree = etree.HTML(response.text)
12                                              # 检测城市天气是否存在
13      try:
14          city_name = tree.xpath('//dd[@class="name"]/h2/text()')[0]
15      except:
16          content = ' 没有该城市天气信息，请确认查询格式 '
17          return content
18      week = tree.xpath('//dd[@class="week"]/text()')[0]
19      now = tree.xpath('//p[@class="now"]')[0].xpath('string(.)')
20      temp = tree.xpath('//dd[@class="weather"]/span')[0].xpath('string(.)')
21      shidu = tree.xpath('//dd[@class="shidu"]/b/text()')
22      kongqi = tree.xpath('//dd[@class="kongqi"]/h5/text()')[0]
23      pm = tree.xpath('//dd[@class="kongqi"]/h6/text()')[0]
24      content = "【{0}】{1} 天气 \n 当前温度: {2}\n 今日天气: {3}\n{4}\n{5}\n{6}".format(
25          city_name, week.split('\u3000')[0], now, temp, '\n'.join(shidu),kong qi,pm)
26      return content
27
28  if __name__ == "__main__":
29      keyword = ' 上海 '
30      content = get_weather(keyword)
31      print(content)
```

上述代码中，content 变量是根据需求拼接的最终结果。例如，week 变量值是"2021 年 05 月 26 日 星期一　戊戌年十月廿六"，而我们只需要"2021 年 05 月 26 日"文本内容，所以，使用"week.split('\u3000')[0]"来获取根据"空格"拆分后的一个字符串。此外，shidu 变量的值是一个列表，如"[' 湿度: 80%', ' 风向: 东风 1 级 ', ' 紫外线: 很弱 ']"，使用"'\n'.join(shidu)"将其转化为 3 行字符串。程序运行结果如图 29.29 所示。

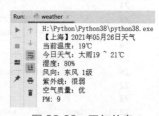
图 29.29　天气信息

29.8 微信智能机器人的实现

29.8.1 校验签名

以上准备工作全部完成以后，接下来需要对微信签名进行校验。我们向微信服务器提交信息后，微信服务器将发送 GET 请求到填写的服务器地址 URL 上。GET 请求携带的参数及描述如表 29.1 所示。

表 29.1 GET 请求携带的参数及描述

参数	描述
signature	微信加密签名，signature 结合了开发者填写的 token 参数和请求中的 timestamp 参数、nonce 参数
timestamp	时间戳
nonce	随机数
echostr	随机字符串

开发者通过检验 signature 对请求进行校验（下面有校验方式）。若确认此次 GET 请求来自微信服务器，原样返回 echostr 参数内容，则接入生效，成功成为开发者，否则接入失败。加密／校验流程如下。

① 将 token、timestamp、nonce 三个参数进行字典序排序。
② 将三个参数字符串拼接成一个字符串进行 sha1 加密。
③ 开发者获得加密后的字符串可与 signature 对比，标识该请求来源于微信。

实现签名校验的关键代码如下。

源码位置　　资源包 \Code\29\wechat_robot\wechat_robot.py

```
01  from config import TOKEN,XML_STR
02  from flask import Flask, request, make_response
03  import hashlib
04  import xml.etree.ElementTree as ET
05  from weather import get_weather
06  from joke import get_joke
07
08  app = Flask(__name__)                                            # 实例化一个 Flask App
09
10  @app.route('/message', methods=['GET', 'POST'])                  # 路由
11  def chatme():                                                    # 定义控制器函数 gf
12      if request.method == 'GET':                                  # GET 请求
13          data = request.args                                      # 获取 GET 请求的参数
14          token = TOKEN                                            # 微信接口调用的 token
15          signature = data.get('signature', '')                    # 微信接口调用的签名
16          timestamp = data.get('timestamp', '')                    # 微信接口相关时间戳参数
17          nonce = data.get('nonce', '')                            # 微信接口相关 nonce 参数
18          echostr = data.get('echostr', '')                        # 微信接口相关 echostr 参数
19          s = [timestamp, nonce, token]
20          s = ''.join(s).encode("utf-8")                           # 连接字符串用来校验签名
21
22          if hashlib.sha1(s).hexdigest() == signature:             # 校验签名
23              return make_response(echostr)
24
25          else:                                                    # 响应签名错误
26              return make_response("signature validation error")
27
28
29  if __name__ == "__main__":
30      app.run(host='0.0.0.0', port=80,debug=True)
```

在上述代码中，设置路由为"/message"，methods设置为"GET"和"POST"，当使用 GET 方式访问该路由时，就会进行校验签名。注意，这里的 Token 是在 config 文件中配置的，其值可自行设置，本项目为"weixin"。

29.8.2　填写配置信息

接下来，登录到微信公众平台，单击左侧菜单栏中的"基本配置"菜单，填写配置信息。其中，"URL"文本框中填写"外网域名/message"，这里的外网域名就是使用内网穿透工具设置的域名，"message"是 wechat_robot.py 文件中设置的路由。"Token"是 config.py 文件中设置的"weixin"。"EncodingAESKey"的值可以通过单击右侧的"随机生成"按钮自动生成。如图 29.30 所示。

然后，单击"提交"按钮，弹出确认信息提示框，如图 29.31 所示。单击"确定"按钮，如果验证成功，则提示"提交成功"；如果提示"URL 超时"，可以再尝试提交几次；如果提示"token 验证失败"，需要再次检查配置信息以及 wechat_robot.py 文件的代码是否正确。

图 29.30　填写基本配置信息

图 29.31　确认配置信息

29.8.3　接收文本消息

粉丝给公众号发送一条文本消息，公众号立马回复一条文本消息，不需要通过公众平台网页操作。这里包含两个步骤：接收文本消息和被动回复文本消息。

1. 接收文本消息

粉丝给公众号发送文本消息"笑话"，在开发者后台，收到微信公众平台发送的 xml 如右。（下文均隐藏了 ToUserName 及 FromUserName 信息）

在右面的 xml 中，包含的标签名称和说明如下。

```
01 <xml>
02 <ToUserName><![CDATA[ 公众号 ]]></ToUserName>
03 <FromUserName><![CDATA[ 粉丝号 ]]></FromUserName>
04 <CreateTime>1460537339</CreateTime>
05 <MsgType><![CDATA[text]]></MsgType>
06 <Content><![CDATA[ 笑话 ]]></Content>
07 <MsgId>6272960105994287618</MsgId>
08 </xml>
```

- createTime：是微信公众平台记录粉丝发送该消息的具体时间。
- text: 用于标记该 xml 是文本消息，一般用于区别判断。
- 笑话：说明该粉丝发给公众号的具体内容是笑话。
- MsgId: 是微信公众平台为记录和识别该消息的一个标记数值，由微信后台系统自动产生。

2. 被动回复文本消息

公众号接收到消息后，会给粉丝回复文本消息。例如，公众号想给粉丝回复一条文本消息，内容为

"test"，那么开发者发送给微信公众平台后台的 xml 内容如右。

```
01 <xml>
02   <ToUserName><![CDATA[ 粉丝号 ]]></ToUserName>
03   <FromUserName><![CDATA[ 公众号 ]]></FromUserName>
04   <CreateTime>1460541339</CreateTime>
05   <MsgType><![CDATA[text]]></MsgType>
06   <Content><![CDATA[test]]></Content>
07 </xml>
```

在上述 xml 文本中，注意如下 4 点。

- ToUserName（接受者）、FromUserName（发送者）字段：需按实际填写。
- CreateTime：用于标记开发者回复消息的时间。
- text：用于标记此次行为发送的是文本消息（当然也可以是 image、voice 等类型）。
- 文本换行 '\n'。

说明

　　假如服务器无法保证在 5 s 内处理回复，则必须回复 "success" 或者 ""（空串），否则微信后台会发起三次重试。发起重试是微信后台为了尽可能保证粉丝发送的内容均被开发者接收。三次重试后，如果依旧没有及时回复任何内容，系统自动在粉丝会话界面中出现错误提示"该公众号暂时无法提供服务，请稍后再试"。

当粉丝向微信公众平台发送"笑话"或"北京天气"时，其实质是在向微信公众平台发送文本消息，处理流程如图 29.32 所示。

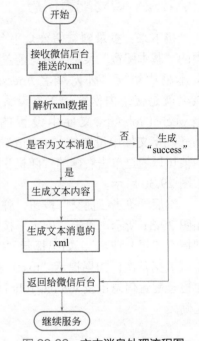

图 29.32　文本消息处理流程图

29.8.4　整合笑话和天气功能

现在，我们来整合前面实现的笑话和天气功能。

首先，需要判断请求方式是否为 POST，并且消息格式是否为文本消息。接下来，判断文本内容，如果是"笑话"，则获取糗事百科的笑话信息；如果是"城市 + 天气"，则获取"天气网"中城市的天气信息。实现代码如下。

源码位置　　资源包 \Code\29\wechat_robot\wechat_robot.py

```
01 from config import TOKEN,XML_STR
02 from flask import Flask, request, make_response
03 import hashlib
04 import xml.etree.ElementTree as ET
05 from weather import get_weather
06 from joke import get_joke
07
08 app = Flask(__name__)                                    # 实例化一个 Flask App
09
10 @app.route('/message', methods=['GET', 'POST'])          # 路由
11 def chatme():                                            # 定义控制器函数 gf
12     if request.method == 'GET':                          # GET 请求
13                                                          # 省略部分代码
14     if request.method == 'POST':
15         xml_str = request.stream.read()
16         xml = ET.fromstring(xml_str)
17         toUserName = xml.find('ToUserName').text
18         fromUserName = xml.find('FromUserName').text
19         createTime = xml.find('CreateTime').text
```

```python
20          msgType = xml.find('MsgType').text
21                                                                      # 判断是否是文本消息
22          if msgType != 'text':
23              reply = XML_STR % (
24                  fromUserName,
25                  toUserName,
26                  createTime,
27                  'text',
28                  'Unknow Format, Please check out'
29              )
30              return reply
31          content = xml.find('Content').text
32          msgId = xml.find('MsgId').text
33          if u'笑话' in content:                                        # 输出笑话
34              content = get_joke()
35          elif content[-2:] == "天气":                                   # 输出天气
36              keyword = content[:-2]
37              if len(keyword) < 2:
38                  content = ' 请输入正确的城市名称 '
39                  return content
40              content = get_weather(keyword)
41          else:
42                                                                      # 输出倒叙
43              if type(content).__name__ == "unicode":
44                  content = content[::-1]
45                  content = content.encode('UTF-8')
46              elif type(content).__name__ == "str":
47                  print(type(content).__name__)
48                  content = content
49                  content = content[::-1]
50
51                                                                      # 返回 xml 文件
52          reply = XML_STR % (fromUserName, toUserName, createTime, msgType, content)
53          return reply
54
55  if __name__ == "__main__":
56      app.run(host='0.0.0.0', port=80,debug=True)
```

上述代码中，使用 from ... import 语句分别从 joke.py 和 weather.py 文件中导入 get_joke() 函数和 get_weather() 函数。在获取城市天气时，如果粉丝输入"北京天气"，我们需要从"北京天气"中提取城市名称"北京"作为 keyword 参数，并将其传递给 get_weather() 函数。

在微信公众平台输入"笑话"，将获取一条笑话信息，运行效果如图 29.1 所示。输入"城市天气"，将获取城市天气信息，运行结果如图 29.2 所示。输入其他文字，将对字符串进行反转，运行效果如图 29.3 所示。

小结

本章主要介绍如何使用 Flask 框架结合爬虫技术开发一个微型公众平台机器人案例。该案例中，我们重点讲解了微信公众平台的相关知识，包括校验签名和接收文本消息，以及爬虫相关的知识，如使用 requests 模块和 lxml 模块实现爬取和解析文本的功能。此外，为方便学习和测试，还介绍了如何下载和使用小米球 ngrok 内网穿透工具。希望通过本章的学习，读者能够融会贯通，将所学 Python 知识与其他应用相结合，开发出更多有趣且实用的功能。

第 3 篇
强化篇

- 第 30 章　电商管家
- 第 31 章　火车票智能分析工具

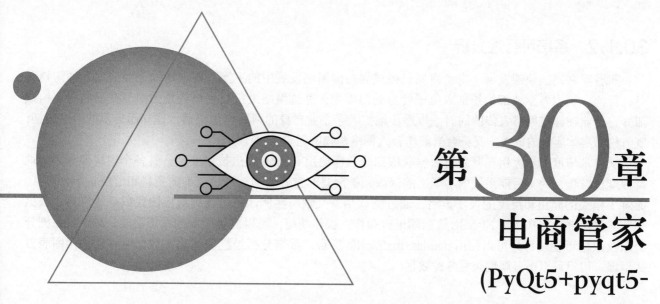

第30章 电商管家
(PyQt5+pyqt5-tools+requests+pymysql+matplotlib)

作为一个电商从业者，业内行情信息很重要，要想知己知彼，就必须经常查看竞争对手的相关信息。这样不但可以了解对手的销售情况，还可以根据对手产品的销售情况改良自己的销售方案，然后让自己的产品大卖。本章将实现一个"电商管家"系统，通过该系统可以快速地查看电商行业内竞争产品的相关信息。

30.1 系统需求分析

30.1.1 系统概述

随着计算机的飞速发展，计算机在生活中已经得到了应用的普及，传统的线下购物已经逐渐转为电子商务。电子商务是指在互联网上以电子交易的方式进行交易活动，使传统的商业活动电子化、网络化。本项目的主要功能是爬取京东商品的信息，然后根据商品信息通过 PyQt5 以及 matplotlib 实现数据的可视化操作，帮助电商从业者快速分析行业内竞争对手的销售情况。

该应用首先使用爬虫技术获取京东图书商品的热卖排行信息、价格信息、评价信息，然后将所有信息保存至数据库当中，接着通过窗体展示当前的热卖商品，并通过图表的方式展示商品分类的比例图，用户还可以在热卖商品的列表中选择关注商品，被关注的商品将具有评价预警、价格变化预警等功能。用户还可以定期更新关注商品的信息，以最快的速度了解商品的信息变化，方便用户根据市场行情改良自己的销售方案。

30.1.2 系统可行性分析

随着互联网的快速发展，电子商城已经成为当前网络发展中的主流，网上购物已经成为一种购物时尚。目前，国内各企业都纷纷加入电子商务的浪潮中，通过网络进行交易已经成为商品交易的重要组成部分。企业在建立网络宣传的同时，也逐步地扩大了企业自身的网络销售渠道，建立起自己的网络店铺，既节约了实体店铺的成本，又符合当前年轻人网络购物的需求。

从技术角度，本应用在开发时数据获取部分选择使用 Python 爬虫技术实现，其各个模块部分之间耦合程度比较低，对于后期系统的功能上的修改和扩展是非常方便的，可供查询的资料和范例也十分丰富。而对于相关的爬虫和反爬的技术策略，通过阅读相关文献与实例，也已找到对应的代码解决思路。数据存储与整理部分选择使用 MySQL 数据库进行操作，操作便捷，可以满足所需的系统功能。其中，数据分析以及数据可视化部分可以使用 pandas+matplotlib 实现，数据分析过程轻量化，数据可视化采用图表方式呈现，用户可以很直观地查看各种数据。

30.1.3 系统用户角色分配

设计和开发一个系统，首先需要确定系统所面向的用户群体，也就是哪部分人会更多地使用该系统。本系统主要面向京东商城的电商从业者，他们从热销商品中找到自己商品的竞争目标，从而让计算机取替人工的监控方式，帮助他们以最快速度了解竞争对手的销售策略，便于根据行情改变自己的销售方案。

30.1.4 功能性需求分析

为了让电商从业者可以很轻松地观察行业内部的电商信息，该系统将具备以下功能。
① 主窗体显示热卖前 10 名的商品信息。
② 饼图显示热卖排行所有商品分类比例。
③ 关注兴趣商品。
④ 主窗体显示已关注商品的名称。
⑤ 显示热卖商品排行榜所有信息。
⑥ 关注商品中、差评预警。
⑦ 关注商品价格变化预警。
⑧ 更新关注商品信息。

30.1.5 非功能性需求分析

"电商管家"系统的主要设计目的是给电商从业者提供一个可以取替人工监控，实现自动预警的电商管理系统。除了 30.1.4 节提到的功能性需求外，本系统还应注意系统的非功能性需求，如系统运行的稳定性、系统功能的可维护性及系统开发的可拓展性等。

30.2 系统设计

30.2.1 系统功能结构

"电商管家"系统的功能结构主要分为两大功能：商品热卖排行榜与关注商品的预警功能。详细的功能结构如图 30.1 所示。

30.2.2 系统业务流程

在开发"电商管家"系统时，需要先思考该系统的业务流程。根据需求分析与功能结构，设计出如图 30.2 所示的系统业务流程图。

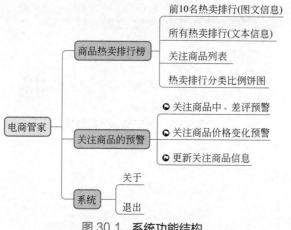

图 30.1 系统功能结构

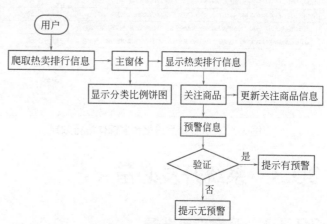

图 30.2 系统业务流程

30.2.3 系统预览

"电商管家"系统主窗体运行效果如图 30.3 所示。

确认关注窗体运行效果如图 30.4 所示。

图 30.3 "电商管家"系统主窗体运行效果

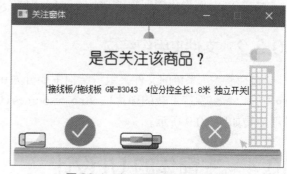

图 30.4 确认关注窗体运行效果

外设产品热卖榜窗体运行效果如图 30.5 所示。

关注商品评价预警窗体运行效果如图 30.6 所示。

图 30.5 外设产品热卖榜窗体运行效果　　图 30.6 关注商品评价预警窗体运行效果

关注商品价格预警窗体运行效果如图 30.7 所示。

关于窗体运行效果如图 30.8 所示。

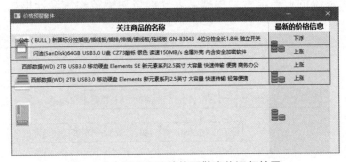

图 30.7　关注商品价格预警窗体运行效果

图 30.8　关于窗体运行效果

30.3　系统开发必备

30.3.1　开发工具准备

- 操作系统：Windows 10。
- 开发工具：PyCharm。
- Python 内置模块：sys、urllib.request、shutil、os、json、re。
- 第三方模块：PyQt5、requests、pymysql、matplotlib。
- 数据库：MySQL。
- MySQL 图形化管理软件：Navicat for MySQL。

30.3.2　文件夹组织结构

"电商管家"系统的文件夹组织结构主要分为 ui（保存 ui 文件）、img_download（保存下载的图片）、img_resources（保存图片资源），详细结构如图 30.9 所示。

图 30.9　文件夹组织结构

30.4　主窗体的 UI 设计

30.4.1　主窗体的布局

在创建"电商管家"系统的主窗体时，主要需要设计三个区域，分别是用于显示热卖商品分类比例的饼图区域、显示关注商品列表的区域以及显示热卖商品排行前 10 名的图文列表区域。通过 Qt Designer 设计的主窗体预览效果如图 30.10 所示。

窗体内关键控件的对象名称以及属性设置如表 30.1 所示。

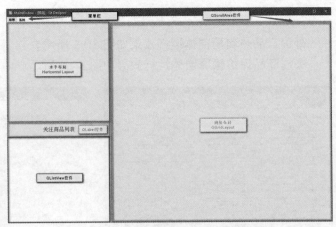

图 30.10　主窗体设计预览效果

表 30.1　主窗体关键控件的对象名称以及属性设置

对象名称	控件名称	属性	描述
MainWindow	QMainWindow	minimumSize：宽度 1 280 高度 796 maximumSize：宽度 1 280 高度 796 windowTitle：电商管家	该控件是主窗体控件
menubar	QMenuBar	无	该控件是主窗体菜单栏
menu	Qmenu	title：菜单	该控件是菜单栏（菜单项）
action_heat	QAction	text：外设产品热卖榜 iconText：外设产品热卖榜 toolTip：外设产品热卖榜	该控件是菜单项 （外设产品热卖榜）
action_evaluate	QAction	text：关注商品——中差评预警 iconText：关注商品——中差评预警 toolTip：关注商品——中差评预警	该控件是菜单项 （关注商品——中差评预警）
action_price	QAction	text：关注商品——价格变化预警 iconText：关注商品——价格变化预警 toolTip：关注商品——价格变化预警	该控件是菜单项 （关注商品——价格变化预警）
action_up	QAction	text：更新关注商品信息 iconText：更新关注商品信息 toolTip：更新关注商品信息	该控件是菜单项 （更新关注商品信息）
menu_sys	Qmenu	title：系统	该控件是菜单栏（系统项）
action_about	QAction	text：关注窗体 iconText：关于 toolTip：关于	该控件是系统项 （关于）
action_out	QAction	text：退出 iconText：退出 toolTip：退出	该控件是系统项 （退出）
horizontalLayout	QHBoxLayout	无	该控件是用于显示分类比例图的水平布局
frame	QFrame	无	该控件是用于显示关注商品列表的整个容器（内包含 QLabel 与 QListView）
label	QLabel	text：关注商品列表 font：点大小（16） alignment：水平的（AlignHCenter） 垂直的（AlignVCenter）	该控件是用于显示（关注商品列表）文字
listView	QListView	无	该控件用于显示关注商品的名称列表
scrollArea	QScrollArea	无	该控件是右侧列表的滚动条
scrollAreaWidgetContents	QWidget	无	该控件用于显示滚动条内容，是默认生成
gridLayout	QGridLayout	无	该控件为网格布局

主窗体布局结构如图 30.11 所示。

30.4.2 主窗体显示效果

窗体设计完成以后，保存为 window.ui 文件，然后将该文件转换为 window.py 文件。

由于该项目中需要显示的窗体比较多，所以为了更方便地管理这些窗体，需要在项目文件夹当中创建一个 show_window.py 文件，该文件用于控制其他窗体的显示与窗体功能。show_window.py 文件创建完成以后，首先需要导入主窗体的 ui 类与显示主窗体的相关模块，然后创建主窗体初始化类，最后在程序入口创建主窗体对象并显示主窗体。代码如下。

图 30.11　主窗体布局结构

源码位置　资源包 \Code\30\（电商管家）项目源码 \commerce_housekeeper\show_window.py

```
01  from window import Ui_MainWindow                           # 导入主窗体类
02                                                             # 导入 PyQt5
03  from PyQt5 import QtWidgets, QtCore, QtGui
04  from PyQt5.QtWidgets import QMainWindow, QApplication
05  import sys                                                 # 导入系统模块
06
07
08                                                             # 主窗体初始化类
09  class Main(QMainWindow, Ui_MainWindow):
10
11      def __init__(self):
12          super(Main, self).__init__()
13          self.setupUi(self)
14
15  if __name__ == '__main__':
16      app = QApplication(sys.argv)                           # 创建 QApplication 对象，作为 GUI 主程序入口
17      main = Main()                                          # 创建主窗体对象
18      main.show()                                            # 显示主窗体
19      sys.exit(app.exec_())                                  # 需要时执行窗体退出
```

运行 show_window.py 文件将显示如图 30.12 所示的主窗体界面。

30.5　设计数据库表结构

在获取所有的热卖排行榜信息之前，需要设计数据库的表结构。首先需要创建一个名称为 jd_peripheral 的数据库，然后在该数据库中创建两个表，一个（jd_ranking）用于保存热卖排行榜信息，另一个（attention）用于保存在热卖排行榜中所关注的商品信息。

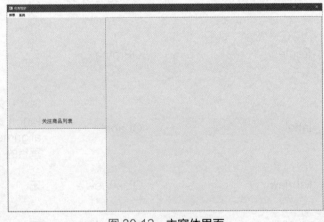

图 30.12　主窗体界面

经过分析后，热卖排行榜中商品名称、商品价格、商品 id 以及商品热卖指数比较有价值，所以在 jd_ranking 数据表中可以设置字段名称为"id""name""jd_price""jd_id"和"hot"。如图 30.13 所示。

在设计 attention 数据表结构时，需要考虑到关注商品的预警功能，所以在设计字段名称时，不仅需要设置 jd_ranking 数据表中的基本字段，还需要设置商品的中评时间与差评时间。所以 attention 数据表中的字段名称为"id""name""jd_price""jd_id""hot""middle_time"以及"poor_time"。如图 30.14 所示。

图 30.13 jd_ranking 数据表结构字段名称

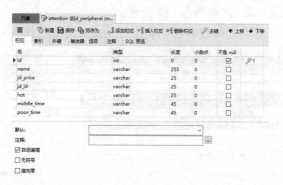

图 30.14 attention 数据表结构字段名称

 说明

> attention 数据表中"id"字段需要设置为自动递增。

因为两个数据表中多数字段信息都是相同的，所以这里仅通过表 30.2 介绍所有表结构的字段名称和含义。

表 30.2 表结构字段名称和含义

字段名称	含义
id	id 是数据库中定义数据的编号
name	对应商品的名称
jd_price	对应京东商品的价格
jd_id	对应商品在京东商城中的商品 id
hot	对应商品在京东商城中的热卖指数
middle_time	对应商品关注时最新的中评时间
poor_time	对应商品关注时最新的差评时间

30.6 爬取数据

30.6.1 获取京东商品热卖排行信息

在获取京东商品热卖排行信息时，首先需要定位需要爬取哪一类的商品热卖排行信息，然后需要考虑爬取排行榜中的哪些关键信息，如商品的图片、商品的名称等。接下来找到商品热卖排行的网络地址，发送网络请求获取关键信息。获取京东商品热卖排行信息的业务流程如图 30.15 所示。

图 30.15 获取京东商品热卖排行信息的业务流程图

获取京东商品热卖排行信息的具体步骤如下。

① 打开京东排行榜首页（https://top.jd.com/），然后依次选择"全部分类"→"电脑、办公"→"外设产品"，如图30.16所示。

② 在外设产品热卖排行榜页面选择"查看完整榜单"，如图30.17所示。

图30.16 选择商品排行分类

图30.17 查看外设产品热卖完整榜单

③ 在打开的"外设产品热卖榜"网页中按F12功能键，打开开发者工具，然后选择"Network"（网络监视器）并在网络类型中选择"JS"，再按F5功能键刷新，将出现多条网络请求信息。如图30.18所示。

④ 接下来需要在众多的请求信息中，找到可以获取商品名称、商品热卖指数的请求信息。首先在左侧的搜索区域查找关键字，例如，输入某商品的名称"公牛"，然后按Enter键，将显示与关键字匹配的请求信息。单击该信息，通过预览信息的方式查看网络请求所返回的数据是否为可用数据。如图30.19所示。

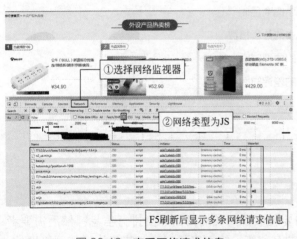

图30.18 查看网络请求信息

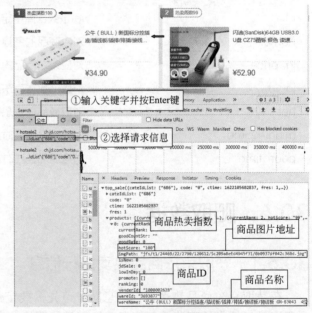

图30.19 核对请求结果

> **说明**
>
> 在图30.19中，核对的请求结果为JSON信息，所以在核对信息时需要根据JSON格式进行逐层查找所要核对的信息，当返回结果与页面中商品信息完全相同时，可以判定该条请求就是我们所需要的"获取京东商品热卖排行信息"的网络请求。

⑤ 请求结果核对完成以后，选择"Headers"选项即可找到该请求的请求地址。如图30.20所示。

图30.20 查找请求地址

> **说明**
>
> 根据测试发现图30.20中的请求地址中，参数仅保留"cateid=686"即可，其他参数为默认参数可以舍弃，有效地址为"https://ch.jd.com/hotsale2?cateid=686"。

> **注意**
>
> 由于京东官方网站不断更新，所以获取请求地址时，需要以京东官方网站更新的地址为准。

⑥ 在图30.20的请求结果中可以看到商品图片的地址，但是通过网页直接访问却无法显示对应的商品图片，此时可以在"商品热卖排行榜"网页的HTML代码中查看商品图片的网络地址，与图30.19中的图片地址进行核对并找到真正的地址规律。首先在网络监视器当中单击"Elements"选项，然后单击左侧的 图标，再单击排行榜中的商品图片，将显示商品图片对应的HTML代码。如图30.21所示。

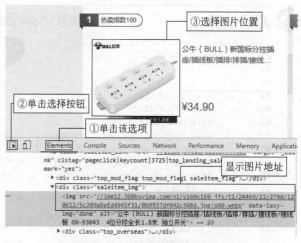

⑦ 将<img>标签内的src中的地址与图30.19中的图片地址进行比较，可以发现两个地址后半部分几乎相同，如图30.22所示。

⑧ 比较后可以发现，图30.19中的图片地址为地址参数，该地址参数对应着每个不同的商品。HTML代码中的图片地址为组合地址，根据以上规律拼接商品图片地址为"https://img12.360buyimg.com/n1/s160x160_jfs/t1/24469/22/2790/120612/5c209a8eEd4945f31/0b0937df042c368d.jpg"，在浏览器中直接运行该地址将显示如图30.23所示的效果。

图30.21 HTML代码中的图片地址

图30.22 比较图片地址规律　　　　图30.23 测试拼接的图片地址

说明

> 找到规律后可以将地址前半部分作为固定地址,然后与不同的地址参数(每个商品返回不同的地址参数)进行拼接即可获取商品图片。

⑨ 请求地址分析完成以后,在项目文件夹中创建名称为 "crawl" 的 Python 文件,该文件用于爬取网页信息。在 crawl 文件中首先导入爬取网页信息的必要模块,然后定义一个用于保存排行数据的列表,代码如下。

源码位置　　资源包 \Code\30\(电商管家)项目源码 \commerce_housekeeper\crawl.py

```python
01  import requests                                  # 网络请求模块
02  from urllib.request import urlretrieve           # 直接远程下载图片
03  import shutil                                    # 文件夹控制
04  import json                                      # 导入 JSON 模块
05  import re                                        # 导入 re 模块
06  import os                                        # 导入 os 模块
07  rankings_list = []                               # 保存排行数据的列表
```

⑩ 创建 Crawl 类,然后在该类中创建 get_rankings_json() 方法,在该方法中首先定义 3 个用于保存爬取信息的列表,然后发送网络请求并处理请求结果。代码如下。

源码位置　　资源包 \Code\30\(电商管家)项目源码 \commerce_housekeeper\crawl.py

```python
01  class Crawl(object):
02
03                                                   # 获取排行
04      def get_rankings_json(self, url):
05          self.jd_id_list = []                     # 保存京东 id 的列表
06          self.name_list = []                      # 保存商品名称的列表
07          self.hot_list =[]                        # 保存热卖指数的列表
08          response = requests.get(url)             # 发送网络请求,获取服务器响应
09          json_str = str(response.json())          # 将请求结果的 JSON 信息转换为字符串
10          dict_json = eval(json_str)               # 将 JSON 字符串信息转换为字典,方便提取信息
11          jd_id_str =''
12                                                   # 每次获取数据之前,先将保存图片的文件夹清空,清空后再创建目录
13          if os.path.exists('img_download'):       # 判断 img 目录是否存在
14              shutil.rmtree('img_download')        # 删除 img 目录
15              os.makedirs('img_download')          # 创建 img 目录
16          for index,i in enumerate(dict_json['products']):
17              print(dict_json['products'])
18              id = i['wareId']                     # 京东 id
19              J_id = 'J_'+i['wareId']              # 京东 id,添加 J_ 用于作为获取价格参数
20              self.jd_id_list.append(id)           # 将商品 id 添加至列表中
21              name = i['wareName']                 # 商品名称
22              self.name_list.append(name)          # 将商品名称添加至列表中
23              hot = i['hotScore']                  # 热卖指数
24              self.hot_list.append(str(hot))       # 将热卖指数添加至列表中
25              jd_id_str = jd_id_str + J_id+','     # 拼接京东 id 字符串
26              if index<=10:
27                                                   # 图片地址
28                  imgPath = 'https://img12.360buyimg.com/n1/s160x160_'+i['imgPath']
29                  urlretrieve(imgPath,'img_download/'+str(index)+'.jpg')  # 根据下标命名图片名称
30          return jd_id_str
```

 说明

> 由于在获取价格时需要使用商品 id,所以该步骤直接将 id 进行字符串连接处理,作为获取商品价格的参数。

⑪ 在项目文件夹中创建三个文件夹，分别是 img_download（保存下载图片）、img_resources（保存图片资源）以及 ui（保存窗体 ui 文件）。

30.6.2 获取价格信息

由于在"获取京东商品热卖排行信息"的请求结果中并没有找到关于价格的信息，所以接下来需要找到获取商品价格的请求地址，然后根据请求地址返回结果找到对应的商品价格信息。获取价格信息的业务流程如图 30.24 所示。

图 30.24　获取价格信息的业务流程图

获取价格信息的具体步骤如下。

① 同样在浏览器的开发者工具中，直接搜索与价格相关的关键词。例如，输入第一个商品的价格 "34.90"，然后将显示与关键字匹配的请求信息。单击该信息，通过预览信息的方式查看网络请求所返回的数据是否为可用数据。如图 30.25 所示。

② 请求结果核对完成后，选择"Headers"选项即可找到该请求的请求地址。如图 30.26 所示。

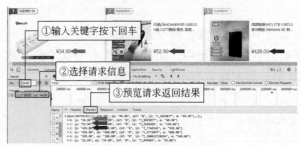

图 30.25　核对请求结果

图 30.26　查找请求地址

📖 说明

> 根据测试发现图 30.26 中的请求地址中，参数仅保留"skuIds=" 商品 id 字符串 ""即可，其他参数为默认参数可以舍弃，有效地址为"https://p.3.cn/prices/mgets?type=1&skuIds={id_str}"。其中，{id_str}为用户需要查询的商品 id，为了避免出现多次请求的现象，需要将多个商品 id 连接成 id 字符串。例如，"https://p.3.cn/prices/mgets?type=1&skuIds=J_8753276,J_4484537,J_28748897705"为查询三个商品的价格信息，将得到如图 30.27 所示的 JSON 信息。

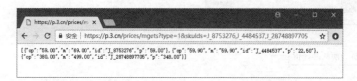

图 30.27　测试获取价格信息的请求地址

③ 在 crawl.py 文件的 Crawl 类中创建 get_price() 方法，用于获取热销商品排行榜中的价格信息。在该方法中首先需要对排行数据的列表进行清空，然后根据商品 id 字符串发送获取商品价格的网络请求，最后需要在返回的 JSON 数据中提取商品价格的信息并添加到数据列表当中。代码如下。

源码位置 资源包 \Code\30\（电商管家）项目源码 \commerce_housekeeper\crawl.py

```
01                                                          # 获取商品价格
02  def get_price(self, id):
03      rankings_list.clear()                               # 清空排行数据的列表
04                                                          # 获取价格的网络请求地址
05      price_url = 'http://p.3.cn/prices/mgets?type=1&skuIds={id_str}'
06                                                          # 将京东id作为参数发送获取商品价格的网络请求
07      response = requests.get(price_url.format(id_str=id))
08      price = response.json()                             # 获取价格JSON数据，该数据为列表类型
09      for index, item in enumerate(price):
10                                                          # 商品名称
11          name = self.name_list[index]
12                                                          # 京东价格
13          jd_price = item['p']
14                                                          # 每个商品的京东id
15          jd_id = self.jd_id_list[index]
16                                                          # 热卖指数
17          hot = self.hot_list[index]
18                                                          # 将所有数据添加到列表中
19          rankings_list.append((index+1,name, jd_price, jd_id,hot))
20      return rankings_list                                # 返回所有排行数据列表
```

30.6.3 获取评价信息

由于商品评价信息并不在"外设产品热卖榜"的页面当中，所以需要换个思路来获得评价信息所对应的请求地址。首先需要思考评价信息多数都会显示在商品的详情页面中，所以需要先打开某个商品的详情页面，然后再查找获取评价信息的请求地址。获取评价信息的业务流程如图30.28所示。

图 30.28 获取评价信息的业务流程图

获取评价信息的步骤如下。

① 打开"外设产品热卖榜"网页中的任意一件商品，然后在对应商品的详情网页中选择"商品评价"，勾选"只看当前商品评价"，再打开浏览器的开发者工具并选择"Network"，最后在网页的推荐排序中选择"时间排序"。如图30.29所示。

② 在推荐排序中选择了"时间排序"以后，网络监视器中会显示当前操作所触发的请求信息，然后在请求信息中查找类型为"script"的网络请求。如图30.30所示。

③ 打开请求信息后，在请求头部信息中找到获取评价信息的网络请求地址。如图30.31所示。

图 30.29 获取评价信息的网络请求

图 30.30 查找获取评价信息的网络请求

图 30.31 找到获取评价信息的网络请求地址

 说明

通过分析与测试，在发送获取评价信息的网络请求地址时，需要填写 6 个对应的参数，具体的参数以及参数含义如表 30.3 所示。

表 30.3 获取评价信息网络请求地址中的参数及含义

参数	含义
callback	该参数默认不需要修改
productId	书名对应的京东商品 id
score	评价等级参数，差评为 1、中评为 2、好评为 3，0 为全部
sortType	排序类型，6 为时间排序，5 为推荐排序
pageSize	指定每一页展示多少评论，默认为 10 条
isShadowSku	该参数默认不需要修改
page	当前是第几页评论，从 0 开始递增

④ 在 crawl.py 文件的 Crawl 类中创建 get_evaluation() 方法，用于获取商品的评价信息。在该方法中首先需要定义网络请求地址中的必要参数，然后发送获取评价信息的网络请求，再提取返回的评价信息，最后根据不同的需求返回需要的信息。

源码位置 　　资源包 \Code\30\（电商管家）项目源码 \commerce_housekeeper\crawl.py

```
01                                                     # 获取评价内容
02  def get_evaluation(self, score, id):
03                                                     # 创建头部信息
04      headers = {'User-Agent': 'OW64; rv:59.0) Gecko/20100101 Firefox/59.0'}
05      params = {
06          'callback': 'fetchJSON_comment98vv10635',
07          'productId': id,
08          'score': score,
09          'sortType': 6,
10          'pageSize': 10,
11          'isShadowSku': 0,
12          'page': 0,
13      }
14                                                     # 评价请求地址
15      url = 'https://club.jd.com/comment/skuProductPageComments.action'
16                                                     # 发送请求
17      evaluation_response = requests.get(url, params=params,headers=headers)
18      if evaluation_response.status_code == 200:
19          evaluation_response = evaluation_response.text
20          try:
```

```
21                                                              # 去除JSON外层的括号与名称
22          t = re.search(r'({.*})', evaluation_response).group(0)
23    except Exception as e:
24        print('评价的JSON数据匹配异常！')
25    j = json.loads(t)                                         # 加载JSON数据
26    commentSummary = j['comments']
27    for comment in commentSummary:
28                                                              # 评价内容
29        c_contetn = comment['content']
30                                                              # 时间
31        c_time = comment['creationTime']
32                                                              # 京东昵称
33        c_name = comment['nickname']
34                                                              # 好评差评
35        c_score = comment['score']
36                                                              # 判断没有指定的评价内容时
37    if len(commentSummary) == 0:
38                                                              # 返回无
39        return '无'
40    else:
41                                                              # 根据不同需求返回不同数据，这里仅返回最新的评价时间
42        return commentSummary[0]['creationTime']
```

30.6.4 定义数据库操作文件

根据 30.6.1～30.6.3 节的学习内容即可获"京东商品热卖排行榜"的相关信息，接下来需要将所有获取到的信息保存至数据库当中，具体步骤如下。

① 在项目文件夹中创建 mysql.py 文件，用于进行数据库的操作。在该文件中首先导入操作 MySQL 数据库的模块，然后创建 MySQL 类。在该类中首先创建 connection_sql() 方法，用于连接 MySQL 数据库；然后创建 close_sql() 方法，用于关闭数据库。代码如下。

源码位置　　资源包\Code\30\（电商管家）项目源码\commerce_housekeeper\mysql.py

```
01 import pymysql                                               # 导入操作MySQL数据库模块
02
03 class MySQL(object):
04                                                              # 连接数据库
05     def connection_sql(self):
06                                                              # 连接数据库
07         self.db = pymysql.connect(host="localhost", user="root",
                                     password="root", db="jd_peripheral", port=3306,charset='utf8')
08         return self.db
09
10                                                              # 关闭数据库
11     def close_sql(self):
12         self.db.close()
```

② 创建 insert_ranking() 方法，该方法用于向数据库中插入排行信息的数据。代码如下。

源码位置　　资源包\Code\30\（电商管家）项目源码\commerce_housekeeper\mysql.py

```
01                                                              # 排行数据插入方法，该方法可以根据更换表名插入排行数据
02 def insert_ranking(self, cur, value, table):
03                                                              # 插入数据的SQL语句
04     sql_insert = "insert into {table} (id,name,jd_price,jd_id,hot)" \
05                  " values(%s,%s,%s,%s,%s)on duplicate" \
06                  " key update name=values(name),jd_price=values(jd_price)," \
```

```
07                     "jd_id=values(jd_id),hot=values(hot)".format(table=table)
08         try:
09                                                  # 执行 SQL 语句
10             cur.executemany(sql_insert, value)
11                                                  # 提交
12             self.db.commit()
13         except Exception as e:
14                                                  # 错误回滚
15             self.db.rollback()
16                                                  # 输出错误信息
17             print(e)
```

③ 创建 insert_attention() 方法，该方法用于向数据库中插入关注商品的数据。代码如下。

源码位置   资源包 \Code\30\（电商管家）项目源码 \commerce_housekeeper\mysql.py

```
01                                                  # 关注数据插入方法，该方法可以根据更换表名插入排行数据
02     def insert_attention(self, cur, value, table):
03                                                  # 插入数据的 SQL 语句
04         sql_insert = "insert into {table} (name,jd_price,jd_id,hot,middle_time,poor_time)" \
05                     " values(%s,%s,%s,%s,%s,%s)".format(table=table)
06         try:
07                                                  # 执行 SQL 语句
08             cur.executemany(sql_insert, value)
09                                                  # 提交
10             self.db.commit()
11         except Exception as e:
12                                                  # 错误回滚
13             self.db.rollback()
14                                                  # 输出错误信息
15             print(e)
```

④ 创建 query_top10_info() 方法，该方法用于查询排行数据表前 10 名的商品名称、价格、热卖指数。代码如下。

源码位置   资源包 \Code\30\（电商管家）项目源码 \commerce_housekeeper\mysql.py

```
01     def query_top10_info(self, cur):
02         query_sql = "select name,jd_price,hot from jd_ranking where id<=10"
03         cur.execute(query_sql)                   # 执行 SQL 语句
04         results = cur.fetchall()                 # 获取查询的所有记录
05         return results                           # 返回所有数据
```

⑤ 创建 query_id_info() 方法，该方法用于根据 id 查询排行数据表数据内容。代码如下。

源码位置   资源包 \Code\30\（电商管家）项目源码 \commerce_housekeeper\mysql.py

```
01     def query_id_info(self, cur,id):
02         query_sql = "select name,jd_price,jd_id,hot from jd_ranking where id={id}".format
                    (id=id)
03         cur.execute(query_sql)                   # 执行 SQL 语句
04         results = cur.fetchone()                 # 获取查询的记录
05         return results                           # 返回所有数据
```

⑥ 创建 query_is_name() 方法，该方法用于查询关注商品的数据表中是否有相同的商品名称。代码如下。

> **源码位置**　　资源包 \Code\30\（电商管家）项目源码 \commerce_housekeeper\mysql.py

```python
01 def query_is_name(self, cur, name):
02     query_sql = "select count(*) from attention where name='{name}'".format(name=name)
03     cur.execute(query_sql)                  # 执行 SQL 语句
04     results = cur.fetchall()                # 获取查询的所有记录
05     return results[0][0]                    # 返回所有数据
```

⑦ 创建 query_rankings() 方法，该方法用于查询商品的排行信息。代码如下。

> **源码位置**　　资源包 \Code\30\（电商管家）项目源码 \commerce_housekeeper\mysql.py

```python
01 def query_rankings(self, cur, table):
02     query_sql = "select id,name,jd_price,jd_id,hot from {table}".format(table=table)
03     cur.execute(query_sql)                  # 执行 SQL 语句
04     results = cur.fetchall()                # 获取查询的所有记录
05     row = len(results)                      # 获取信息条数，作为表格的行
06     column = len(results[0])                # 获取字段数量，作为表格的列
07     return row, column, results             # 返回信息行与信息列（字段对应的信息）
```

⑧ 创建 query_rankings_name() 方法，该方法用于查询排行榜中所有的商品名称。代码如下。

> **源码位置**　　资源包 \Code\30\（电商管家）项目源码 \commerce_housekeeper\mysql.py

```python
01 def query_rankings_name(self, cur, table):
02     name_all_list =[]                       # 保存所有商品名称的列表
03     query_sql = "select name from {table}".format(table=table)
04     cur.execute(query_sql)                  # 执行 SQL 语句
05     results = cur.fetchall()                # 获取查询的所有记录
06     for r in results:
07         name_all_list.append(r[0].replace(' ',''))
08     return name_all_list                    # 返回所有排行商品名称的列表
```

⑨ 创建 query_evaluate_info() 方法，该方法用于查询已经关注的商品信息。代码如下。

> **源码位置**　　资源包 \Code\30\（电商管家）项目源码 \commerce_housekeeper\mysql.py

```python
01 def query_evaluate_info(self, cur, table):
02     query_sql = "select id,name,jd_price,jd_id,hot,middle_time,poor_time from {table}".format(table=table)
03     cur.execute(query_sql)                  # 执行 SQL 语句
04     results = cur.fetchall()                # 获取查询的所有记录
05     if len(results)!=0:
06         row = len(results)                  # 获取信息条数，作为表格的行
07         column = len(results[0])            # 获取字段数量，作为表格的列
08         return row, column, results         # 返回信息行与信息列（字段对应的信息）
09     else:
10         return 0,0,0
```

⑩ 创建 update_attention() 方法，该方法用于更新关注的商品信息。代码如下。

> **源码位置**　　资源包 \Code\30\（电商管家）项目源码 \commerce_housekeeper\mysql.py

```python
01 def update_attention(self, cur, table, column, id):
02     sql_update = "update {table} set {column} where id = {id}".format(table=table, column=column, id=id)
03     try:
04         cur.execute(sql_update)             # 执行 SQL 语句
05                                             # 提交
06         self.db.commit()
```

```
07      except Exception as e:
08                                          # 错误回滚
09          self.db.rollback()
10                                          # 输出错误信息
11          print(e)
```

⑪ 创建 delete_attention() 方法，用于删除关注商品的信息。代码如下。

源码位置　　资源包 \Code\30\（电商管家）项目源码 \commerce_housekeeper\mysql.py

```
01 def delete_attention(self,cur,name):
02     delete_sql = "delete from attention where name='{name}'".format(name=name)
03     try:
04         cur.execute(delete_sql)          # 执行 SQL 语句
05                                          # 提交
06         self.db.commit()
07     except Exception as e:
08                                          # 错误回滚
09         self.db.rollback()
10                                          # 输出错误信息
11         print(e)
```

30.7 主窗体的数据展示

在实现主窗体数据展示时，需要思考主窗体中共有显示前 10 名热卖榜图文信息、显示关注商品列表、显示商品分类比例饼图 3 个区域，所以首先需要动态创建显示前 10 名热卖榜图文信息的布局，并实现商品的关注功能。然后需要单独创建一个图表文件，用来显示商品分类比例的饼图，最后根据数据库操作文件将所有的数据显示在主窗体当中。

30.7.1　显示前 10 名热卖榜图文信息

在实现显示前 10 名热卖榜图文信息时，首先需要导入相关的自定义模块文件，然后需要爬取热卖榜信息并将信息写入数据库当中，接下来需要从数据库中提取前 10 名的热卖榜信息，再动态创建显示图文信息的布局，最后将提取的数据显示在布局当中。具体步骤如下。

① 打开 show_window.py 文件，首先导入数据库操作类与自定义爬虫类，然后创建数据库类与爬虫类对象，再创建连接数据库对象与数据库游标。代码如下。

源码位置　　资源包 \Code\30\（电商管家）项目源码 \commerce_housekeeper\show_window.py

```
01 from mysql import MySQL                  # 导入自定义数据库操作类
02 from crawl import Crawl                  # 导入自定义爬虫类
03 mycrawl = Crawl()                        # 创建爬虫类对象
04 mysql = MySQL()                          # 创建数据库对象
05                                          # 连接数据库
06 sql = mysql.connection_sql()
07                                          # 创建游标
08 cur = sql.cursor()
```

② 在 show_window.py 文件的 Main 类的 __init__() 方法中获取热卖排行榜信息与商品价格，然后将所有的信息插入数据库当中。代码如下。

源码位置 资源包 \Code\30\（电商管家）项目源码 \commerce_housekeeper\show_window.py

```
09                                                      # 获取热卖排行榜信息
10  id_str = mycrawl.get_rankings_json('https://ch.jd.com/hotsale2?cateid=686')
11                                                      # 获取价格，然后在该方法中将所有数据保存至列表并返回
12  rankings_list = mycrawl.get_price(id_str)
13  mysql.insert_ranking(cur, rankings_list, 'jd_ranking') # 将数据插入数据库
```

③ 在 Main 类中创建 show_top10() 方法，用于显示前 10 名热卖榜图文信息。首先在该方法中创建外层布局 QWidget 控件。代码如下。

源码位置 资源包 \Code\30\（电商管家）项目源码 \commerce_housekeeper\show_window.py

```
14  def show_top10(self):
15                                                      # 查询排行数据表前 10 名的商品名称、价格、热卖指数
16      top_10_info = mysql.query_top10_info(cur)
17                                                      # 行数标记
18      i = -1
19      for n in range(10):
20                                                      # x 确定每行显示的个数 0，1，2 每行 3 个
21          x = n % 2
22                                                      # 当 x 为 0 的时候设置换行，行数 +1
23          if x == 0:
24              i += 1
25                                                      # 创建布局
26          self.widget = QtWidgets.QWidget()
27                                                      # 给布局命名
28          self.widget.setObjectName("widget" + str(n))
29                                                      # 设置布局样式
30          self.widget.setStyleSheet('QWidget#' + "widget" + str(n) + "{border:2px solid rgb
31              (175, 175, 175);background-color: rgb(255, 255, 255);}")
```

④ 在 show_top10() 方法中，依次添加代码，在 QWidget 控件中创建用于显示商品图片的 QLabel 控件。代码如下。

源码位置 资源包 \Code\30\（电商管家）项目源码 \commerce_housekeeper\show_window.py

```
32                                                      # 创建 QLabel 控件用于显示图片，设置控件在 QWidget 中
33      self.label = QtWidgets.QLabel(self.widget)
34                                                      # 设置大小
35      self.label.setGeometry(QtCore.QRect(15, 15, 160, 160))
36                                                      # 设置要显示的图片
37      self.label.setPixmap(QtGui.QPixmap('img_download/' + str(n) + '.jpg'))
38                                                      # 图片显示方式，让图片适应 QLabel 的大小
39      self.label.setScaledContents(True)
40                                                      # 给控件命名
41      self.label.setObjectName("img_download" + str(n))
42                                                      # 设置控件样式
43      self.label.setStyleSheet('border:2px solid rgb(175, 175, 175);')
```

⑤ 依次添加代码，在 QWidget 控件中创建用于显示热卖指数的 QLabel 控件。代码如下。

源码位置 资源包 \Code\30\（电商管家）项目源码 \commerce_housekeeper\show_window.py

```
44                                                      # 显示热卖指数的 QLabel 控件
45      self.label_hot = QtWidgets.QLabel(self.widget)
46                                                      # 给热卖指数控件命名
47      self.label_hot.setObjectName("hot" + str(n))
48                                                      # 设置控件位置及大小
```

```
49     self.label_hot.setGeometry(QtCore.QRect(24, 180, 141, 40))
50                                                                        # 设置控件样式、边框与颜色
51     self.label_hot.setStyleSheet("border: 2px solid rgb(255, 148, 61);color: rgb(255, 148, 61);")
52     self.label_hot.setAlignment(QtCore.Qt.AlignCenter)                 # 控件内文字居中显示
53     self.label_hot.setText('热卖指数 ' + top_10_info[n][2])             # 显示"热卖指数"的文字
54     font = QtGui.QFont()                                               # 创建字体对象
55     font.setPointSize(18)                                              # 设置字体大小
56     font.setBold(True)                                                 # 开启粗体属性
57     font.setWeight(75)                                                 # 设置文字粗细
58     self.label_hot.setFont(font)                                       # 设置字体
```

⑥ 依次添加代码，在 QWidget 控件中创建用于显示商品名称的 QLabel 控件。代码如下。

源码位置　　👁　资源包 \Code\30\（电商管家）项目源码 \commerce_housekeeper\show_window.py

```
59                                                                        # 显示商品名称的 QLabel 控件
60     self.label_name = QtWidgets.QLabel(self.widget)
61                                                                        # 给控件命名
62     self.label_name.setObjectName("hot" + str(n))
63                                                                        # 设置控件位置及大小
64     self.label_name.setGeometry(QtCore.QRect(185, 30, 228, 80))
65     self.label_name.setText(top_10_info[n][0])                         # 设置显示名称的文字
66                                                                        # 左上角为主显示文字
67     self.label_name.setAlignment(QtCore.Qt.AlignLeft | QtCore.Qt.AlignTop)
68     self.label_name.setWordWrap(True)                                  # 设置文字自动换行
69     font = QtGui.QFont()                                               # 创建字体对象
70     font.setPointSize(9)                                               # 设置字体大小
71     font.setBold(True)                                                 # 开启粗体属性
72     font.setWeight(75)                                                 # 设置文字粗细
73     self.label_name.setFont(font)                                      # 设置字体
```

⑦ 依次添加代码，在 QWidget 控件中创建用于显示价格的 QLabel 控件。代码如下。

源码位置　　👁　资源包 \Code\30\（电商管家）项目源码 \commerce_housekeeper\show_window.py

```
74                                                                        # 显示价格的 QLabel 控件
75     self.label_price = QtWidgets.QLabel(self.widget)
76                                                                        # 给控件命名
77     self.label_price.setObjectName("price" + str(n))
78                                                                        # 设置控件位置及大小
79     self.label_price.setGeometry(QtCore.QRect(200, 80, 228, 80))
80                                                                        # 设置控件样式
81     self.label_price.setStyleSheet("color: rgb(255, 0, 0);")
82                                                                        # 设置显示的价格文字
83     self.label_price.setText('￥' + top_10_info[n][1])
84     font = QtGui.QFont()                                               # 创建字体对象
85     font.setPointSize(20)                                              # 设置字体大小
86     font.setBold(True)                                                 # 开启粗体属性
87     font.setWeight(75)                                                 # 设置文字粗细
88     self.label_price.setFont(font)                                     # 设置字体
```

⑧ 依次添加代码，在 QWidget 控件中创建用于关注商品的 QPushButton 按钮控件。代码如下。

源码位置　　👁　资源包 \Code\30\（电商管家）项目源码 \commerce_housekeeper\show_window.py

```
89                                                                        # 显示"关注"按钮控件
90     self.pushButton = QtWidgets.QPushButton(self.widget)
91                                                                        # 给控件命名
92     self.pushButton.setObjectName(str(n))
93                                                                        # 设置控件位置及大小
```

```
94        self.pushButton.setGeometry(QtCore.QRect(300, 160, 100, 50))
95        font = QtGui.QFont()                                        # 创建字体对象
96        font.setFamily(" 楷体 ")                                     # 设置字体
97        font.setPointSize(18)                                        # 设置字体大小
98        font.setBold(True)                                           # 开启粗体属性
99        font.setWeight(75)                                           # 设置文字粗细
100       self.pushButton.setFont(font)                                # 设置字体
101                                                                   # 设置"关注"按钮控件样式
102       self.pushButton.setStyleSheet("background-color: rgb(223, 48, 51);color: rgb(255, 255, 255);")
103       self.pushButton.setText(' 关注 ')                             # 设置"关注"按钮显示文字
```

⑨ 依次添加代码，将动态创建的 Widegt 布局，添加到网格布局当中，然后设置滚动条的高度为动态高度，最后设置网格布局的动态高度。代码如下。

源码位置　　资源包 \Code\30\（电商管家）项目源码 \commerce_housekeeper\show_window.py

```
104           # 把动态创建的 Widegt 布局添加到 gridLayout 中，i 和 x 分别代表行数和每行的个数
105       self.gridLayout.addWidget(self.widget, i, x)
106           # 设置高度为动态高度，根据行数确定高度
107       self.scrollAreaWidgetContents.setMinimumHeight(i * 300)
108           # 设置网格布局控件动态高度
109       self.gridLayoutWidget.setGeometry(QtCore.QRect(0, 0, 850, (i * 300)))
```

⑩ 在主程序入口显示主窗体代码的下面，调用 show_top10() 方法，实现显示前 10 名热卖榜图文信息。代码如下。

源码位置　　资源包 \Code\30\（电商管家）项目源码 \commerce_housekeeper\show_window.py

```
main.show_top10()                                                # 显示前 10 名热卖榜图文信息
```

运行 show_window.py 文件，将显示如图 30.32 所示的运行效果。

说明

由于热卖商品排行榜数据会在指定的时间内自动更新，所以可能会出现主窗体每次显示的信息有所变化的现象。

30.7.2　显示关注商品列表

在实现显示关注商品列表时，需要先实现热卖商品的关注功能，所以需要为"关注"按钮设置关注事件。当单击指定商品的"关注"按钮时，需要弹出一个确认关注的小窗体，避免关注错误。然后当单击"确认"按钮后，需要将关注的商品信息保存至数据库当中，并将关注的商品名称显示在关注商品的列表当中。有了关注功能必然需要有取消关注的功能，所以当我们单击关注商品列表中的某个商品名称时，将弹出确认取消关注的小窗体，然后进行取消关注的确认。

（1）确认关注

① 打开 Qt Designer 工具，首先将窗体最大尺寸与最小尺寸设置为"400×200"，并在窗体中移除默认添加的状态栏（status bar）与菜单栏（menu bar）。然后向窗体中拖入 1 个 QLineEdit 控件，用于显示需要关注商品的名称。再向窗体中拖入 2 个 QPushButton 控件，分别是用于确认关注与取消的按钮。确认商品关注窗体的预览效果如图 30.33 所示。

② 窗体设计完成以后，保存为 attention_window.ui 文件，然后将该文件转换为 attention_window.py

文件。转换完成以后打开 attention_window.py 文件，将默认生成的 Ui_MainWindow 类修改为"Attention_MainWindow"。

图 30.32　显示前 10 名热卖榜图文信息

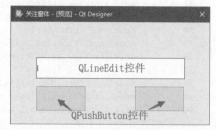

图 30.33　确认商品关注窗体预览效果

③ 打开 show_window.py 文件，首先导入关注窗体文件中的 ui 类，然后定义一个用于显示提示对话框的方法。代码如下。

源码位置　　资源包 \Code\30\（电商管家）项目源码 \commerce_housekeeper\show_window.py

```
01  from attention_window import Attention_MainWindow    # 导入关注窗体文件中的 ui 类
02  attention_info = ''                                  # 关注商品信息
03
04                                  # 显示提示对话框，参数 title 为提示对话框的标题文字，message 为提示信息
05  def messageDialog(title, message):
06      msg_box = QtWidgets.QMessageBox(QtWidgets.QMessageBox.Warning, title, message)
07      msg_box.exec_()
```

④ 在 Main 类中，创建 attention_btn() 方法，该方法用于处理"关注"按钮的事件。代码如下。

源码位置　　资源包 \Code\30\（电商管家）项目源码 \commerce_housekeeper\show_window.py

```
08                                                      # "关注"按钮事件
09  def attention_btn(self):
10                                                      # 获取信号源
11      sender = self.gridLayout.sender()
12      global attention_info
13                                          # 因为创建"关注"按钮对象名称是以 0 为起始、以 9 为结束的，
14                                          # 所以用单击按钮的对象名称 +1 作为数据库中的 id
15      attention_info = mysql.query_id_info(cur, int(sender.objectName()) + 1)
16                                          # 将商品名称显示在关注窗体的文本框内
17      attention.lineEdit.setText(attention_info[0])
18      attention.open()                    # 显示关注窗体
```

⑤ 依次添加代码，创建 show_attention_name() 方法，该方法用于显示已经关注商品名称的列表。代码如下。

源码位置　　资源包 \Code\30\（电商管家）项目源码 \commerce_housekeeper\show_window.py

```
19  def show_attention_name(self):
20      self.name_list = []
21                                                      # 查询已经关注的商品信息
22      row, column, results = mysql.query_evaluate_info(cur, 'attention')
```

```python
23      if row != 0:
24          for index, i in enumerate(results):
25                                                                  # 将关注商品名称添加至名称列表中
26              self.name_list.append('关注商品' + str(index + 1) + ':\n' + i[1])
27                                                                  # 设置字体
28          font = QtGui.QFont()
29          font.setPointSize(12)
30          self.listView.setFont(font)
31                                                                  # 设置列表内容不可编辑
32          self.listView.setEditTriggers(QtWidgets.QAbstractItemView.NoEditTriggers)
33          self.listView.setWordWrap(True)                         # 自动换行
34          model = QtCore.QStringListModel()                       # 创建字符串列表模式
35          model.setStringList(self.name_list)                     # 设置字符串列表
36          self.listView.setModel(model)                           # 设置模式
37      else:
38          model = QtCore.QStringListModel()                       # 创建字符串列表模式
39          model.setStringList(self.name_list)                     # 设置字符串列表
40          self.listView.setModel(model)                           # 设置模式
```

⑥ 在 show_window.py 文件中，创建 Attention 类并在该类中通过 __init__() 方法对关注窗体进行初始化工作。代码如下。

源码位置　　资源包 \Code\30\（电商管家）项目源码 \commerce_housekeeper\show_window.py

```python
41                                                                  # 关注窗体初始化类
42  class Attention(QMainWindow, Attention_MainWindow):
43      def __init__(self):
44          super(Attention, self).__init__()
45          self.setupUi(self)
46                                                                  # 开启自动填充背景
47          self.centralwidget.setAutoFillBackground(True)
48          palette = QtGui.QPalette()                              # 调色板类
49          palette.setBrush(QtGui.QPalette.Background, QtGui.QBrush(
50              QtGui.QPixmap('img_resources/attention_bg.png')))   # 设置背景图片
51          self.centralwidget.setPalette(palette)                  # 为控件设置对应的调色板即可
52                                                                  # 设置背景透明
53          self.pushButton_yes.setStyleSheet("background-color:rgba(0,0,0,0)")
54                                                                  # 设置确认关注按钮的背景图片
55          self.pushButton_yes.setIcon(QtGui.QIcon('img_resources/yes_btn.png'))
56                                                                  # 设置背景图片大小
57          self.pushButton_yes.setIconSize(QtCore.QSize(100, 50))
58                                                                  # 设置背景透明
59          self.pushButton_no.setStyleSheet("background-color:rgba(0,0,0,0)")
60                                                                  # 设置取消关注按钮的背景图片
61          self.pushButton_no.setIcon(QtGui.QIcon('img_resources/no_btn.png'))
62                                                                  # 设置取消背景图片大小
63          self.pushButton_no.setIconSize(QtCore.QSize(100, 50))
```

⑦ 在 Attention 类中创建一个 open() 方法，用于显示关注窗体，然后再创建一个 insert_attention_message() 方法，用于向数据库中保存关注商品的信息。代码如下。

源码位置　　资源包 \Code\30\（电商管家）项目源码 \commerce_housekeeper\show_window.py

```python
64                                                                  # 打开关注窗体
65      def open(self):
66          self.show()
67
68                                                                  # 向数据库中保存关注商品的信息
69      def insert_attention_message(self, attention_info):
70                                                                  # 判断数据库中是否已经关注了该商品
```

```
71              is_identical = mysql.query_is_name(cur, attention_info[0])
72              if is_identical == 0:
73                  middle_time = mycrawl.get_evaluation(2, attention_info[2])
74                  poor_time = mycrawl.get_evaluation(1, attention_info[2])
75                                                                              # 判断信息状态
76                  if middle_time != None and poor_time != None:
77                                                                              # 将评价时间添加至商品数据中
78                      attention_info = attention_info + (middle_time, poor_time)
79                                                                              # 插入关注信息
80                      mysql.insert_attention(cur, [attention_info], 'attention')
81                      messageDialog(' 提示！ ',' 已关注 '+ attention_info[0])   # 提示
82                      attention.close()                                       # 关闭关注窗体
83                      main.show_attention_name()                              # 显示关注商品的名称
84                  else:
85                      print(' 无法获取评价时间！ ')
86              else:
87                  messageDialog(' 警告！ ', ' 不可以关注相同的商品！ ')
88                  attention.close()                                           # 关闭关注窗体
```

⑧ 在主程序主入口，显示前 10 名热卖榜图文信息代码的下面，首先创建关注窗体对象，然后指定关注窗体中的按钮事件，最后显示关注商品名称。代码如下。

源码位置　　资源包 \Code\30\（电商管家）项目源码 \commerce_housekeeper\show_window.py

```
89                                                                              # 关注窗体对象
90 attention = Attention()
91                                                                              # 指定关注窗体按钮（是）的单击事件处理方法
92 attention.pushButton_yes.clicked.connect(
93     lambda: attention.insert_attention_message(attention_info))
94                                                                              # 指定关注窗体按钮（否）的单击事件处理方法
95 attention.pushButton_no.clicked.connect(attention.close)
96 main.show_attention_name()                                                   # 显示关注商品名称
```

⑨ 最后在 Main 类的 show_top10() 方法中，在设置关注按钮显示文字代码的下面，注册"关注"按钮信号槽。代码如下。

源码位置　　资源包 \Code\30\（电商管家）项目源码 \commerce_housekeeper\show_window.py

```
# 注册 " 关注 " 按钮信号槽
self.pushButton.clicked.connect(self.attention_btn)
```

⑩ 运行 show_window.py 文件，单击某商品的"关注"按钮，将显示关注窗体。如图 30.34 所示。

⑪ 单击确认后，将显示已经关注（某某）商品的提示对话框，单击"OK"按钮，当前关注的商品名称将显示在关注商品列表当中。如图 30.35 所示。

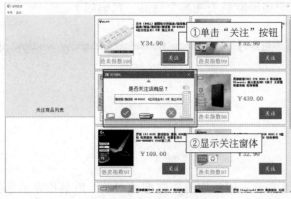

图 30.34　确认关注商品

图 30.35　显示关注商品列表

(2) 取消关注

由于取消关注的窗体与确认关注窗体相同，只是背景图片与文字不同，所以这里不需要单独设计取消关注窗体，使用确认关注窗体，然后更换背景图片与文字即可。具体步骤如下。

① 在 show_window.py 文件中，创建 Cancel_Attention 类并在该类中通过 __init__() 方法对取消关注窗体进行初始化工作。代码如下。

源码位置　　资源包 \Code\30\（电商管家）项目源码 \commerce_housekeeper\show_window.py

```
97                                                              # 取消关注窗体初始化类
98  class Cancel_Attention(QMainWindow, Attention_MainWindow):
99      def __init__(self):
100         super(Cancel_Attention, self).__init__()
101         self.setupUi(self)
102                                                             # 开启自动填充背景
103         self.centralwidget.setAutoFillBackground(True)
104         palette = QtGui.QPalette()                          # 调色板类
105         palette.setBrush(QtGui.QPalette.Background, QtGui.QBrush(
106                                                             # 设置背景图片
107             QtGui.QPixmap('img_resources/cancel_attention_bg.png')))
108         self.centralwidget.setPalette(palette)              # 为控件设置对应的调色板即可
109                                                             # 设置背景透明
110         self.pushButton_yes.setStyleSheet("background-color:rgba(0,0,0,0)")
111                                                             # 设置取消关注按钮的背景图片
112         self.pushButton_yes.setIcon(QtGui.QIcon('img_resources/yes_btn.png'))
113                                                             # 设置背景图片大小
114         self.pushButton_yes.setIconSize(QtCore.QSize(100, 50))
115                                                             # 设置背景透明
116         self.pushButton_no.setStyleSheet("background-color:rgba(0,0,0,0)")
117                                                             # 设置不取消关注按钮的背景图片
118         self.pushButton_no.setIcon(QtGui.QIcon('img_resources/no_btn.png'))
119                                                             # 设置背景图片大小
120         self.pushButton_no.setIconSize(QtCore.QSize(100, 50))
```

② 在 Cancel_Attention 类中创建 open() 方法，用于显示取消关注窗体。代码如下。

源码位置　　资源包 \Code\30\（电商管家）项目源码 \commerce_housekeeper\show_window.py

```
121                                                             # 显示取消关注窗体
122  def open(self,qModeIndex):
123                                                             # 在关注商品列表中，获取单击了哪一个商品的名称
124      name = main.name_list[qModeIndex.row()].lstrip('关注商品 '+str(qModeIndex.row()+1)+':\n')
125                                                             # 将商品名称显示在取消关注窗体的文本框内
126      cancel_attention.lineEdit.setText(name)
127      cancel_attention.show()                                # 显示取消关注窗体
```

③ 依次添加代码，创建 unfollow() 方法，该方法用于实现取消关注某个商品。代码如下。

源码位置　　资源包 \Code\30\（电商管家）项目源码 \commerce_housekeeper\show_window.py

```
128                                                             # 取消关注的方法
129  def unfollow(self):
130                                                             # 获取文本框内的商品名称
131      name = cancel_attention.lineEdit.text()
132      mysql.delete_attention(cur,name)                       # 删除数据库中对应关注的商品信息
133      main.show_attention_name()                             # 显示关注商品列表
134      cancel_attention.close()                               # 关掉取消关注窗体
```

④ 在主程序主入口，显示关注商品名称代码的下面，首先创建取消关注窗体对象，然后指定显示关

注商品列表事件，最后指定取消关注窗体中的按钮事件。代码如下。

源码位置　　资源包 \Code\30\（电商管家）项目源码 \commerce_housekeeper\show_window.py

```
135                 # 取消关注窗体对象
136 cancel_attention = Cancel_Attention()
137                 # 指定显示关注商品列表事件
138 main.listView.clicked.connect(cancel_attention.open)
139                 # 指定取消关注窗体按钮（是）的单击事件处理方法
140 cancel_attention.pushButton_yes.clicked.connect(cancel_attention.unfollow)
141                 # 指定取消关注窗体按钮（否）的单击事件处理方法
142 cancel_attention.pushButton_no.clicked.connect(cancel_attention.close)
```

⑤ 运行 show_window.py 文件，在关注商品列表中单击不需要关注的商品名称，将显示确认取消关注窗体，如图 30.36 所示。

⑥ 单击确认按钮后，将从关注商品列表中移除需要取消关注的商品名称，如图 30.37 所示。

图 30.36　确认取消关注窗体

图 30.37　取消关注商品

30.7.3　显示商品分类比例饼图

在实现显示商品分类比例饼图时，首先需要创建一个图表文件，然后在图表文件中创建用于显示饼图的方法，再将计算后的商品分类比例作为参数传递至显示饼图的方法中，最后将显示商品分类比例的饼图显示在主窗体当中即可。具体步骤如下。

① 在项目文件夹当中创建 chart.py 文件，然后在该文件中导入图表相关的模块，再创建 PlotCanvas 类，并在该类中通过 __init__() 方法进行类的初始化工作。代码如下。

源码位置　　资源包 \Code\30\（电商管家）项目源码 \commerce_housekeeper\chart.py

```
01                                                              # 图形画布
02 from matplotlib.backends.backend_qt5agg import FigureCanvasQTAgg as FigureCanvas
03 import matplotlib                                             # 导入图表模块
04 import matplotlib.pyplot as plt                               # 导入绘图模块
05
06
07 class PlotCanvas(FigureCanvas):
08
09     def __init__(self, parent=None, width=0, height=0, dpi=100):
10                                                              # 避免中文乱码
11         matplotlib.rcParams['font.sans-serif'] = ['SimHei']
12         matplotlib.rcParams['axes.unicode_minus'] = False
13                                                              # 创建图形
```

```
14        fig = plt.figure(dpi=dpi)
15                                                                    # 初始化图形画布
16        FigureCanvas.__init__(self, fig)
17        self.setParent(parent)                                      # 设置父类
```

② 在 PlotCanvas 类中创建 pie_chart() 方法，用于显示商品分类饼图。代码如下。

源码位置 资源包 \Code\30\（电商管家）项目源码 \commerce_housekeeper\chart.py

```
18                                                                    # 显示商品分类饼图
19  def pie_chart(self, size):
20      """
21      绘制饼图
22      explode：设置各部分突出
23      label：设置各部分标签
24      labeldistance：设置标签文本距圆心位置，1.1 表示 1.1 倍半径
25      autopct：设置圆里面文本
26      shadow：设置是否有阴影
27      startangle：起始角度，默认从 0 开始逆时针转
28      pctdistance：设置圆内文本距圆心距离
29      返回值
30      l_text：圆内部文本，matplotlib.text.Text object
31      p_text：圆外部文本
32      """
33      label_list = [ '鼠标 ',' 键盘 ','U 盘 ',' 移动硬盘 ',' 其他 ']    # 各部分标签
34      plt.pie(size, labels=label_list, labeldistance=1.1,
35              autopct="%1.1f%%", shadow=False, startangle=30, pctdistance=0.6)
36      plt.axis("equal")                                             # 设置横轴和纵轴大小相等，这样饼才是圆的
```

③ 打开 show_window.py 文件，在该文件中首先导入自定义的饼图类。代码如下。

源码位置 资源包 \Code\30\（电商管家）项目源码 \commerce_housekeeper\show_window.py

```
from chart import PlotCanvas                                          # 导入自定义饼图类
```

④ 在 Main 类中创建 show_classification() 方法，在该方法中首先获取排行榜中所有商品的名称与数量，然后定义统计分类数量的变量，最后创建两个列表，一个用于保存需要移除的商品名称，另一个用于保存所有分类比例的数据。代码如下。

源码位置 资源包 \Code\30\（电商管家）项目源码 \commerce_housekeeper\show_window.py

```
37                                                                    # 显示商品分类比例饼图
38  def show_classification(self):
39                                                                    # 获取排行榜中所有商品名称
40      name_all = mysql.query_rankings_name(cur, 'jd_ranking')
41      name_number = len(name_all)                                   # 获取排行榜中所有商品数量
42      number = 0                                                    # 定义统计分类数量的变量
43      remove_list = []                                              # 保存需要移除的商品名称
44      class_list = []                                               # 保存所有分类比例数据列表
```

⑤ 依次添加代码，由于鼠标垫与鼠标的关键字比较接近，所以需要先将鼠标垫相关的商品名称排除，然后再统计鼠标商品分类所占的比例。代码如下。

源码位置 资源包 \Code\30\（电商管家）项目源码 \commerce_housekeeper\show_window.py

```
45                                                                    # 因为鼠标垫与鼠标名称接近，所以先移除鼠标垫
46  for name in name_all:
```

```
47        if '鼠标垫' in name:
48            remove_list.append(name)
49                                                      # 循环移除鼠标垫相关商品
50    for r_name in remove_list:
51        name_all.remove(r_name)
52
53                                                      # 获取鼠标分类占有比例
54    for name in name_all:
55        if '鼠标' in name:
56            number += 1
57                                                      # 计算鼠标百分比
58    mouse_ratio = float('%.1f' % ((number / name_number) * 100))
59    class_list.append(mouse_ratio)                    # 向分类比例列表添加鼠标百分比数据
```

⑥ 依次添加代码，分别计算并获取键盘分类占有比例、U 盘分类占有比例、移动硬盘分类占有比例，以及根据以上的分类比例计算其他类的占有比例。代码如下。

源码位置　　资源包 \Code\30\（电商管家）项目源码 \commerce_housekeeper\show_window.py

```
60                                                      # 获取键盘分类占有比例
61    number = 0
62    for name in name_all:
63        if '键盘' in name:
64            number += 1
65                                                      # 计算键盘百分比
66    keyboard_ratio = float('%.1f' % ((number / name_number) * 100))
67    class_list.append(keyboard_ratio)                 # 向分类比例列表添加键盘百分比数据
68
69                                                      # 获取 U 盘分类占有比例
70    number = 0
71    for name in name_all:
72        if 'U 盘' in name or 'u 盘' in name:
73            number += 1
74                                                      # 计算 U 盘百分比
75    u_ratio = float('%.1f' % ((number / name_number) * 100))
76    class_list.append(u_ratio)                        # 向分类比例列表添加 U 盘百分比数据
77
78                                                      # 获取移动硬盘分类占有比例
79    number = 0
80    for name in name_all:
81        if '移动硬盘' in name:
82            number += 1
83                                                      # 计算移动硬盘百分比
84    move_ratio = float('%.1f' % ((number / name_number) * 100))
85    class_list.append(move_ratio)                     # 向分类比例列表添加移动硬盘百分比数据
86
87                                                      # 计算其他百分比
88    other_ratio = float('%.1f' % (100 - (mouse_ratio + keyboard_ratio + u_ratio + move_ratio)))
89    class_list.append(other_ratio)                    # 向分类比例列表添加其他百分比数据
```

⑦ 依次添加代码，首先创建饼图类对象，然后调用显示饼图的方法，最后将饼图添加在主窗体的水平布局当中。代码如下。

源码位置　　资源包 \Code\30\（电商管家）项目源码 \commerce_housekeeper\show_window.py

```
90    pie = PlotCanvas()                                # 创建饼图类对象
91    pie.pie_chart(class_list)                         # 调用显示饼图的方法
92    self.horizontalLayout.addWidget(pie)              # 将饼图添加在主窗体的水平布局当中
```

⑧ 在主程序入口中，显示关注商品名称代码的下面，调用 show_classification() 方法，实现显示商品

分类比例饼图。代码如下。

> **源码位置** 　👁 　资源包 \Code\30\（电商管家）项目源码 \commerce_housekeeper\show_window.py

```
main.show_classification()                    # 显示商品分类比例饼图
```

⑨ 运行 show_window.py 文件，主窗体的左上角将显示商品分类比例的饼图，如图 30.38 所示。

30.8　外设产品热卖榜

在显示外设产品热卖榜时，需要先创建一个显示该数据的窗体，并在该窗体中通过表格控件将排行数据显示出来。具体步骤如下。

① 打开 Qt Designer 工具，首先将窗体最大尺寸与最小尺寸设置为"1040×600"，并在窗体中移除默认添加的状态栏（status bar）与菜单栏（menu bar）。然后向窗体中拖入 1 个 QTableWidget 控件，用于以表格的方式显示外设产品热卖排行信息。再拖拽 1 个 QLabel 控件，用于显示排行榜的标题文字。预览效果如图 30.39 所示。

图 30.38　显示商品分类比例饼图

图 30.39　外设产品热卖榜预览效果

② 窗体设计完成以后，保存为 heat_window.ui 文件，然后将该文件转换为 heat_window.py 文件。转换完成以后打开 heat_window.py 文件，将默认生成的 Ui_MainWindow 类修改为"Heat_MainWindow"类。

③ 打开 show_window.py 文件，首先导入热卖排行榜窗体文件中的 ui 类，代码如下。

> **源码位置** 　👁 　资源包 \Code\30\（电商管家）项目源码 \commerce_housekeeper\show_window.py

```
from heat_window import Heat_MainWindow        # 导入热卖排行榜窗体文件中的 ui 类
```

④ 在 show_window.py 文件中，创建 Heat 类并在该类中通过 __init__() 方法初始化外设产品热卖榜表格中的排行信息。代码如下。

> **源码位置** 　👁 　资源包 \Code\30\（电商管家）项目源码 \commerce_housekeeper\show_window.py

```
01                                                            # 外设产品热卖榜窗体初始化类
02  class Heat(QMainWindow, Heat_MainWindow):
03      def __init__(self):
04          super(Heat, self).__init__()
05          self.setupUi(self)
06                                                            # 开启自动填充背景
07          self.centralwidget.setAutoFillBackground(True)
08          palette = QtGui.QPalette()                        # 调色板类
```

```
09                                                              # 设置背景图片
10      palette.setBrush(QtGui.QPalette.Background,QtGui.QBrush(QtGui.QPixmap('img_resources/
11          rankings_bg.png')))
12      self.centralwidget.setPalette(palette)                  # 为控件设置对应的调色板即可
13                                                              # 获取外设产品热卖排行榜数据信息
14      row, column, results = mysql.query_rankings(cur, 'jd_ranking')
15                                                              # 设置表格内容不可编辑
16      self.tableWidget.setEditTriggers(QtWidgets.QAbstractItemView.NoEditTriggers)
17      self.tableWidget.verticalHeader().setHidden(True)       # 隐藏行号
18      self.tableWidget.setRowCount(row)                       # 根据数据库内容设置表格行
19      self.tableWidget.setColumnCount(column)                 # 设置表格列
20                                                              # 设置表格头部
21      self.tableWidget.setHorizontalHeaderLabels(['排名','商品名称','京东价','京东id','热卖指数'])
22                                                              # 设置背景透明
23      self.tableWidget.setStyleSheet("background-color:rgba(0,0,0,0)")
24                                                              # 根据窗体大小拉伸表格
25      self.tableWidget.horizontalHeader().setSectionResizeMode(
26          QtWidgets.QHeaderView.ResizeToContents)
27      for i in range(row):
28          for j in range(column):
29              temp_data = results[i][j]                       # 临时记录，不能直接插入表格
30                                                              # 转换后可插入表格
31              data = QtWidgets.QTableWidgetItem(str(temp_data))
32              self.tableWidget.setItem(i, j, data)            # 设置表格显示的数据
```

⑤ 在 Heat 类中创建 open() 方法，用于打开外设产品热卖榜窗体，然后创建 heat_itemDoubleClicked() 方法，在该方法中实现双击外设产品热卖排行榜中某个商品，弹出确认关注窗体并进行关注。代码如下。

源码位置　　资源包 \Code\30\（电商管家）项目源码 \commerce_housekeeper\show_window.py

```
33                                                              # 打开外设产品热卖榜窗体
34  def open(self):
35      self.show()
36
37                                                              # 外设产品热卖榜窗体双击事件处理方法
38  def heat_itemDoubleClicked(self):
39      item = self.tableWidget.currentItem()                   # 表格 item 对象
40                                                              # 判断是否是商品名称的列
41      if item.column() == 1:
42                                                              # 将商品名称显示在关注窗体的文本框内
43          attention.lineEdit.setText(item.text())
44          global attention_info
45                                                              # 查询需要关注商品的信息
46          attention_info = mysql.query_id_info(cur, item.row() + 1)
47          attention.open()                                    # 显示关注窗体
```

⑥ 在主程序入口中的指定取消关注窗体按钮事件代码的下面，首先创建外设产品热卖排行榜窗体对象，然后指定外设产品热卖排行榜表格的双击事件处理方法，最后指定主窗体菜单打开外设产品热卖排行榜窗体的事件处理方法。代码如下。

源码位置　　资源包 \Code\30\（电商管家）项目源码 \commerce_housekeeper\show_window.py

```
48                                                              # 外设产品热卖排行榜窗体对象
49  heat = Heat()
50                                                              # 指定外设产品热卖榜表格的双击事件处理方法
51  heat.tableWidget.itemDoubleClicked.connect(heat.heat_itemDoubleClicked)
52                                                              # 指定主窗体菜单打开外设产品热卖排行榜窗体的事件处理方法
53  main.action_heat.triggered.connect(heat.open)
```

⑦ 运行 show_window.py 文件，在主窗体左侧顶部的"菜单"选项中，单击"外设产品热卖榜"选项，

如图 30.40 所示。

⑧ 打开外设产品热卖榜窗体以后，双击需要关注的商品名称，将弹出关注窗体，如图 30.41 所示。

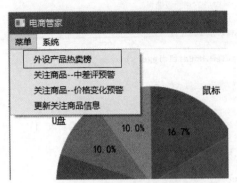

图 30.40　打开外设产品热卖榜

图 30.41　关联商品的关注窗体

30.9　商品预警

实现了外设产品热卖榜与关注功能以后，接下来需要完成关注商品的预警功能。中、差评预警可以实时查看关注商品当前是否有了新的中、差评价信息，方便商家及时回复。价格预警信息可以方便商家了解商品当前的京东价格变化是"上涨"或者"下浮"。

30.9.1　关注商品中、差评预警

在实现关注商品中、差评预警功能时，首先需要创建一个中差评预警窗体，在该窗体中以表格的形式显示当前已经关注的商品名称，并且在商品名称所对应的位置显示当前是否有新的中、差评价信息。实现的具体步骤如下。

① 打开 Qt Designer 工具，首先将窗体最大尺寸与最小尺寸设置为 "900×300"，并在窗体中移除默认添加的状态栏（status bar）与菜单栏（menu bar）。然后向窗体中拖入 1 个 QTableWidget 控件，设置表格为 3 列，并设置列名称与字体加粗。预览效果如图 30.42 所示。

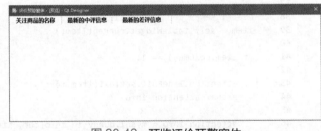

图 30.42　预览评价预警窗体

　说明

> 由于预警信息为动态加载，所以在设计窗体时并不需要设置表格的行属性。

② 窗体设计完成以后，保存为 evaluate_warning_window.ui 文件，然后将该文件转换为 evaluate_warning_window.py 文件。转换完成以后打开 evaluate_warning_window.py 文件，将默认生成的 Ui_MainWindow 类修改为 "Evaluate_Warning_MainWindow"。

③ 打开 show_window.py 文件，导入评价预警窗体中的 ui 类。代码如下。

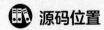 源码位置　　👁 资源包 \Code\30\（电商管家）项目源码 \commerce_housekeeper\show_window.py

```
# 导入评价预警窗体中的 ui 类
from evaluate_warning_window import Evaluate_Warning_MainWindow
```

④ 创建 Evaluate_Warning 类，该类为评价预警窗体的初始化类，然后通过 __init__() 方法对该类进行初始化工作。代码如下。

源码位置　　资源包 \Code\30\（电商管家）项目源码 \commerce_housekeeper\show_window.py

```
01                                                                # 评价预警窗体初始化类
02  class Evaluate_Warning(QMainWindow, Evaluate_Warning_MainWindow):
03      def __init__(self):                                       # 初始化
04          super(Evaluate_Warning, self).__init__()
05          self.setupUi(self)
```

⑤ 在 Evaluate_Warning 类中，创建 open_warning() 方法，用于打开评价预警窗体并显示预警内容。代码如下。

源码位置　　资源包 \Code\30\（电商管家）项目源码 \commerce_housekeeper\show_window.py

```
06  def open_warning(self):
07                                                                # 开启自动填充背景
08      self.centralwidget.setAutoFillBackground(True)
09      palette = QtGui.QPalette()                                # 调色板类
10      palette.setBrush(QtGui.QPalette.Background, QtGui.QBrush(QtGui.QPixmap('img_resources/evaluate_warning_bg.png')))
                                                                  # 设置背景图片
11      self.centralwidget.setPalette(palette)                    # 为控件设置对应的调色板即可
12      warning_list = []                                         # 保存评价分析后的数据
13                                                                # 查询关注商品的信息
14      row, column, results = mysql.query_evaluate_info(cur, 'attention')
15                                                                # 设置表格内容不可编辑
16      self.tableWidget.setEditTriggers(QtWidgets.QAbstractItemView.NoEditTriggers)
17      self.tableWidget.verticalHeader().setHidden(True)         # 隐藏行号
18      self.tableWidget.setRowCount(row)                         # 根据数据库内容设置表格行
19      self.tableWidget.setColumnCount(column-4)                 # 设置表格列
20                                                                # 分别设置列宽度
21      self.tableWidget.setColumnWidth(0,600)
22      self.tableWidget.setColumnWidth(1,140)
23      self.tableWidget.setColumnWidth(2,140)
24                                                                # 设置背景透明
25      self.tableWidget.setStyleSheet("background-color:rgba(0,0,0,0)")
26
27                                                                # 判断是否有关注商品的信息
28      if row != 0:
29          middle_time = ''
30          poor_time = ''
31          for i in range(len(results)):
32                                                                # 获取中评最新的时间
33              new_middle_time = mycrawl.get_evaluation(2,results[i][3])
34                                                                # 获取差评最新的时间
35              new_poor_time = mycrawl.get_evaluation(1,results[i][3])
36              if results[i][5] == new_middle_time:
37                  middle_time = '无'
38              else:
39                  middle_time = '有'
40              if results[i][6] == new_poor_time:
41                  poor_time = '无'
42              else:
43                  poor_time = '有'
44              warning_list.append((results[i][1], middle_time, poor_time))
45          for i in range(len(results)):
46              for j in range(3):
47                  temp_data = warning_list[i][j]                # 临时记录，不能直接插入表格
48                                                                # 转换后可插入表格
49                  data = QtWidgets.QTableWidgetItem(str(temp_data))
```

```
50                    data.setTextAlignment(QtCore.Qt.AlignCenter)
51                    evaluate.tableWidget.setItem(i, j, data)
52            self.show()                                                    # 显示窗体
53        else:
54            messageDialog('警告!','您并没有关注某件商品!')
```

⑥ 在主程序入口中，指定主窗体菜单打开外设产品热卖排行榜窗体的事件处理方法代码的下面，创建评价预警窗体对象，然后指定打开关注商品评价预警窗体的事件处理方法。代码如下。

源码位置 资源包 \Code\30\（电商管家）项目源码 \commerce_housekeeper\show_window.py

```
55                                                              # 评价预警窗体对象
56 evaluate = Evaluate_Warning()
57                                                              # 指定打开关注商品评价预警窗体的事件处理方法
58 main.action_evaluate.triggered.connect(evaluate.open_warning)
```

⑦ 运行 show_window.py 文件，在主窗体左侧顶部的"菜单"选项中，单击"关注商品 -- 中差评预警"选项，将显示如图 30.43 所示的评价预警窗体。

30.9.2 关注商品价格变化预警

实现关注商品价格变化预警与实现关注商品中、差评预警几乎相同，也需要创建一个预警窗体，然后以表格的形式显示京东价格的预警信息，只是在信息处理上需要进行价格的比较，然后判断价格是"上涨"还是"下浮"。实现的具体步骤如下。

① 在 Qt Designer 工具中，首先将窗体最大尺寸与最小尺寸设置为"760×300"，并在窗体中移除默认添加的状态栏（status bar）与菜单栏（menu bar）。然后向窗体中拖入 1 个 QTableWidget 控件，设置表格为 2 列，并设置列名称与字体加粗。预览效果如图 30.44 所示。

图 30.43　显示评价预警窗体

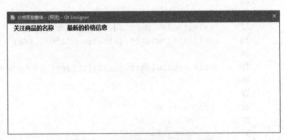

图 30.44　预览价格预警窗体

② 窗体设计完成以后，保存为 price_warning_window.ui 文件，然后将该文件转换为 price_warning_window.py 文件。转换完成以后打开 price_warning_window.py 文件，将默认生成的 Ui_MainWindow 类修改为"Price_Warning_MainWindow"。

③ 打开 show_window.py 文件，首先导入价格预警窗体中的 ui 类，然后导入网络请求模块 requests。代码如下。

源码位置 资源包 \Code\30\（电商管家）项目源码 \commerce_housekeeper\show_window.py

```
01                                                              # 导入价格预警窗体中的 ui 类
02 from price_warning_window import Price_Warning_MainWindow
03 import requests                                              # 导入网络请求模块
```

④ 创建 Price_Warning 类，该类为价格预警窗体初始化类，然后通过 __init__() 方法对该类进行初始化

工作。代码如下。

> **源码位置**　　资源包 \Code\30\（电商管家）项目源码 \commerce_housekeeper\show_window.py

```python
04                                                                        # 价格预警窗体初始化类
05 class Price_Warning(QMainWindow, Price_Warning_MainWindow):
06     def __init__(self):                                                # 初始化
07         super(Price_Warning, self).__init__()
08         self.setupUi(self)
```

⑤ 在 Price_Warning 类中，创建 open_price () 方法，用于打开价格预警窗体，并显示价格变化内容。代码如下。

> **源码位置**　　资源包 \Code\30\（电商管家）项目源码 \commerce_housekeeper\show_window.py

```python
09 def open_price(self):
10                                                                        # 开启自动填充背景
11     self.centralwidget.setAutoFillBackground(True)
12     palette = QtGui.QPalette()                                          # 调色板类
13                                                                        # 设置背景图片
14     palette.setBrush(QtGui.QPalette.Background,QtGui.QBrush(QtGui.QPixmap('img_resources/
15         price_warning_bg.png')))
16     self.centralwidget.setPalette(palette)                              # 为控件设置对应的调色板即可
17     price_list = []                                                     # 保存价格分析后的数据
18                                                                        # 查询关注商品的信息
19     row, column, results = mysql.query_evaluate_info(cur, 'attention')
20                                                                        # 设置表格内容不可编辑
21     self.tableWidget.setEditTriggers(QtWidgets.QAbstractItemView.NoEditTriggers)
22     self.tableWidget.verticalHeader().setHidden(True)                   # 隐藏行号
23     self.tableWidget.setRowCount(row)                                   # 根据数据库内容设置表格行
24     self.tableWidget.setColumnCount(column - 5)                         # 设置表格列
25                                                                        # 分别设置列宽度
26     self.tableWidget.setColumnWidth(0, 600)
27     self.tableWidget.setColumnWidth(1, 140)
28                                                                        # 设置背景透明
29     self.tableWidget.setStyleSheet("background-color:rgba(0,0,0,0)")
30                                                                        # 判断是否有关注的商品信息
31     if row != 0:
32         jd_id_str = ''
33         for i in range(len(results)):
34             jd_id = 'J_' + results[i][3] + ','
35             jd_id_str = jd_id_str + jd_id
36         price_url = 'http://p.3.cn/prices/mgets?type=1&skuIds={id_str}'
37         response = requests.get(price_url.format(id_str=jd_id_str))     # 获取关注商品的价格
38         price_json = response.json()                                    # 获取价格 JSON 数据，该数据为列表类型
39         change = ''
40         for index, item in enumerate(price_json):
41                                                                        # 京东价格
42             new_jd_price = item['p']
43             if float(results[index][2]) < float(new_jd_price):
44                 change = ' 上涨 '
45             if float(results[index][2]) == float(new_jd_price):
46                 change = ' 无 '
47             if float(results[index][2]) > float(new_jd_price):
48                 change = ' 下浮 '
49             price_list.append((results[index][1], change))
50         for i in range(len(results)):
51             for j in range(2):
52                 temp_data = price_list[i][j]                            # 临时记录，不能直接插入表格
53                                                                        # 转换后可插入表格
54                 data = QtWidgets.QTableWidgetItem(str(temp_data))
55                 data.setTextAlignment(QtCore.Qt.AlignCenter)
```

```
56                  price.tableWidget.setItem(i, j, data)
57          self.show()
58      else:
59          messageDialog('警告!', '您并没有关注某件商品!')
```

⑥ 在主程序入口中,指定打开关注商品评价预警窗体的事件处理方法代码的下面,创建价格预警窗体对象,然后指定打开关注商品价格预警窗体的事件处理方法。代码如下。

源码位置　　资源包 \Code\30\（电商管家）项目源码 \commerce_housekeeper\show_window.py

```
60                                              # 价格预警窗体对象
61  price = Price_Warning()
62                                              # 指定打开关注商品价格预警窗体的事件处理方法
63  main.action_price.triggered.connect(price.open_price)
```

⑦ 运行 show_window.py 文件,在主窗体左侧顶部的"菜单"选项中,单击"关注商品 -- 价格变化预警"选项,将显示如图 30.45 所示的价格预警窗体。

图 30.45　显示价格预警窗体

30.9.3　更新关注商品信息

如果关注商品的信息过于老旧的话,预警窗体中的所有关注商品都将出现预警提示,那么商家将无法判断关注的这些商品是否真的出现了新的中、差评评价信息或者是价格上的变化。所以需要根据商家的需求不定期地更新关注商品信息,这样才可以保证营销预警的作用。实现该功能的具体步骤如下。

① 打开 show_window.py 文件,在 Main 类中创建 up() 方法,该方法是更新预警信息按钮的单击事件处理方法。在该方法中首先需要让用户看到一个提示对话框,提示用户关注信息更新后将以新的信息进行对比并预警,如果用户同意,单击提示对话框的"Yes"按钮后再进行更新。代码如下。

源码位置　　资源包 \Code\30\（电商管家）项目源码 \commerce_housekeeper\show_window.py

```
01  def up(self):
02      warningDialog = QtWidgets.QMessageBox.warning(self, '警告', '关注商品的预警信息更新后,将以新的信息进行
03  对比并预警!', QtWidgets.QMessageBox.Yes | QtWidgets.QMessageBox.No)
04      if warningDialog == QtWidgets.QMessageBox.Yes:
05                                                      # 查询已经关注的商品信息
06          row, column, results = mysql.query_evaluate_info(cur, 'attention')
07          if row != 0:
08              jd_id_str = ''
09              for i in range(len(results)):
10                  jd_id = 'J_' + results[i][3] + ','
11                  jd_id_str = jd_id_str + jd_id
12              price_url = 'http://p.3.cn/prices/mgets?type=1&skuIds={id_str}'
13                                                      # 获取关注商品的价格
14              response = requests.get(price_url.format(id_str=jd_id_str))
15              price_json = response.json()            # 获取价格 JSON 数据,该数据为列表类型
16              for index, item in enumerate(results):
17                                                      # 获取中评最新的时间,由于返回的关注商品信息中包含行与列信息,所以进行 i+2
18                  middle_time = mycrawl.get_evaluation(2, item[3])
19                                                      # 获取差评最新的时间
20                  poor_time = mycrawl.get_evaluation(1, item[3])
21                  price = price_json[index]['p']
22                  up = "middle_time='{mi_time}',poor_time='{p_time}',jd_price = '{price}'".format(mi_time = middle_
    time,p_time = poor_time, price = price)
```

```
23                                                    # 更新关注商品的预警信息
24         mysql.update_attention(cur, 'attention', up, results[index][0])
25         messageDialog('提示!', '已更新预警信息!')
26    else:
27         messageDialog('警告!', '您并没有关注某件商品!')
```

② 在主程序入口中，指定打开关注商品价格预警窗体的事件处理方法代码的下面，指定打开更新关注商品信息的对话框。代码如下。

源码位置　　资源包 \Code\30\（电商管家）项目源码 \commerce_housekeeper\show_window.py

```
# 指定打开更新关注商品信息的对话框
main.action_up.triggered.connect(main.up)
```

③ 运行 show_window.py 文件，在主窗体左侧顶部的"菜单"选项中，单击"更新关注商品信息"选项，将显示如图 30.46 所示的提示对话框。然后单击"Yes"按钮，等数秒后将显示如图 30.47 所示的已更新预警信息的提示对话框。

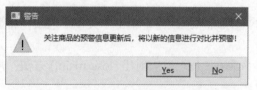

图 30.46　更新关注商品信息的提示对话框

图 30.47　已更新预警信息提示对话框

④ 关注商品的预警信息更新完成以后，再次打开价格预警窗体时，将没有任何预警信息。如图 30.48 所示。

30.10　系统功能

完成了以上的关键功能以后，接下来需要完成顶部菜单栏中的系统功能。在系统功能中，主要包含关于和退出功能。其中，关于窗体主要用于介绍该系统的用途以及版

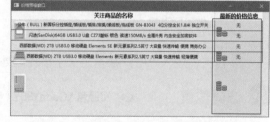

图 30.48　再次打开关注商品价格预警窗体

本号，然后还需要显示一些联系方式以及开发者的公司。而退出功能就是先关闭数据库的连接，然后直接关闭系统。实现的具体步骤如下。

① 打开 Qt Designer 工具，首先将窗体最大尺寸与最小尺寸设置为"800×400"，并在窗体中移除默认添加的状态栏（status bar）与菜单栏（menu bar）。然后向窗体中拖入 1 个 QLabel 控件，用于显示关于窗体中的信息。

② 窗体设计完成以后，保存为 about_window.ui 文件，然后将该文件转换为 about_window.py 文件。转换完成以后打开该文件，将默认生成的 Ui_MainWindow 类修改为"About_MainWindow"。

③ 打开 show_window.py 文件，导入关于窗体的 ui 类。代码如下。

源码位置　　资源包 \Code\30\（电商管家）项目源码 \commerce_housekeeper\show_window.py

```
from about_window import About_MainWindow                    # 导入关于窗体的 ui 类
```

④ 创建 About_Window 类，该类为关于窗体初始化类，然后通过 __init__() 方法对该类进行初始化工作。代码如下。

源码位置 资源包 \Code\30\（电商管家）项目源码 \commerce_housekeeper\show_window.py

```
01                                                                    # 关于窗体初始化类
02  class About_Window(QMainWindow, About_MainWindow):
03      def __init__(self):
04          super(About_Window, self).__init__()
05          self.setupUi(self)
06          img = QtGui.QPixmap('img_resources/about_bg.png')         # 打开顶部位图
07          self.label.setPixmap(img)                                 # 设置位图
```

⑤ 在主程序入口中，指定打开更新关注商品信息的对话框代码的下面，首先创建关于窗体对象，然后指定关于事件的处理方法。代码如下。

源码位置 资源包 \Code\30\（电商管家）项目源码 \commerce_housekeeper\show_window.py

```
08                                                                    # 关于窗体对象
09  about = About_Window()
10                                                                    # 指定关于事件的处理方法
11  main.action_about.triggered.connect(about.show)
```

⑥ 运行 show_window.py 文件，在主窗体左侧顶部的"系统"选项中，单击"关于"选项，将显示如图 30.49 所示的关于窗体。

⑦ 关于功能完成以后，接下来需要实现退出功能。首先在 Main 类中创建 close_main() 方法，用于实现关闭数据库连接并关闭主窗体。代码如下。

源码位置 资源包 \Code\30\（电商管家）项目源码 \commerce_housekeeper\show_window.py

```
12  def close_main(self):
13      mysql.close_sql()                                             # 关掉数据库连接
14      self.close()                                                  # 关掉主窗体
```

⑧ 在主程序入口中，在指定关于事件的处理方法代码的下面，指定退出事件的处理方法。代码如下。

源码位置 资源包 \Code\30\（电商管家）项目源码 \commerce_housekeeper\show_window.py

```
# 指定退出事件的处理方法
main.action_out.triggered.connect(main.close_main)
```

⑨ 运行 show_window.py 文件，在主窗体左侧顶部的"系统"选项中，单击"退出"选项，此时将关闭"电商管家"系统。

图 30.49 显示关于窗体

小结

本章主要介绍了如何运用软件工程的设计思想，制作一个可以帮助电商从业者分析商品销售行情的"电商管家"系统。该系统主要使用了 PyQt5 来创建整个系统的窗体结构，其中商品的数据来源通过爬虫技术进行获取并存储至 MySQL 数据库当中，而数据的可视化图表则使用 matplotlib 模块进行展示。本章的"电商管家"系统应用了多种当前比较流行的数据可视化技术，为以后开发数据可视化相关程序奠定基础。

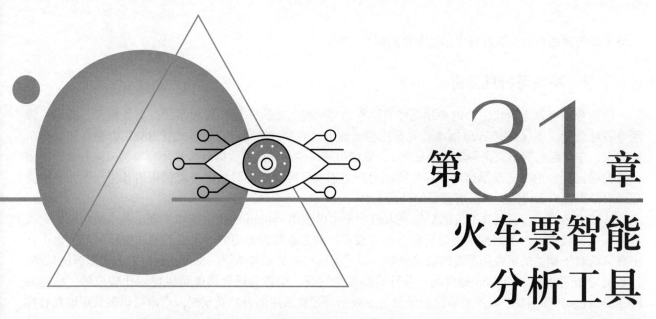

第31章 火车票智能分析工具

(PyQt5+matplotlib +requests+json+sys+time)

虽然现在的出行方式非常的便捷,但是如果在购买火车票时遇到出行的高峰期,此时购买火车票仍将是一件非常困难的事情。本章将通过Python实现一个"火车票智能分析工具"系统,该系统具有以下三大功能。

① 查询全国所有火车票信息。

② 卧铺的售票分析功能。

③ 查询车票的起售时间。

31.1 系统需求分析

31.1.1 系统概述

2020年,全国铁路营业里程达到14.63万千米,其中,高速铁路营业里程达到3.8万千米。随着铁路的不断发展,高铁的时速已经达到350公里以上,因此选择铁路出行方式的旅客不断增加。旅客人数的不断增加,使得购买车票成了一件比较困难的事情,热门城市或者是节假日春运高峰时期,更是一票难求。

"火车票智能分析工具"系统一共具备三大功能,分别是查询车票、卧铺车票销售分析以及查询车票起售时间。首先使用爬虫技术获取12306铁路官网的车票信息,然后将所有卧铺车票进行当前、三天内以及五天内的数据分析,并通过颜色进行购票难易度的等级划分,最后再次通过爬虫技术获取用户指定车站相关站点的车票起售时间。用户可以根据个人需求,查看车票信息,还可以查看未来五天内卧铺车票销售是否紧张以及每个车站车票的起售时间。

31.1.2 系统可行性分析

现如今是互联网时代，国内外早已经有运作合理、完善的火车售票管理系统，具备售票、查询、管理等各种功能，不仅拥有 Web 版本，甚至还移植到手机当中，使用户购票方式变得更加方便。如果将车票查询、车票起售时间查询等功能集成在 PC 端窗口应用中，并通过数据分析将卧铺车票未来五天内的销售状况通过图表的方式显示出来，这将帮助用户更加直观地看出卧铺车票当前销售的紧张程度，变相提醒用户是否在五天内购买自己所需要的卧铺车票。

从技术角度，该系统在开发时数据获取的功能可以使用 Python 的爬虫技术实现，各个模块部分之间耦合程度比较低，对于后期系统的功能上的修改和扩展也是非常方便的，可供查询的资料和范例也十分丰富。而对于相关的爬虫和反爬的技术策略，通过阅读相关文献与实例，也可找到对应的代码解决思路。其数据分析可以通过 Pyhton 提供的一些计算函数来实现，窗体与图表功能可以使用比较成熟、稳定的 PyQt5+matplotlib 实现，数据分析过程轻量化，数据可视化采用图表方式呈现，用户可以很直观地查看各种数据。

31.1.3 系统用户角色分配

设计开发一个系统时，首先需要确定系统所面向的用户群体，也就是哪部分人群会更多地使用该系统。本系统主要面向因经常出差、旅游等原因而频繁购买铁路车票的旅客，方面用户查看所有车票信息与车票的起售时间，方便购买卧铺车票的用户查询五天内目的地卧铺车票的销售情况，从而做好购票准备。

31.1.4 功能性需求分析

为了让乘坐铁路的旅客方便出行，该系统将具备以下功能。
① 查询 30 天内的车票信息。
② 根据车次类型查询。
③ 查询车次到达时间。
④ 查询车次历时。
⑤ 查询各种车票数量。
⑥ 查询五天内车次是否有卧铺票。
⑦ 分析五天内卧铺车票销售的紧张程度。
⑧ 分析五天内卧铺票数量走势图。
⑨ 查询车票起售时间。

31.1.5 非功能性需求分析

"火车票智能分析工具"系统的主要设计目的是为了帮助经常乘坐铁路列车的旅客，实时查询车票的各种信息，以及卧铺车票未来五天内的销售状况，帮助用户更加合理地选择购票时间。除了上一小节提到的功能性需求外，本系统还应注意系统的非功能性需求，如系统运行的稳定性、系统功能的可维护性及系统开发的可拓展性等。

31.2 系统设计

31.2.1 系统功能结构

"火车票智能分析工具"系统的功能结构主要分为三类：车票查询、卧铺售票分析以及查询车票起售时间。详细的功能结构如图 31.1 所示。

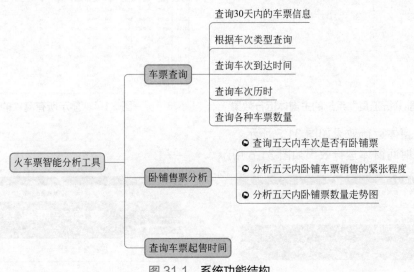

图 31.1 系统功能结构

31.2.2 系统业务流程

在开发"火车票智能分析工具"系统时，需要先思考该系统的业务流程。根据需求分析与功能结构，设计出如图 31.2 所示的系统业务流程图。

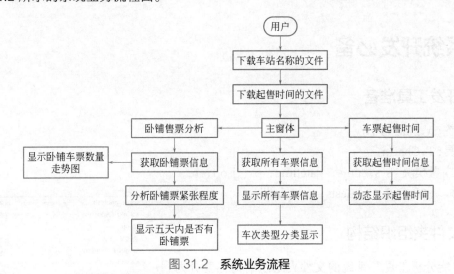

图 31.2 系统业务流程

31.2.3 系统预览

"火车票智能分析工具"系统的主窗体运行效果如图 31.3 所示。

筛选车次类型，如只显示所有高铁的车票信息，如图 31.4 所示。

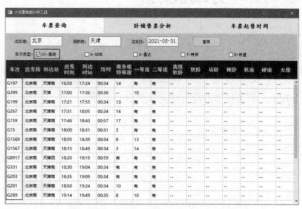

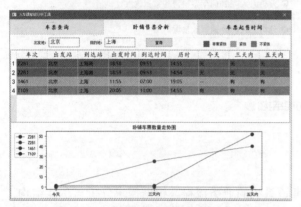

图 31.3 "火车票智能分析工具"系统的主窗体运行效果

图 31.4 显示所有高铁的车票信息

卧铺售票分析窗体运行效果如图 31.5 所示。

查询车票起售时间窗体运行效果如图 31.6 所示。

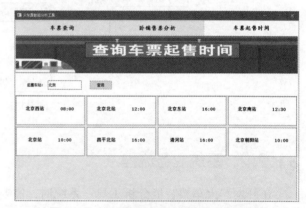

图 31.5 卧铺售票分析窗体运行效果

图 31.6 查询车票起售时间窗体运行效果

31.3 系统开发必备

31.3.1 开发工具准备

- 操作系统：Windows 10。
- 开发工具：PyCharm。
- Python 内置模块：sys、time、datetime、os、json、re。
- 第三方模块：PyQt5、requests、matplotlib。

31.3.2 文件夹组织结构

"火车票智能分析工具"系统的文件夹组织结构主要分为 img_resources（保存图片资源）和 ui（保存 ui 文件），详细结构如图 31.7 所示。

图 31.7 文件夹组织结构

31.4 主窗体的 UI 设计

31.4.1 主窗体的布局

在创建"火车票智能分析工具"系统的主窗体时,首先需要创建主窗体中所使用到的图片资源,通过 Qt Designer 编辑的图片资源如图 31.8 所示。

接下来需要设计三个区域,分别用于显示车票查询区域、卧铺售票分析区域、车票起售时间区域。然后需要考虑到这三个区域需要切换显示,所以可以使用 QTabWidget 控件实现在主窗体中切换三个区域的显示功能。

1. 车票查询区域

通过 Qt Designer 设计的车票查询区域预览效果如图 31.9 所示。

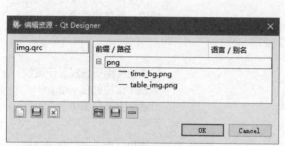

图 31.8 编辑图片资源

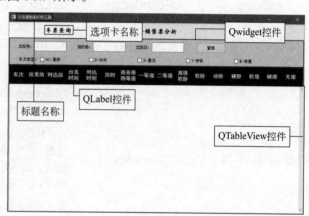

图 31.9 车票查询区域预览效果

车票查询区域控件的对象名称以及属性设置如表 31.1 所示。

表 31.1 车票查询区域控件对象名称及属性设置

对象名称	控件名称	属性	描述
MainWindow	Q MainWindow	minimumSize:宽度 960、高度 600 maximumSize:宽度 960、高度 600 windowTitle:火车票智能分析工具	该控件是主窗体控件

tabWidget	QTabWidget	X:0、Y:0
		宽度:960、高度:600
		font:字体族(楷体)
		   点大小(16)
		   粗体
		stylesheet:
		(QTabBar::tab{width:320;height:50;})
		currentTabText:车票查询
			该控件是选项卡,用于切换车票查询、卧铺售票分析、车票起售时间三个区域的显示

tab_query	QWidget	X:0、Y:0 宽度:954、高度:545	选项卡中(车票查询区域)标签,所有控件的容器
widget_query	QWidget	X:0、Y:0 宽度:960、高度:51 stylesheet: QWidget#widget_query{background-color: rgb(212, 212, 212);}	该控件用于查询区域的容器

续表

对象名称	控件名称	属性	描述
textEdit	QTextEdit	X：80、Y：10 宽度：104、高度：31 font：点大小（13）	该控件用于输入出发地（该控件在 widget_query 对象中）
textEdit_2	QTextEdit	X：270、Y：10 宽度：104、高度：31 font：点大小（13）	该控件用于输入目的地（该控件在 widget_query 对象中）
textEdit_3	QTextEdit	X：460、Y：10 宽度：104、高度：31 font：点大小（13）	该控件用于输入出发日（该控件在 widget_query 对象中）
pushButton	QPushButton	X：610、Y：10 宽度：91、高度：31 text：查询	该控件是用于负责执行查询的按钮（该控件在 widget_query 对象中）
widget_checkBox	QWidget	X：0、Y：50 宽度：960、高度：35 stylesheet：QWidget#widget_checkBox{background-color: rgb(212, 212, 212);}	该控件作为车次类型选择区域内，所有控件的容器
checkBox_G	QCheckBox	X：100、Y：9 宽度：70、高度：17 font：点大小（10） text：GC-高铁	该控件用于选择显示高铁信息（该控件在 widget_checkBox 对象中）
checkBox_D	QCheckBox	X：258、Y：9 宽度：63、高度：17 font：点大小（10） text：D-动车	该控件用于选择显示动车信息（该控件在 widget_checkBox 对象中）
checkBox_Z	QCheckBox	X：415、Y：9 宽度：63、高度：17 font：点大小（10） text：Z-直达	该控件用于选择显示直达车信息（该控件在 widget_checkBox 对象中）
checkBox_T	QCheckBox	X：572、Y：9 宽度：63、高度：17 font：点大小（10） text：T-特快	该控件用于选择显示特快车信息（该控件在 widget_checkBox 对象中）
checkBox_K	QCheckBox	X：730、Y：9 宽度：63、高度：17 font：点大小（10） text：K-快速	该控件用于选择显示快速车信息（该控件在 widget_checkBox 对象中）
label_train_img	QLabel	X：0、Y：86 宽度：960、高度：62 pixmap：指定图片资源（table_img.png）	该控件用于显示车次信息表格中的信息列（该控件在 tab_query 对象中）
tableView	QTableView	X：0、Y：145 宽度：960、高度：401	该控件是表格控件，用于显示所有的车票查询信息（该控件在 tab_query 对象中）

在主窗体中，车票查询区域各控件的嵌套结构如图 31.10 所示。

2. 卧铺售票分析区域

通过 Qt Designer 设计的卧铺售票分析区域预览效果如图 31.11 所示。

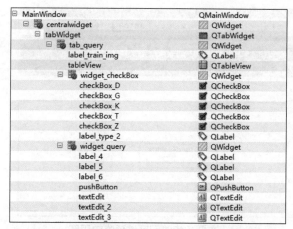

图 31.10 车票查询区域各控件的嵌套结构图

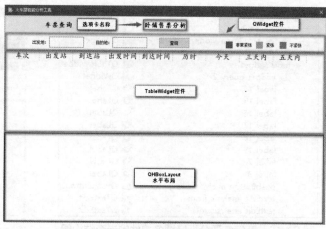

图 31.11 卧铺售票分析区域预览效果图

卧铺售票分析区域控件的对象名称以及属性设置如表 31.2 所示。

表 31.2 卧铺售票分析区域控件对象名称及属性设置

对象名称	控件名称	属性	描述
tab_analysis	QWidget	X：0、Y：0 宽度：954、高度：545	选项卡中（卧铺售票分析）标签，所有控件的容器
scrollArea_2	QScrollArea	X：0、Y：290 宽度：955、高度：255	该控件用于添加折线图中的滚动条
widget_query_2	QWidget	X：0、Y：0 宽度：960、高度：51	该控件用于查询区域的容器
textEdit_analysis_from	QTextEdit	X：130、Y：10 宽度：104、高度：31 font：点大小（13）	该控件用于输入出发地（该控件在 widget_query_2 对象中）
textEdit_analysis_to	QTextEdit	X：320、Y：10 宽度：104、高度：31 font：点大小（13）	该控件用于输入目的地（该控件在 widget_query_2 对象中）
pushButton_analysis_query	QPushButton	X：460、Y：10 宽度：91、高度：31 text：查询	该控件是用于负责执行查询的按钮（该控件在 widget_query_2 对象中）
tableWidget	QTableWidget	X：0、Y：50 宽度：953、高度：241 列名：车次、出发站、到达站、出发时间、到达时间、历时、今天、三天内、五天内 stylesheet： QHeaderView{font:16pt'楷体';};	该控件是表格控件，用于显示五天内卧铺车票信息与紧张程度提示（该控件在 tab_analysis 对象中）
horizontalLayout	QHBoxLayout	无	该控件为水平布局，用于显示卧铺车票数量走势图（该控件在 scrollArea_2 对象中）

在主窗体中，卧铺售票分析区域各控件的嵌套结构如图 31.12 所示。

3. 车票起售时间区域

通过 Qt Designer 设计的车票起售时间区域预览效果如图 31.13 所示。

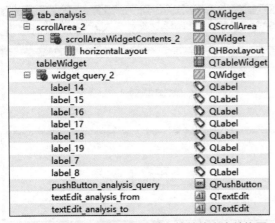

图 31.12 卧铺售票分析区域各控件的嵌套结构图

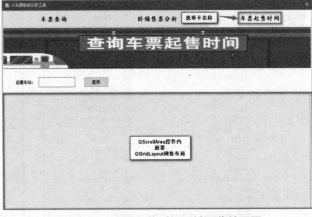

图 31.13 车票起售时间区域预览效果图

车票起售时间区域控件的对象名称以及属性设置如表 31.3 所示。

表 31.3 车票起售时间区域控件对象名称及属性设置

对象名称	控件名称	属性	描述
tab_time	QWidget	X：0、Y：0 宽度：954、高度：545	选项卡中（车票起售时间）标签
widget_time	QWidget	X：0、Y：0 宽度：960、高度：551 stylesheet： QWidget#widget_time{background-image:url(:/png/time_bg.png);}	车票起售时间标签容器
lineEdit_station	QLineEdit	X：110、Y：150 宽度：113、高度：30	该控件用于输入起售车站（该控件在 widget_time 对象中）
pushButton_time_query	QPushButton	X：250、Y：150 宽度：75、高度：30 text：查询	该控件是用于负责执行查询的按钮（该控件在 widget_time 对象中）
scrollArea	QScrollArea	X：0、Y：200 宽度：951、高度：361	该控件是用于实现上下滚动的控件
scrollAreaWidgetContents	QWidget	X：0、Y：200 宽度：949、高度：359	该控件为 QScrollArea 控件的容器，创建 QScrollArea 控件时默认生成的
gridLayout	Q GridLayout	无	该控件为网格布局控件，用于显示车票起售时间的信息（该控件在 scrollAreaWidgetContents 对象中）

在主窗体中，车票起售时间区域各控件的嵌套结构如图 31.14 所示。

图 31.14 车票起售时间区域各控件的嵌套结构图

31.4.2 主窗体显示效果

窗体设计完成以后，保存为 window.ui 文件，然后将该文件转换为 window.py 文件。因为主窗体中使用的是图片资源文件，所以需要将图片资源文件 img.qrc 转换为 img_rc.py 文件。

在项目文件夹当中创建一个 show_window.py 文件，该文件用于窗体的控制与显示功能。show_window.py 文件创建完成以后，首先需要导入主窗体的 ui 类与显示主窗体的相关模块，然后创建主窗体初始化类与显示主窗体的 show_MainWindow() 方法，最后在程序入口调用显示主窗体的方法。代码如下。

源码位置 资源包 \Code\31\ 火车票智能分析工具源码 \ ticket_analysis\show_window.py

```
01  from window import Ui_MainWindow              # 导入主窗体 ui 类
02                                                # 导入 PyQt5
03  from PyQt5 import QtCore, QtGui, QtWidgets
04  from PyQt5.QtCore import Qt
05  from PyQt5.QtWidgets import *
06  from PyQt5.QtGui import *
07  import sys                                    # 导入系统模块
08
09
10                                                # 主窗体初始化类
11  class Main(QMainWindow, Ui_MainWindow):
12
13      def __init__(self):
14          super(Main, self).__init__()
15          self.setupUi(self)
16
17  def show_MainWindow():
18      app = QApplication(sys.argv)              # 创建 QApplication 对象，作为 GUI 主程序入口
19      main = Main()                             # 创建主窗体对象
20      main.show()                               # 显示主窗体
21      sys.exit(app.exec_())                     # 循环中等待退出程序
22
23  if __name__ == '__main__':
24      show_MainWindow()                         # 调用显示窗体的方法
```

运行 show_window.py 文件将显示如图 31.15 所示的主窗体界面。

31.5 爬取数据

31.5.1 获取请求地址与参数

在实现查询所有车票信息的网络请求时，首先需要确认查询车票信息的网络请求地址，然后查看地址中都需要哪些必要的参数。如果没有确定必要的网络请求参数，将无法获取所有的车票信息。获取网络请求地址与必要参数的具体步骤如下。

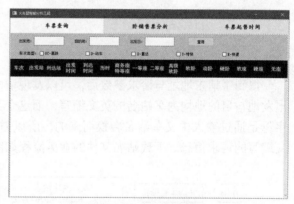

图 31.15　主窗体界面

① 使用火狐浏览器打开 12306 官方网站（https://www.12306.cn/index/index.html），填写出发地、目的地、出发日期，然后单击"查询"按钮，如图 31.16 所示。

② 单击"查询"按钮后，将打开显示车票查询信息的页面，然后按快捷键 Ctrl+Shift+E 打开网络监视器，接着单击网页中的"查询"按钮，在网络监视器中将显示查询按钮所对应的网络请求，如图 31.17 所示。

图 31.16　12306 车票查询首页

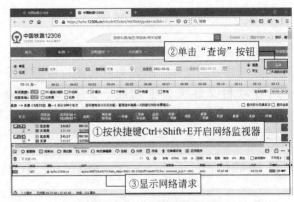
图 31.17　获取网络请求

③ 单击网络请求将显示请求细节的窗口，在该窗口中默认显示消息头的相关数据，此处可以获取完整的请求地址，如图 31.18 所示。

图 31.18　获取完整的请求地址

💡 注意

> 随着 12306 官方网站的更新，请求地址会发生改变，要以当时获取的地址为准。

④ 在请求地址的上方选择参数选项，将显示该请求地址中的必要参数，如图 31.19 所示。

31.5.2　下载数据文件

1. 下载站名文件

得到了请求地址与请求参数后，可以发现请求参数中的出发地与目的地均为车站名的英文缩写，而这个英文缩写的字母是通过输入中文车站名转换而来的，所以需要在网页中仔细查找是否有将中文车站名自动转换为英文缩写的请求信息。下载站名文件的业务流程如图 31.20 所示。

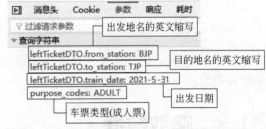

图 31.19　查询查票信息请求地址中的必要参数

图 31.20　下载站名文件的业务流程图

📘 说明

> 由于下载站名文件的业务流程与下载车票起售时间文件的业务流程相同，只是下载地址与分析数据的方式不同，所以在实现下载车票起售时间文件时参考如图 31.20 所示的业务流程即可。

下载站名文件的具体步骤如下。

① 关闭并重新打开网络监视器，然后按 F5 功能键进行余票查询网页的刷新，此时在网络监视器中搜索"station"，即与车站名相关的网络请求。如图 31.21 所示。

图 31.21　获取与车站名相关的网络请求地址

② 选中与车站名相关的网络请求，在请求细节中找到该请求的完整地址，然后在网页中打开该地址测试返回数据。如图 31.22 所示。

> **说明**
>
> 看到返回的车站名信息，此时可以确认根据该信息可以进行中文车站名与对应的英文缩写之间的转换。例如，天津对应的是 TJP，可以在该条信息中找到。由于该条信息并没有自动转换的功能，所以需要将该信息以文件的方式保存在项目中，当需要转换时在文件中查找对应的英文缩写即可。

图 31.22　返回车站名英文缩写信息

③ 接下来在项目文件夹当中创建 get_stations.py 文件，然后在该文件中分别导入 requests、re 以及 os 模块，再创建 getStation() 方法，该方法用于发送获取地址信息的网络请求，并将返回的数据转换为需要的类型。关键代码如下。

源码位置　　资源包\Code\31\火车票智能分析工具源码\ticket_analysis\get_stations.py

```
01  import re                                    # 导入 re 模块，用于正则表达式
02  import requests                              # 导入网络请求模块
03  import os                                    # 导入 os 模块，用于获取路径
04  import json
05  def get_station():
06                                               # 发送请求获取所有车站名称，通过输入的车站名称转化查询地址的参数
07      url = 'https://kyfw.12306.cn/otn/resources/js/framework/station_name.js?station_version=1.9050'
08      response = requests.get(url, verify=True)  # 请求并进行验证
09                                               # 获取需要的车站名称
10      stations = re.findall('([\u4e00-\u9fa5]+)\|([A-Z]+)', response.text)
11      stations = dict(stations)                # 转换为字典类型
12      stations = str(stations)                 # 转换为字符串类型，否则无法写入文件
13      write(stations,'stations.text')          # 调用写入方法
```

> **说明**
>
> requests 模块为第三方模块，该模块主要用于处理网络请求。re 模块为 Python 自带模块，主要用于通过正则表达式匹配处理相应的字符串。os 模块为 Python 自带模块，主要用于判断某个路径下的某个文件。

④ 分别创建 write()、read() 以及 isStations() 方法，分别用于写入文件、读取文件以及判断车站文件是否存在，代码如下。

源码位置 资源包 \Code\31\ 火车票智能分析工具源码 \ ticket_analysis\get_stations.py

```python
14 def write(stations,file_name):
15     file = open(file_name, 'w', encoding='utf_8_sig')    # 以写模式打开文件
16     file.write(stations)                                  # 写入数据
17     file.close()
18 def read(file_name):
19     file = open(file_name, 'r', encoding='utf_8_sig')    # 以写模式打开文件
20     data = file.readline()                                # 读取文件
21     file.close()
22     return data
23 def is_stations(file_name):
24                                                           # 判断文件是否存在，文件名称作为参数
25     is_stations = os.path.exists(file_name)
26     return is_stations
```

⑤ 打开 show_window.py 文件，首先导入 get_stations 文件下的所有方法，然后在程序入口处进行判断，如果没有车站名称文件就下载该文件，修改后代码如下。

源码位置 资源包 \Code\31\ 火车票智能分析工具源码 \ ticket_analysis\show_window.py

```python
01 from get_stations import *                # 导入 get_stations 文件下的所有方法
02 if __name__ == '__main__':
03     if is_stations('stations.text') == False:
04         get_station()                     # 下载所有车站文件
```

⑥ 运行 show_window.py 文件，项目文件夹中将自动下载 stations.text（车站名称）文件，如图 31.23 所示。

2. 下载车票起售时间文件

在实现查询车票起售时间前，需要下载车票起售时间的文件，该文件中将以字典形式提供所有站名对应的车票起售时间。下载车票起售时间文件的具体步骤如下。

① 打开 12306 官网首页地址（https://www.12306.cn/index/index.html），依次选择"常用查询"→选择"起售时间"→填写"起售车站"（如北京）→单击"查询"按钮，如图 31.24 所示。

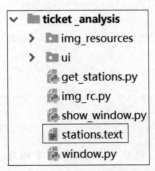

图 31.23　下载车站名称文件

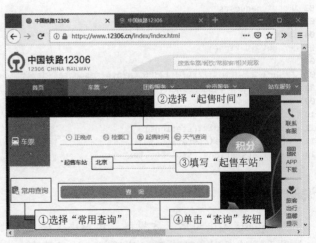

图 31.24　查询起售时间

② 单击"查询"按钮后,将打开显示北京各车站的起售时间信息,在该页面中打开网络监视器,然后,按 F5 功能键刷新该页面,依次选择"网络"→"XHR",然后选择文件名为"queryAllCacheSaleTime"的网络请求,最后在消息头中找到可以获取所有车站起售时间的网络请求,如图 31.25 所示。

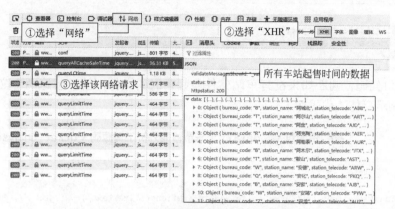

图 31.25 获取查询起售时间的数据

③ 确认数据以后,选择"消息头"选项,然后查看获取数据的请求地址,如图 31.26 所示。

图 31.26 确认获取起售时间的请求地址

> **说明**
>
> 以上操作所获取到的起售时间数据中,包含很多不需要的数据,所以还需要对数据进行一些处理。

④ 打开 get_stations.py 文件,首先导入 get_stations 文件中的所有方法,然后在该文件中创建 get_selling_time() 方法,用于下载车票起售时间文件。代码如下。

源码位置 资源包 \Code\31\ 火车票智能分析工具源码 \ ticket _analysis\get_stations.py

```
01                                                      # 下载车票起售时间的文件
02  def get_selling_time():
03      url = 'https://www.12306.cn/index/otn/index12306/queryAllCacheSaleTime'
04      response = requests.get(url)                    # 请求并进行验证
05      response_dict = response.json()                 # 将返回的 JSON 数据转换为字典数据
06      data = response_dict['data']                    # 获取所有数据
07      time_dict = dict()                              # 创建一个保存起售时间的字典
08      for i in data:
09          city_name = i['station_name']               # 获取车站名称
10          time = i['sale_time']                       # 获取起售时间
11          new_time = time[:2] + ':' + time[2:]        # 重新组合时间
12                                                      # 将每个车站对应的起售时间保存在字典中
13          time_dict.update({city_name: new_time})
14      write(str(time_dict), 'time.text')              # 调用写入方法
```

⑤ 打开 show_window.py 文件,首先在该文件顶部创建一个 messageDialog() 方法,用于显示消息提

示对话框内容。代码如下。

源码位置　　资源包\Code\31\火车票智能分析工具源码\ticket_analysis\show_window.py

```
15                  # 显示消息提示对话框，参数 title 为提示对话框标题文字，message 为提示信息
16  def messageDialog(title, message):
17      msg_box = QMessageBox(QMessageBox.Warning, title, message)
18      msg_box.exec_()
```

⑥ 修改程序入口代码，判断如果没有车站文件与起售时间文件，就下载这两个文件。如果两种文件都存在时，就直接显示窗体。代码如下。

源码位置　　资源包\Code\31\火车票智能分析工具源码\ticket_analysis\show_window.py

```
19  if __name__ == '__main__':
20                                                  # 判断是否有车站文件与起售时间的文件，没有就下载
21      if is_stations('stations.text') == False and is_stations('time.text')==False:
22          get_station()                           # 下载所有车站文件
23          get_selling_time()                      # 下载起售时间文件
24                                                  # 判断两种文件存在时显示窗体
25      if is_stations('stations.text') == True and is_stations('time.text')==True:
26          show_MainWindow()                       # 调用显示窗体的方法
27      else:
28          messageDialog('警告',' 车站文件或起售时间文件出现异常！ ')
```

⑦ 将已经下载的 stations.text 文件删除，然后重新运行 show_window.py 文件，项目文件夹中将自动下载 stations.text 文件与 time.text 文件，如图 31.27 所示，然后将自动打开主窗体。

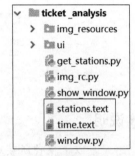

图 31.27　下载 stations.text 文件与 time.text 文件

31.5.3　查询所有车票信息

在 31.5.1 节中已经得到了获取车票信息的网络请求地址，然后又分析出请求地址的必要参数以及车站名称转换的文件，接下来需要发送查询车票的网络请求，然后对返回的数据信息进行解析。查询所有车票信息的业务流程如图 31.28 所示。

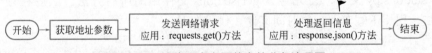

图 31.28　查询所有车票信息的业务流程图

实现查询所有车票信息的具体步骤如下。

① 在浏览器中根据 31.5.1 节的查询步骤，查看"查询"请求的"响应"信息，如图 31.29 所示。

说明

找到加密信息后先分析数据中是否含有可用的信息，如网页中的车次与时间。在图 31.29 中的加密信息内含有"C2059"的字样，以及时间信息。然后对照浏览器中余票查询的页面，查找对应车次信息，如图 31.30 所示。此时可以判断返回的 JSON 信息确实含有可用数据。

② 找到可用数据后，在项目中创建 query_request.py 文件。在该文件中首先导入 get_stations 文件下的所有方法，然后分别创建名称为 data 与 type_data 的列表（list），分别用于保存整理好的车次信息与分类后的车次信息。最后创建一个请求头信息，并且其中包含请求成功的 Cookie 信息。代码如下。

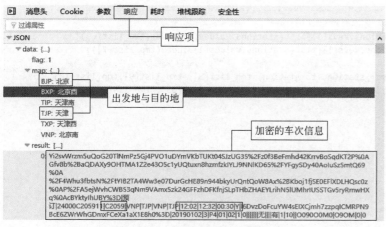

图 31.29　返回加密的车票信息　　　　　　　图 31.30　对照可用数据

源码位置　　资源包 \Code\31\ 火车票智能分析工具源码 \ ticket_analysis\query_request.py

```python
01  from get_stations import *
02  data = []                                    # 用于保存整理好的车次信息
03  type_data = []                               # 保存车次分类后的数据
04  headers = {"User-Agent": 'Mozilla/5.0 (Windows NT 10.0; Win64; x64; rv:85.0) Gecko/20100101 Firefox/85.0',
            'Cookie': '自己的 Cookie' }          # 生成浏览器头部信息
```

说明

从返回的加密信息中可以看出信息很乱，所以需要创建"data = []"来保存后期整理好的车次信息，然后需要将车次分类，如高铁、动车等，所以需要创建"type_data = []"来保存分类后的车次信息。

③ 创建 query() 方法，在调用该方法时需要三个参数，分别为出发日期、出发地以及目的地；然后创建查询请求的完整地址并通过 format() 方法为地址进行格式化；再将返回的 JSON 数据转换为字典类型；最后通过字典类型键值的方法取出对应的数据并进行整理与分类。代码如下。

源码位置　　资源包 \Code\31\ 火车票智能分析工具源码 \ ticket_analysis\query_request.py

```python
05  def query(date, from_station, to_station):
06      data.clear()                             # 清空数据
07      type_data.clear()                        # 清空车次分类保存的数据
08                                               # 查询请求地址
09      url = 'https://kyfw.12306.cn/otn/leftTicket/query?leftTicketDTO.train_date={}&leftTicketDTO.from_
            station={}&leftTicketDTO.to_station={}&purpose_codes=ADULT'.format( date, from_station, to_station)
10                                               # 发送查询请求
11      response = requests.get(url,headers=headers)
12                                               # 将 JSON 数据转换为字典类型，通过键值对取数据
13      result = response.json()
14      result = result['data']['result']
15                                               # 判断车站文件是否存在
16      if is_stations('stations.text') == True:
17          stations = eval(read('stations.text'))   # 读取所有车站并转换为字典类型
18          if len(result) != 0:                 # 判断返回数据是否为空
19              for i in result:
20                                               # # 分割数据并添加到列表中
21                  tmp_list = i.split('|')
```

```
22                          # 因为查询结果中出发站和到达站为站名的缩写字母，所以需要在车站库中找到对应的车站名称
23                  from_station = list(stations.keys())[list(stations.values()).index(tmp_list[6])]
24                  to_station = list(stations.keys())[list(stations.values()).index(tmp_list[7])]
25                          # 创建座位数组，由于返回的座位数据中含有空，即 ""，所以将空改成 "--"，这样好识别
26                  seat = [tmp_list[3], from_station, to_station, tmp_list[8], tmp_list[9],tmp_list[10],
tmp_list[32], tmp_list[31], tmp_list[30], tmp_list[21], tmp_list[23], tmp_list[33], tmp_list[28], tmp_
list[24], tmp_list[29], tmp_list[26]]
27                  newSeat = []
28                                                  # 循环将座位信息中的空改成 "--"
29                  for s in seat:
30                      if s == "":
31                          s = "--"
32                      else:
33                          s = s
34                      newSeat.append(s)           # 保存新的座位信息
35                  data.append(newSeat)
36              return data                         # 返回整理好的车次信息
```

> **说明**
>
> 由于返回的 JSON 信息顺序比较乱，所以在获取指定的数据时只能通过分隔后的 tmp_list 列表与浏览器余票查询页面中的数据逐个对比才能找出数据所对应的位置。通过对比后找到的数据位置如下。
>
> ```
> 01 '''5-7 目的地  3 车次  6 出发地  8 出发时间  9 到达时间  10 历时  26 无坐  29 硬座
> 02     24 软座  28 硬卧  33 动卧  23 软卧  21 高级软卧  30 二等座  31 一等座  32 商务座特等座
> 03 '''
> ```

数字为数据分隔后 tmp_list 的索引值。

> **说明**
>
> 由于本章内容页码有限，所以本节中将不会介绍车次分类查询的部分代码，可以在源码中进行查看。

31.5.4 卧铺票的查询与分析

在实现卧铺票的查询与分析时，首先需要考虑到分别获取今天、未来三天内与未来五天内的卧铺票信息，然后需要筛选车次的类型，将高铁、动车以及以 C 开头的车次进行排除。接下来需要将排除后的信息分为两类：一类为已经处理是否有票的信息，用于显示某车次是否还有卧铺车票以及分析车票的紧张程度；第二类为未处理是否有票的信息，此类信息用于计算并显示卧铺车票数量的折线图。实现卧铺票的查询与分析的业务流程如图 31.31 所示。

实现卧铺票的查询与分析的具体步骤如下。

① 在 query_request.py 文件中创建用于保存处理后与未处理的信息列表。代码如下。

源码位置　　资源包 \Code\31\ 火车票智能分析工具源码 \ ticket_analysis\query_request.py

```
01 today_car_list = []        # 保存今天列车信息，已经处理是否有票
02 three_car_list = []        # 保存三天内列车信息，已经处理是否有票
03 five_car_list = []         # 保存五天内列车信息，已经处理是否有票
04 today_list=[]              # 保存今天列车信息，未处理是否有票
```

```
05  three_list = []                        # 保存三天内列车信息，未处理是否有票
06  five_list = []                         # 保存五天内列车信息，未处理是否有票
```

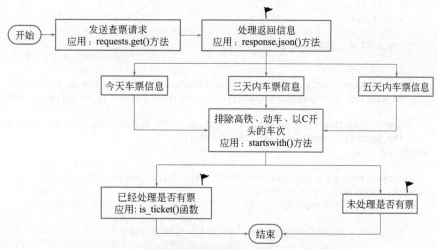

图31.31　实现卧铺票的查询与分析的业务流程图

② 创建is_ticket()方法，用于判断某车次是否还有卧铺车票。代码如下。

源码位置　　资源包\Code\31\火车票智能分析工具源码\ticket_analysis\query_request.py

```
07                                         # 判断高级软卧、软卧、硬卧是否有票
08  def is_ticket(tmp_list,from_station, to_station):
09                                         # 判断高级软卧、软卧、硬卧任何一个有票的话，就说明该趟类车有卧铺车票
10      if tmp_list[21]=='有' or tmp_list[23]=='有' or tmp_list[28]=='有':
11          tmp_tem = '有'
12      else:
13                                         # 高级软卧、软卧、硬卧对应的如果是数字，说明也有票，其他为无票
14          if tmp_list[21].isdigit() or tmp_list[23].isdigit() or tmp_list[28].isdigit():
15              tmp_tem = '有'
16          else:
17              tmp_tem = '无'
18
19                                         # 创建新的座位列表，显示某趟列车是否有卧铺票
20      new_seat = [tmp_list[3], from_station, to_station, tmp_list[8], tmp_list[9], tmp_list[10],tmp_tem ]
21      return new_seat                    # 返回该列表
```

③ 创建query_ticketing_analysis()方法，在该方法中首先发送查票请求，然后分别对今天、三天内以及五天内的车票信息进行处理与分类。代码如下。

源码位置　　资源包\Code\31\火车票智能分析工具源码\ticket_analysis\query_request.py

```
22                                         # 查询卧铺售票分析数据
23  def query_ticketing_analysis(date, from_station, to_station, which_day):
24                                         # 查询请求地址
25      url = 'https://kyfw.12306.cn/otn/leftTicket/query?leftTicketDTO.train_date={}&leftTicketDTO.from_
            station={}&leftTicketDTO.to_station={}&purpose_codes=ADULT'.format(
26  date, from_station, to_station)
27                                         # 发送查询请求
28      response = requests.get(url,headers=headers)
29                                         # 将JSON数据转换为字典类型，通过键值对取数据
30      result = response.json()
31      result = result['data']['result']
```

```python
32                                                              # 判断车站文件是否存在
33      if is_stations('stations.text') == True:
34          stations = eval(read('stations.text'))              # 读取所有车站并转换为字典类型
35          if len(result) != 0:                                # 判断返回数据是否为空
36              for i in result:
37                                                              # 分隔数据并添加到列表中
38                  tmp_list = i.split('|')
39                                                              # 因为查询结果中出发站和到达站为站名的缩写字母,
40                                                              # 所以需要在车站库中找到对应的车站名称
41                  from_station =list(stations.keys())[list(stations.values()).index(tmp_list[6])]
42                  to_station =list(stations.keys())[list(stations.values()).index(tmp_list[7])]
43                                                              # 创建座位数组,其中包含高级软卧、软卧、硬卧
44                  seat = [tmp_list[3], from_station, to_station, tmp_list[8], tmp_list[9], tmp_list[10],
                           tmp_list[21], tmp_list[23], tmp_list[28]]
45                  if which_day == 1:                          # 判断今天的车次信息
46                                                              # 将高铁、动车、以 C 开头的车次排除
47                      if seat[0].startswith('G') == False and seat[0].startswith('D') == False and
                           seat[0].startswith('C') == False:
48                          today_list.append(seat)             # 将高级软卧、软卧、硬卧未处理信息添加至列表中
49                                                              # 判断某车次是否有票
50                          new_seat = is_ticket(tmp_list,from_station,to_station)
51                                                              # 将判断后的车次信息添加至对应的列表当中
52                          today_car_list.append(new_seat)
53                  if which_day == 3:                          # 判断三天内的车次信息
54                                                              # 将高铁、动车、以 C 开头的车次排除
55                      if seat[0].startswith('G') == False and seat[0].startswith('D') == False and seat[0].
                           startswith('C') == False:
56                          three_list.append(seat)             # 将高级软卧、软卧、硬卧未处理信息添加至列表中
57                                                              # 判断某车次是否有票
58                          new_seat = is_ticket(tmp_list, from_station, to_station)
59                                                              # 将判断后的车次信息添加至对应的列表当中
60                          three_car_list.append(new_seat)
61                  if which_day == 5:                          # 判断五天内的车次信息
62                                                              # 将高铁、动车、以 C 开头的车次排除
63                      if seat[0].startswith('G') == False and seat[0].startswith('D') == False and seat[0].
                           startswith('C') == False:
64                          five_list.append(seat)              # 将高级软卧、软卧、硬卧未处理信息添加至列表中
65                                                              # 判断某车次是否有票
66                          new_seat = is_ticket(tmp_list, from_station, to_station)
67                                                              # 将判断后的车次信息添加至对应的列表当中
68                          five_car_list.append(new_seat)
```

31.5.5 查询车票起售时间

在实现查询车票起售时间时,同样需要使用浏览器的网络监视器获取查询请求的网络地址。只是请求的方式为 POST 请求,所以需要填写对应的表单参数。网络请求发送成功后将返回一个 JSON 信息,其中包含"起售车站"所有的站名,最后需要根据站名在已经下载的"车票起售时间文件"中查找站名对应的起售时间即可。实现查询车票起售时间的业务流程如图 31.32 所示。

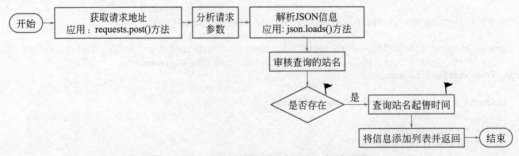

图 31.32　查询车票起售时间的业务流程图

实现查询车票起售时间的具体步骤如下。

① 以查询"北京"站起售时间为例，打开查询起售时间的页面地址"https://www.12306.cn/index/view/infos/sale_time.html?station_name=%E5%8C%97%E4%BA%AC&station_code=BJP"。该地址需要根据 12306 官网不定期进行更新。然后打开浏览器的网络监视器，在起售车站对应的文本框中选择热门城市"北京"，如图 31.33 所示。

② 起售车站选择完成以后，在网络监视器中找到查询"北京"起售时间对应的网络请求地址。如图 31.34 所示。

③ 由于该网络请求的类型为 POST 类型，所以需要在"参数"选项中查找请求参数。如图 31.35 所示。

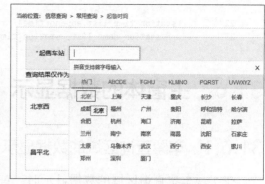

图 31.33　选择起售车站

图 31.34　获取网络请求地址　　　　　　　图 31.35　查找请求参数

说明

> 找到请求参数后，可以发现该参数为站名"北京"的英文缩写。所以只要根据输入的中文车站名，然后在之前已经下载的 stations.text 车站文件中，查找对应的英文缩写即可作为查询车票起售时间的网络请求参数。

④ 在 query_request.py 文件中首先创建两个用于保存车站名称与起售时间的列表，然后创建 query_time() 方法，用于发送查询车票起售时间的网络请求，并将返回的信息添加至对应的列表当中，最后将列表信息返回。代码如下。

源码位置　　资源包 \Code\31\ 火车票智能分析工具源码 \ ticket_analysis\query_request.py

```
01 station_name_list = []                              # 保存起售车站名称列表
02 station_time_list = []                              # 保存起售车站对应时间列表
03 def query_time(station):
04     station_name_list.clear()                       # 清空数据
05     station_time_list.clear()                       # 清空数据
06     stations = eval(read('time.text'))              # 读取所有车站并转换为字典类型
07                                                     # 请求地址
08     url = 'https://www.12306.cn/index/otn/index12306/queryScSname'
09                                                     # 表单参数，station 参数为需要搜索车站的英文缩写
10     form_data = {"station_telecode": station}
11                                                     # 请求并进行验证
12     response = requests.post(url, data=form_data, verify=True)
13     response.encoding = 'utf-8'                     # 对请求所返回的数据进行编码
14     json_data = json.loads(response.text)           # 解析 JSON 数据
15     data = json_data.get('data')                    # 获取 JSON 中可用数据，也就是查询车站所对应的站名
16     for i in data:                                  # 遍历查询车站所对应的所有站名
17         i = i[4:]                                   # 获取逗号后面的车站名称
18         if i in stations:                           # 在站名时间文件中，判断是否存在该站名
19             station_name_list.append(i)             # 有该站名就将站名添加至列表中
20     for name in station_name_list:                  # 遍历筛选后的站名
21         time = stations.get(name)                   # 通过站名获取对应的时间
```

```
22            station_time_list.append(time)      # 将时间保存至列表
23        return station_name_list, station_time_list
```

31.6 主窗体的数据显示

31.6.1 车票查询区域的数据显示

在实现车票查询区域的数据显示时,首先需要创建 on_click() 方法作为"查询"按钮的事件处理方法,然后在该方法中进行请求参数信息的审核,当参数信息符合发送请求的条件时,调用已经写好的网络请求方法 query(),最后将返回的车票信息显示在表格当中。实现车票查询区域数据显示的业务流程如图 31.36 所示。

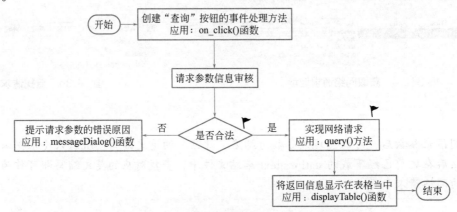

图 31.36 车票查询区域数据显示的业务流程图

实现车票查询区域数据显示的具体步骤如下。

① 在 show_window.py 文件中首先导入所有使用到的模块与方法。代码如下。

源码位置 资源包 \Code\31\ 火车票智能分析工具源码 \ ticket _analysis\show_window.py

```
01 from query_request import *              # 导入 query_request 文件下的所有方法
02 import time                               # 导入时间模块
03 import datetime                           # 导入日期时间模块
```

② 在 Main 类中创建 on_click() 方法,在该方法中首先获取主窗体中输入的查询参数,然后对参数进行审核,最后将查询结果显示在主窗体的表格当中。代码如下。

源码位置 资源包 \Code\31\ 火车票智能分析工具源码 \ ticket _analysis\show_window.py

```
04 def on_click(self):
05     get_from = self.textEdit.toPlainText()      # 获取出发地
06     get_to = self.textEdit_2.toPlainText()      # 获取目的地
07     get_date = self.textEdit_3.toPlainText()    # 获取出发日期
08                                                 # 判断车站文件是否存在
09     if is_stations('stations.text') == True:
10         stations = eval(read('stations.text'))  # 读取所有车站并转换为字典类型
11                                                 # 判断所有参数是否为空,包括出发地、目的地、出发日期
12         if get_from != "" and get_to != "" and get_date != "":
```

```python
13                                      # 判断输入的车站名称是否存在,以及时间格式是否正确
14           if get_from in stations and get_to in stations and self.is_valid_date(get_date):
15                                      # 计算时间差
16               time_difference = self.time_difference(self.get_time(), get_date).days
17                                      # 判断时间差为 0 时,证明是查询当前的车票以及 29 天以后的车票
18                                      # 12306 官方要求只能查询 30 天以内的车票
19               if time_difference >= 0 and time_difference <= 29:
20                                      # 在所有车站文件中找到对应的参数,出发地
21                   from_station = stations[get_from]
22                   to_station = stations[get_to]        # 目的地
23                                      # 发送查询请求,并获取返回的信息
24                   data = query(get_date, from_station, to_station)
25                   self.checkBox_default()
26                   if len(data) != 0:        # 判断返回的数据是否为空
27                                      # 如果不是空的数据,就将车票信息显示在表格中
28                       self.displayTable(len(data), 16, data)
29                   else:
30                       messageDialog('警告','没有返回的网络数据!')
31               else:
32                   messageDialog('警告','超出查询日期的范围内,','不可查询昨天的车票信息,以及 29 天以后的车票信息!')
33           else:
34               messageDialog('警告','输入的站名不存在,或日期格式不正确!')
35       else:
36           messageDialog('警告','请填写车站名称!')
37   else:
38       messageDialog('警告','未下载车站查询文件!')
```

③ 在 Main 类中创建 displayTable() 方法,用于实现将车票信息显示在主窗体的表格当中。代码如下。

源码位置　　　资源包 \Code\31\ 火车票智能分析工具源码 \ ticket _analysis\show_window.py

```python
39                                      # 显示车次信息的表格
40                                      # train 参数为共有多少趟列车,该参数作为表格的行
41                                      # info 参数为每趟列车的具体信息,如有座、无座、卧铺等。该参数作为表格的列
42   def displayTable(self, train, info, data):
43       self.model.clear()
44       for row in range(train):
45           for column in range(info):
46                                      # 添加表格内容
47               item = QStandardItem(data[row][column])
48                                      # 向表格存储模式中添加表格具体信息
49               self.model.setItem(row, column, item)
50                                      # 设置表格存储数据的模式
51       self.tableView.setModel(self.model)
```

④ 在 Main 类中创建 get_time() 方法,用于实现获取系统当前时间并转换为请求数据所需要的格式。代码如下。

源码位置　　　资源包 \Code\31\ 火车票智能分析工具源码 \ ticket _analysis\show_window.py

```python
52                                      # 获取系统当前时间并转换为请求数据所需要的格式
53   def get_time(self):
54                                      # 获得当前时间时间戳
55       now = int(time.time())
56                                      # 转换为其他日期格式,如 "%Y-%m-%d %H:%M:%S"
57       timeStruct = time.localtime(now)
58       strTime = time.strftime("%Y-%m-%d", timeStruct)
59       return strTime
```

⑤ 在 Main 类中创建 is_valid_date() 方法,用于实现判断是否是一个有效的日期字符串。代码如下。

源码位置　　　资源包 \Code\31\ 火车票智能分析工具源码 \ ticket_analysis\show_window.py

```python
60  def is_valid_date(self, str):
61      ''' 判断是否是一个有效的日期字符串 '''
62      try:
63          time.strptime(str, "%Y-%m-%d")
64          return True
65      except:
66          return False
```

⑥ 在 Main 类中创建 time_difference() 方法，用于实现计算购票时间差。代码如下。

源码位置　　　资源包 \Code\31\ 火车票智能分析工具源码 \ ticket_analysis\show_window.py

```python
67                                                  # 计算购票时间差，因为只能提前购买 29 天的车票
68  def time_difference(self, in_time, new_time):
69                                                  # 将字符串日期转换为 struct_time 时间对象
70      in_time = time.strptime(in_time, "%Y-%m-%d")
71      new_time = time.strptime(new_time, "%Y-%m-%d")
72                                                  # 将 struct_time 时间对象转换为 datetime 对象
73      in_time = datetime.datetime(in_time[0], in_time[1], in_time[2])
74      new_time = datetime.datetime(new_time[0], new_time[1], new_time[2])
75                                                  # 返回两个变量相差的值，就是相差天数
76      return new_time - in_time
```

⑦ 在 Main 类中分别创建 change_G()、change_D()、change_Z()、change_T() 以及 change_K() 方法，分别用于处理高铁、动车、直达、特快以及快速车次复选框中的筛选条件。代码如下。

源码位置　　　资源包 \Code\31\ 火车票智能分析工具源码 \ ticket_analysis\show_window.py

```python
77                                                  # "高铁" 复选框事件处理
78  def change_G(self, state):
79                                                  # 选中后将高铁信息添加到最后要显示的数据当中
80      if state == QtCore.Qt.Checked:
81                                                  # 获取高铁信息
82          g_vehicle()
83                                                  # 通过表格显示该车型数据
84          self.displayTable(len(type_data), 16, type_data)
85      else:
86                                                  # 取消选中状态将移除该数据
87          r_g_vehicle()
88          self.displayTable(len(type_data), 16, type_data)
89
90                                                  # "动车" 复选框事件处理
91  def change_D(self, state):
92                                                  # 选中后将动车信息添加到最后要显示的数据当中
93      if state == QtCore.Qt.Checked:
94                                                  # 获取动车信息
95          d_vehicle()
96                                                  # 通过表格显示该车型数据
97          self.displayTable(len(type_data), 16, type_data)
98
99      else:
100                                                 # 取消选中状态将移除该数据
101         r_d_vehicle()
102         self.displayTable(len(type_data), 16, type_data)
103
104                                                 # "直达" 复选框事件处理
105 def change_Z(self, state):
106                                                 # 选中后将直达车信息添加到最后要显示的数据当中
```

```
107     if state == QtCore.Qt.Checked:
108                                         # 获取直达车信息
109         z_vehicle()
110         self.displayTable(len(type_data), 16, type_data)
111     else:
112                                         # 取消选中状态将移除该数据
113         r_z_vehicle()
114         self.displayTable(len(type_data), 16, type_data)
115
116                                         # "特快"复选框事件处理
117 def change_T(self, state):
118                                         # 选中后将特快车信息添加到最后要显示的数据当中
119     if state == QtCore.Qt.Checked:
120                                         # 获取特快车信息
121         t_vehicle()
122         self.displayTable(len(type_data), 16, type_data)
123     else:
124                                         # 取消选中状态将移除该数据
125         r_t_vehicle()
126         self.displayTable(len(type_data), 16, type_data)
127
128                                         # "快速"复选框事件处理
129 def change_K(self, state):
130                                         # 选中后将快速车信息添加到最后要显示的数据当中
131     if state == QtCore.Qt.Checked:
132                                         # 获取快速车信息
133         k_vehicle()
134         self.displayTable(len(type_data), 16, type_data)
135
136     else:
137                                         # 取消选中状态将移除该数据
138         r_k_vehicle()
139         self.displayTable(len(type_data), 16, type_data)
```

⑧ 在Main类中创建checkBox_default()方法，用于实现将所有车次分类复选框取消勾选。代码如下。

源码位置　　资源包\Code\31\火车票智能分析工具源码\ticket_analysis\show_window.py

```
140                                         # 将所有车次分类复选框取消勾选
141 def checkBox_default(self):
142     self.checkBox_G.setChecked(False)
143     self.checkBox_D.setChecked(False)
144     self.checkBox_Z.setChecked(False)
145     self.checkBox_T.setChecked(False)
146     self.checkBox_K.setChecked(False)
```

⑨ 在Main类的__init__()方法中，实现主窗体的初始化设置。代码如下。

源码位置　　资源包\Code\31\火车票智能分析工具源码\ticket_analysis\show_window.py

```
147 self.tabWidget.setCurrentIndex(0)        # 默认显示车票查询
148 self.model = QStandardItemModel()        # 创建存储数据的模式
149                                          # 根据空间自动改变列宽并且不可修改列宽
150 self.tableView.horizontalHeader().setSectionResizeMode(QHeaderView.Stretch)
151                                          # 设置表头不可见
152 self.tableView.horizontalHeader().setVisible(False)
153                                          # 纵向表头不可见
154 self.tableView.verticalHeader().setVisible(False)
155                                          # 设置表格内容文字大小
156 font = QtGui.QFont()
157 font.setPointSize(10)
```

```
158      self.tableView.setFont(font)
159                                                                    # 设置表格内容不可编辑
160      self.tableView.setEditTriggers(QAbstractItemView.NoEditTriggers)
161                                                                    # 垂直滚动条始终开启
162      self.tableView.setVerticalScrollBarPolicy(Qt.ScrollBarAlwaysOn)
```

⑩ 在 query_request.py 文件中,创建获取与移除各种车型信息的方法。代码如下。

源码位置 资源包 \Code\31\ 火车票智能分析工具源码 \ ticket_analysis\query_request.py

```
163                                                                    # 获取高铁信息的方法
164  def g_vehicle():
165      if len(data) != 0:
166          for g in data:                                            # 循环所有火车数据
167              i = g[0].startswith('G')                              # 判断车次首字母是不是高铁
168              if i:                                                 # 如果是,将该条信息添加到高铁数据中
169                  type_data.append(g)
170
171                                                                    # 移除高铁信息的方法
172  def r_g_vehicle():
173      if len(data) != 0 and len(type_data) != 0:
174          for g in data:
175              i = g[0].startswith('G')
176              if i:                                                 # 移除高铁信息
177                  type_data.remove(g)
178
179                                                                    # 获取动车信息的方法
180  def d_vehicle():
181      if len(data) != 0:
182          for d in data:                                            # 循环所有火车数据
183              i = d[0].startswith('D')                              # 判断车次首字母是不是动车
184              if i == True:                                         # 如果是,将该条信息添加到动车数据中
185                  type_data.append(d)
186
187                                                                    # 移除动车信息的方法
188  def r_d_vehicle():
189      if len(data) != 0 and len(type_data) != 0:
190          for d in data:
191              i = d[0].startswith('D')
192              if i == True:                                         # 移除动车信息
193                  type_data.remove(d)
194
195                                                                    # 获取直达车信息的方法
196  def z_vehicle():
197      if len(data) != 0:
198          for z in data:                                            # 循环所有火车数据
199              i = z[0].startswith('Z')                              # 判断车次首字母是不是直达车
200              if i == True:                                         # 如果是,将该条信息添加到直达车数据中
201                  type_data.append(z)
202
203                                                                    # 移除直达车信息的方法
204  def r_z_vehicle():
205      if len(data) != 0 and len(type_data) != 0:
206          for z in data:
207              i = z[0].startswith('Z')
208              if i == True:                                         # 移除直达车信息
209                  type_data.remove(z)
210
211                                                                    # 获取特快车信息的方法
212  def t_vehicle():
213      if len(data) != 0:
214          for t in data:                                            # 循环所有火车数据
```

```
215             i = t[0].startswith('T')              # 判断车次首字母是不是特快车
216             if i == True:                          # 如果是，将该条信息添加到特快车数据中
217                 type_data.append(t)
218
219                                                    # 移除特快车信息的方法
220 def r_t_vehicle():
221     if len(data) != 0 and len(type_data) != 0:
222         for t in data:
223             i = t[0].startswith('T')
224             if i == True:                          # 移除特快车信息
225                 type_data.remove(t)
226
227                                                    # 获取快速车数据的方法
228 def k_vehicle():
229     if len(data) != 0:
230         for k in data:                             # 循环所有火车数据
231             i = k[0].startswith('K')               # 判断车次首字母是不是快速车
232             if i == True:                          # 如果是，将该条信息添加到快速车数据中
233                 type_data.append(k)
234
235                                                    # 移除快速车数据的方法
236 def r_k_vehicle():
237     if len(data) != 0 and len(type_data) != 0:
238         for k in data:
239             i = k[0].startswith('K')
240             if i == True:                          # 移除快速车信息
241                 type_data.remove(k)
```

⑪ 在 show_window.py 文件中的 show_MainWindow() 方法内，在创建主窗体对象代码的下面，设置"查询"按钮的单击事件以及所有车型复选框的选中与取消事件。代码如下。

源码位置　　资源包 \Code\31\ 火车票智能分析工具源码 \ ticket _analysis\show_window.py

```
242 main.textEdit_3.setText(main.get_time())           # 出发日显示当天日期
243 main.pushButton.clicked.connect(main.on_click)     # "查询"按钮指定单击事件的方法
244 main.checkBox_G.stateChanged.connect(main.change_G) # 高铁选中与取消事件
245 main.checkBox_D.stateChanged.connect(main.change_D) # 动车选中与取消事件
246 main.checkBox_Z.stateChanged.connect(main.change_Z) # 直达车选中与取消事件
247 main.checkBox_T.stateChanged.connect(main.change_T) # 特快车选中与取消事件
248 main.checkBox_K.stateChanged.connect(main.change_K) # 快速车选中与取消事件
```

运行 show_window.py 文件，在主窗体当中依次输入出发地、目的地以及出发日期，然后单击"查询"按钮，将显示如图 31.37 所示的车票信息。

单击车次类型，系统将自动筛选选中车次类型所对应的车次信息，如图 31.38 所示。

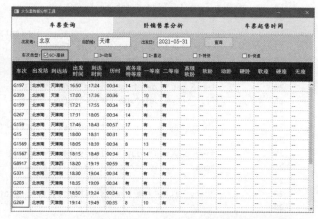

图 31.37　车票查询区域的数据显示　　　　图 31.38　显示所有选中车次类型对应的车次信息

31.6.2 卧铺售票分析区域的数据显示

在实现卧铺售票分析区域数据显示时，首先需要分别发送获取"今天""未来三天内"以及"未来五天内"的卧铺票信息；然后需要将相同车次的信息进行整合，筛选出所有的车次信息；再将筛选后的车次信息显示在主窗体的表格当中；最后根据卧铺票的积分判断某车次卧铺票的紧张程度。实现卧铺售票分析区域数据显示的业务流程如图 31.39 所示。

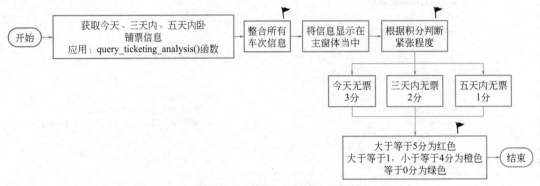

图 31.39　卧铺售票分析区域数据显示的业务流程图

实现卧铺售票分析区域数据显示的具体步骤如下。

① 在 show_window.py 文件内的 Main 类中创建 query_ticketing_analysis_click() 方法，作为卧铺售票分析"查询"按钮的事件处理方法。在该方法中分别发送查询今天、三天内以及五天内卧铺车票信息的网络请求。代码如下。

源码位置　　资源包 \Code\31\ 火车票智能分析工具源码 \ ticket_analysis\show_window.py

```
01                                                          # 卧铺售票分析"查询"按钮的事件处理
02  def query_ticketing_analysis_click(self):
03      self.info_table = []                                # 保存窗体表格中的车次信息
04      today_car_list.clear()                              # 清空今天列车信息
05      three_car_list.clear()                              # 清空三天内列车信息
06      five_car_list.clear()                               # 清空五天内列车信息
07      today_list.clear()
08      three_list.clear()
09      five_list.clear()
10      get_from = self.textEdit_analysis_from.toPlainText() # 获取出发地
11      get_to = self.textEdit_analysis_to.toPlainText()     # 获取目的地
12      stations = eval(read('stations.text'))               # 读取所有车站并转换为字典类型
13                                                           # 判断所有参数是否为空，包括出发地、目的地
14      if get_from != "" and get_to != "" :
15                                                           # 判断输入的车站名称是否存在，以及时间格式是否正确
16          if get_from in stations and get_to in stations :
17              from_station = stations[get_from]            # 在所有车站文件中找到对应的参数，出发地
18              to_station = stations[get_to]                # 目的地
19              today = datetime.datetime.now()              # 获取今天日期
20              three_set = datetime.timedelta(days=+2)      # 三天内偏移天数
21              five_set = datetime.timedelta(days=+4)       # 五天内偏移天数
22                                                           # 三天格式化后的日期
23              three_day = (today + three_set).strftime('%Y-%m-%d')
24                                                           # 五天格式化后的日期
25              five_day = (today + five_set).strftime('%Y-%m-%d')
26              today = today.strftime('%Y-%m-%d')           # 今天格式化后的日期
27                                                           # 发送查询请求，并获取返回的信息
28              query_ticketing_analysis(today, from_station, to_station,1)
29                                                           # 发送查询请求，并获取返回的信息
```

```
30          query_ticketing_analysis(three_day, from_station, to_station,3)
31                                                  # 发送查询请求，并获取返回的信息
32          query_ticketing_analysis(five_day, from_station, to_station,5)
```

② 在 query_ticketing_analysis_click() 方法中，将所有车次信息进行整合及筛选。代码如下。

源码位置　　👁　**资源包 \Code\31\ 火车票智能分析工具源码 \ ticket _analysis\show_window.py**

```
33   info_set=set()                    # 创建筛选车次集合，将相同车次进行整合，查看共有几趟列车
34   for i in today_car_list+three_car_list+five_car_list:
35                                     # 因为在集合中必须是字符串才能进行整合，所以将车次信息转换为字符串类型，方便车次整合
36       info_set.add(str(i[0:6]))
37   for info in info_set:             # 遍历车次信息
38       info = eval(info)             # 将车次信息再次转换成列表
39       is_today_ture = False         # 判断今天是否存在某趟列车的标记
40       for i in today_car_list:      # 遍历今天的车次信息，该车次信息是没有筛选的信息
41           if info[0] in i:          # 判断整合后的车次，在今天的车次信息中是否存在
42               is_today_ture= True   # 存在就进行标记
43                                     # 如果存在，就将车次信息中是否有卧铺的信息添加至整合后的车次信息中
44               info.append(i[6])
45               break                 # 跳出循环
46       if is_today_ture==False:      # 如果今天没有某一趟列车就标记为 '--'
47           info.append('--')
48       is_three_ture = False         # 判断三天内是否存在某趟列车的标记
49       for i in three_car_list:      # 遍历三天内的车次信息，该车次信息是没有筛选的信息
50           if info[0] in i:          # 判断整合后的车次，在三天内的车次信息中是否存在
51               is_three_ture = True  # 存在就进行标记
52                                     # 如果存在，就将车次信息中是否有卧铺的信息添加至整合后的车次信息中
53               info.append(i[6])
54               break                 # 跳出循环
55       if is_three_ture==False:      # 如果三天内没有某一趟列车就标记为 '--'
56           info.append('--')
57       is_five_ture = False          # 判断五天内是否存在某趟列车的标记
58       for i in five_car_list:       # 遍历五天内的车次信息，该车次信息是没有筛选的信息
59           if info[0] in i:          # 判断整合后的车次，在五天内的车次信息中是否存在
60               is_five_ture = True   # 存在就进行标记
61                                     # 如果存在，就将车次信息中是否有卧铺的信息添加至整合后的车次信息中
62               info.append(i[6])
63               break                 # 跳出循环
64       if is_five_ture==False:       # 如果五天内没有某一趟列车就标记为 '--'
65           info.append('--')
66       self.info_table.append(info)  # 将最后结果添加至窗体表格的列表中
```

③ 在 query_ticketing_analysis_click() 方法中，距离左侧 4 个键盘制表定位键（Tab）的距离，将已经筛选好的车次信息与对应的卧铺是否有票的信息显示在主窗体的表格当中，然后对车次与卧铺信息进行积分的计算。代码如下。

源码位置　　👁　**资源包 \Code\31\ 火车票智能分析工具源码 \ ticket _analysis\show_window.py**

```
67   self.tableWidget.setRowCount(len(self.info_table))       # 设置表格行数
68   self.tableWidget.setColumnCount(9)                       # 设置表格列数
69                                                            # 设置表格内容文字大小
70   font = QtGui.QFont()
71   font.setPointSize(12)
72   self.tableWidget.setFont(font)
73                                                            # 根据窗体大小拉伸表格
74   self.tableWidget.horizontalHeader().setSectionResizeMode(QtWidgets.QHeaderView.Stretch)
75                                                            # 循环遍历最终的信息
76   for row in range(len(self.info_table)):
77       fraction = 0                                         # 分数，根据该分数判断列车的紧张程度
```

```
78         for column in range(9):
79             if column==6:                                    # 如果是某趟列车今天无票
80                 if self.info_table[row][column]==' 无 'or self.info_table[row][column]=='--':
81                     fraction+=3                              # 计 3 分
82             if column==7:                                    # 如果是某趟列车三天内无票
83                 if self.info_table[row][column]==' 无 'or self.info_table[row][column]=='--':
84                     fraction+=2                              # 计 2 分
85             if column == 8:                                  # 如果是某趟列车五天内无票
86                 if self.info_table[row][column] == ' 无 'or self.info_table[row][column]=='--':
87                     fraction += 1                            # 计 1 分
```

④ 在 query_ticketing_analysis_click() 方法中，距离左侧 5 个 Tab 键的距离，根据分数的值，判断车次卧铺信息是否紧张并在表格中按照颜色定义紧张程度。代码如下。

源码位置　　资源包 \Code\31\ 火车票智能分析工具源码 \ ticket _analysis\show_window.py

```
88                                                             # 判断分数大于等于 5 分的车次为红色，说明该车次卧铺非常紧张
89         if fraction >= 5:
90                                                             # 定位是哪趟车次符合该条件，遍历该车次信息
91             for i in range(len(self.info_table[row])):
92                                                             # 表格列中的信息
93                 item = QtWidgets.QTableWidgetItem(self.info_table[row][i])
94                 item.setBackground(QColor(255, 0, 0));       # 设置该车次背景颜色
95                 self.tableWidget.setItem(row, i, item)       # 设置表格显示的内容
96                                                             # 判断分数大于 1 且分数小于等于 4 的车次为橙色，说明该车次卧铺紧张
97         if fraction >= 1 and fraction <= 4:
98             for i in range(len(self.info_table[row])):
99                 item = QtWidgets.QTableWidgetItem(self.info_table[row][i])
100                item.setBackground(QColor(255, 170, 0));
101                self.tableWidget.setItem(row, i, item)        # 设置表格显示的内容
102                                                             # 判断分数等于 0 的车次为绿色，说明该车次卧铺不紧张
103        if fraction == 0:
104            for i in range(len(self.info_table[row])):
105                item = QtWidgets.QTableWidgetItem(self.info_table[row][i])
106                item.setBackground(QColor(85, 170, 0));
107                self.tableWidget.setItem(row, i, item)        # 设置表格显示的内容
108     else:
109         messageDialog(' 警告 ', ' 请填写车站名称！ ')
```

⑤ 在 show_MainWindow() 方法中，设置卧铺售票分析 "查询" 按钮的单击事件。代码如下。

源码位置　　资源包 \Code\31\ 火车票智能分析工具源码 \ ticket _analysis\show_window.py

```
110                                                           # 卧铺售票分析 " 查询 " 按钮的单击事件处理方法
111     main.pushButton_analysis_query.clicked.connect(main.query_ticketing_analysis_click)
```

运行 show_window.py 文件，在主窗体的 "卧铺售票分析" 选项卡中，输入需要查询的 "出发地" 与 "目的地"，然后单击 "查询" 按钮，将显示如图 31.40 所示的卧铺售票分析数据。

31.6.3　卧铺车票数量走势图的显示

在实现卧铺车票数量走势图的显示时，首先需要设计一个用于显示卧铺车票数量的折线图，然后统计每个车次对应的今天、三天内以及五天内卧铺车票剩余的数量，最后将统计后的卧铺车票数量以及车次作

图 31.40　查询卧铺售票分析数据

为参数传送给显示折线图的方法当中即可。实现卧铺车票数量走势图显示的业务流程如图 31.41 所示。

图 31.41　卧铺车票数量走势图显示的业务流程图

实现卧铺车票数量走势图显示的具体步骤如下。

① 在项目文件夹当中创建 chart.py 文件，在该文件中创建 PlotCanvas 类，并且在该类中首先通过 __init__() 方法进行初始化工作，然后创建 broken_line() 方法，用于显示车票走势的折线图。代码如下。

源码位置　　资源包 \Code\31\ 火车票智能分析工具源码 \ ticket _analysis\chart.py

```
01                                                          # 图形画布
02  from matplotlib.backends.backend_qt5agg import FigureCanvasQTAgg as FigureCanvas
03  import matplotlib                                       # 导入图表模块
04  import matplotlib.pyplot as plt                         # 导入绘图模块
05  class PlotCanvas(FigureCanvas):
06
07      def __init__(self, parent=None, width=0, height=0, dpi=100):
08                                                          # 避免中文乱码
09          matplotlib.rcParams['font.sans-serif'] = ['SimHei']
10          matplotlib.rcParams['axes.unicode_minus'] = False
11                                                          # 创建图形
12          fig = plt.figure(figsize=(width, height), dpi=dpi)
13                                                          # 初始化图形画布
14          FigureCanvas.__init__(self, fig)
15          self.setParent(parent)                          # 设置父类
16
17                                                          # 折线图
18      def broken_line(self,number,train_list):
19          '''
20          linewidth: 折线的宽度
21          marker：折点的形状
22          markerfacecolor：折点实心颜色
23          markersize：折点大小
24          '''
25          day_x = [' 今天 ', ' 三天内 ', ' 五天内 ']        # X轴折线点
26          for index, n in enumerate(number):
27                                                          # 绘制折线
28              plt.plot(day_x, n, linewidth=1, marker='o',
29                       markerfacecolor='blue', markersize=8, label=train_list[index])
30          plt.legend()                                    # 让图例生效
31          plt.title(' 卧铺车票数量走势图 ')                # 标题名称
```

② 在 show_window.py 文件内首先导入 chart 文件中的 PlotCanvas 类，然后在 Main 类中创建 show_broken_line() 方法，用于显示卧铺车票数量的折线图。在该方法中首先对所有车次的信息进行筛选。代码如下。

源码位置　　资源包 \Code\31\ 火车票智能分析工具源码 \ ticket _analysis\show_window.py

```
32                                                          # 显示卧铺车票数量折线图
33  def show_broken_line(self):
34      train_number_list=[]                                # 保存车次
35      tickets_number_list = []                            # 保存今天、三天内、五天内所有车次的卧铺票数量
36                                                          # 遍历车次信息
37      for train_number in self.info_table:
38          number_list = []                                # 临时保存车票数量
```

```
39          is_today_ture = False                                    # 判断今天是否存在某趟列车的标记
40          if self.horizontalLayout.count() !=0:
41                                                                  # 循环删除管理器的组件
42              while self.horizontalLayout.count():
43                                                                  # 获取第一个组件
44                  item = self.horizontalLayout.takeAt(0)
45                                                                  # 删除组件
46                  widget = item.widget()
47                  widget.deleteLater()
48          for today in today_list:
49                                                                  # 判断今天的车次信息中是否有该车次
50              if train_number[0] in today:
51                  is_today_ture = True                             # 存在就进行标记
52                  # train_number_list.append(train_number[0])      # 将车次添加至列表中
53                  number = self.statistical_quantity(today[6:9])   # 调用统计车票数量的方法
54                  number_list.append(number)                       # 将车票数量添加至临时列表中
55                  break
56          if is_today_ture == False:                               # 如果今天没有某一趟列车，说明该车次无票，为0
57              number_list.append(0)
58          is_three_ture = False                                    # 判断三天内是否存在某趟列车的标记
59          for three_day in three_list:
60              if train_number[0] in three_day:
61                  is_three_ture = True                             # 存在就进行标记
62                  number = self.statistical_quantity(three_day[6:9])# 调用统计车票数量的方法
63                  number_list.append(number)                       # 将车票数量添加至临时列表中
64                  break
65          if is_three_ture == False:                               # 如果三天内没有某一趟列车，说明该车次无票，为0
66              number_list.append(0)
67          is_five_ture = False                                     # 判断五天内是否存在某趟列车的标记
68          for five_day in five_list:
69              if train_number[0] in five_day:
70                  is_five_ture = True                              # 存在就进行标记
71                  number = self.statistical_quantity(five_day[6:9])     # 调用统计车票数量的方法
72                  number_list.append(number)                       # 将车票数量添加至临时列表中
73                  break
74          if is_five_ture == False:                                # 如果五天内没有某一趟列车，说明该车次无票，为0
75              number_list.append(0)
76          tickets_number_list.append(number_list)
77          train_number_list.append(train_number[0])
78                                                                  # 创建画布对象
79      line = PlotCanvas()
80      line.broken_line(tickets_number_list,train_number_list)     # 调用折线图方法
81      self.horizontalLayout.addWidget(line)                       # 将折线图添加至底部水平布局当中
```

③ 创建 statistical_quantity() 方法，用于实现统计车票数量。代码如下。

源码位置　　资源包 \Code\31\ 火车票智能分析工具源码 \ ticket_analysis\show_window.py

```
82                                                                  # 统计车票数量
83  def statistical_quantity(self,msg):
84      number = 0
85      for i in msg:
86          if i=='有':
87              number+=20
88          if i=='无' or i=='':
89              number+=0
90          if i.isdigit():
91              number+=int(i)
92      return number
```

④ 在 query_ticketing_analysis_click() 方法中警告提示对话框代码的上面，距离左侧 4 个 Tab 键的距离，调用 show_broken_line() 方法。代码如下。

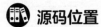

```
93        self.show_broken_line()                    # 显示折线图
```

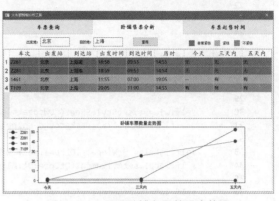

图 31.42　显示卧铺车票数量走势图

运行 show_window.py 文件，在主窗体的"卧铺售票分析"选项卡中，输入需要查询的"出发地"与"目的地"，然后单击"查询"按钮，将显示如图 31.42 所示的卧铺车票数量走势图。

31.6.4　查询车票起售时间的数据显示

在实现查询车票起售时间的数据显示时，首先需要发送查询车票起售时间的网络请求，然后根据返回的数据信息，在窗体中实现动态加载数据并显示。实现查询车票起售时间数据显示的业务流程如图 31.43 所示。

图 31.43　查询车票起售时间数据显示的业务流程图

实现查询车票起售时间数据显示的具体步骤如下：

① 在 show_window.py 文件内的 Main 类中创建 query_time_click() 方法，用于查询并显示车票起售时间。在该方法中首先查询起售车站对应的站名与起售时间，然后将主窗体中的网格布局清空。关键代码如下：

```
01                                                           # 车票起售时间"查询"按钮的事件处理
02  def query_time_click(self):
03      station = self.lineEdit_station.text()               # 获取需要查询的起售车站
04      stations_time = eval(read('time.text'))              # 读取所有车站与起售时间并转换为 dic 类型
05      stations = eval(read('stations.text'))               # 读取所有车站并转换为字典类型
06      if station in stations_time:                         # 判断要搜索的站名是否存在
07                                                           # 查询起售车站对应的站名与起售时间
08          name_lit, time_list = query_time(stations.get(station))
09          if self.gridLayout.count() !=0:
10                                                           # 循环删除管理器的控件
11          while self.gridLayout.count():
12                                                           # 获取第一个控件
13              item = self.gridLayout.takeAt(0)
14                                                           # 删除控件
15              widget = item.widget()
16              widget.deleteLater()
```

② 在 query_time_click() 方法中，距离左侧 3 个 Tab 键的距离，根据起售时间信息的数量创建对应的控件并为控件设置属性，最后将所有显示起售时间信息的控件添加至主窗体的网格布局当中。关键代码如下：

```
17                                                           # 行数标记
18      i = -1
19      for n in range(len(name_lit)):
20                                                           # x 确定每行显示的个数 0，1，2，3，每行 4 个
```

```
21          x = n % 4
22                                                      # 当 x 为 0 的时候设置换行，行数 +1
23          if x == 0:
24              i += 1
25                                                      # 创建布局
26          self.widget = QtWidgets.QWidget()
27                                                      # 给布局命名
28          self.widget.setObjectName("widget" + str(n))
29                                                      # 设置布局样式
30          self.widget.setStyleSheet('QWidget#' + "widget" + str(n) + "{border:2px solid rgb
31              (175, 175, 175);background-color: rgb(255, 255, 255);}")
32                                                      # 创建一个 QLabel 控件，用于显示图片，设置控件在 QWidget 中
33          self.label = QtWidgets.QLabel(self.widget)
34          self.label.setAlignment(QtCore.Qt.AlignCenter)
35                                                      # 设置大小
36          self.label.setGeometry(QtCore.QRect(10, 10, 210, 65))
37          font = QtGui.QFont()                        # 创建字体对象
38          font.setPointSize(11)                       # 设置字体大小
39          font.setBold(True)                          # 开启粗体属性
40          font.setWeight(75)                          # 设置文字粗细
41          self.label.setFont(font)                    # 设置字体
42          self.label.setText(name_lit[n]+' 站 '+    '+time_list[n])    # 设置显示站名与起售时间
43                                                      # 把动态创建的 widegt 布局添加到 gridLayout 中，
                                                        #   i 和 x 分别代表行数和每行的个数
44          self.gridLayout.addWidget(self.widget, i, x)
45                                                      # 设置高度为动态高度，根据行数确定高度，每行 300
46          self.scrollAreaWidgetContents.setMinimumHeight((i+1) * 100)
47                                                      # 设置网格布局控件动态高度
48          self.gridLayoutWidget.setGeometry(QtCore.QRect(0, 0, 950, ((i+1) * 100)))
49      else:
50          messageDialog('警告 ','起售车站中没有该车站名称！')
```

③ 在 show_MainWindow() 方法中设置查询起售时间按钮的单击事件。代码如下。

源码位置　　　　　资源包 \Code\31\ 火车票智能分析工具源码 \ ticket _analysis\show_window.py

```
# 起售时间 "查询" 按钮的单击事件处理方法
51  main.pushButton_time_query.clicked.connect(main.query_
    time_click)
```

运行 show_window.py 文件，在主窗体的"车票起售时间"选项卡中，输入起售车站，然后单击"查询"按钮，将显示如图 31.44 所示的查询车票起售时间。

图 31.44　显示查询车票起售时间

小结

本章主要使用 Python 开发了一个"火车票智能分析工具"系统，该系统主要应用了 Python 强大的爬虫技术与 PyQt 的窗体框架技术以及数据分析。其中，requests 模块主要用于实现网络数据的获取，然后需要对返回的数据进行分析处理，最后将处理后的信息显示在 PyQt 的窗体当中。在开发中，数据分析是该项目的重点与难点，需要认真领会其中的计算规律，方便开发其他项目。

附录

附录 1 数据解析速查表

BeautifulSoup 模块

		BeautifulSoup() 对象	

1. 获取标签		`"# 创建一个 BeautifulSoup 对象，获取页面正文`
		`soup = BeautifulSoup(html 文本，features="""lxml""")`
		`soup.head`　　　　　　　　　# 获取 \<head\> 标签
		`soup.body`　　　　　　　　　# 获取 \<body\> 标签
		`soup.title`　　　　　　　　　# 获取 \<title\> 标签
		`soup.p`　　　　　　　　　　 # 获取 \<p\> 标签
		`soup.a`　　　　　　　　　　 # 获取 \<a\> 标签	

2. 获取标签名称		`soup.head.name`
		`soup.body.name`
		`soup.title.name`
		`soup.p.name`	

3. 获取标签属性		`soup.meta.attrs`　　　　　　# 获取 \<meta\> 标签中属性 `soup.link.attrs`　　　　　　# 获取 \<link\> 标签中属性 `soup.div.attrs`　　　　　　 # 获取 \<div\> 标签中属性	

4. 获取标签中属性对应的值		`soup.meta.attrs['http-equiv']`　# 获取 \<meta\> 标签中 http-equiv 属性对应的值
		`soup.link.attrs['href']`　　　　# 获取 \<link\> 标签中 href 属性对应的值
		`soup.div.attrs['class']`　　　　# 获取 \<div\> 标签中 class 属性对应的值
		`soup.meta['http-equiv']`　　　# 不写 attrs，在标签后面直接添加属性名称，也可以获取对应的值
		`soup.link['href']`
		`soup.div['class']`	

5. 获取标签包含的文本内容		`soup.title.string`　　　　　# 获取 \<title\> 标签所包含的文本内容 `soup.h3.string`　　　　　　# 获取 \<h3\> 标签所包含的文本内容	
6. 嵌套获取标签内容		`soup.head`　　　　　　　　# 获取 \<head\> 标签内容 `soup.head.title`　　　　　　# 获取 \<head\> 标签中 \<title\> 标签内容 `soup.head.title.string`　　　# 获取 \<head\> 标签中 \<title\> 标签中的文本内容	

续表

			BeautifulSoup 模块	
BeautifulSoup() 对象	7. 获取子标签	soup.head.contents soup.head.children	# 获取 <head> 下所有子标签，数据为列表形式 # 获取 <head> 下所有子标签，数据为可迭代对象形式
	8. 获取子孙标签	for i in soup.body.descendants: 　　print(i)	# 循环遍历 generator 对象中的所有子孙标签 # 打印子孙标签内容
	9. 获取父标签与祖先标签	soup.title.parent soup.title.parents for i in soup.title.parents: 　　print(i.name)	# 获取 <title> 标签的父标签内容 # 获取 <title> 标签的父标签及以上内容 # 循环遍历 generator 对象中的所有父标签及以上内容 # 打印父标签及祖先标签名称
	10. 获取兄弟标签	soup.p.next_sibling list(soup.p.next_sibling) div = soup.p.next_sibling.next_sibling div.previous_sibling	# 获取第一个 <p> 标签的下一个兄弟标签（文本标签内容） # 以列表形式获取标签文本标签中的所有元素 # 获取 <p> 标签同级的第一个 <div> 标签 # 获取第一个 <div> 标签的上一个兄弟标签（文本标签内容）
find_all() 方法	1. 通过标签名称获取内容	soup.find_all(name='p') soup.find_all(name='p')[0]	# 获取所有名称为 p 的标签 # 获取所有 <p> 标签中的第一个
	2. 嵌套获取	soup.find_all(name='p')[0].find_all(name='a')	# 获取第一个 <p> 标签内的子标签 <a>
	3. 根据属性获取内容	soup.find_all(attrs={'value':'1'}) soup.find_all(class_='p-1') soup.find_all(value='3')	# 获取 value 值为 1 的所有内容，字典参数 # class 为 p-1 的所有内容，赋值参数 # 获取 value 值为 3 的所有内容，赋值参数
	4. 获取标签中的文本	soup.find_all(text='零基础学 Python') soup.find_all(text=re.compile('Python'))	# 获取指定字符串的所有内容 # 获取指定正则表达式对象的内容
find() 方法	获取第一个匹配的标签	soup.find(name='p') soup.find(class_='p-3') soup.find(attrs={'value':'4'}) soup.find(text=re.compile('Python'))	# 获取第一个名称为 p 的标签内容 # 获取第一个 class 为 p-3 的标签内容 # 获取第一个 value 为 4 的标签内容 # 获取第一个文本中包含 Python 的文本信息
其他方法	1. 获取祖先标签	find_parent() find_parents()	# 获取父标签内容 # 获取所有祖先标签内容
	2. 获取后面兄弟标签	find_next_sibling() find_next_siblings()	# 获取后面第一个兄弟标签内容 # 获取后面所有兄弟标签内容
	3. 获取前面兄弟标签	find_previous_sibling() find_previous_siblings()	# 获取前面第一个兄弟标签内容 # 获取前面所有兄弟标签内容

续表

		BeautifulSoup 模块	
其他方法	4. 获取第一个符合条件的标签	find_next()	# 获取当前标签的下一个符合条件的标签内容
	5. 获取第一个符合条件的标签内容	find_all_next()	# 获取当前标签下面的所有符合条件的标签内容
	6. 获取所有符合条件的标签内容	find_previous() find_all_previous()	
select() 方法	1. 获取所有指定标签内容	soup.select('p')	# 获取所有 \<p\> 标签内容
	2. 索引获取	soup.select('p')[1]	# 获取所有 \<p\> 标签中的第二个 \<p\> 标签
	3. 逐层获取	soup.select('html head title')	# 逐层获取的 \<title\> 标签
	4. 类名获取	soup.select('.test_2')	# 获取类名为 test_2 所对应的标签
	5. id 值获取	soup.select('#class_1')	# 获取 id 值为 class_1 所对应的标签
	6. 嵌套获取	soup.select('div[class="test_1"]')[0].select('p')[0] soup.select('p')[1:] soup.select('.p-1,.p-5')	# 嵌套获取 class 名为 test_1 对应的 \<div\> 中所有 \<p\> 标签中的第一个 # 获取所有 \<p\> 标签中第二个以后的 \<p\> 标签 # 获取所有 class 名为 p-1 与 p-5 对应的标签

	7. 属性获取	soup.select('a[href]')
		# 获取所有属性值为 "1" 的 \<p\> 标签，获取所有 \<p\> 标签中第一个标签内 value 属性对应的值（两种方式）
		soup.select('p[value = "1"]')
		soup.select('p')[0]['value']
		soup.select('p')[0].attrs['value']	

	8. 文本获取	# 获取所有 \<p\> 标签中第一个标签内的文本（两种方式）
		soup.select('p')[0].get_text()
		soup.select('p')[0].string	

lxml.etree 模块（XPath 解析）

etree 子模块

1. 解析 HTML 文本	`from lxml import etree  # 导入 etree 子模块`
	`# 打开 HTML 文件`
	`html_file = open('quotes-1.html','r',encoding='utf-8')`
	`html_file = html_file.read()  # 读取文件`
	`# 创建 Element 对象，解析 HTML 文本`
	`html = etree.HTML(html_file)`
	`html_str = etree.tostring(html)  # 转换字符串类型`
	`print(html_str.decode('utf-8'))  # 输出解析后的 HTML 代码`	

2. 直接解析 HTML 文件	`# 创建解析 HTML 对象`
	`html = etree.parse('quotes-1.html',etree.HTMLParser())`
	`html_str = etree.tostring(html)  # 转换字符串类型`
	`print(html_str.decode('utf-8'))  # 输出解析后的 HTML 代码`	

3. 获取所有标签	`# 创建解析 HTML 对象`
	`html = etree.parse('quotes-1.html',etree.HTMLParser())`
	`all = html.xpath('//*')  # 获取所有标签`	

4. 获取所有指定标签	`div_all = html.xpath('//div')  # 获取所有 <div> 标签` `div = html.xpath('//div')[1]  # 获取所有 <div> 标签中的第 2 个 <div> 内容`	
5. 获取子标签	`h1 = html.xpath('//div/h1')  # 获取所有 <div> 标签中的直接子标签 <h1>` `h1 = html.xpath('//div//h1')  # 获取所有 <div> 标签中所有子孙标签 <h1>`	

6. 类名获取	`# 获取所有类名为 row header-box 的 <div> 标签`
	`div = html.xpath('//div[@class="row header-box"]')`
	`# 获取所有类名为 row header-box 的 <div> 标签`
	`div = html.xpath('//div[contains(@class,"row")]')`	

7. id 名获取	`# 获取所有 id 名为 container 的 <div> 标签` `div = html.xpath('//div[@id="container"]')`	

8. 获取父标签	`# 获取 id 名为 container 的父标签`
	`div = html.xpath('//div[@id="container"]/..')`
	`# id 名为 container 的父标签`
	`div = html.xpath('//div[@id="container"]/parent::*')`	

续表

		lxml.etree 模块（XPath 解析）

etree 子模块	9. 文本获取	# 获取所有类名为 text 的文本信息
		span = html.xpath('//span[@class="text"]/text()')
		# 获取所有类名为 text 的子标签文本信息
		span = html.xpath('//span[@class="text"]/a/text()')
		# 获取所有类名为 text 的子孙标签文本信息
		span = html.xpath('//span[@class="text"]//text()')

	10. 属性值获取	# 获取所有类名为 tag 的 \<a\> 标签中 href 的属性值
		a = html.xpath('//a[@class="tag"]/@href')

	11. 获取多属性标签	# 获取所有类名为 text 且 itemprop 属性名为 text 的 \<span\> 标签
		span = html.xpath('//span[@class="text" and @itemprop="text"]')

	12. 同级按序获取标签	a = html.xpath('//a[1]') # 获取 \<a\> 标签中排序为 1 的标签
		a = html.xpath('//a[last()]') # 获取 \<a\> 标签中排序最后的标签
		a = html.xpath('//a[position()>2]') # 获取 \<a\> 标签中排序大于 2 的所有标签
		a = html.xpath('//a[last()-1]') # 获取 \<a\> 标签中排序倒数第 2 的标签

requests-html 模块

HTMLSession() 对象

1. 创建响应对象

```
session = HTMLSession()              # 创建 HTML 会话对象
# 发送网络请求，创建响应对象 response
response =session.get('http://httpbin.org/get')
```

2. 响应属性

```
response.url                  # 获取请求的 URL
response.status_code          # 获取状态码
response.encoding='utf-8'     # 设置编码方式
response.text                 # 获取响应文本
response.content              # 获取二进制内容（图片或视频）
response.headers              # 获取请求头信息
response.cookies              # 获取 Cookie 信息
```

html() 对象

1. 解析 HTML

```
html = HTML(html=response.text)   # 解析 HTML
```

2. html 对象属性

```
html.html                # 获取解析后的 HTML 代码
html.text                # 获取 html 中的文本内容
html.encoding            # 获取网页的编码方式
html.encoding='gbk'      # 设置网页的编码方式
html.raw_html            # 获取未解析的 HTML 代码
html.links               # 获取所有 URL 地址
html.absolute_links      # 获取所有 URL 地址，并自动添加 http: 或 https:
```

3. find() 方法（CSS 选择器）

```
html.find('a')                              # 获取所有的 <a> 标签
html.find('a',first=True)                   # 获取第一个 <a> 标签
html.find('a',first=True).text              # 获取第一个 <a> 标签中的文本信息
html.find('a',first=True).html              # 获取第一个 <a> 标签对应的 HTML 代码
html.find('.tags')                          # 获取类名为 tags 的所有标签
html.find('.tags',first=True)               # 获取第一个类名为 tags 的标签
# 获取第二个类名为 tags 的标签所对应的 HTML 代码
html.find('.tags')[1].html
html.find('#tag')                           # 获取 id 为 tag 的所有标签
html.find('div a')                          # 获取所有子标签
html.find('[href]')                         # 获取所有带有 href 属性的标签
html.find('div a')[0].attrs                 # 获取 <div> 标签中 <a> 标签内的所有属性
# 获取 <div> 标签中 <a> 标签内 href 属性的值
html.find('div a')[0].attrs['href']
```

4. search() 方法

```
# 搜索第一个 <a> 标签中的属性内容，{} 表示需要搜索的内容
html.search('<a{}>')
```

5. search_all() 方法

```
html.search_all('<a{}>')    # 搜索所有 <a> 标签属性内容
```

附录2　PyCharm 常用快捷键

熟练使用开发工具的快捷键，可以有效提高程序开发的效率，本附录分类整理了 PyCharm 开发工具常用的一些快捷键，供大家参考。

最重要的快捷键			
Ctrl+Shift+A	万能命令行	连续按 Shift 两次	查看资源文件
注释			
Ctrl+/		注释选中行	
光标操作			
Ctrl+Alt+Enter	向上插入	Shift+Enter	向下插入
End	光标移动至行尾		
操作代码			
Ctrl+D	复制、粘贴一行	Ctrl+Y	删除一行
Shift+F6	重命名	Ctrl+O	复写代码
格式代码及其他功能			
Ctrl+Alt+L	格式代码	Ctrl+Alt+T	添加 try...catch
Ctrl+Alt+M	抽取代码	Ctrl+Alt+F	变量抽取成全局变量
Ctrl+Alt+V	方法体内值抽取成变量	Shift+Tab	反向退格
Tab	进行退格	Alt+Shift+ 上下键	选中代码移动
Ctrl+Shift+ 上下键	移动当前方法体	Ctrl+Shift+U	代码大小写
Ctrl+Shift+Enter	补全代码		
进入代码			
Ctrl+B	进入代码	Ctrl+Shift+12	最大化窗口
替换查找			
Ctrl+R	替换	Ctrl+F	查找
Ctrl+Shift+F	全局查找	Ctrl+Shift+R	全局替换
Ctrl+Shift+I	快捷查看方法实现的内容	Ctrl+P	查看参数
Ctrl+Q	查看文档描述	Shift+F1	查看 API 文档
Ctrl+F12	查看类的方法	Ctrl+H	查看类的继承关系
Ctrl+Alt+H	查看哪里调用了方法	Ctrl+{}	定位方法体的括号
F3	查看选中的内容	Shift+F3	反向查看内容
Ctrl+Alt+B	查询光标所在方法、类、模块等源码	Ctrl+U	查看父类
Ctrl+E	最近编辑的文件列表	Ctrl+Alt+Home	查看布局与对应的类
工程目录操作			
Alt+Insert	新建文件及工程	Ctrl+Alt+S	打开软件设置
Ctrl+Alt+Shift+S	打开 module 设置	Ctrl+Tab	切换目录及视图
Alt+Shift+C	查看工程最近更改的地方	Ctrl+J	查看 Livetemp 模板

续表

运行编译			
Ctrl+F9	构建	Shift+F10	运行
代码快捷操作			
F11	定义书签	Shift+F11	查看书签
Ctrl+J	快捷调出模板	Alt+ 单击断点	禁用断点
调试状态下按下 Alt	查看变量的值		
组合快捷键			
Ctrl+Alt+ 左右键	定位到编辑的位置	Alt+Enter	修正错误
Alt+ 鼠标	进入列编辑模式	Ctrl+W	选中单词

附录3 PyCharm 常用设置

1. 设置 Python 自动引入包

首先在 File → Setting → Editor → General → Autoimport 中，将 Python 设置为 show popup，然后按快捷键 Alt + Enter 自动添加包。

2. "代码自动完成"时间延时设置

在 File → Setting → Editor → Code Completion 中，将 Auto code completion in (ms) 设置为 0，然后将 Autopopup in (ms) 设置为 500。

3. 用 Ctrl+ 滚轮改变字体大小

PyCharm 中默认是不能用 Ctrl+ 滚轮改变字体大小的，可以在 File→Setting→Editor→Mouse 中设置。

4. 显示"行号"与"空白字符"

在 File → Setting → Editor → Appearance 中勾选 "Show line numbers" " Show whitespaces"和"Show method separators"复选框。

5. 设置编辑器"颜色与字体"主题

颜色在 File → Setting → Editor → Colors & Fonts → Scheme name 中设置；如果要修改字体大小，在 File → Setting → Editor → Colors & Fonts → Font → Size 中设置。

6. 设置缩进符为制表符 Tab

在 File → Setting → Editor → Code Style → Python 中勾选 "Use Tab character"复选框。

7. Python 文件默认编码

打开 File → Setting → Editor → File Encodings，将"Global Encoding"设置为 UTF-8（也可以选择其他编码方式），将"Project Encoding"也设置为 UTF-8（也可以选择其他编码方式）。

8. 修改 IDE 快捷键方案

打开 File → Settings → Keymap 进行设置。

9. 设置 IDE 皮肤主题

打开 File → Settings → Appearance & Behavior → Appearance，选择 Theme 项的值即可。